머시닝센터와 Mastercam X (2D)

박원규 · 박용민 · 이 훈 공저

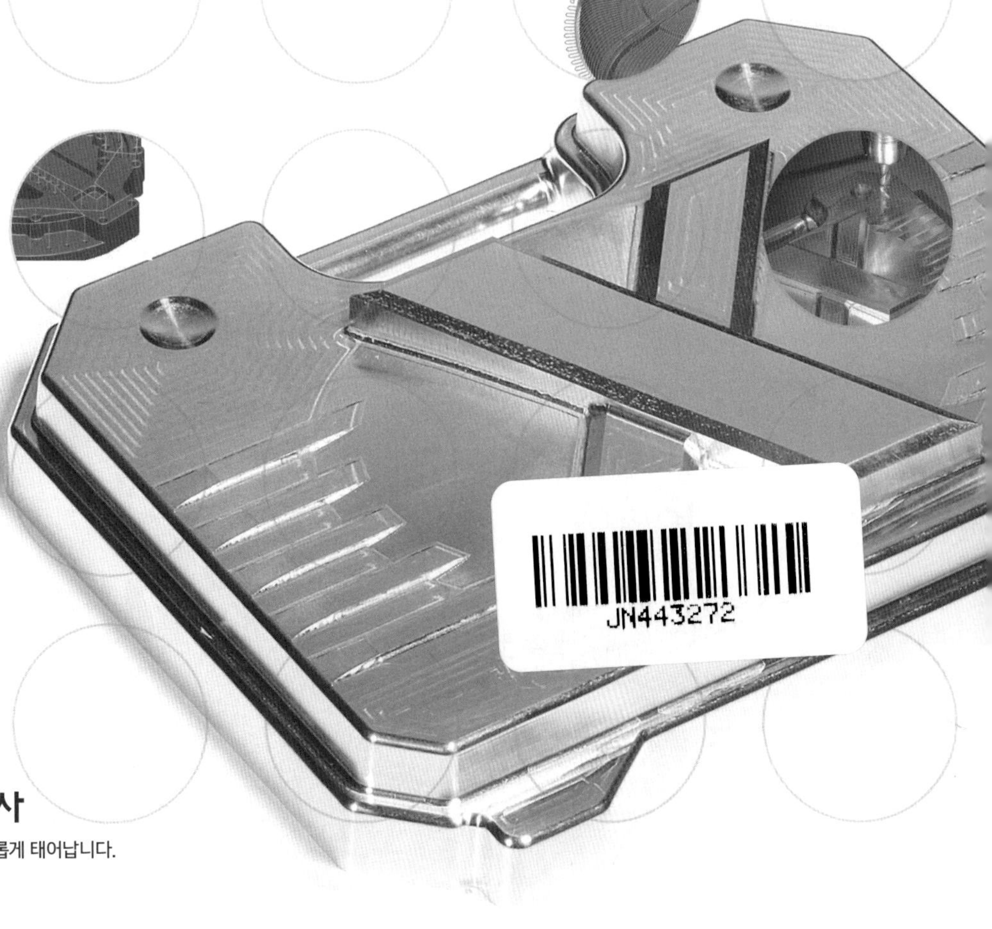

교문사

청문각이 교문사로 새롭게 태어납니다.

머리말

첨단화된 생산 제조시스템을 볼 때 제조현장에서 CAD/CAM의 활용은 필수적이며, 이런 상황에서 CAD/CAM을 이해하고, 어떻게 이용하는가는 매우 중요한 일이다. 또한 설계/제작에 있어서 CAD 시스템을 도입함에 따라 도면 작성, 편집 및 부분변경은 물론 도면기호 및 KS 도표편람에 수록된 부품들을 프로그램화하여 편리하게 이용할 수 있으며, CAD에 의하여 설계된 내용이 바로 CAM으로 연결되고, CAM을 통해 NC 공작기계에 정확한 작업동작 지시를 하게 되면 생산, 조립, 검사 등의 제조과정을 컴퓨터로 관리하여 작업의 신속성과 제품의 정밀성을 기하게 된다.

CAM 시스템을 도입하게 되면 가공의 자동화 개념을 이해할 수 있고, 3차원 및 자유곡면 등 다양하고 복잡한 형상에 대한 가공 데이터를 생성하여 가공공정의 전반적인 흐름을 이해할 수 있다. 또한 CAM 시스템을 효과적으로 운용하기 위해서는 CNC 공작기계의 조작기술이 선행되어야 하므로 CNC 공작기계의 활용도를 높일 수 있다.

이 책의 구성은 CAM 소프트웨어의 하나인 미국 CNC Software Inc.의 New Version인 Mastercam X의 사용법을 따라하기 쉽게 설명하였고, 아울러 CNC 공작기계의 효율적인 운용을 위하여 머시닝센터에 관한 메커니즘 소개와 기본적인 프로그래밍 방법 등을 소개하였다.

이 책을 통하여 CNC 공작기계와 CAM 프로그램을 공부하고자 하는 공학도나 현장의 기술자 분들에게 보탬이 되었으면 하는 마음이 간절하며, 부족함에 대하여 많은 지도편달을 부탁드린다.

끝으로 출간에 힘써 주신 교문사의 류원식 사장님께 깊은 감사를 드린다.

2006. 10.
저 자

차 례

Chapter 1

Mastercam X-Version

Chapter 2
2차원 가공조건설정

Chapter 3

머시닝센터

Chapter 1

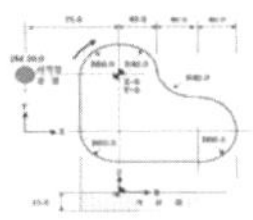

Mastercam X-Version

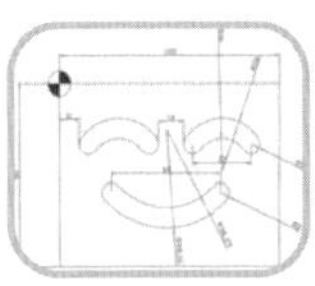  

1.1 Mastercam의 소개

Mastercam은 1984년 미국의 CNC Software사(社)가 개발한 CAD/CAM 통합 Software로, 사용자의 분야별로 아래와 같은 다양한 모듈로 제공된다.

1.1.1 Mastercam의 Module 구성

▶ Mastercam Module

구 분		기능 범위	주요 기능
Module	Level		
DESIGN	–	2, 3차원 CAD	• 2차원 도면작성 및 3차원 모델링
MILL	ENTRY	2차원 밀링가공	• 2차원 윤곽가공 • 포켓가공(왕복가공만) • 드릴가공 • BACK PLOT(가공검증) • 수정 가능한 Post processor
	Level 1	DESIGN + ENTRY + 주요기능	• 3차원 윤곽가공 • 포켓가공(Spiral, Island, One-way...etc.) • 측벽 테이퍼 및 높이가 다른 포켓가공 • 로터리 축 가공 • 100여 가지의 Post processor 정의
	Level 2	LEVEL 1 + 주요기능	• 1개 곡면에 대한 NC 프로그래밍 • 1개 곡면에 대한 황삭 프로그래밍 • 다수곡면: 정삭-평행가공, 황삭-포켓가공(한 방향, 왕복) • Ruled, Revolved, 2D Swept, 평면, 원주, 구, Cone, 단면 등에 대한 투영가공 정의
	Level 3	Level 2 + 주요기능	• 복합곡면에 대한 정삭 프로그래밍 • 복합곡면에 대한 황삭 프로그래밍
		5축 기능	• 다중곡면의 5축 황삭, 정삭 지원 • 5축 드릴 지원
LATHE	ENTRY	선반가공	• 2축 선반가공
	LATHE	선반가공	• 2축 선반가공+C축
WIRE	–	와이어 가공	• 윤곽가공 • No-core 가공 • 4축 가공(상하이형 형상) • 50여 가지의 Post Processor
ROUTER	MILL과 구분이 동일		• 기본 Nesting 기능, engraveing(addon) 가능 ex) 탭 컷 기능
ART	MILL or ROUTER 모듈 필요		• 2D ART 가지고 쉽게 3D 형성, 가공 가능

위와 같이 Mastercam에는 여러 개의 모듈이 있으나, 이 책에서는 Mastercam mill X-버전(Version)을 기준으로 2차원 모델링 및 밀링가공을 실행하는 방법만 다루기로 하겠다.

1.1.2 Mastercam 가동을 위한 System 요구사항

Mastercam은 PC Base CAD/CAM Software로 요구되는 Hardware 및 Software 사양은 아래와 같다.

- NET 1.1 Framework
- Direct X 버전 9.0c
- Pentium III급 이상 PC(NT Workstation까지 적용)
- Windows에 호환되는 마우스
- MS Windows 2000, XP Pro, Home(XP Pro 권장)
- Minimum 512 MB RAM
- Minimum 1024×768 Resolution(1280×1024 권장)

1.1.3 Mastercam 화면의 구성

Mastercam을 실행하면 아래의 초기화면이 나타나는데 이 화면의 구성은 아래와 같이 구분할 수 있다.

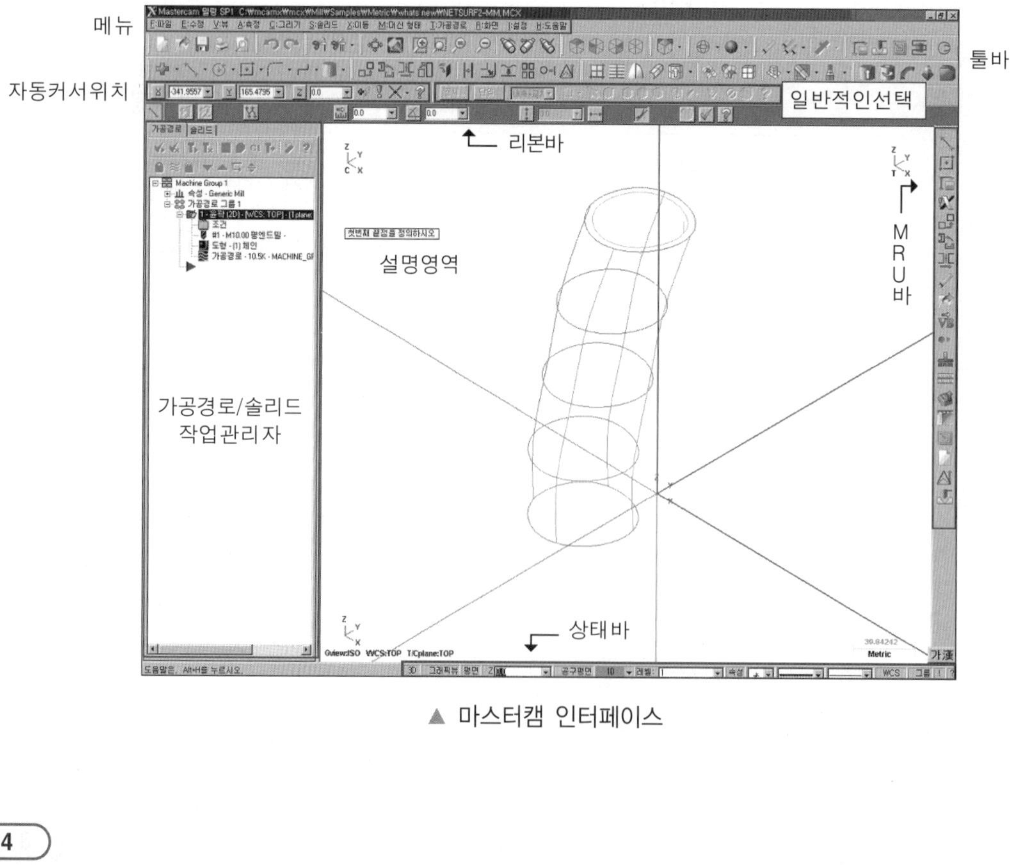

▲ 마스터캠 인터페이스

(1) 메뉴

각각의 메뉴에 비슷한 형태의 명령어들이 나뉘어 있다.

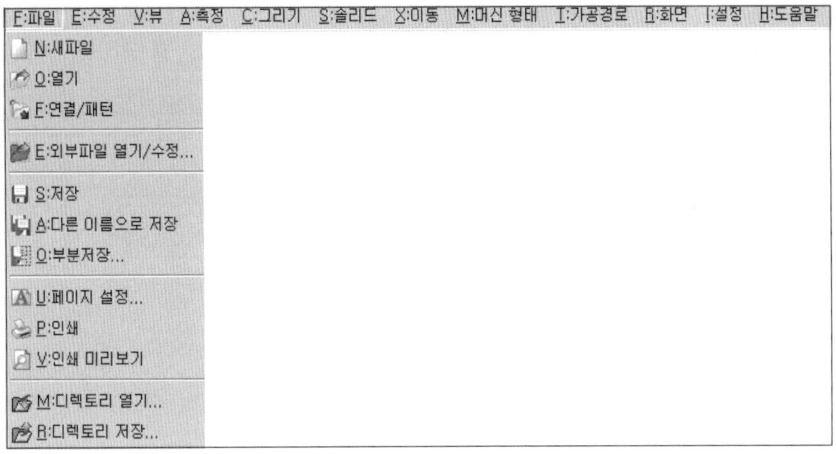

(2) 툴바

아이콘들이 집합되어 있는 바로써 화면 위에 많은 기능들을 한 번에 띄워 놓고 선택시 특정메뉴의 기능을 실행할 수 있다.

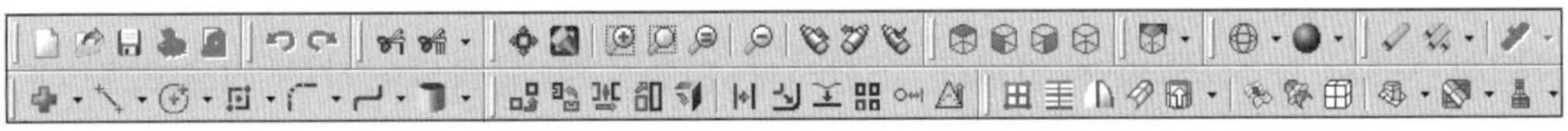

▲ 툴바

(3) MRU바(Most Recently Used)

최근에 사용했던 메뉴들을 최대 20개까지 기억하고 있어 한 번의 선택으로 기존에 사용했던 메뉴들을 다시 사용할 수 있다.

▲ MRU바

(4) 리본바

각 명령어의 세부 메뉴들을 모아 놓은 바로써 선택시 활성화가 되어 사용할 수 있다.

(5) 자동커서위치

작업화면 내 마우스커서 위치에 따라 시스템이 작업화면 내 도형요소의 각 점의 위치(원점, 원호중심, 끝점, 교차점, 중간점, 점, 사분점, 근접점, 증분점)를 자동으로 인식하여 선택 도형은 노란색으로 변하고 아이콘이 표시되어 해당 위치에 있음을 자동 표시하는 기능으로 아이콘이 생성된 상태에서 마우스 클릭하면 해당 위치가 작업 기준 위치로 바로 지정된다.

▲ 자동커서위치

키보드를 이용 아래의 형식으로 직접 입력 가능

- (콤마)로 구분입력 : 100, 100, 100 입력시 ⇒ X100, Y100, Z100으로 인식
- 좌표문자입력
  - X100 입력시 ⇒ Y, Z 좌표값은 현재 좌표값으로 인식
  - Y100 입력시 ⇒ X, Z 좌표값은 현재 좌표값으로 인식

자동 커서위치 세팅

작업화면에서 도형의 해당 위치에 근접시에 자동으로 선택되어지는 기능으로 해당 점들 세팅시 그 점들이 자동으로 잡힌다.

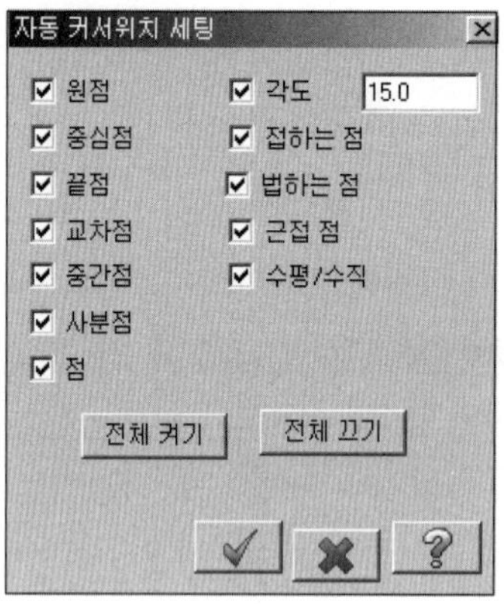

▲ 자동 커서위치 세팅

☑ 원점 : 현재 작업평면의 원점(0,0,0) 위치 근접시 원점이 선택되는 기능

☑ 중심점 : 작업화면의 특정 원호에서 끝점, 중간점, 사분점 이외에 부분을 선택했을 경우 원호의 중심점이 선택되는 기능

☑ 끝점 : 작업화면의 특정 도형의 끝점부분에 근접시 끝점이 선택되는 기능
☑ 교차점 : 작업화면의 서로 다른 두 개의 도형들의 교차점부분 근접시 교차점이 선택되는 기능
☑ 중간점 : 작업화면의 특정도형의 중간위치 근접시 중간점이 선택되는 기능
☑ 사분점 : 작업화면에서 선택하는 특정 원호도형의 사분점 위치가 작업위치로 지정되는 기능으로 대상 원호도형을 선택하면 마우스 클릭위치에 가까운 사분점 위치가 지정된다.
☑ 점 : 작업화면의 특정 점 도형 위치에 근접시 점이 선택되는 기능
☑ 각도 : 작업화면의 직선도형 생성시 입력한 각도대로 선택해 주는 기능
☑ 접하는 점 : 작업화면의 특정도형의 접하는 부분 근접시 접하는 점이 선택되는 기능
☑ 법하는 점 : 작업화면의 특정도형의 법하는 부분 근접시 법하는 점이 선택되는 기능
☑ 근접점 : 작업화면의 특정도형의 근접하는 부분 선택시 자동으로 그 도형상의 점이 선택되는 기능
☑ 수평 / 수직 : 작업화면에서 수평, 수직한 방향에 근접시 자동으로 선택되는 기능

- 전체 켜기 : 자동 커서위치 세팅에 있는 모든 항목들을 한 번에 활성화시키는 기능
- 전체 끄기 : 자동 커서위치 세팅에 있는 모든 항목들을 한 번에 비활성화시키는 기능

▲ 위치 선택

- 원점 : 메뉴 선택하면 현재 작업평면의 원점(0,0,0) 위치가 작업 위치로 지정되는 기능
- 원호 중심 : 메뉴선택 후 작업화면에서 특정 원호도형을 선택하면 해당 원호도형의 중심점 위치가 작업위치로 지정되는 기능
- 끝점 : 메뉴선택 후 작업화면에서 특정도형을 선택하면 선택위치 기준 해당 도형

의 가장 가까운 끝점위치가 작업위치로 지정되는 기능

- 교차점 : 메뉴선택 후 작업화면에서 서로 다른 두 개의 도형들을 선택하면 두 도형이 만나는 위치가 작업위치로 지정되는 기능으로 평행한 상태의 직선도형 또는 가상으로 확장하는 경우에도 만나지 않는 도형들은 실행할 수 없다.

- 중간점 : 메뉴선택 후 작업화면에서 선택하는 특정도형의 중간위치가 작업위치로 지정되는 기능

- 점 : 메뉴선택 후 작업화면에서 선택하는 특정 점 도형 위치가 작업위치로 지정되는 기능

- 사분점 : 메뉴선택 후 작업화면에서 선택하는 특정 원호도형의 사분점 위치가 작업위치로 지정되는 기능으로 대상 원호도형을 선택하면 마우스 클릭위치에 가까운 사분점 위치가 지정된다.

- 근접점 : 메뉴 선택 후 작업화면에서 선택하는 특정도형의 가장 근접한 점이 지정되는 기능

- 증분점 : 작업 실행기준 위치를 작업화면에서 바로 지정할 수 없는 상황에서 해당 위치가 특정위치기준 일정 좌표 또는 거리/각도로 찾을 수 있는 경우 실행하는 기능으로 찾기 기준이 될 특정위치를 먼저 지정한 후 아래 추가 메뉴들을 이용하여 지정한다.

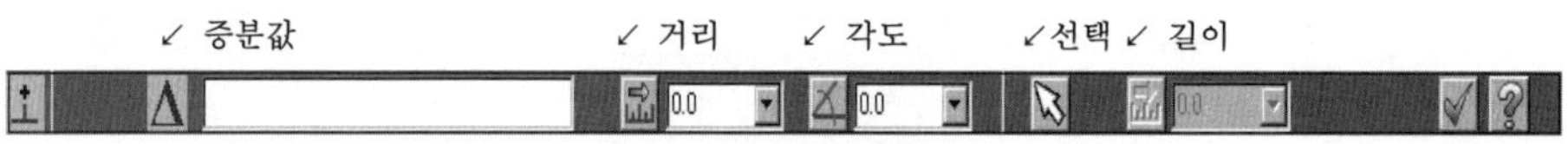

▲ 증분점 리본바

- ▸ 증분값 : 찾기 기준으로 지정한 특정위치기준 작업지정 위치의 증분 좌표값 입력
- ▸ 거리, 각도 : 찾기 기준으로 지정한 특정위치기준 작업지정 위치의 거리, 각도값 입력
- ▸ 선택, 길이 : 선택버튼을 사용하여 도형을 선택한 후 선택된 도형으로부터 증분될 값 입력

- 접하는 점 : 메뉴 선택 후 작업화면에서 원호 도형 선택시 접(접선)하는 점이 선택되는 기능

- 법하는 점 : 메뉴 선택 후 작업화면에서 선택하는 특정도형의 법(법선)하는 점이 선택되는 기능

(6) 일반적인 선택

▲ 일반적인 선택

- 전체선택 : 화면의 특정종류 모든 도형을 일시에 선택하는 기능으로 메뉴들 중 선택될 도형종류에 해당하는 특정메뉴를 선택하면 해당 요소들이 선택됨.
  - ▸ 기준 도형 선택 : 작업화면의 기준 도형 선택 도형에 대한 도형요소, 색상, 레벨, 선 굵기, 형태 등을 설정해 준다.

▲ 전체 선택

  - ▸ 마스크 : 특정 해당 칸을 마우스 클릭하면 설정 표시되며, 설정 표시된 상태에서는 이후 도형작업에서 시스템이 설정 표시된 도형들만을 작업 대상으로 인식하고 설정 표시되지 않은 다른 도형들은 화면에서 인식하지 않게 된다.

- 단일선택 : 단일선택 사용시 선택한 도형 중 표시된 도형만 선택되어지는 기능
- 도형선택 방법
  - ▸ 체인 : 끝점들이 연결된 다수의 도형들을 하나의 윤곽단위로 일시에 선택하는

기능

- 윈도우 : 마우스 윈도우를 이용하여 도형들을 선택할 때 조건설정을 하는 기능
- 다각형 : 다각형 기능을 이용하여 도형들을 선택하는 기능
- 단일 : 한 개의 요소씩 선택하는 기능

▲ 단일 선택

- 영역 : 닫힌 형태의 윤곽도형 및 해당도형 내측에 위치하는 도형들을 일시에 선택하는 기능으로 메뉴선택 후 해당 닫힌 윤곽도형의 내측 위치를 마우스로 클릭하여 실행
- 벡터 : 벡터로 그려진 선들과 교차되는 부분이 있는 도형만 선택되는 기능

■ 윈도우, 다각형 방법에서 사용하는 메뉴

- 내측 : 사각형 또는 다각형 형태 영역 내측에 위치하는 도형들을 모두 선택
- 외측 : 사각형 또는 다각형 형태 영역 외측에 있는 도형을 선택
- 내측+교차 : 사각형(또는 다각형) 형태 영역 내에 위치하는 도형들과 형태 영역(흰색)에 걸치는 도형들을 모두 선택
- 외측+교차 : 사각형 또는 다각형 형태 외측 및 영역에 걸치는 도형들을 선택
- 교차 : 사각형 또는 다각형 형태 영역에 걸치는 도형들만 선택

 : 기본선택을 지정하는 기능

 : 전체선택을 취소하는 기능

 : 선택을 완료하는 기능

 : 선택 검증 표시를 켜는 기능

(7) 상태바

드롭다운 메뉴들을 사용하기 위한 설정 등에 관련된 메뉴들로 화면 하단에 위치하며, 메뉴 실행방법은 마우스 왼쪽 버튼을 클릭하면 실행된다.

▲ 상태바

- 2D : 2D/3D 작업시 작업에 맞게 맞춰서 실행시키는 기능
- 그래픽뷰 : 화면의 시각 표시상태를 지정하는 메뉴로 사용자가 작업 중인 모델을 원하는 방향 각도에서 볼 수 있도록 뷰를 설정하는 기능
  - ▸ 도형 : 특정 평면은 X, Y, Z의 3개축으로 구성되는데 이 3축의 형태를 작업화면에서 선택하는 특정 도형들로 설정하여 적용될 평면을 설정하는 기능으로 특정 평면 형태로 된 하나의 도형요소, 3개의 점 도형 또는 2개의 직선도형을 선택하여 실행할 수 있다.
  - ▸ 솔리드면 : 솔리드 도형의 특정 면(Face)을 기준으로 적용될 그래픽뷰를 설정하는 기능
  - ▸ 회전 : 상태바의 그래픽뷰 메뉴에 현재 표시된 특정 평면의 축 상태를 화면 표시하여 특정 축 기준으로 다른 축을 일정각도 회전하는 방법으로 새로운 작업평면을 설정하는 기능으로 추가 메뉴들의 내용은 다음과 같다.
    ⇔ Y축으로 : 화면표시 Y축 중심으로 X, Z축이 입력되는 각도만큼 회전하는 방법
    ⇔ X축으로 : 화면표시 X축 중심으로 Y, Z축이 입력되는 각도만큼 회전하는 방법
    ⇔ Z축으로 : 화면표시 Z축 중심으로 X, Y축이 입력되는 각도만큼 회전하는 방법
  - ▸ 다이나믹 : 마우스를 이용하여 작업화면 내 도형표시 형태를 조절하는 기능으로 실행 방법은 메뉴선택 후 작업화면 내 특정위치를 지정하고 마우스 위치를 이동하면 지정된 위치를 중심으로 작업화면 내 모든 도형들이 마우스 이동방향으로 이동하며 마우스 이동으로 원하는 화면표시 형태가 이루어졌을 때 마우스 왼쪽버튼을 클릭하면 표시된 화면 상태로 도형들이 작업화면 상태가 고정된다.
  - ▸ 최종 : 작업화면에서 현재 평면 바로 전에 선택했던 평면을 설정하는 방법

▸ 노말 : 작업화면에서 특정 직선도형을 선택하면 선택된 직선의 방향이 설정될 작업평면의 Z축으로 자동 설정되는 평면을 설정하는 방법

⇔ 작업평면 : 메뉴를 선택하면 그래픽뷰가 작업평면과 자동으로 동일하게 설정되는 방법

⇔ 공구평면 : 메뉴를 선택하면 그래픽뷰가 공구평면과 자동으로 동일하게 설정되는 방법

■ 평면 : 작업할 면을 지정하는 기능

앞에서 설명한 그래픽뷰 메뉴들에 추가된 메뉴들은 다음과 같다.

⇔ 그래픽뷰 : 메뉴 선택하면 현재 부메뉴란 그래픽뷰 메뉴에 설정된 평면종류와 동일한 평면으로 작업평면 메뉴의 평면형태가 자동으로 설정되는 방법

⇔ WCS : 메뉴 선택하면 현재 WCS에 설정된 평면종류와 동일한 평면으로 작업평면 메뉴의 평면형태가 자동으로 설정되는 방법

⇔ 항상 = WCS : 메뉴 선택하면 항상 작업평면이 WCS에 같게 자동으로 설정되는 방법

■ Z : 상태바에서 설정된 특정평면 기준으로 도형요소를 생성하는 경우 적용될 해당 평면 Z축의 좌표위치를 Z깊이라 하며, 이 Z축 좌표 위치는 상태바 Z메뉴로 설정한다. 설정된 Z좌표위치는 해당 Z메뉴에 자동으로 표시되며, 이 Z좌표위치는 도형생성 실행하는 과정에서 해당 평면상 도형의 생성 깊이로 적용되므로 반드시 도형생성 실행 전에 설정하며, 만약 3D로 설정하고 실행하는 경우에는 3차원 평면의 특성상 Z메뉴에 설정된 깊이는 자동으로 적용되지 않는다.

■ 10(색상표시) : 도형의 색상을 지정하는 기능으로 256개의 색상을 지원한다.

■ 레벨 : 하나의 특정 도형파일에 다수의 도형들을 생성하는 경우 해당 도형파일에

▲ 레벨 관리자 창

도형들의 저장위치(층 : layer)를 다르게 설정하여 도형요소 관리를 효율적으로 실행할 수 있는 기능이다.

- 속성 : 생성될 도형의 점 도형 형태, 선 형태, 굵기 등을 설정한다.
- WCS : 뷰 관리자는 사용자가 원하는 각각의 공구평면 및 작업평면 등을 지정할 수 있는 메뉴로써 새로운 평면을 생성시켜 이름 및 번호를 부여할 수 있으며 필요시 설정한 뷰 번호에 따라 가공정의가 용이하며, 요소에 대한 속성 및 작업 옵셋 번호, 주석문 지정, 원점지정 기능을 한 몫에 묶어서 지정할 수 있다. 또한 각각의 작업위치에 따른 WCS(Work Coordinate System) 기능을 설정할 수 있다.
- 그룹 : 도형선택을 쉽게 할 수 있도록 다수의 도형들을 하나의 묶음으로 설정(특정이름 부여)하여 관리하는 기능
  - 표시영역 : 설정되는 그룹들이 표시되는 영역
  - 그룹생성 : 작업화면 내 특정 도형들을 하나의 그룹으로 설정하는 기능으로 버튼 선택 후 생성될 그룹의 이름을 부여하고 화면에서 대상 도형들을 선택 완료하면 표시영역에 설정 그룹이름으로 표시된다.

▲ 그룹관리자 창

  - 도형추가 : 표시영역에서 선택된 특정그룹에 다른 도형을 추가 설정하는 기능으로 버튼 선택 후 작업화면에서 해당 그룹으로 추가될 도형들을 선택한다.
  - 도형해제 : 표시영역에서 선택된 특정그룹의 도형들 중 일부도형들을 그룹에서 해제하는 기능으로 버튼 선택 후 작업화면에서 해제될 도형을 선택한다.
  - 그룹보기 : 표시영역에서 선택된 특정그룹에 속한 도형들을 작업화면에서 구분해 보는 기능으로 버튼 선택하면 작업화면에 해당 그룹에 속한 도형들만이 자동 표시된다.
  - 그룹해제 : 표시영역에서 선택된 특정그룹들을 삭제시켜 해당 그룹들에 속한 도형 전체를 그룹관리에서 해제하는 기능으로 버튼 선택만으로 실행된다.

- ▸ 부속그룹 : 표시영역에서 선택된 특정그룹을 다른 그룹의 부속(하위)그룹으로 설정하는 기능으로 실행방법은 다음과 같다.
- ▸ 표시영역에서 대상 그룹 선택
- ▸ 부속그룹 버튼 선택(대상 그룹이 표시영역에서 일시적으로 사라짐)
- ▸ 모(母) 그룹이 될 대상 그룹 선택(하위 그룹으로 표시됨)

  주의 : 모(母) 그룹과 부속그룹의 이름을 동일한 이름으로 사용할 수 없다.

- ■ 부속해제 : 표시영역의 특정 그룹에 부속된 그룹을 부속그룹에서 해제하는 기능으로 표시영역에서 해당 부속그룹을 선택한 후 부속해제 버튼 선택하면 실행된다.

- ■ 도형선택 : 작업화면 내 특정 도형들을 선택하여 해당 도형들이 속한 그룹을 알아보는 기능으로 버튼 선택 후 특정 도형들을 선택 완료하면 그룹관리자 대화창의 해당 그룹들이 자동으로 선택(청색) 표시된다.

- ■ 표시색상 : 특정그룹에 속한 도형들의 화면표시색상을 설정하는 기능으로 버튼 선택 후 나타나는 그룹도형 표시색상 대화창으로 표시될 색상을 설정한다.
  - ▸ 도형 고유색상으로 표시 : 항목 선택하면 그룹의 도형들을 생성하는 과정에서 적용된 해당 도형들의 고유색상으로 표시된다.
  - ▸ 그룹색상으로 표시 : 도형 고유색상이 아닌 표시색상 영역에 설정된 색상으로 화면 표시하도록 하는 기능
  - ▸ 표시색상 : 위의 그룹색상으로 표시항목을 선택한 경우에만 활성화되는 영역으로 해당 그룹에 대한 도형구분 표시색상을 설정

- ■ ! : 상태바의 메뉴들에 대해 추가, 제거, 위치 변경 등의 세팅을 하는 기능

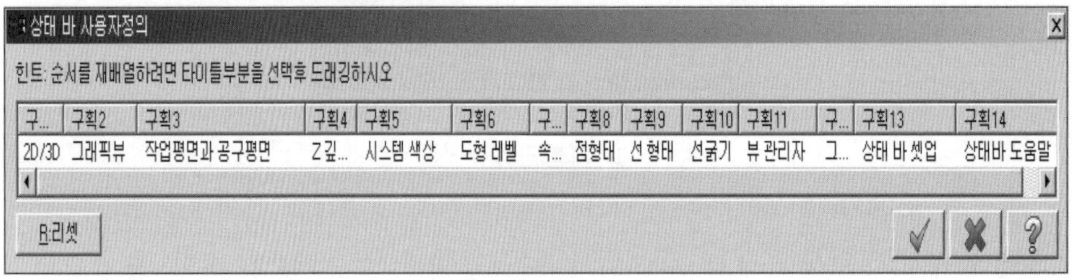

▲ 상태바 사용자정의 창

▶ 단축 기능 키

단축키	기 능	설 명
F1, Ctrl+F1	화면확대	중심점 위치를 이용한 화면확대 기능
F2	화면축소	화면을 1/2로 축소하는 기능
F3	다시그리기	화면의 잔상 및 허상을 제거하는 기능
F4	측정	도형요소를 측정하는 기능
F5	지우기	도형요소를 지우는 기능
F9	화면표시정보	원점, 축을 화면에 표시
ALT+F1	자동배율	화면의 도형요소를 최대한 크기로 확대
ALT+F4	종료	Mastercam을 종료하는 기능
ALT+F8	환경설정	환경설정 윈도우를 여는 기능
ALT+F9	축 표시	현재의 WCS좌표계(중간), WCS에 따른 그래픽뷰의 축(좌측하단), 작업평면의 축(좌측상단)을 표시
ALT+A	자동저장	자동저장 윈도우를 여는 기능
ALT+C	C-HOOK 부르기	C-HOOK 응용 프로그램을 로딩시에 사용
ALT+E	히든	특정도형요소만 보이는 기능
ALT+D	치수기입 파라미터	치수기입 파라미터 윈도우를 여는 기능
ALT+G	그리드	화면에 그리드를 나타내는 기능
ALT+H	도움말	Mastercam의 도움말을 볼 수 있는 기능
ALT+O	작업관리자	작업관리자 파라미터를 토글하는 기능
ALT+P	이전 뷰	방금 전 사용했던 그래픽뷰로 가는 기능
ALT+S	쉐이딩	곡면을 쉐이딩하는 기능
ALT+T	가공경로 화면표시	가공경로를 보이거나 안보이게 하는 기능
ALT+U Ctrl+U Ctrl+Z	Undo	방금 전에 수행한 기능을 취소하는 기능
ALT+V	Version 정보	소프트웨어의 버전, SIM 번호를 표시
ALT+X	속성변경	상태바에 정의된 속성으로 변경시키는 기능
ALT+Z	레벨	주 레벨 관리자를 여는 기능
ALT+1	평면	평면을 선택하는 기능
ALT+2	정면	정면을 선택하는 기능

▶ 단축 기능 키

단축키	기 능	설 명
ALT+3	뒷면	뒷면을 선택하는 기능
ALT+4	바닥면	바닥면을 선택하는 기능
ALT+5	우측면	우측면을 선택하는 기능
ALT+6	좌측면	좌측면을 선택하는 기능
ALT+7	입체	입체를 선택하는 기능
Ctrl+A	전부선택	작업화면의 도형요소들을 전부선택, 선택 취소하는 기능
Ctrl+C	복사	
Ctrl+V	붙이기	
Ctrl+X	자르기	
Ctrl+Y	Redo	방금 전에 취소한 기능을 복원하는 기능
Shift+R Ctrl+R	Regenerate screen	F3 다시그리기 명령과 달리 화면을 정리한 후 재생성하는 기능
Page up / Page down	화면 확대, 축소	Page up은 화면의 도형요소를 확대 Page down은 도형요소를 축소

▶ 마우스 오른쪽 버튼 기능

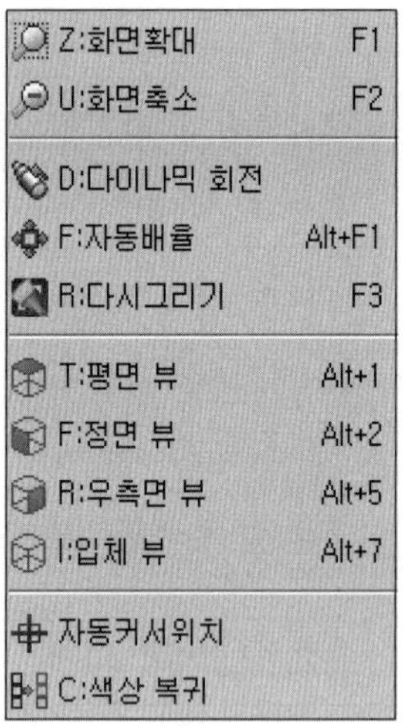

▲ 마우스 오른쪽 버튼

- 화면확대 : 작업화면을 부분 확대하는 기능
- 화면축소 : 현재 작업화면 크기를 1/2로 축소하는 기능
- 다이나믹 회전 : 사용자가 작업을 요하는 방향으로 회전시키는 기능

- 자동배율 : 작업화면 크기를 현재 작업화면의 모든 도형크기로 자동 조절하는 기능
- 다시그리기 : 작업화면의 허상(도형, 대화창) 내용을 지우는 기능
- 커서위치감지 : 자동커서 위치 세팅 메뉴로 가는 기능
- 색상 복귀 : 이동메뉴 실행으로 변화된 도형색상을 해당도형의 고유 색상으로 복귀 실행하는 기능

1.2 도형요소 그리기

이 절에서는 아래의 메뉴와 그에 해당하는 리본바를 이용하여 여러 가지의 도형을 그릴 수 있는 메뉴들이 나타나는데 지금부터 각 메뉴별 기능 및 실행 방법을 설명하도록 하겠다.

☞ '라이브' 수정

라이브 수정이라는 것은 말 그대로 그리고 있는 중에 수정을 할 수 있는 메뉴다. 도형을 그리고 난 후 잘못된 부분이 있으면 적용을 시키기 전까지는 길이, 위치, 크기 등의 수정이 가능하다. 이 기능은 예를 들어 설명하도록 하겠다.

두 점선 그리기의 예

① 드롭-다운 메뉴에서 그리기-직선-두 점선을 선택하면 리본바가 활성화된다.

② 작업화면에 직선을 생성하기 위해 두 점을 클릭해서 직선을 그리면 라이브 형태(하늘색으로 표시)의 직선이 표시되게 된다.

③ 버튼을 클릭해서 처음 지정했던 위치와 다른 위치를 지정

④ 버튼을 클릭해서도 3과 마찬가지로 다른 위치를 지정

⑤ ③~④를 실행시키면서 직선의 설정했던 위치 수정을 확인 가능

⑥ 길이 변경 : 길이 창 선택 또는 L키 선택(단축키 사용) 후 길이 값 입력하고 엔터

⑦ 각도 변경 : 각도 창 선택 또는 A키 선택(단축키 사용) 후 각도 값 입력하고 엔터

⑧ 수정 완료
- 수정 완료 후 직선을 다시 그리려면 엔터키나 적용키를 누른다.
- 수정 완료 후 직선 메뉴에서 나가려면 ESC키나 OK키를 누른다.

※ 리본바에서 **길이**나 **각도**와 같이 값을 입력하는 창을 선택해서 빨간색으로 만든 후 값을 입력하면 빨간색을 없애기 전까지 그 값을 계속 사용할 수 있다.

1.2.1 점

드롭-다운 메뉴에서 그리기-점을 선택하거나 툴바에서 점을 선택하면 메뉴를 실행시킬 수 있다.

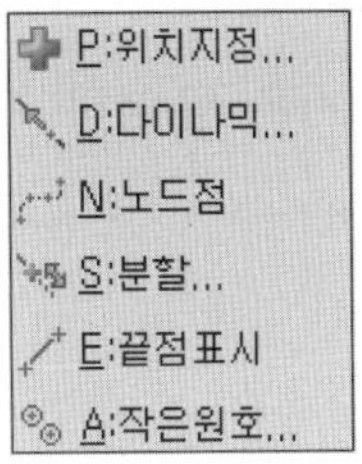

▲ 점 그리기 드롭-다운 메뉴

점 그리기 메뉴를 선택할 때는 드롭-다운 메뉴에서 **그리기-점**을 선택하는 방법, 툴바에서 **점**을 선택하는 방법이 있다.

(1) 위치지정

작업자가 원하는 위치 어느 곳이나 점을 생성시키는 기능으로, 점을 생성시키는 방법은 다음의 2가지 방법이 있다. 작업화면에 마우스를 이용하여 클릭하여 점을 생성하는 방법과 자동커서위치를 이용하여 원하는 위치에 점을 생성하는 방법.

▲ 위치지정 리본바

※ 위치지정 후 다른 위치를 지정하게 되면 먼저 선택한 점은 자동으로 고정된다.

(2) 다이나믹

도형 요소 위를 자유로이 움직여 원하는 위치에서 마우스 왼쪽 버튼을 누르면 그 위치에 점을 그릴 수 있다. 라이브 상태에서 **점 수정** 버튼을 누르고 다른 위치를 선택하면 처음에 선택했던 위치를 다른 위치로 이동시킬 수 있다.

▲ 다이나믹 리본바

도형 선택 후 **거리**에 값을 입력하게 되면 화면에 나타난 화살표를 기준으로 그 점에서부터 입력한 거리만큼 위치에 점을 생성시킨다.

도형 선택 후 **옵셋**에 값을 입력하게 되면 도형으로부터 작은 화살표 방향으로 입력한 값만큼 떨어진 위치에 점을 생성시킬 수 있다.

예를 들어 50 mm인 직선에 거리 100을 입력하고 엔터키를 누르면 실제로는 없지만 가상의 선상에 점이 생성된다.

(3) 노드점

이 메뉴는 스플라인의 굴곡점을 그리는 기능이다. 노드점 메뉴 선택 후 스플라인을 선택하면 자동으로 굴곡점들이 생성된다.

(4) 분할

분할은 기존의 도형요소 위에 도형을 분할하는 점을 그리는 기능이다. 도형요소에 원하는 수만큼의 점을 생성시키는 방법, 원하는 간격만큼 점들을 생성시키는 방법 이렇게 2가지가 있다.

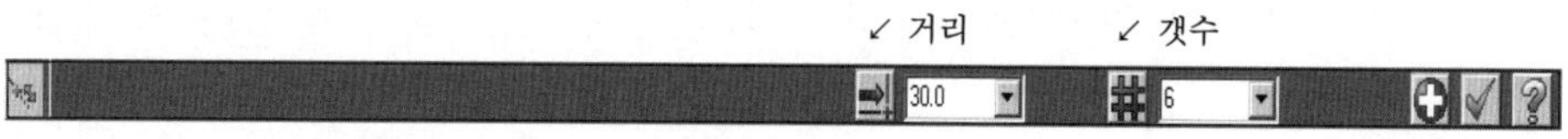

▲ 분할 리본바

첫 번째는 특정 도형을 **거리** 창에 입력한 값만큼 나누어서 점을 생성해 주는 방법이다. 도형 선택 후 값을 입력해 주면 선택한 도형을 거리 값으로 나누어지는 지점에 점들을 생성시킨다.

※ 거리 창에 입력할 수 있는 값은 최소 0(Zero)에서 최대 선택한 도형의 길이까지이다.

두 번째는 특정 도형을 **갯수** 창에 입력한 수만큼 나누어서 점을 생성해 주는 방법이다. 이때 입력된 갯수만큼 도형을 등 간격으로 분할한다.

(5) 끝점표시

이 메뉴는 마스터캠 작업화면상에 나와 있는 직선, 원호, 스플라인 등 모든 도형들의 끝점에 점을 표시해 주는 기능이다. 이 기능은 체인 작업 전에 도형들의 끝점 확인을 하는데 유용하게 쓰인다.

※ 끝점표시 생긴 점들을 가장 빠르게 없애는 방법은 undo의 사용이다.

(6) 작은원호

이 기능을 사용하면 빠르고 쉽게 원하는 원의 중심 위치에 점을 생성할 수 있다. 이 메뉴에서 최대 반경 값을 입력해 주고 해당 원들을 선택한 후에 엔터키나 OK 버튼을 누르면 된다.

▲ 작은원호 리본바

이 메뉴를 사용할 때 정원이 아닌 원호에도 중심점을 생성시키려면 호 포함 버튼을 누르고 작업을 하면 된다. **호 포함** 버튼이 선택되어 있지 않으면 정 원만 작업 대상이 된다.
원, 원호도형들의 중심 위치에 점을 생성시킴과 동시에 원, 원호도형을 삭제하려면 **원호삭제** 버튼을 누른 후 작업을 하면 된다.

1.2.2 직선

직선 그리기에 있는 각각의 메뉴들은 리본바에서 많은 기능들을 함축하고 있다.
메뉴를 선택할 때에는 드롭-다운메뉴에서 **그리기-직선**을 선택하는 방법, 툴바에서 **직선**을 선택하는 방법이 있다.

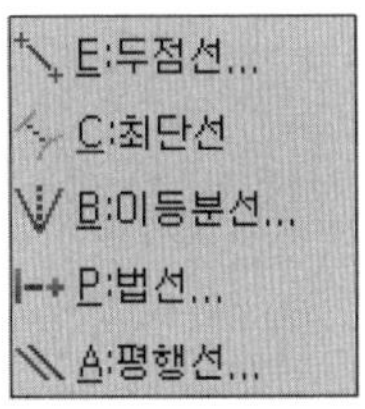

▲ 직선 그리기 드롭-다운 메뉴

(1) 두점선

이 기능은 두 점을 선택하거나 값을 입력해서 그릴 수 있는 여러 가지 직선 방법들이 포함되어 있다. 각도를 입력해서 직선을 그릴 수 있는 경사선, 수직선, 수평선, 연속선, 원호나 스플라인의 접하는 선을 그리는 접선들이 가능하다.

▲ 두점선 리본바

작업화면상에서 마우스로 클릭할 때 자동커서위치를 이용하면 간편하게 원하는 위치 지정이 가능하다.

① 경사선

경사선은 시작하는 한 점을 기준으로 입력한 길이, 각도대로 직선을 그리는 기능이다. 우선 시작점 한 점을 선택하고 라이브 상태에서 원하는 길이 값, 각도 값을 입력하면 입력한 길이 각도에 의한 직선이 그려진다.
경사선은 각도에 입력한 값만큼 한 번씩밖에 직선을 그리지 못하는데, 자동커서위치의 옵션에서 각도 창을 활성화시키면 여러 번 사용이 가능하다.

예를 들어 이 각도 창에 15.0이라는 값을 입력하게 되면 직선은 15°, 30°, 45°, 60°, … 이렇게 15의 배수 순서대로 자동커서위치가 잡힌다.

② 수평선과 수직선

두점선 메뉴의 리본바에서 수직 버튼을 누르면 수직선을 그릴 수 있다. 수직 버튼을 누른 후에는 작업화면상의 어떤 점을 선택하여도 **수직선**을 생성할 수 있다. 직선 생성 후에 입력 창에 X좌표 값을 입력하면 위치 수정이 가능하고, **길이** 창의 값을 입력하면 원하는 길이의 수직선을 그릴 수 있다. 입력 후에는 **엔터**키나 **적용** 버튼을 눌러 주어야 한다.
수평선은 리본바에서 수평 버튼을 선택하고 생성시키면 되는데 방법은 수직선과 동일하다.
리본바에서 수직이나 수평 버튼을 선택하지 않고서도 자동커서위치의 옵션 창에서 수평/수직을 활성화시키고 수평, 수직에 근접한 상태로 접근하면 수평선과 수직선을 생성시킬 수 있다.

③ 연속선

연결된 두 개 이상의 직선을 연속적으로 그릴 때 사용하는 메뉴이다. 리본바에서 **연속선** 버튼을 누른 후 생성시키면 된다. 작업화면상에서 선택하는 점들을 연속적으로 이어서 직선들을 생성하는데, 작업을 마치려면 마지막 점 선택 후 ESC 버튼을 누르거나 마지막 선택 점을 더블클릭으로 선택하면 작업이 마무리된다.

④ **접합**

원이나 원호에 부드럽게 접하는 직선을 그리는 방법이다. 직선의 리본바에서 접합 버튼을 누른 후 작업을 하면 **접선**을 그릴 수 있다.

(2) 최단선

선택하는 2개의 도형 사이에 가장 짧은 선을 그리는 방법이다.
최단선은 **리본바**가 없다. 메뉴 선택 후 직선, 원호, 스플라인을 선택하면 두 도형 사이의 가장 짧은 지점을 계산해서 직선으로 연결시켜 준다.

(3) 이등분선

이등분선은 지정한 2개의 직선이 만나서 이루어지는 각을 2등분하는 직선을 그리는 기능이다. 메뉴 선택 후 차례대로 직선을 선택해 주면 이등분선이 여러 개가 생성된다. 이미 그려져 있는 직선 이외에 그 직선들의 연장선까지 인식해서 이등분을 해 준다. 그 직선들 중 필요한 직선을 선택하면 선택된 직선만 남게 된다.

▲ 이등분선 리본바

리본바에서 길이 창에 입력한 값으로 수정이 가능하다. 수정 후에는 **엔터**키나 **적용** 버튼을 눌러 주면 된다.

(4) 법선

법선은 직선, 원, 원호, 스플라인 등에 수직하는 직선을 그리는 기능이다.

▲ 법선 리본바

먼저 직선, 원, 원호, 스플라인 등을 선택하면 법선형태로 직선이 생성되어 다음 지점 선택을 기다린다. 다음 지점 선택 후 **길이** 창에서 원하는 길이 값으로 맞추고 **엔터**키나 **적용** 버튼을 누르면 완성이 된다.
접합은 한 도형에는 법하는 형태이고, 다른 한 도형에는 접하는 형태의 직선을 그릴 때 사용한다.

(5) 평행선

기존의 직선으로부터 평행한 직선을 그리는 기능이다. 한 직선 선택 후 평행선이 그려질 위치를 선택하면 직선이 생성되는데, 생성 후 라이브 상태에서 위치, 거리 등 수정이 가능하다.

▲ 평행선 리본바

방향전환은 생성된 평행선의 방향을 수정할 수 있다. 방향전환 버튼을 누르면 차례로 선택방향 → 반대방향 → 양쪽 순으로 설정된다.

- 선택방향 : 현재 선택한 방향이다.
- 반대방향 : 현재 선택한 방향의 반대방향이다.
- 양쪽 : 현재 선택한 방향과 반대방향 양쪽방향이다.

1.2.3 원호

원, 원호를 다양한 방법으로 그리는 메뉴이다. 원호 메뉴를 선택하는 방법은 드롭-다운 메뉴에서 **그리기-원호**를 선택하는 방법, 툴바에서 해당 아이콘을 선택하는 방법이 있다.

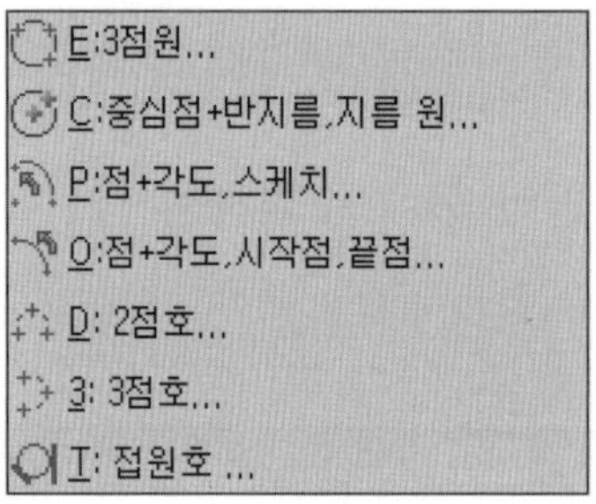

▲ 원호 그리기 드롭-다운 메뉴

◉ 주의 : 원의 각도는 항상 반시계방향(CCW)으로 계산되므로 주의!!

(1) 3점원

이 기능은 작업화면에서 선택한 3점으로 원을 그리는 메뉴이다. 하지만 2점으로도 원을 그릴 수 있다.

리본바에서 **두 점** 버튼 선택 후 2개의 점만 선택하면 원이 그려진다. 그런데 두 점 버튼을 누르지 않고서도 1점 선택 후 2점을 **더블클릭**으로 선택을 하게 되면 2점원을 그릴 수 있다.
원 생성 후 라이브 상태에서는 점 수정 메뉴로 선택했던 위치수정이 가능하다. 도형 생성 후 더 이상의 수정이 필요 없는 상태가 되면 **엔터**키나 **적용** 버튼을 눌러 도형을 고정시킬 수 있다.

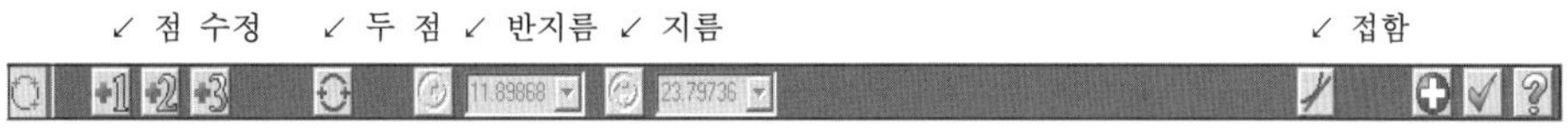

▲ 3점원 리본바

반지름과 **지름** 창은 현재 생성된 원호의 크기를 나타내는 창이므로 3점원을 그릴 때는 수정이 불가능하다. 하지만 두 요소 접 원호를 그릴 때는 활성화되어 사용이 가능하다.
그냥 접함 버튼을 사용하면 3요소 접 원호, 두 점 선택 후 접함 버튼을 사용하면 2요소 접 원호 방법이 된다.

(2) 중심점 + 반지름, 지름 원

이 기능은 중심점의 위치를 알고 반지름이나 지름을 알고 있을 때 사용하는 메뉴이다.
먼저 작업화면상에 중심위치를 선택하고 다른 한 점을 선택한다. 그런 후 라이브 상태에서 **반지름, 지름** 창의 값을 수정해서 원하는 원을 생성시킬 수 있다. 반지름, 지름 창을 클릭해서 빨간색으로 만든 뒤 원하는 크기를 입력하며 그 크기에 해당하는 원을 반복적으로 생성시킬 수도 있다.

▲ 중심점 + 반지름, 지름 원

리본바에 **접함**은 한 요소에 접하는 원을 그리는 기능이다. 중심위치 선택 후 접할 요소를 선택하면 접원을 그릴 수 있다.

(3) 점 + 각도, 스케치

이 기능은 원호의 중심점의 위치, 반지름, 시작각도와 끝각도를 입력하거나 임의로 스케치하여 정의하는 방법이다. 중심점 선택 후 원호가 그려질 처음 위치와 두 번째 위치를 선택하면 원호가 생성된다. 원호 생성 후 각도 창에 값을 입력하면 원하는 각도만큼의 원호를 생성시킬 수 있다.

▲ 점+각도, 스케치 리본바

라이브 상태에서 자동커서위치를 이용한 중심점 위치 수정과 **반지름**, **지름**, **시작각도**, **끝각도**의 수정이 가능하다.
방향전환 버튼의 사용은 시작각도와 끝각도의 위치를 바꾸어 반시계방향으로 생성된 원호를 반대인 시계방향으로 생성시킨다.

(4) 점 + 각도, 시작점, 끝점

이 메뉴는 원호의 중심점 위치 대신 시작점의 위치와 끝점 위치, 반지름, 시작각도, 끝각도 등을 이용하여 원호를 정의하는 방법이다.

▲ 점+각도, 시작점, 끝점 리본바

먼저 시작점이나 끝점을 선택한다. 그런 다음 반지름이나 지름 값을 입력한다. 그리고 시작각도, 끝각도를 입력하고 엔터키나 적용 버튼을 누르면 원하는 원호를 생성시킬 수 있다.

(5) 2점호

이 메뉴는 2점을 이용해서 원호를 생성시키는 기능으로 원호 생성만 가능하다. 메뉴 선택 후 작업화면상에 2점을 선택하고 원호를 생성시키고 라이브 상태에서 **반지름**이나 **지름** 수정으로 원하는 원호를 생성시킬 수 있다.

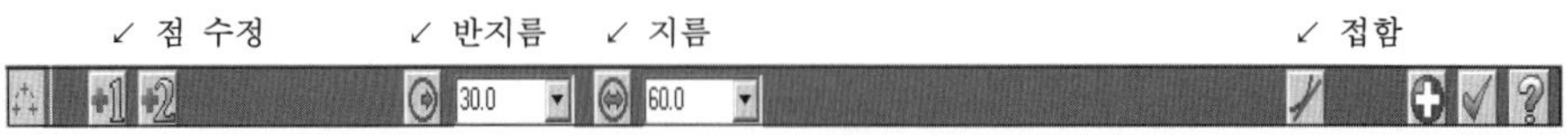

▲ 2점호 리본바

접함으로 원호를 그릴 경우 2점 선택 후 접하게 될 한 도형을 선택한다. 그러면 선택한 두 점을 지나고 선택한 한 도형에 접하는 원호를 그릴 수 있다.

(6) 3점호

이 메뉴는 3점을 이용해서 지정한 3점을 지나는 원호를 그리게 하는 기능이다. 차례로 3점을 지정하거나 자동커서위치를 이용하여 3개의 점을 선택하면 원호가 생성된다.

▲ 3점호 리본바

라이브 상태에서 점 수정 버튼을 이용하여 각각의 위치 수정이 가능하다.
접함을 사용하게 되면 최대 3개의 요소에 접하는 원호까지 생성할 수 있다. 예를 들어 2개 요소에 접하고 1개의 점을 지나는 원호를 생성하려면 접함을 켠 상태에서 2개의 요소를 선택하고 접함을 끈 상태에서 1개의 점을 선택하면 된다.

(7) 접 원호

이 메뉴는 리본바에 나온 데로 한 요소, 점, 중심선, 다이나믹 방법으로 접 원호를 그리는 기능이다.

▲ 접 원호 리본바

① **한 요소** : 한 요소를 기준으로 원하는 크기의 접 원호를 그리는 기능

- 원하는 반지름 또는 지름 값 입력
- 접할 도형요소 선택
- 선택한 도형요소의 접할 위치 지정
- 그려진 원호 중 원하는 한 개의 원호 선택

② **점** : 하나의 도형요소에 접하고 특정한 한 점을 지나는 원호를 그리는 기능

- 원하는 반지름 또는 지름 값 입력
- 접할 도형요소 선택
- 원호가 지나게 될 한 점을 지정
- 그려진 원호 중 원하는 한 개의 원호 선택

③ **중심선** : 하나의 도형요소에 접하고 다른 하나의 직선상에 중심이 놓이는 원호를 그리는 기능

- 원하는 반지름 또는 지름 값 입력
- 접하게 될 직선 선택
- 중심이 놓이게 될 직선 선택
- 그려진 원호 중 원하는 한 개의 원호 선택

④ **다이나믹** : 하나의 도형요소에 접하고 특정한 한 점을 지나는 원호를 그리는 기능

- 접할 도형요소 선택
- 접할 위치 선택(특정위치를 선택하려면 스냅적용 버튼을 누르고 실행)
- 다른 도형의 접할 위치를 선택

※ 작업 사용시 반지름, 지름 값 입력은 라이브 상태에서 계속 수정 가능

1.2.4 필렛

평행하지 않은 두 개의 곡선에 반지름 값을 정의한다.

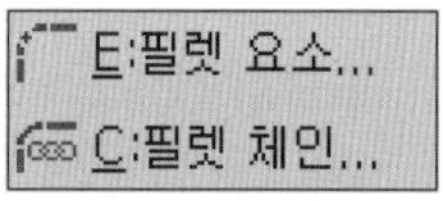

▲ 필렛 드롭-다운 메뉴

(1) 필렛 요소

개별 도형요소의 필렛을 실행할 때 사용된다. 원하는 **반경** 값을 입력, 원하는 **형태**를 선택, **트림** 여부를 선택해서 각 진 부분에 필렛을 생성시킨다.

▲ 필렛 요소 리본바

① **반경** : 필렛의 반지름 값을 입력하는 창

② **형태**

- R<180 : 필렛의 각도가 180°보다 작게 생성할 때
- R>180 : 필렛의 각도가 180°보다 크게 생성할 때
- 원 : 필렛을 원으로 생성할 때

▶ 외측 호 : 외측으로 외측 호를 생성할 때

(2) 필렛 체인

이 기능은 여러 개의 도형요소가 연결되어 있을 때 이들을 체인으로 연결하여 한 번에 필렛할 때 사용한다.

▲ 필렛 체인 리본바

① **체인** : 선택한 체인을 다시 선택할 때

② **반경** : 필렛의 반지름을 수정할 때

③ **방향**

- ▶ 모든 모서리 : 체인된 모든 도형을 필렛
- ▶ CCW : 반시계방향으로만 필렛
- ▶ CW : 시계방향으로만 필렛

④ **형태** : 필렛 요소와 동일

1.2.5 모따기

일반적으로 모따기는 45°의 모따기만을 생각하기가 쉬운데 Mastercam에서는 모따기할 두 변의 거리 및 각도를 입력하여 정의하기 때문에 서로 다른 경사의 모따기를 처리할 수 있다.

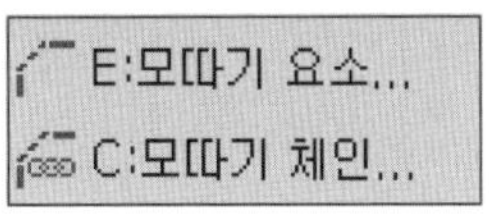

▲ 모따기 드롭-다운 메뉴

(1) 모따기 요소

개별 도형요소의 모따기를 실행할 때 사용된다. 형태 선택에 따라 원하는 **거리** 값을 입력, **트림** 여부를 선택해서 모따기를 생성시킨다.

▲ 모따기 요소 리본바

① **거리 1** : 한쪽 모서리 모따기 값(형태의 너비 선택시 너비의 거리)

② **거리 2** : 다른 한쪽의 모서리 모따기 값(형태의 거리 2 선택시 활성화)

③ **각도** : 거리와 각도를 사용한 모따기의 각도 값(형태의 거리/각도 선택시 활성화)

④ **형태**

- 거리 1 : 모따기를 할 모서리에 같은 값의 모따기에 적용
- 거리 2 : 모따기를 할 모서리에 적용기준에서 정한 거리 1의 값과 거리 2의 값이 순서대로 모따기 값으로 적용
- 거리/각도 : 적용기준에서 지정한 거리 1의 값과, 각도값을 적용하여 모따기를 적용
- 너비 : 모따기를 할 모서리의 너비 값 입력으로 모따기 적용

(2) 모따기 체인

이 기능은 여러 개의 도형요소가 연결되어 있을 때 이들을 체인으로 연결하여 모서리 구간을 한 번에 모따기할 때 사용한다.

▲ 모따기 체인 리본바

① **체인** : 도형을 다시 체인할 때 사용

② **거리/너비** : 모따기가 적용될 거리나 너비의 값

1.2.6 스플라인

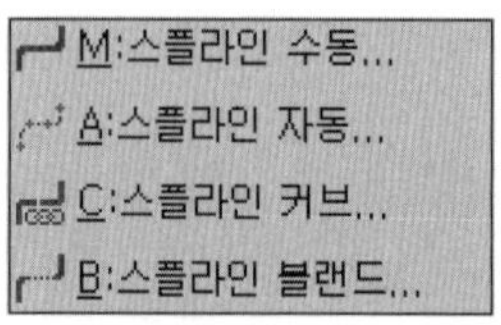

▲ 스플라인 드롭-다운 메뉴

(1) 스플라인 수동

수동으로 **스플라인**을 그리는 방법으로 자동 커서 위치를 이용하여 점들을 그린 후 엔터키나 적용버튼을 누르면 이 점들을 잇는 스플라인이 그려진다.

▲ 스플라인 수동 리본바

① **한 점 취소** : 바로 직전에 선택한 점을 취소하는 기능

② **끝 조건 수정** : 스플라인의 끝 부분을 다양하게 처리할 수 있는 기능

(2) 스플라인 자동

이미 화면에 그려진 점들을 자동으로 연결하는 스플라인을 그리는 방법이다. 그려진 첫 번째 점, 두 번째 점, 마지막 점을 순차적으로 선택을 하면 자동으로 화면상의 점들을 연결하는 스플라인이 그려진다.

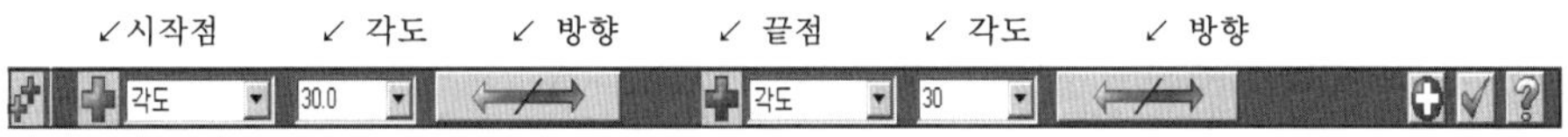

▲ 끝 조건 수정 리본바

각도와 **방향** 메뉴는 해당 항목 선택 시에 활성화가 된다.

- 3점호 : 메뉴를 선택하게 되면 연속되는 3점을 지나는 원의 형태로 화살표방향이 자동으로 설정된다.
- 내츄럴 : 내츄럴은 지정된 위치들을 부드럽게 연결하는 형태로 화살표방향이 자동으로 설정된다.
- 도형방향 : 메뉴를 선택하고 다른 도형을 선택하면 그 도형과 화살표방향이 같게 설정
- 끝점방향 : 메뉴를 선택하고 다른 도형을 선택하면 그 도형의 끝점방향과 화살표방향이 같게 설정
- 각도 : 입력되는 각도 값(현재위치 기준)방향으로 화살표방향 설정

(3) 스플라인 커브

기존에 그려진 도형을 체인으로 연결하여 하나의 스플라인으로 만드는데 사용

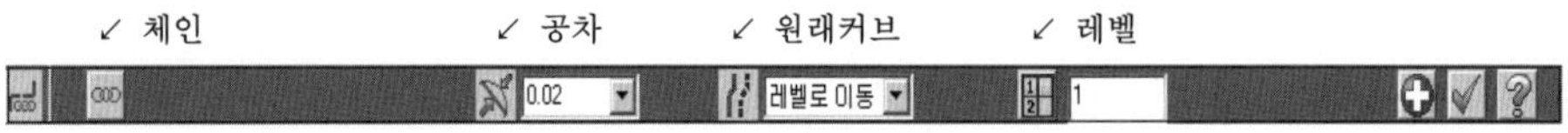

▲ 스플라인 커브 리본바

① **체인** : 선택했던 체인을 바꿀 때 사용

② **공차** : 선택한 도형을 스플라인으로 변환시킬 때의 공차 값

③ **원래커브**

- 커브 보존 : 원래 도형을 변환된 스플라인과 함께 보존
- 커브 감추기 : 원래 도형을 블랭크에 숨김
- 커브 삭제 : 원래 도형을 작업화면에서 삭제
- 레벨로 이동 : 원래 도형을 다른 레벨로 이동

④ **레벨** : 레벨로 이동시 이동할 레벨 입력

(4) 스플라인 블랜드

작업화면상에 서로 다른 2개의 도형을 부드럽게 연결할 때 사용하며, 양쪽 형상을 고려하는 형태를 생성

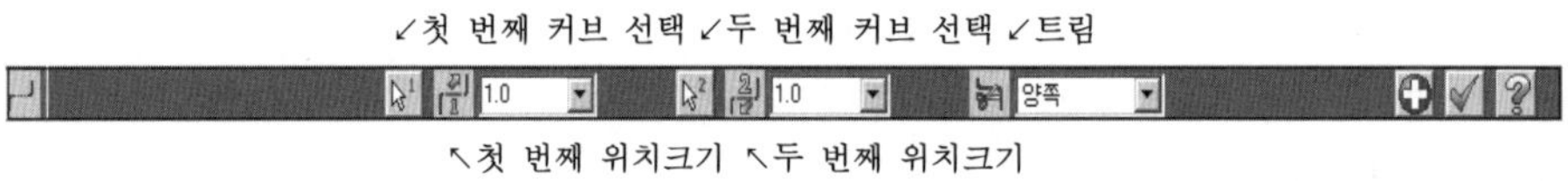

▲ 스플라인 블랜드

① **첫 번째 커브 선택** : 첫 번째 선택 커브를 변경할 때 사용

② **첫 번째 위치크기** : 첫 번째 도형에 대한 스플라인 도형 생성의 크기 설정 값

③ **두 번째 커브 선택** : 두 번째 선택 커브를 변경할 때 사용

④ **두 번째 위치크기** : 두 번째 도형에 대한 스플라인 도형 생성의 크기 설정 값

⑤ **트림**

- 안함 : 트림 실행을 안함
- 양쪽 : 선택된 두개의 커브 모두 트림 실행
- 커브 1 : 처음 선택한 커브만 트림 실행
- 커브 2 : 두 번째 선택한 커브만 트림 실행

1.2.7 기타 도형 그리기

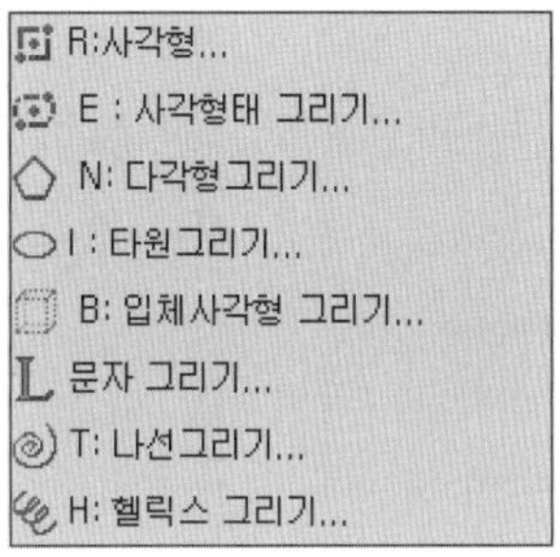

▲ 기타 도형 드롭-다운 메뉴

(1) 사각형

대각 모서리 두 점을 선택해서 가장 빨리 사각형을 그릴 수 있는 메뉴다. 우선 한 점을 선택하고 두 번째 점을 선택하면 두 점을 대각선으로 인식하는 사각형이 그려진다.

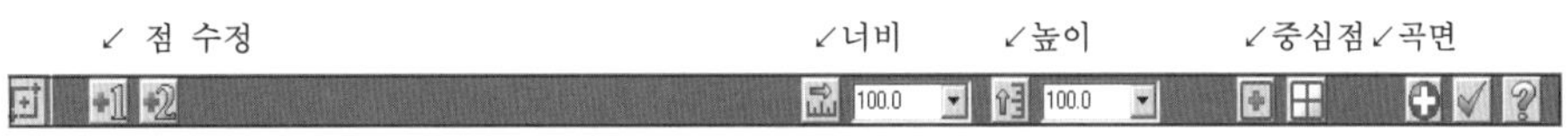

▲ 사각형 리본바

① **너비** : 사각형의 가로 길이 값

② **높이** : 사각형의 세로 길이 값

③ **중심점** : 대각 모서리가 기준이 아닌 중심을 기준으로 할 때 사용

④ **곡면** : 사각형 생성과 함께 곡면도형 동시 생성

(2)  사각형태 그리기

사각형 생성시 생성될 도형형태(사각, 오브라운드, D형태, 더블D형태), 모서리 필렛 여부, 곡면도형 생성, 중심점 생성 등 조건을 설정해서 사각형을 그리는 기능

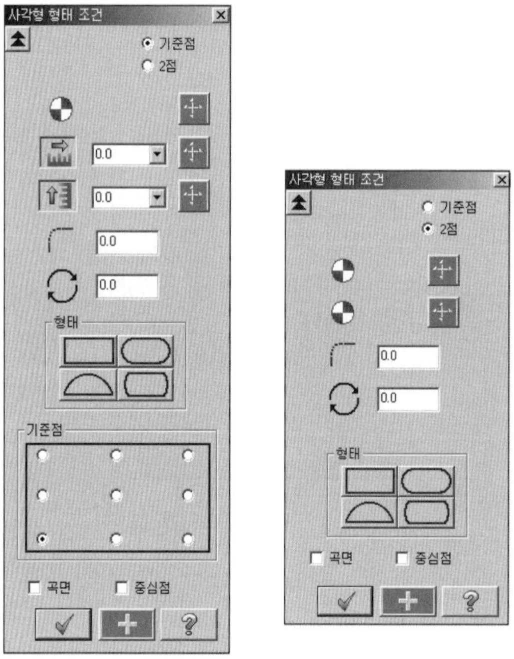

▲ 사각형 형태 조건설정 창

① **기준점** : 한 점을 기준으로 너비와 높이의 입력으로 사각 형태를 생성

- 너비와 높이 값 입력
- 조건 설정 값 설정
- 기준점에서 기준으로 사용될 지점 선택
- 작업화면에 사각형이 생성될 지점 선택

② **2점** : 대각 모서리 2점을 이용하여 사각형을 생성

- 조건 설정 값 설정
- 작업화면에 대각 모서리 점들 선택

※ 생성 후 라이브 상태 수정 가능

▶ 조건창 아이콘 설명

 **기준점** : 선택한 지점을 라이브 상태에서 재선택시 선택아이콘을 선택 후 사용

( : 선택아이콘)

너비 : 도형 생성시 너비 값 입력(라이브 상태에서 수정 가능)

높이 : 도형 생성시 높이 값 입력(라이브 상태에서 수정 가능)

필렛 반경 : 사각형 모서리에 접하는 호 도형을 동시에 생성시키는 기능으로 생성될 호 도형의 반지름 값 입력(라이브 상태에서 수정 가능)

회전각도 : 생성될 사각형을 정 위치기준 입력한 각도만큼 회전하는 형태로 생성(라이브 상태에서 수정 가능)

(3) 다각형그리기

다수의 변으로 구성되는 다양한 정다각형을 생성하는 기능

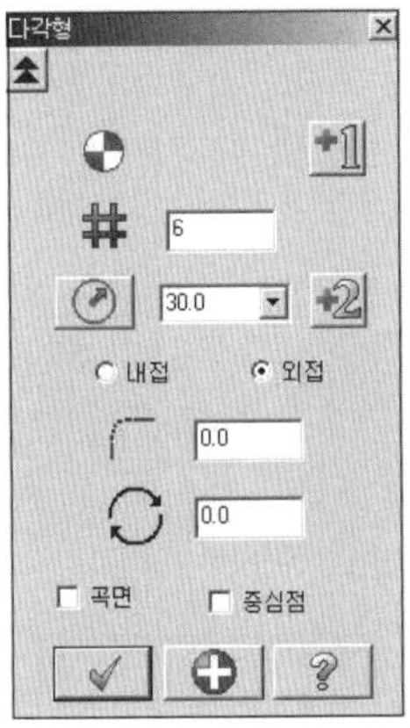

▲ 다각형 조건설정 창

▶ 조건창 아이콘 설명

측면의 수 : 생성될 다각형의 변의 수를 설정(예 : 6각형 ⇨ 6 입력)

반경 : 수학적 정의상 정다각형은 반드시 원에 내접 또는 외접하게 되는데 생성될 다각형이 접하게 될 가상 원의 반지름 값을 설정

(4) 타원그리기

X축과 Y축 반지름 값이 다른 원 형태의 스플라인 도형을 그리는 기능
타원의 X축 반경, Y축 반경, 시작각도, 끝 각도, 중심점에 대한 기울기인 회전 각도를 입력하면 타원을 생성시킬 수 있다.
(라이브 상태에서 수정 가능)

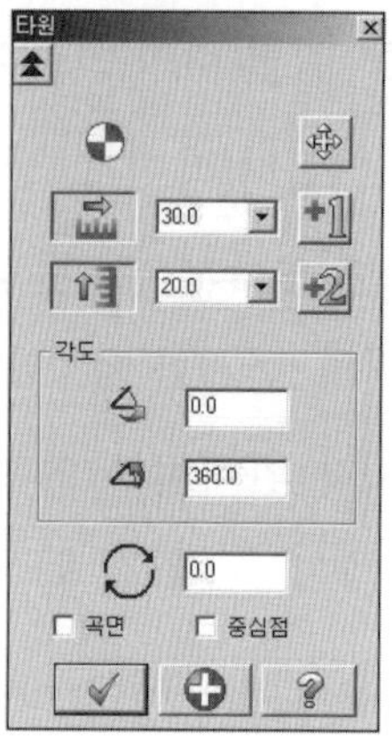

▲ 타원 조건설정 창

(5)  입체사각형 그리기

작업화면 내 특정 도형들을 대상으로 대상 도형윤곽의 외곽크기 기준으로 와이어 프레임 육면체를 생성하는 기능

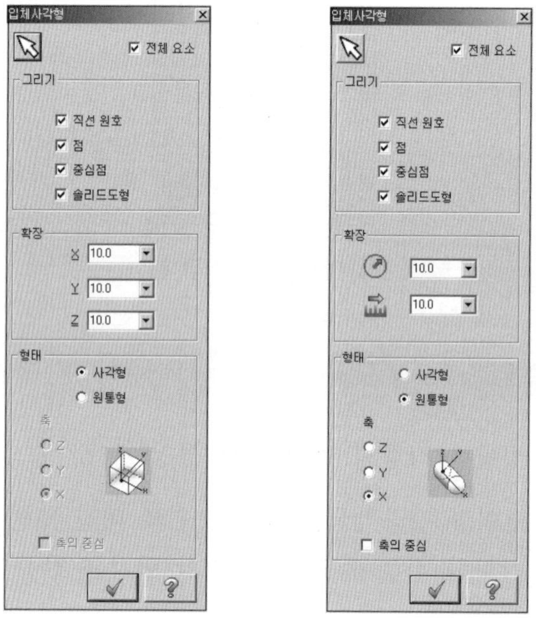

▲ 입체사각형 조건설정 창

① **그리기** : 직선원호, 점, 중심점, 솔리드 도형에서 선택한 메뉴만 사용하여 입체사각형을 생성

② **확장** : 대상 3차원 형상도형 외곽크기보다 각축별로 입력된 길이만큼 확장하여 입체사각형 생성

③ **형태** : 사각형과 원통형으로 나뉘며 원통형일 경우 해당 중심축의 위치도 선택하여야 생성된다.

(6) 문자 그리기

다수의 직선/원호 또는 스플라인 도형들로 연결되는 문자형태를 생성하는 기능으로 한글, 한자, 영문 등 다양한 글자체의 문자도형을 가로방향/세로방향/원호상단/원호하단 등 다양한 형태로 생성할 수 있다.

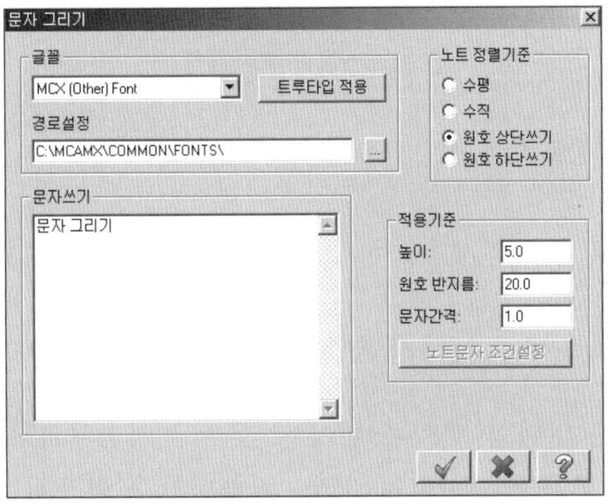

▲ 문자 그리기 설정 창

① **쓰기** : 생성시킬 문자를 입력(한글사용은 글꼴을 트루타입 적용)

② **적용기준** : 생성될 문자의 높이, 간격을 입력한 값만큼 지정하여 주는 기능

③ **노트 정렬기준** : 문자 생성시 수평, 수직, 원호상단, 원호하단 형태의 문자 형태를 생성시킬 수 있다.

(7) 나선그리기

반경, 회전수, 시작각도, XY초기/최종피치, Z초기/최종피치 값을 입력하여 다양한 형태의 나선을 생성하는 기능

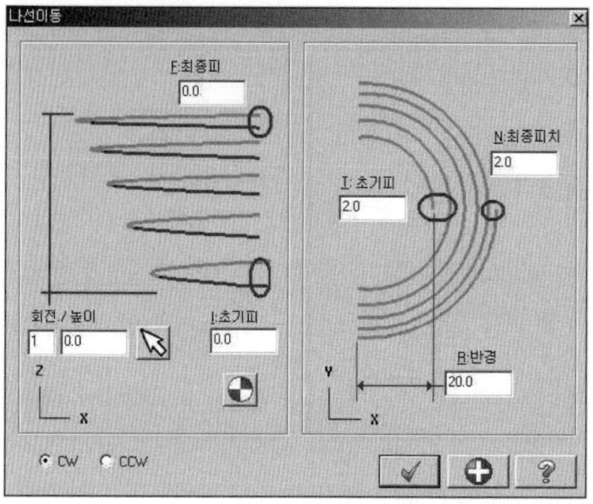

▲ 나선그리기 조건설정 창

① **반경** : 생성될 나선의 반지름 값을 기입

② **회전** : 피치를 기준으로 생성될 나선의 수를 결정

③ **XY초기/최종피치** : 나선 생성시 XY에 대한 시작피치와 마지막피치를 지정

④ **Z초기/최종피치** : 나선의 피치가 변하는 경우 초기피치와 최종피치를 지정함으로써, 정해진 회전수를 고려하여 최초, 최종피치가 적용된 나선의 형상을 자동 연산하여 생성하는 기능

⑤ **CW / CCW** : 나선이 기준점 위치를 기준으로 시계방향(CW)이나, 반시계방향(CCW)으로 생성될 방향 선택

(8) 헬릭스 그리기

스프링 형태의 형상 모델링시 피치, 반경, 회전수, 경사각도 등을 설정으로 사용자가 원하는 형태의 나선을 그리는 기능

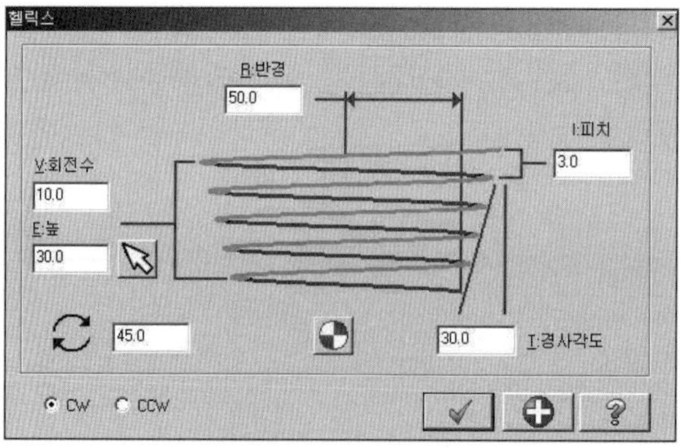

▲ 헬릭스 조건설정 창

① **반경** : 생성될 나선의 반지름 값을 기입

② **회전수** : 피치를 기준으로 생성될 나선의 수를 결정

③ **높이** : 회전수, 피치와 연동되어 계산된다. 회전수×피치 값으로 정해진다.

④ **피치** : 나선의 피치간격을 지정

⑤ **경사각도** : 주어진 각도를 유지하며 지정된 다른 조건들을 만족하는 형태의 경사진 나선을 생성

1.3 도형요소의 수정

▲ 수정 드롭-다운 메뉴

1.3.1 Undo

전에 사용했던 명령들을 취소하거나 복원시키는 기능(횟수 제한 없음)

1.3.2 Redo

Undo의 사용을 원래대로 돌려놓는 기능

1.3.3 삭제

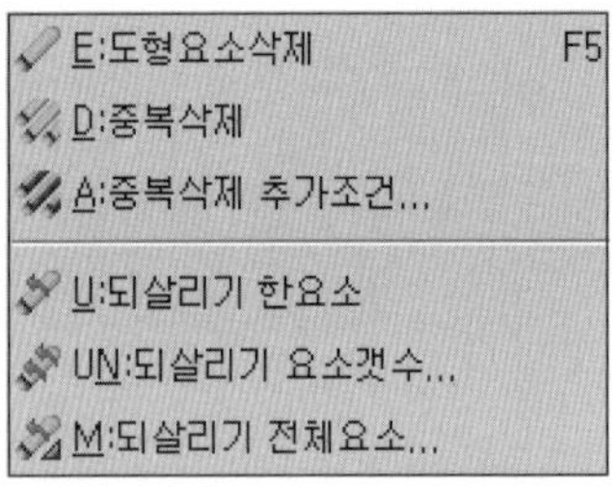

▲ 삭제 드롭-다운 메뉴

(1) 도형요소삭제

작업화면의 불필요한 도형요소들을 삭제하는 기능으로 일반적인 선택방법으로 선택해서 사용할 수 있다.

(2) 중복삭제

작업화면의 현재 동일위치에 중복되어 생성된 다수 도형들을 1개의 도형만 남기고 삭제 실행하며, 실행 후 실행결과가 표시된다.

(3) 중복삭제 추가조건

중복삭제는 작업화면의 모든 도형에 대해서 작업을 하지만 중복삭제 추가조건을 사용하게 되면 선택한 도형과 선택하는 해당조건에 대해서만 작업을 할 수 있다.

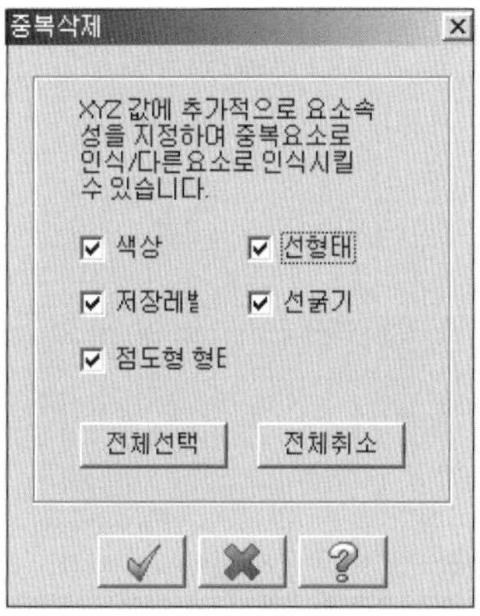

▲ 중복삭제 추가조건

(4) 되살리기 한요소

삭제의 역순으로 도형을 1개씩 되살리는 기능

(5) 되살리기 요소갯수

갯수 입력 창에 입력한 갯수만큼 되살리기를 하는 기능

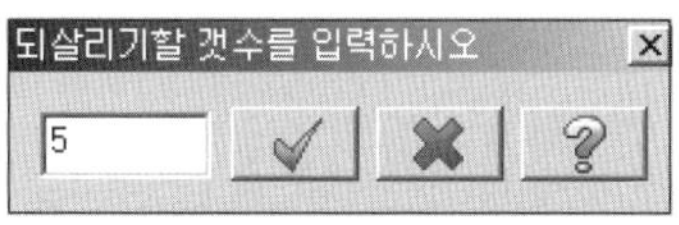

▲ 되살리기 갯수 입력창

(6) 되살리기 전체요소

단일선택에서 선택된 항목들을 수에 상관 없이 모두 되살리는 기능

(7) 전체선택

작업화면에 있는 모든 도형들을 선택하는 기능

1.3.4 트림/자르기

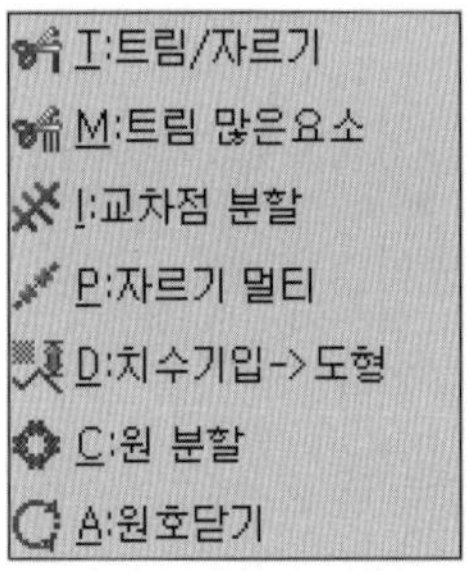

▲ 트림/자르기

(1) 트림/자르기

Trimming과 Extension 기능과 어떤 하나의 도형요소를 필요에 따라 2개 또는 그 이상의 요소로 자르는 기능

▲ 트림/자르기 리본바

① **트림 1요소** : 한 개의 도형요소에만 트림과 확장을 실행하는 기능

- 트림할 요소를 선택한다.
- 경계가 되는 요소를 선택한다.

② **트림 2요소** : 트림할 두 요소를 차례로 선택한다.

③ **트림 3요소** : 경계가 되는 2개의 요소와 다른 하나를 선택하면 트림이 된다.

④ **나누기** : 두 개의 도형요소를 경계로 하는 도형을 트림하는 기능
두 개의 경계 사이에 끼인 도형이나 경계 밖의 도형을 선택한다.

⑤ **점으로 트림** : 선택된 도형요소를 특정한 점에 대해 트림하는 기능

- 트림할 요소를 선택한다.
- 트림시킬 한 점을 선택한다.

⑥ **길이** : 확장이나 축소시의 길이 값을 입력하는 창

⑦ **트림** : 트림 사용시 적용

⑧ **자르기** : 자르기 사용시 적용

(2) 트림 많은 요소

여러 개의 도형요소를 하나의 경계요소에 대하여 트림하는 기능

▲ 트림 많은 요소 리본바

① **선택** : 선택한 도형을 다시 선택하는 기능

② **방향전환** : 트림한 방향의 반대방향 선택하는 기능

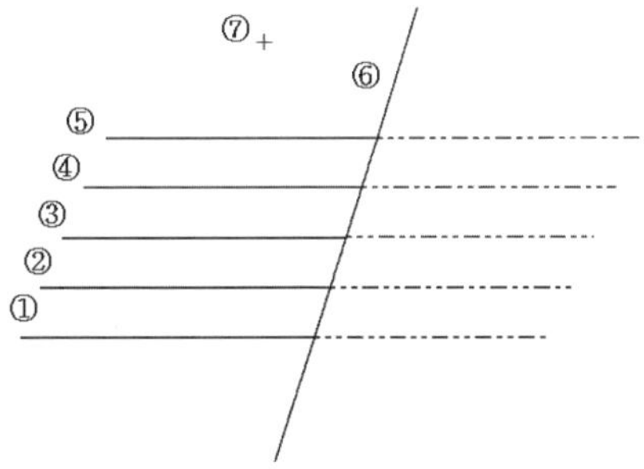

①~⑤ 트림할 도형요소들을 차례로 선택한다.
⑥ 경계가 되는 도형요소를 선택한다.
⑦ 남길 부분을 지정한다.

(3) 교차점 분할

교차하는 두 도형요소의 교차점을 찾아 분할하는 기능

① 교차되는 도형들을 선택한다.
② 선택완료 버튼을 누른다.
③ 교차점을 기준으로 각각의 도형요소로 분리되는 것을 확인할 수 있다.

(4) 자르기 멀티

자르기 위해 선택한 도형요소를 길이 및 갯수를 기준으로 하여 분할하는 기능

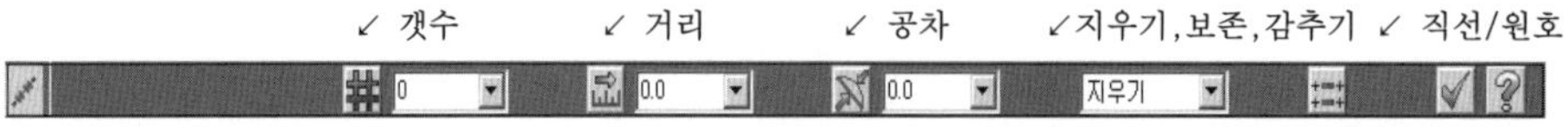

▲ 자르기 멀티 리본바

① **갯수** : 현재 선택되어진 도형을 입력된 분할 갯수만큼 자를 때 사용

② **거리** : 현재 선택되어진 도형을 입력된 길이만큼 분할하는 기능

③ **공차** : 직선/원호 사용시 적용되는 공차 값 입력

④ **지우기, 보존, 감추기** : 대상 도형의 처리형태 설정

- 지우기 : 대상도형 삭제
- 보존 : 대상도형 보존
- 감추기 : 대상도형 숨김

⑤ **직선/원호** : 원호도형을 자르기할 때 결과 도형의 형태를 설정하는 기능

(5) 치수기입 → 도형

작성된 노트, 해칭, 치수, 카피우스 데이터를 직선을 변환시키는 기능

① 치수기입 버튼을 누른다.
② 직선으로 변환시킬 도형요소를 선택한다.
③ 완료 버튼을 누른다.

(6) 원 분할

원 도형들을 입력한 일정 갯수만큼의 균등한 호 도형으로 분할해 주는 기능

▲ 원 분할 갯수 입력창

잘라질 원호의 수를 입력하고 작업화면에서 잘라질 원호들을 선택하면 선택한 원호들이 입력한 수만큼의 원호로 잘려진다.

(7) 원호닫기

열려 있는 호 도형을 닫혀 있는 원 도형으로 만들어 주는 기능

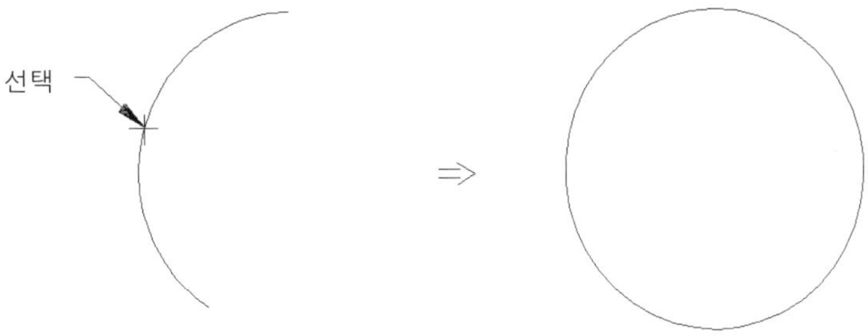

(8) 도형연결

잘린 도형요소를 하나의 요소로 합치는 기능으로 잘린 도형요소를 차례로 선택하면 된다.

주의 : 요소속성이 다른 도형의 연결은 불가
ex) 직선과 원호의 연결 등….

(9) 너브스 수정

너브스 스플라인 도형의 콘트롤 점 위치를 변경시켜 도형형태를 변화시키는 기능. 메뉴 선택 후 너브스 스플라인 도형을 선택하면 점들이 보이게 된다. 그 점들의 위치를 이동시키면 점을 따라 스플라인 도형의 형태도 변화된다.

(10) 너브스 전환

너브스 속성이 아닌 타 도형들을 너브스 속성 스플라인으로 변환하는 기능

(11) 단순화

스플라인의 공차를 조절하여 기존의 스플라인의 크기 및 정도를 조절하는 기능

1.4 도형요소의 이동

특정 도형들의 현재 위치를 다른 위치로 이동하는 것이 도형요소 이동으로 이동하고자 하는 형태에 따라 다양한 방법을 사용할 수 있다.

- 적색 : 이동대상 도형들임을 표시하는 색상
- 자주색 : 이동된 도형들임을 표시하는 색상

▶ 이동 실행시 도형색상 변화 의미

도형 고유색상이 변화된 것은 아니며, 이동 전과 이동 후의 도형들을 쉽게 파악하고 이후 다른 작업 실행시 대상도형 선택과정에서 도형선택 메뉴들 중 그룹 또는 이동결과 메뉴로 해당 도형들을 일시에 선택할 수 있도록 시스템이 색상을 일시적으로 구분 표시한다.

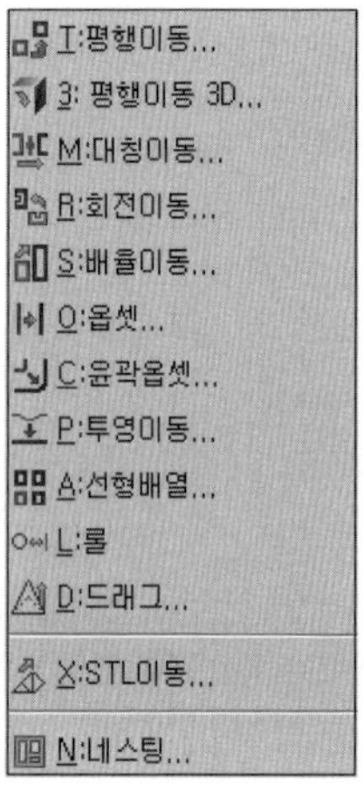

▲ 이동 드롭-다운 메뉴

1.4.1 평행이동

대상도형들을 현재 위치에서 다른 위치로 이동하는 기능

▲ 평행이동 조건설정 창

① **증분 값** : 대상도형 현재 위치기준 X, Y, Z축 증분 값으로 도형 이동

② **점에서/점으로** : 특정위치기준 기준점에서 다른 점으로 도형 이동

- ▸  ,  : 기준점과 이동될 지점 선택, 라이브 상태에서의 위치 수정
- ▸  : 두 점에 해당하는 직선 선택

③ **거리+ 각도** : 대상도형 현재 위치기준 일정거리/각도(방향)로 도형 이동

④ **스트레치** : 선택한 도형을 늘리는 기능으로 윈도우－내측+교차로 선택했을 경우에만 가능

- ▸ 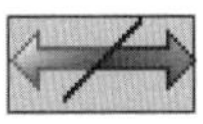 : 도형의 생성 방향을 반대방향 혹은 양쪽방향으로 바꾸는 기능

⑤ **미리보기** : 미리보기 여부와 이동 도형의 자동 배율 여부를 결정

⑥ **속성** : 이동된 도형의 속성을 바꿔주는 기능으로 레벨변경이 가능하고, 도형의 색상도 변경이 가능하다. 복사당 증분 레벨은 여러 개를 이동할 경우 각 도형들의 레벨을 다르게 설정할 수 있다.

1.4.2 평행이동 3D

특정평면/특정위치기준에서 다른 평면/특정위치로 도형이동
(ex: 평면상 도형 ⇨ 정면상 도형으로 이동)

▲ 평행이동 3D 조건설정

: 현재 이동시킬 도형의 평면 선택

: 이동되어질 도형의 평면 선택

1.4.3 대칭이동

대상 도형들을 일정한 축(직선형태)의 반대방향 동일거리로 이동시키는 기능으로 적용 기준이 될 축 형태는 X축, Y축, 특정직선 또는 두 점 위치로 지정할 수 있다.

(X축): 현재 작업평면의 X축(수평축) 기준으로 도형 대칭이동

(Y축): 현재 작업평면의 Y축(수직축) 기준으로 도형 대칭이동

(경사) : 입력한 각도만큼 회전시키는 대칭이동

(직선) : 작업화면 내 특정 직선을 기준으로 대칭이동

(두 점) : 작업화면 내 특정 두 점(가상직선)을 선택하여 대칭이동

※ 노트와 라벨문자 대칭이동은 노트나 라벨문자를 대칭이동 여부를 결정

▲ 대칭이동 조건설정 창

1.4.4 회전이동

특정위치를 중심점으로 일정각도로 회전시킨 위치로 도형들을 이동하는 기능 (Mastercam에서 회전이동은 항상 반시계방향이 기준)

▲ 회전이동 조건설정 창

① 사이 각도 : 입력한 각도가 이동시킬 한 도형과 한 도형 사이의 각도
② 전체 각도 : 입력한 각도가 이동시킬 전체 도형 사이의 각도
③ 회전이동과 평행이동의 선택으로 대상도형을 회전을 시켜 이동을 할지 형태는 그대로 유지한 상태에서 각도만 틀어서 이동을 할지 선택할 수 있다.

(대상제거) : 여러 개의 도형을 회전시킬 경우 불필요한 도형을 제거할 수 있는 기능

(대상리셋) : 대상 제거한 도형을 원래대로 리셋하는 기능

1.4.5 배율이동

특정위치기준 대상도형들을 일정배율 및 각 축별(X, Y, Z)로 확대 또는 축소시켜 도형이동을 실행하는 기능

① 동일 : X, Y, Z축에 동일하게 비율이나 퍼센트를 줄 때 사용
② X, Y, Z : 각 축별로 비율이나 퍼센트를 줄 때 사용

▲ 배율이동 조건설정 창

1.4.6 옵셋

대상 도형기준 좌/우측 방향으로 설정된 옵셋 거리만큼 도형을 이동하는 방법

▲ 옵셋 조건설정 창

1.4.7 윤곽 옵셋

옵셋과는 달리 윤곽 전체를 한꺼번에 입력한 거리만큼 옵셋시키는 기능

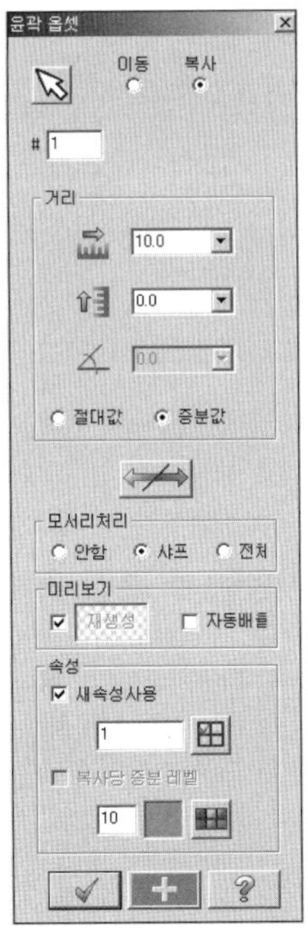

▲ 윤곽 옵셋 조건설정

① 모서리 처리

- 안함 : 이동결과 형태도 각진 형태로 생성
- 샤프 : 대상 도형윤곽 도형들간 각이 135° 이하인 부위들만 R(원호)생성, 135° 초과하면 각진 형태를 생성
- 전체 : 대상윤곽 도형들 각도 값에 관계없이 각진 부위는 모두 R(원호)생성

1.4.8 투영이동

투영이동은 3차원 도형을 특정 평면이나 Z값 기준의 평면으로 투영시키는 기능과 반대로 평면상에 그려진 2차원 도형을 곡면 도형요소에 투영시켜 3차원화시키는 기능

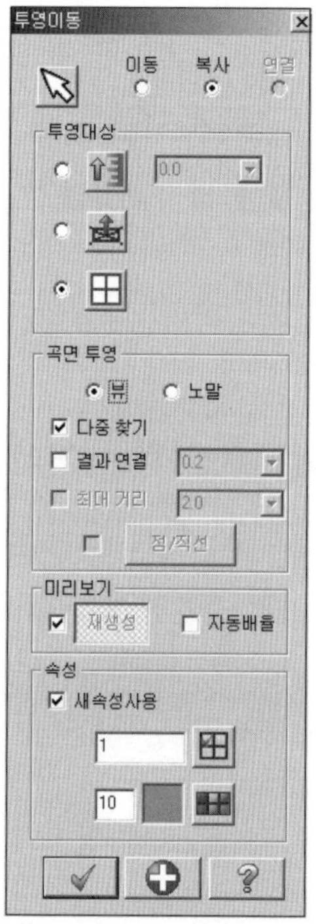

▲ 투영이동 조건설정 창

 : 현재 Cplane(작업평면)을 기준으로 Z값만큼 이동시키는 기능

 : 이미 만들어진 평면이나 임의의 평면으로 이동시키는 기능

 : 곡면도형에 커브도형을 투영시키는 기능

1.4.9 선형 배열

선형 배열은 많은 갯수의 규칙적인 배열을 쉽고 빠르게 할 수 있는 기능이다.

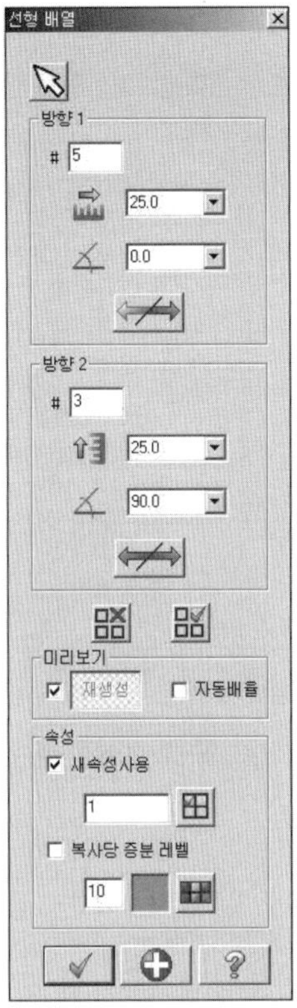

▲ 선형 배열 조건설정

1.4.10 롤

가상의 원통(Cylinder)에 특정평면 도형들을 말거나 또는 가상원통에 말린 도형들을 특정평면으로 풀어내는 방식으로 대상 도형들을 이동시키는 방법

▲ 롤 조건설정 창

: 특정평면 도형을 원통에 말고자 하는 경우

: 원통에 말린 도형을 특정평면으로 풀고자 하는 경우

: 가상원통에 대한 지름크기 값을 설정

: 가상원통에 도형들을 말거나 말린 도형들을 특정평면으로 풀어낼 때 적용될 공차 값을 설정

1.4.11 드래그

마우스 드래그 기능으로 특정 도형들의 형태, 위치를 자유롭게 변형시키는 기능

▲ 드래그 리본바

① **평행이동** : 특정위치 기준으로 마우스 위치이동에 따라 평행한 상태로 위치이동

② **회전이동** : 특정위치를 중심점으로 대상도형들이 마우스 위치이동에 따라 회전이동

1.5 도형요소의 측정

Mastercam에서 지원하는 측정기능은 특정 도형들에 모든 정보 내용을 측정할 수 있을 뿐만 아니라 측정과 동시에 해당 도형을 수정하는 수정 기능도 함께 지원한다.

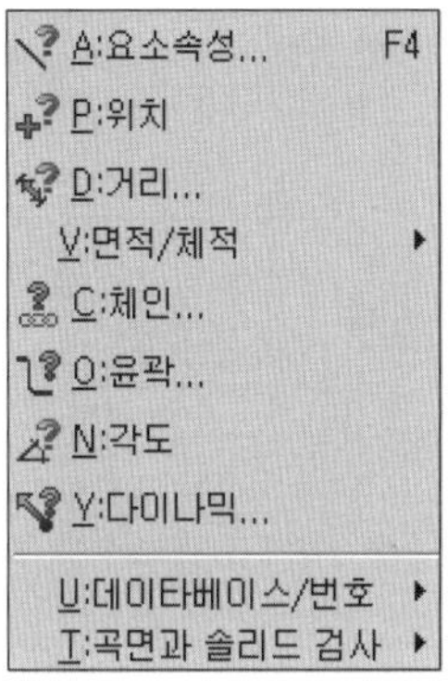

▲ 측정 드롭-다운 메뉴

1.5.1 요소속성

작업화면의 도형요소를 한 요소씩 전반적인 내용(위치, 길이 값, 레벨, 색상, 형태, 굵기 등)을 측정하고 수정 또한 가능하다.

① 직선, 원호, 점, 스플라인 측정 가능
② 모든 곡면과 솔리드 도형 측정 가능
③ 도면에 관련된 모든 도형 측정 가능

▲ 다수 도형 측정 화살표

여러 개의 요소 측정시 화살표를 이용해서 다음 또는 이전 도형의 측정을 할 수 있다.

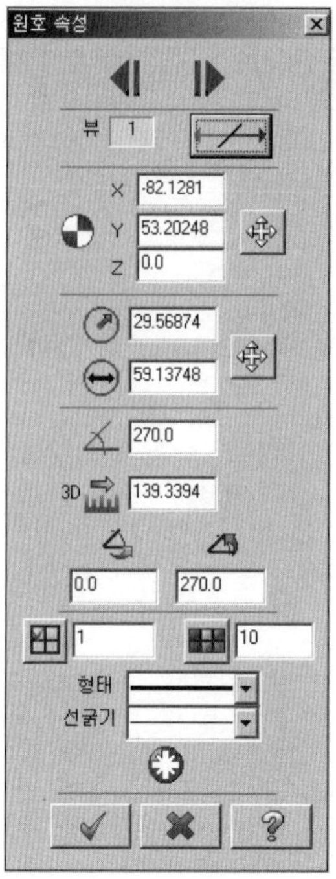

▲ 요소속성 측정 창

④ 현재 창에 보이는 값의 수정으로 도형요소의 크기와 위치의 수정 가능

⑤ 하단의 레벨, 색상, 형태, 선 굵기 등도 수정 후 적용버튼을 누르게 되면 속성 또한 수정이 가능

1.5.2 위치

자동커서위치를 이용하여 특정 위치 좌표 값(X, Y, Z) 측정하는 기능

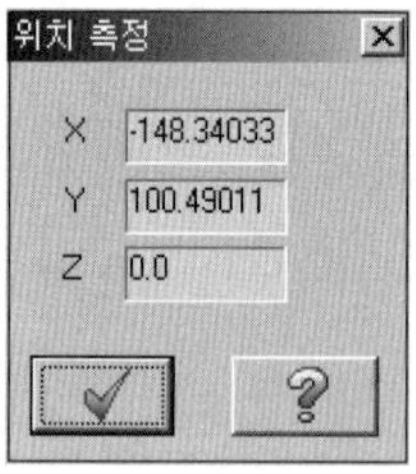

▲ 위치 측정 창

1.5.3 거리

작업화면 내 두 점간 거리, 각도, 좌표 값을 측정하는 기능

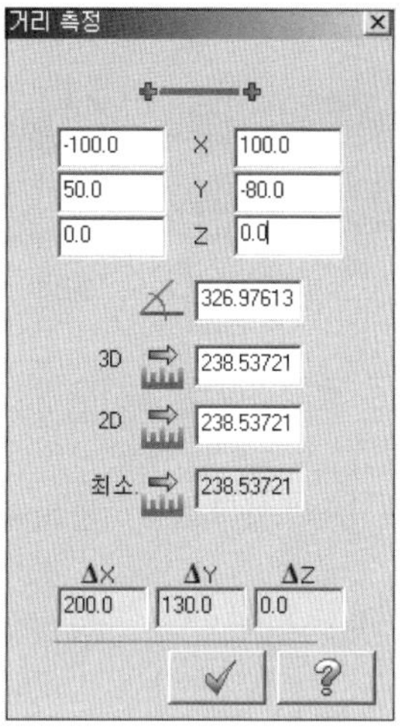

▲ 거리 측정 창

1.5.4 면적/체적

2차원 윤곽도형 또는 3차원 곡면도형(또는 솔리드 도형)에 대한 면적(또는 체적)/윤곽길이/무게중심위치/관성모멘트 등의 내용을 측정하는 기능

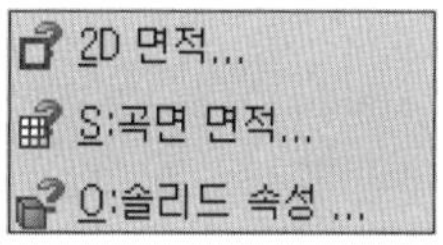

(1) 2D 면적

커브도형으로 이루어진 2D 면적을 측정하는 방법으로 내측면적, 윤곽길이, 무게중심위치, XY에 대한 관성모멘트 위치, 무게중심에 대한 관성모멘트 위치 등을 측정하는 기능

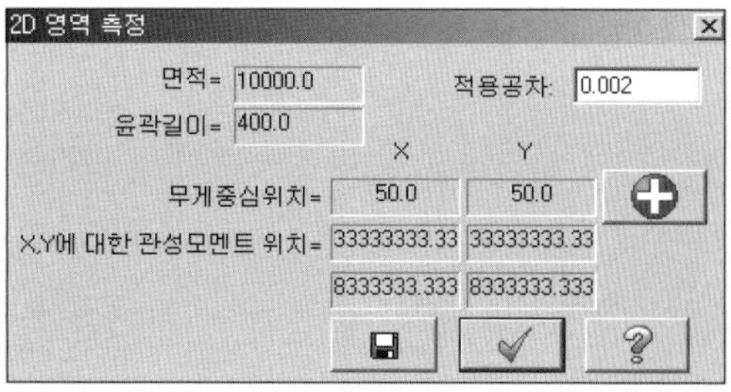

▲ 2D 영역 측정 창

(2) 곡면 면적

작업화면 영역에 존재하는 곡면의 면적을 측정하는 기능

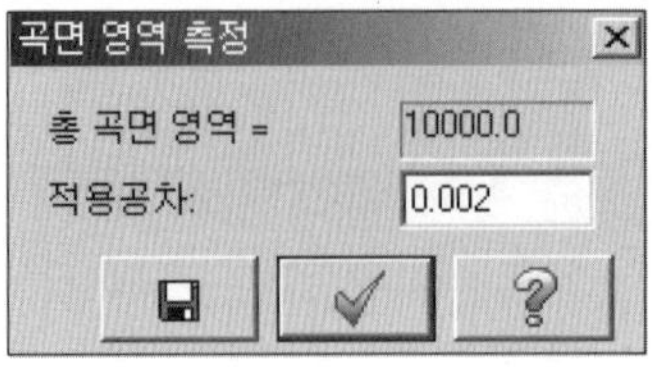

▲ 곡면 영역 측정 창

(3) 솔리드 속성

작업 영역상에 존재하는 솔리드 도형의 밀도, 체적, 부피, 무게중심위치 및 관성 모멘트 등을 측정하는 기능

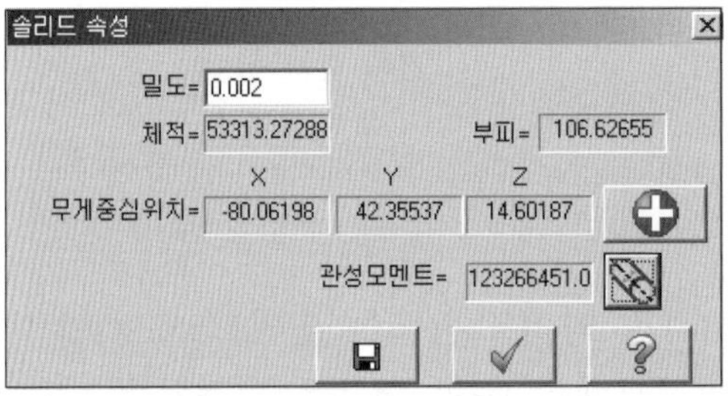

▲ 솔리드 속성 창

1.5.5 체인

특정 윤곽형태를 기준으로 가공 실행하는 경우 발생될 수 있는 오류내용(도형들 간 연결부위 형태, 방향전환, 일정크기 이하의 도형요소)들이 있는지를 사전 체크하는 기능

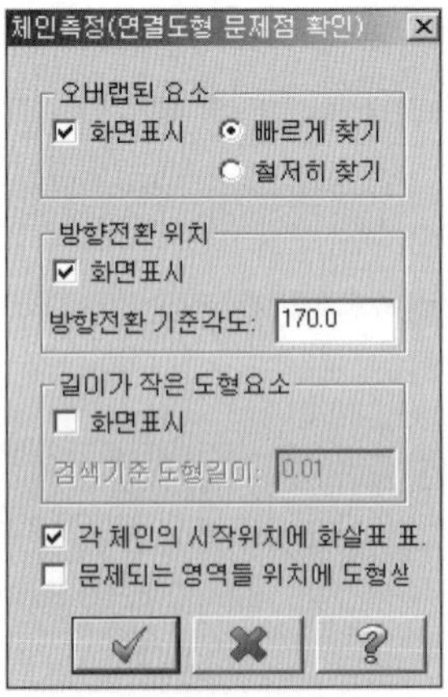

▲ 체인측정 창

① 오버랩된 요소

도형 간에 겹쳐진 도형이 있는지 검색하는 기능

- 화면표시 : 항목 선택하면 측정실행 결과로 해당 도형 위치에 적색 원 표시
- 빠르게 찾기/철저히 찾기 : 오버랩된 도형요소를 검색하는 방법들로 빠르게 찾기는 수정대상이 될 오버랩 도형요소만 검색하며, 철저히 찾기는 모든 오버랩 도형요소를 검색하는 방법으로 차이점은 실행속도에 있다.

② 방향전환 위치

체인진행방향 전환으로 가공 실행에서 문제점이 발생할 수 있는 위치를 검색하는 기능이다.

- 화면표시 : 항목 선택 시 해당 방향전환 위치에 노란색 점 표시
- 방향전환 기준각도 : 검색에 적용될 도형요소 간 방향전환 기준 최소각도 값을 설정하는 항목으로 이 항목 입력란에 입력된 값보다 큰 각도변화 구간만을 검색

③ 길이가 작은 도형요소

일정 길이 이하인 도형의 검색조건을 설정하는 영역

- 화면표시 : 항목 선택하면 측정실행 결과로 해당 도형위치에 청색 원 표시
- 검색기준 도형길이 : 작은 요소로 검색될 도형의 최대길이값을 설정하는 항목으로 이 항목 입력 값보다 작은 길이의 도형요소들은 검색되어진다.

④ 각 체인의 시작위치에 화살표 표시

항목 선택하면 측정대상 도형윤곽별 도형연결 시작위치에 녹색 화살표가 표시되는 기능으로 연결 도형들 간의 틈새상태를 파악하고자 하는 경우 적용한다.

⑤ 문제되는 영역들 위치에 도형생성

항목 선택하면 위 오버랩, 방향전환, 작은 요소 항목에 해당되는 도형들의 위치에 해당 영역의 화면표시 내용을 도형으로 생성하며, 항목 선택 안한 경우에는 화면표시 내용을 도형이 아닌 일시적인 허상으로 표시한다.

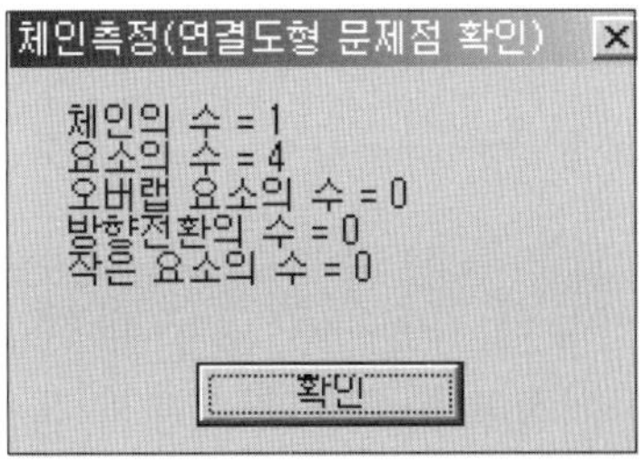

▲ 체인측정 확인 창

1 Mastercam X-Version

체인측정 후에 확인 창에서 측정 내용을 확인할 수 있다.

1.5.6 윤곽

특정윤곽 도형들에 대한 가상의 윤곽 가공경로 좌표 값 사전 측정하는 기능

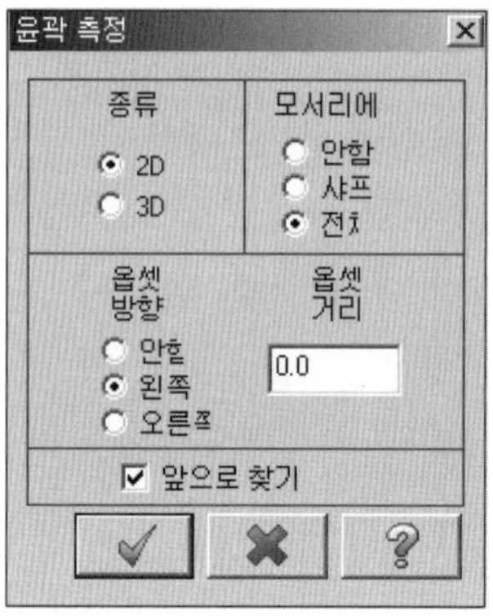

▲ 윤곽 측정 창

① 종류

측정 대상으로 선택한 도형윤곽이 2D 또는 3D 형태 윤곽인지를 설정하는 항목으로 3D인 경우에는 대화창의 다른 항목들은 자동으로 사용할 수 없다.
(3D인 도형은 공구 경보정이 적용되지 않으므로)

② 모서리에

측정대상 도형윤곽 형태에 각진 모서리 구간이 존재하는 경우 모서리 구간에서의 가상 공구이송 형태를 설정하는 기능으로 세부항목 내용은 위에서 설명한 윤곽 옵셋의 모서리 항목내용과 동일하다.

③ 옵셋 방향

측정대상 도형윤곽 선택하는 과정에서 화면에 표시된 체인 진행방향 표시 화살표방향기준 옵셋 간격(반경) 항목에 입력된 반경 길이만큼 옵셋 적용될 측면방향을 설정하는 항목

④ 옵셋 거리

측정대상 도형윤곽에 대한 가상의 가공사용 공구 반경값을 설정하는 항목으로 입력된 값은 위 옵셋방향 항목의 왼쪽/오른쪽방향 적용시 옵셋될 간격 값으로 적용한다.

1.5.7 각도

작업화면 내 2개의 직선이 이루는 각도 값을 측정하는 기능

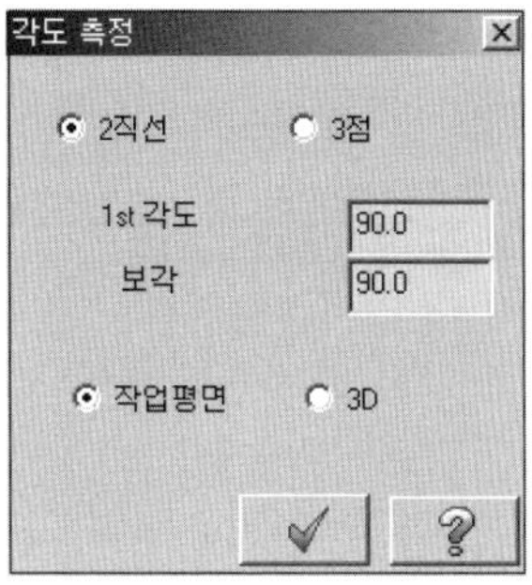

▲ 각도 측정 창

1.5.8 다이나믹

마우스 다이나믹 기능을 이용 특정도형의 임의 위치에 대한 좌표 값, 반경 또는 곡률 등을 측정하는 기능

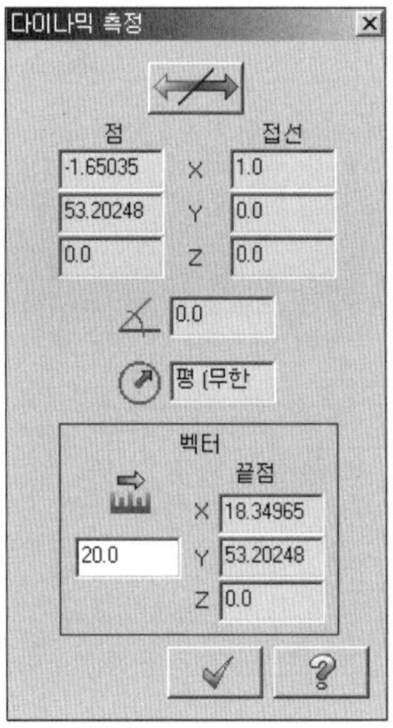

▲ 다이나믹 측정 창

1.5.9 데이타 베이스/번호

(1) 번호

Mastercam에서 생성되는 도형들마다 시스템이 자동으로 고유 번호를 부여하는 번호로 측정하는 기능

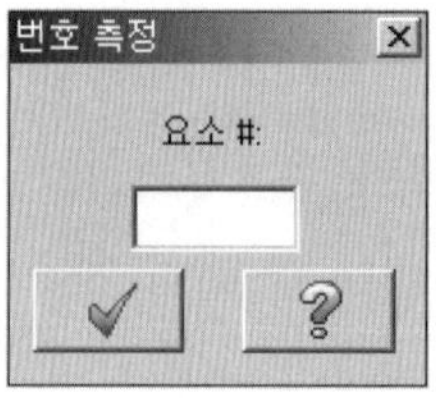

▲ 번호 측정 창

(2) 데이타 베이스

와이어 프레임, 솔리드, 가공경로 등의 데이터 베이스 측정

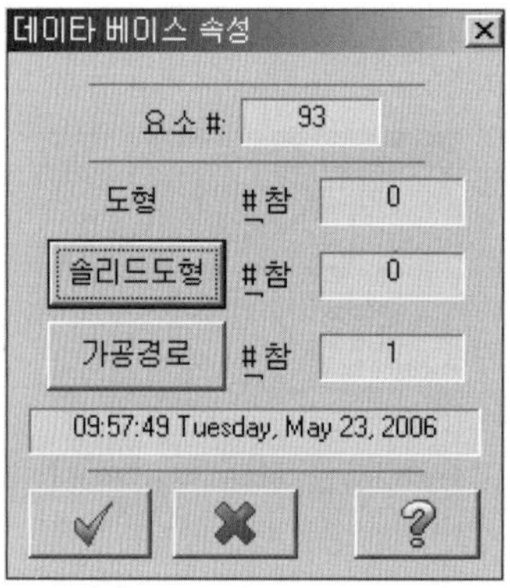

▲ 데이타 베이스 속성 창

1.5.10 곡면과 솔리드 검사

(1) 곡면 테스트

- 모델 체크 : 사용자가 지정한 공차범위에서 곡면의 자체 꼬임이 있는지, 곡면의 내부에 자체적 샤프 코너가 있는지를 검사
- 작은 곡면 : 사용자가 지정한 영역의 크기보다 작은 곡면이 있는지를 검사
- 노말 : 선택된 곡면의 노말 방향을 체크하는 기능
- 베이스 곡면 : 베이스 곡면을 체크하고 작업화면 내에서 블랭크, 언블랭크를 허용한다.

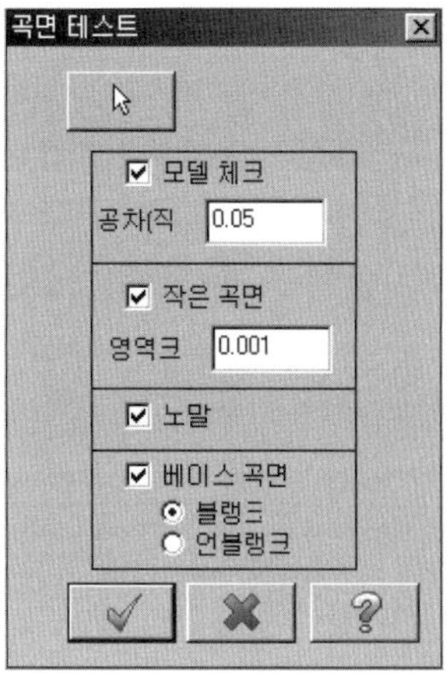

▲ 곡면 테스트 창

(2) 솔리드 체크

선택된 솔리드 도형에 문제점이 있는지를 검사해 보는 기능

1.6 설 정

프로그램 각종 명령실행의 기본 실행조건 설정, 작업화면의 구성형태 설정, 작업화면 아이콘들의 표시상태 설정 및 단축키 등 다양한 기능을 설정하는 메뉴

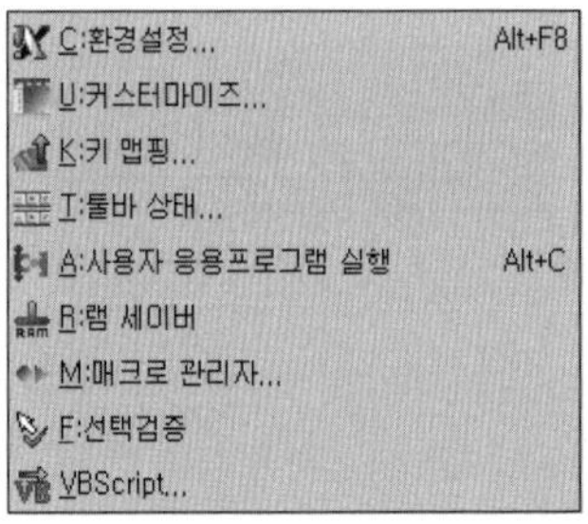

▲ 설정 드롭-다운 메뉴

1.6.1 환경설정

프로그램 각종 명령실행의 기본적인 실행조건을 설정하는 기능

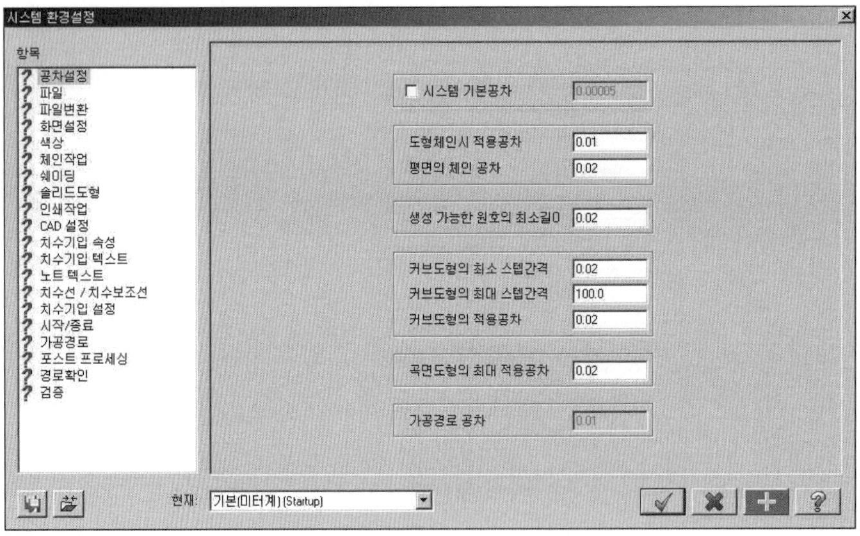

▲ 환경설정 창

: 현재 대화창의 영역별 설정내용을 다른 이름의 환경설정 파일로 저장

: 다른 환경설정 파일의 내용을 현재 대화창의 해당 영역 설정 값으로 복사

(1) 공차설정

프로그램 실행에서 적용될 기본 공차 값들을 설정하는 영역

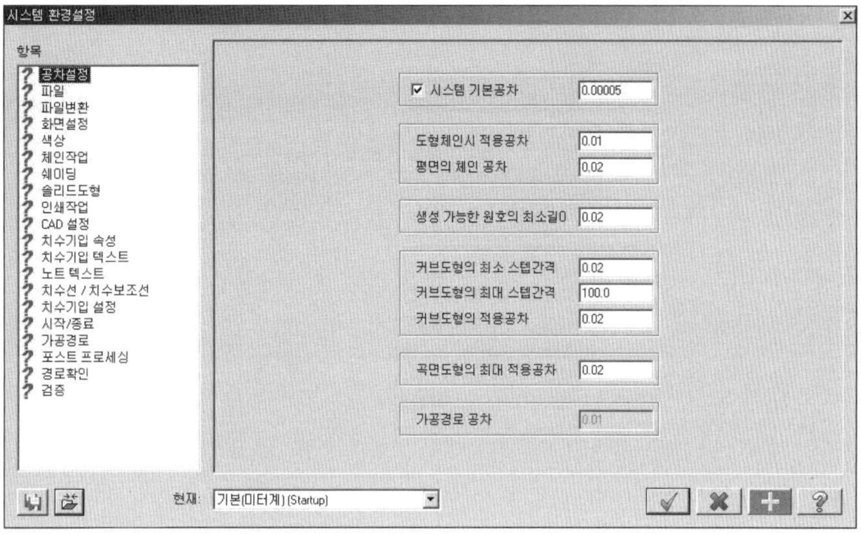

▲ 공차설정 창

① **시스템 기본공차** : 도형작업 실행에서 적용될 기본 공차 값 설정

- 도형체인시 적용공차 : 도형선택 메뉴 단계에서 다수로 연결된 도형들을 하나의 묶음단위로 일시에 선택하는 경우 묶음 연결될 수 있는 도형 끝점들 간 최대 간격 값을 설정
- 평면의 체인 공차 : 동일 평면상에서의 체인 공차
- 생성할 수 있는 원호의 최소길이 : 생성할 수 있는 원호도형의 최소길이 값을 설정
- 커브도형의 최소 스텝간격 : 스플라인 도형 생성에서 생성 조건을 일정간격으로 적용할 수 있는 최소 간격 값을 설정
- 커브도형의 최대 스텝간격 : 스플라인 도형 생성에서 생성 조건을 일정간격으로 적용할 수 있는 최대 간격 값을 설정
- 커브도형의 적용공차 : 스플라인 도형 생성에서 적용될 기본 공차 값을 설정
- 곡면도형의 최대 적용공차 : 곡면도형 생성에서 적용될 기본 공차 값을 설정

(2) 파 일

프로그램 실행에서 적용될 특정파일 및 파일의 저장경로를 설정하는 영역

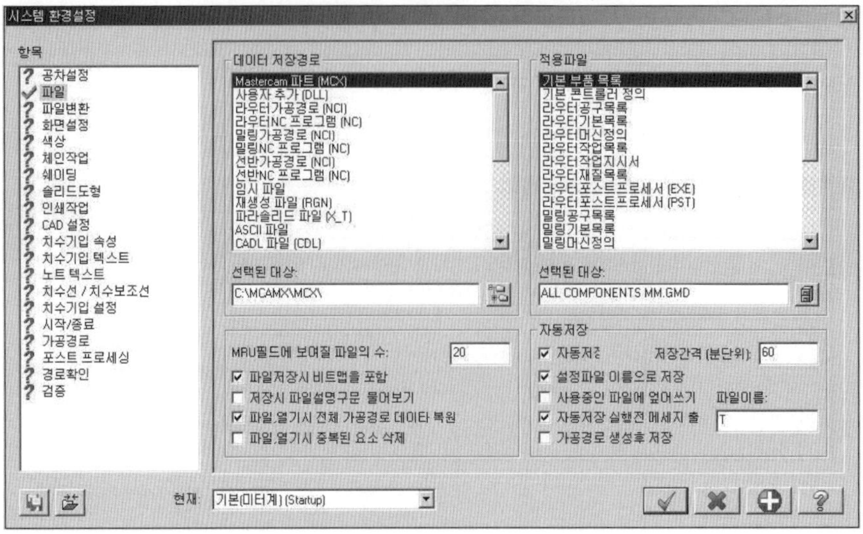

▲ 파일 창

① 데이터 저장경로

표시영역에 표시된 특정 파일형식의 파일들에 대한 시스템의 기본적인 저장경로 위치를 설정하는 항목으로 실행방법은 표시영역의 특정 파일형식을 선택하고 영역하단 선택된 대상 항목의 버튼을 이용하여 저장될 위치를 설정

② 적용파일

표시영역에 표시된 파일형식의 파일들이 실행되는 경우 기본적으로 적용될 특정 파일을 설정하는 항목으로 실행방법은 표시영역의 특정 파일형식을 선택하고 영역하단 적용중인 선택된 대상 항목의 버튼을 이용하여 적용될 파일을 지정

③ 자동저장

- 자동저장 : 자동저장 여부를 설정하는 기능
- 저장간격(분 단위) : 재 저장 시간 간격을 분 단위로 설정
- 파일이름 : 설정 파일이름으로 저장 항목을 선택한 경우 저장될 파일이름을 설정
- 설정파일 이름으로 저장 : 파일이름에서 설정한 이름으로 저장하는 기능
- 사용중인 파일에 엎어쓰기 : 현재 작업 실행 중인 도형파일 이름으로 엎어쓰기를 실행
- 자동저장 실행 전 메시지 출력 : 자동저장 실행시 자동저장 대화창을 화면에 출력시키는 기능
- 가공경로 생성 후 저장 : 가공경로가 새로 생성될 때마다 자동 저장하는 기능

(3) 파일변환

다른 시스템에서 작성된 도형파일의 형상 도형들을 파일 변환하는 기능에 대한 설정

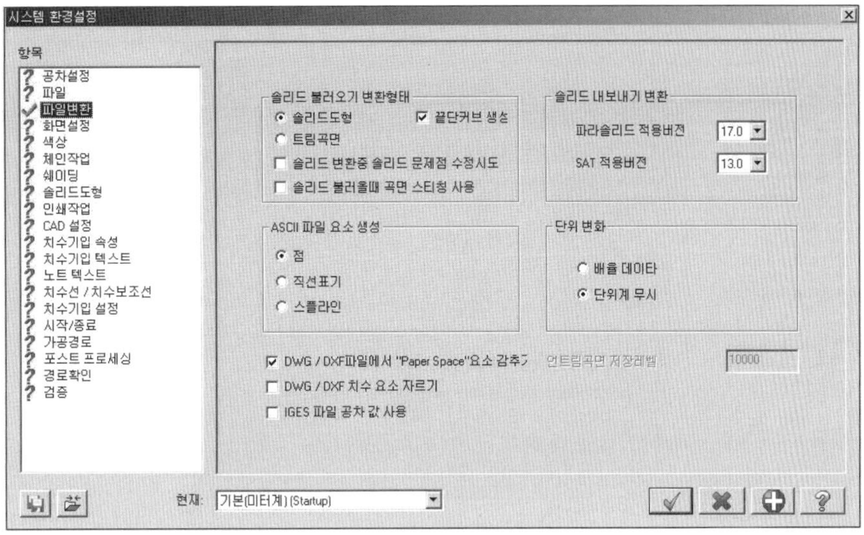

▲ 파일변환 창

① 솔리드 불러오기 변환형태

변환 대상 파일에 솔리드 도형이 있는 경우 해당 솔리드 도형의 속성 변환 형태를 설정

- 솔리드도형 / 트림곡면 : 파일변환 속성 여부를 선택
- 끝단커브 생성 : 형상 도형의 끝단들에 대하여 커브도형 자동 생성하는 기능

② 솔리드 내보내기 변환

- 파라솔리드 적용버전 : Parasolid 파일로 저장할 경우 저장될 기본 파라솔리드의 버전을 설정하는 기능
- SAT 적용버전 : SAT 파일로 저장할 경우 저장될 기본 SAT 파일의 버전을 설정하는 기능

③ ASCII 파일 요소 생성

ASCII 파일을 열기할 때 요소의 생성 속성을 설정하는 기능

- 언트림 곡면 저장레벨 : 트림곡면 항목을 선택한 경우에만 활성화되는 항목으로 변환되는 도형요소들 중 언트림된 곡면들이 있는 경우에는 해당 곡면 도형들을 입력란에 설정된 레벨번호로 구분하여 저장하도록 하는 기능

(4) 화면설정

작업화면 표시형태를 설정하는 영역

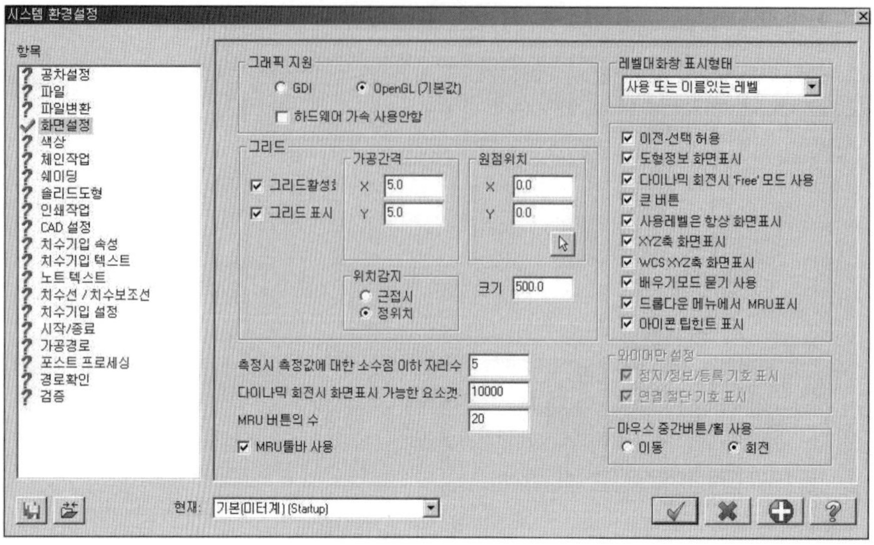

▲ 화면설정 창

① 그래픽 지원

Open GL(기본 값)그래픽방식 사용은 형상 도형들에 대한 쉐이딩 처리 방식을 Open GL방식으로 적용하여 실행하며, 항목 선택 안한 경우는 일반적인 처리 방식으로 실행한다. Open GL 처리 방식은 보다 선명한 상태로 렌더링 처리하는 기법으로 이 방법은 사용 중인 H/W 시스템에 설치된 그래픽 카드가 이 방식을 지원하는 경우에만 사용할 수 있다.

② 그리드

가상 그리드 화면표시 조건설정 대화창의 기본 값을 설정하는 기능

- 그리드 활성화 : 항목 선택하면 위치감지, 그리드 간격, 중심위치 항목들이 활성화되어 해당 항목들의 설정 값을 변경할 수 있음.
- 그리드 표시 : 항목 선택하면 표시색상, 크기 항목들이 활성화되며, 이 항목을 선택한 상태로 대화창 완료하면 작업화면에 대화창 설정 조건으로 가상 그리드 형태가 표시됨.
- 가공간격 : 그리드 점들 간 XY간격 값을 설정하는 항목
- 원점위치 : 그리드의 중심위치 좌표를 설정하는 항목으로 위치선택 버튼으로 작업화면 내 특정 위치를 지정할 수도 있음.
- 위치감지 : 작업화면에 가상 그리드가 표시된 상태에서 마우스 커서가 그리드 점들 위치로 이동시 커서위치에 따라 그리드 점들에 대한 위치 인식을 어떤 방식으

로 실행할지를 설정하는 항목(특정위치 인식하면 화면에 흰색 사각형으로 표시됨)

⊙ 근접시 : 항목 선택하면 특정 그리드 점에서 다른 그리드 점 위치로 마우스 이동하는 경우 점들 간 간격의 1/2 위치를 초과하여 마우스 이동시에만 다음 점 위치 인식

⊙ 정위치 : 항목 선택하면 특정 그리드 점에서 다른 그리드 점 위치로 마우스 이동하는 경우 다음 점에 가까워졌을 때만 해당 점 위치를 인식

■ 크기 : 가상 그리드(사각형)의 크기를 설정하는 항목으로 입력 값은 중심위치 항목의 좌표위치 기준 너비/높이 값으로 적용된다.

③ 측정시 측정값에 대한 소수점 이하 자리수

항목에 입력되는 수치는 측정메뉴로 작업화면 내 특정 도형요소를 측정 실행하면 작업화면 하단영역에 표시되는 측정대상 도형의 측정값에 대한 소수점 이하 자리수 표시 단위로 적용됨.

④ 다이나믹 회전시 화면표시 가능한 요소갯수

다이나믹 메뉴를 이용하여 작업화면을 회전시키는 경우 회전이동 표시가 가능한 도형 갯수를 설정하는 항목

⑤ MRU 버튼의 수

MRU(Most recently Used)바에 사용할 버튼의 수를 지정하는 항목(최대 20개까지)

▸ MRU툴바 사용 : MRU툴바의 사용 여부를 설정

⑥ 레벨대화창 표시형태

대화창의 영역표시 항목들 중 기본선택 항목을 설정

☑ 이전-선택 허용 : 메뉴를 선택 전에 도형을 먼저 선택할 수 있는 기능

☑ 도형정보 화면표시 : 시스템 원점위치 및 현재 적용중인 작업원점위치에 대한 축 상태가 가상 선으로 화면표시되는 기능

☑ 다이나믹 회전시 'Free'모드 사용 : 작업화면 영역에 있는 도형들을 다이나믹 회전시 면 선택을 하지 않았을 때보다 더욱 동적인 회전 형태를 볼 수 있다.

☑ 큰 버튼 : 툴바 영역에 나타나는 아이콘들의 크기를 크게 설정하는 기능

☑ 사용레벨은 항상 화면표시 : 현재 적용중인 레벨 번호를 항상 표시하는 기능

☑ XYZ축 화면표시 : 작업화면 좌측하단 모서리에 적용 중인 그래픽뷰 평면기준으로 현재 작업화면의 축과 우측하단 부분에 작업화면의 도형들의 길이를 대충 파악할 수 있는 기준길이 가상 선이 동시에 표시되는 기능

☑ WCS XYZ축 화면표시 : 작업좌표계(WCS)에서 설정한 좌표축과 작업평면 공구평면이 작업화면 영역상에 표시되는 기능

☑ 배우기 모드 묻기 사용 : 리본바 메뉴 사용시 작업화면에 해당 리본바에 대한 설명을 표시해 주는 기능

☑ 드롭다운 메뉴에서 MRU표시

☑ 아이콘 팁 힌트 표시 : 툴바 위에 마우스 화살표를 올려놓으면 해당메뉴를 표시해 주는 기능

⑦ 마우스 중간버튼/휠 사용

마우스의 중간(휠)버튼을 다이나믹 이동, 다이나믹 회전 여부를 결정

(5) 색상

작업화면 구성요소 및 프로그램 실행결과에 대한 표시 색상을 설정하는 기능

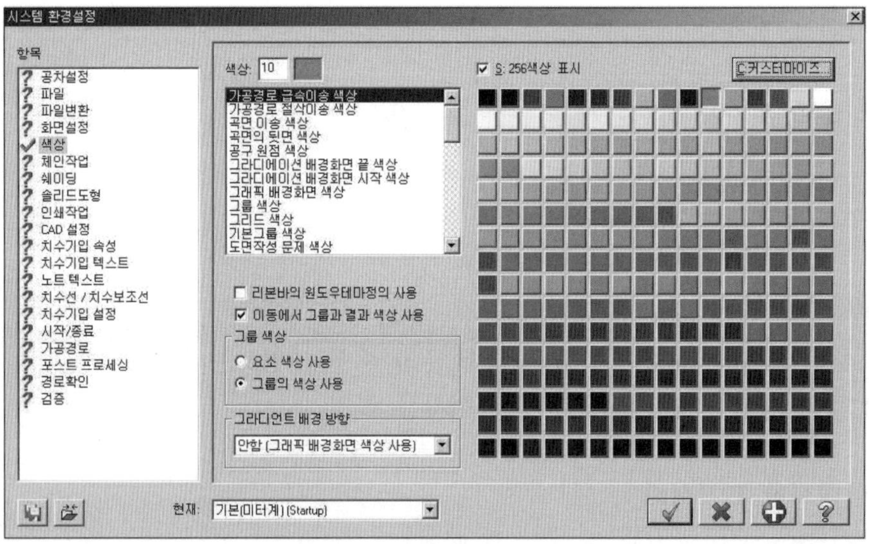

▲ 색상 창

① 색상

각 항목별 색상을 지정하는 기능

▸ 리본바의 윈도우 테마정의 사용 : 리본바 색상에 상관 없이 윈도우 정의를 따름
▸ 이동에서 그룹과 결과 색상 사용 : 이동의 색상인 적색과 자주색을 사용하는 기능

② 그룹 색상

상태바의 그룹메뉴의 기본색상을 지정하는 기능

▸ 요소 색상 사용 : 그룹의 색상이 아닌 원래 도형의 색상을 사용하는 기능
▸ 그룹의 색상 사용 : 그룹의 색상을 사용하는 기능

③ 그라디언트 배경 방향

그라디언트 사용시 배경 방향을 지정하는 기능

(6) 체인작업

끝점들이 연결된 다수의 도형들을 하나의 윤곽단위로 일시에 선택하는 기능으로 실행 방법에는 자동(시스템이 연결된 도형들을 모두 선택)과 수동(사용자가 시작위치와 종료위치 지정)방법이 있다.

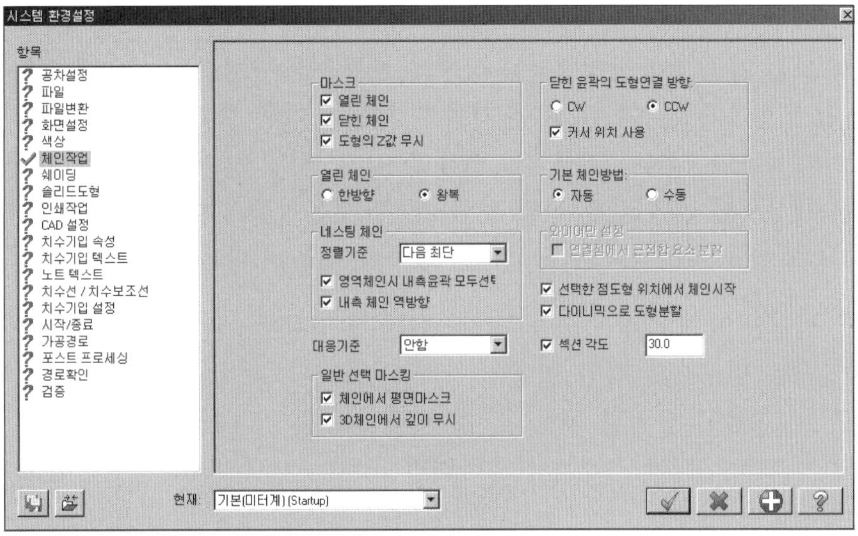

▲ 체인작업 창

① 마스크

- 열린 체인 : 윈도우로 선택시 열린 체인만 지정할 수 있는 기능
- 닫힌 체인 : 윈도우로 선택시 닫힌 체인만 지정할 수 있는 기능
- 도형의 Z값 무시 : 체인지정시 Z값이 다른 도형요소들을 하나의 체인으로 지정할 수 있도록 하는 기능

☑ 열린 체인

열린 형태 도형윤곽을 윈도우 메뉴를 이용하여 선택하는 경우 도형연결 방향기준을 설정하는 영역

- 한방향 : 윈도우 메뉴로 대상도형들을 선택한 후 도형 찾기 시작점 위치를 지정하는 실행단계에서 지정되는 특정위치기준 가장 가까운 도형요소의 끝점위치가 시작위치로 설정되어 해당 도형요소의 다른 끝점위치 방향으로 도형선택 진행방향이 자동 결정되며, 이후 떨어져 있는 다른 가까운 도형요소들을 연결 선택하는 방법으로 처음 도형요소의 도형선택 진행방향과 동일한 방향으로만 연결 선택이

진행되는 방법
- 왕복 : 위 한 방향 항목의 처음요소 찾기 과정까지는 동일한 방식으로 진행되고, 이후 떨어져 있는 다른 가까운 도형요소들을 연결 선택하는 방법으로 최종 진행 위치에서 가장 가까운 도형요소의 끝점위치를 해당 도형요소의 연결위치로 인식하여 도형요소들을 연결시키는 방식으로 도형들을 선택하는 방법

② 네스팅 체인

여러 개의 도형요소들을 체인시킬 때의 기준을 정하는 기능

③ 대응기준

도형생성 또는 가공정의 작업에서는 다수의 도형윤곽 단위들을 선택해야 하는데 이 때 선택된 도형윤곽 단위들은 해당 작업의 특성상 다른 도형윤곽 단위들과 일정한 방식으로 대응하여 작업이 실행되는 특성을 갖게 된다. 이 메뉴는 이러한 작업들의 실행에서 대상도형 선택 실행 전에 선택되는 도형윤곽들의 대응기준을 미리 설정하는 기능으로 메뉴를 선택하면 표시되는 항목들 내용은 다음과 같다.

- 안함 : 선택된 도형윤곽 단위들을 시스템이 일정길이 기준으로 자동분할 계산하여 대응하는 방식으로 작업 실행
- 요소로 : 도형윤곽 단위별 동일 체인순서의 요소들 간 대응하는 방식으로 작업이 실행되는 조건으로 이 조건을 사용하려면 도형윤곽 단위들을 구성하는 도형들의 수가 동일해야 한다.

④ 닫힌 윤곽의 도형연결 방향

닫힌 형태의 도형윤곽을 작업 대상 도형으로 선택하는 경우 도형들의 연결 진행방향을 시계방향(CW) 또는 반시계방향(CCW) 중 어느 방향으로 적용할지를 설정하는 항목으로 가공정의 실행과정에서 이 방법을 적용하면 적용 진행방향은 공구의 절삭 진행방향이 된다.

⑤ 기본 체인방법

체인메뉴를 실행하는 경우 적용될 체인방법을 설정하는 영역

- ⊙ 자동 : 체인메뉴 선택 후 선택될 연결 도형들 중 특정도형을 마우스 클릭시 시스템이 연결된 도형들을 일시에 모두 선택하는 기능
- ⊙ 수동 : 체인메뉴 선택 후 선택될 도형윤곽의 임의위치 도형을 선택하면 선택위치 도형만 선택되고 이후 연결될 도형들을 사용자가 추가 지정하여 연결하는 기능

☑ 선택한 점도형 위치에서 체인시작

이 항목은 작업화면의 선택될 화면에 그려진 특정한 점에서 가공을 시작할 때 지정

하는 기능

☑ 섹션 각도

도형을 체인시 지정된 각도 값 이하의 체인만을 가능하도록 설정하는 항목

(7) 쉐이딩

(화면의 쉐이딩 설정과 동일)

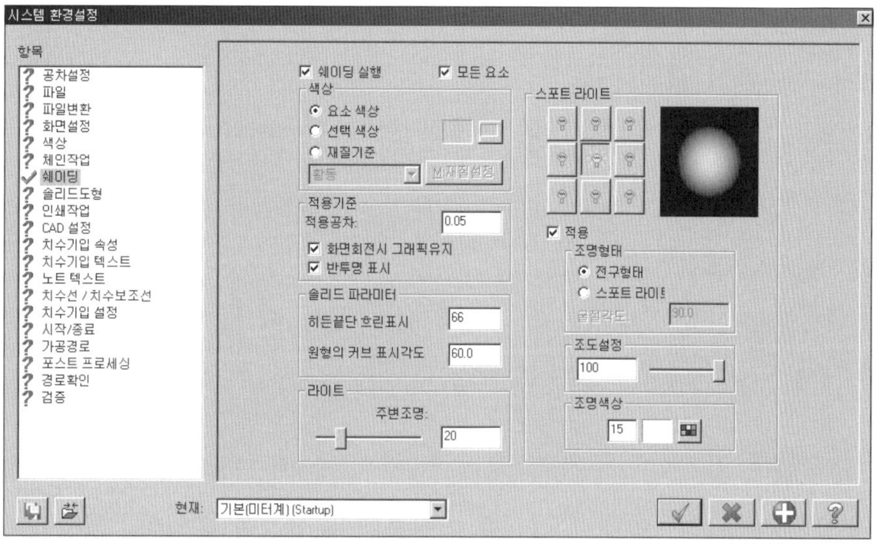

▲ 쉐이딩 창

(8) 솔리드도형

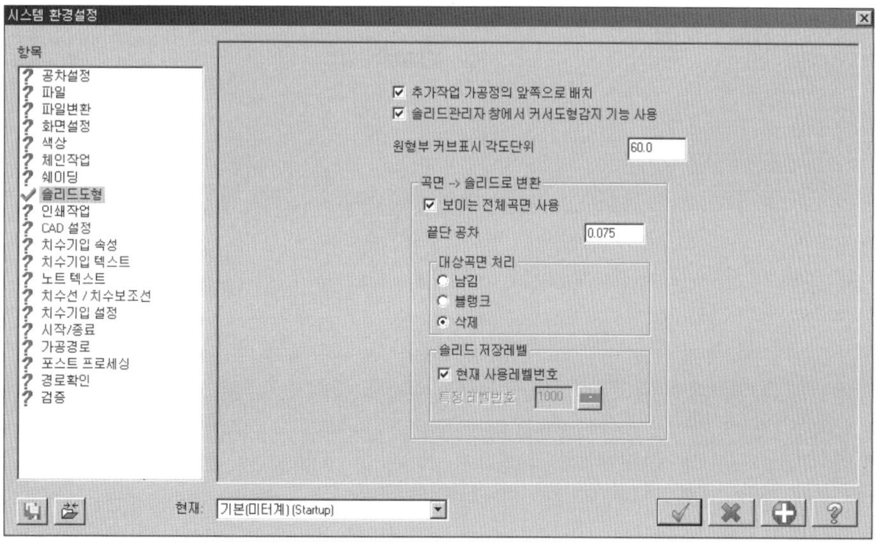

▲ 솔리드도형 창

☑ 추가작업 가공정의 앞쪽으로 배치

솔리드관리자 대화창의 작업순서 표시를 조절하는 항목으로, 기존 솔리드 도형에 가공경로를 생성한 후 추가적인 솔리드작업(돌출, 컷팅…)을 하고 솔리드 작업관리자를 보면 추가한 솔리드작업이 앞에서 생성한 가공정의 뒤쪽으로 위치하는 것을 볼 수 있다.

☑ 솔리드관리자 창에서 커서도형감지 기능 사용

항목 선택하면 솔리드관리자 대화창에서 특정 솔리드작업(예: 돌출) 선택할 때마다 작업화면에 해당 작업부위 영역이 가상의 적색으로 지속적으로 표시되는 기능

① 원형부 커브표시 각도단위

솔리드도형의 원형부위 영역을 의미하는 가상커브의 표시각도 단위를 설정하는 기능

② 곡면 → 솔리드로 변환

곡면 모델링을 솔리드 모델링으로 변환시 끝단 공차 값 및 대상곡면 처리방법, 생성된 솔리드 저장 레벨번호 등을 지정하는 기능

(9) 인쇄작업

도면출력을 실행하는 작업에서 적용될 기본조건을 설정하는 영역

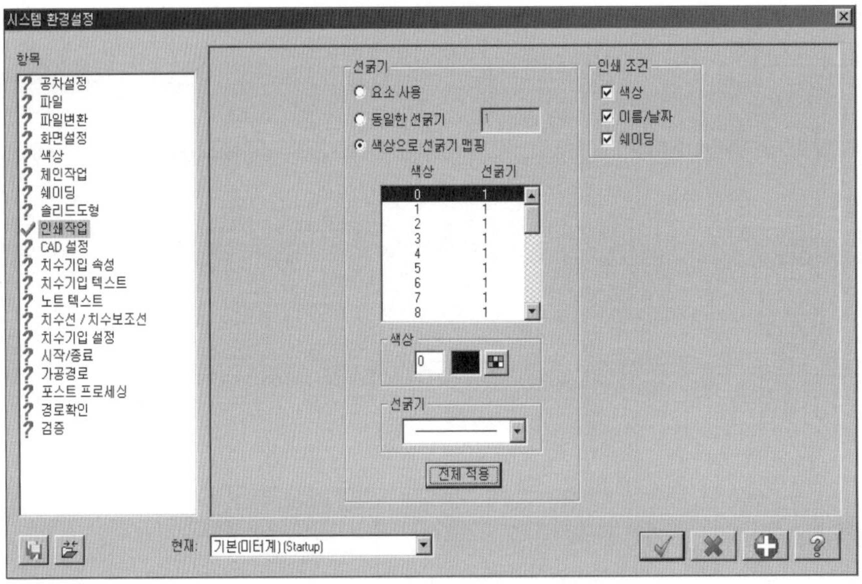

▲ 인쇄작업 창

(10) CAD 설정

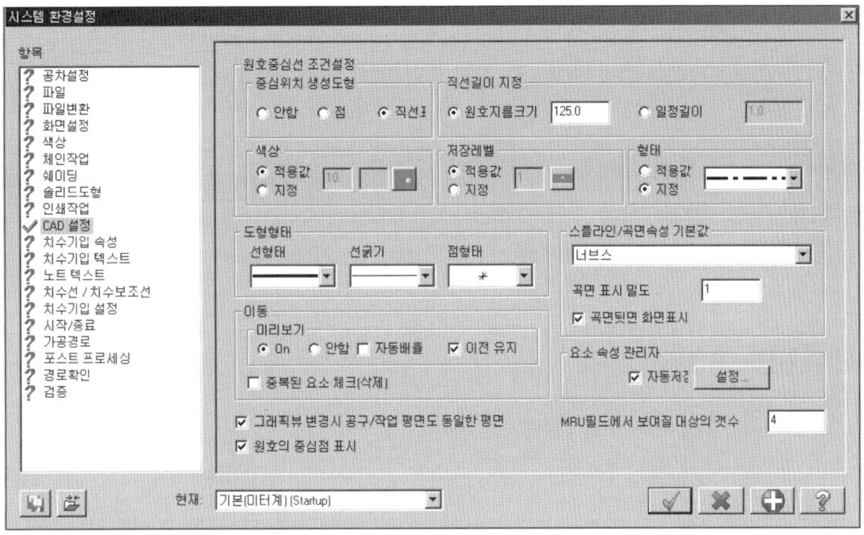

▲ CAD 설정 창

① 원호중심선 조건설정

- ▸ 중심위치 생성도형 : 원호 중심위치에 생성될 도형형태를 설정하는 항목
- ▸ 색상 : 생성되는 점, 직선도형의 색상을 설정하는 항목
- ▸ 직선길이 지정 : 직선도형을 생성하는 경우 직선의 길이를 설정하는 항목
- ▸ 저장레벨 : 생성되는 점, 직선도형의 저장레벨을 설정
- ▸ 형태 : 생성되는 점, 직선도형의 도형형태를 설정

② 도형형태

상태바 창에 있는 속성의 기본 값을 설정하는 기능

③ 이동

도형이동시 미리보기 여부 등의 기본 값을 설정하는 기능

④ 스플라인/곡면속성 기본값

스플라인, 곡면도형 생성 과정시 도형속성 또는 곡면속성 메뉴의 형태를 설정하는 항목

- ▸ 곡면 표시 밀도 : 곡면도형 생성에서 작업화면에 곡면도형을 나타내는 가상의 그물망 형태에 대한 조밀도를 설정하는 기능

☑ 곡면뒷면 화면표시 : 곡면의 뒷면을 현재 도형색상과 다른 색상으로 표시하는 기능

☑ 그래픽뷰 변경시 공구/작업 평면도 동일한 평면

상태바의 그래픽뷰 메뉴를 이용하여 적용 평면을 다른 평면으로 변경할 때마다 부메뉴 작업평면과 공구평면 메뉴의 평면 종류도 동일한 평면으로 동시에 변경되며, 항목 선택 안한 경우는 그래픽뷰 메뉴의 평면형태 변경에 관계 없이 작업평면과 공구평면 메뉴의 평면 형태는 현상태를 그대로 유지

☑ 원호의 중심점 표시

원 또는 원호도형의 중심점 위치에 점을 표시해 주는 기능

(11) 치수기입 속성

생성될 치수기입 도면요소의 형태를 설정하는 영역

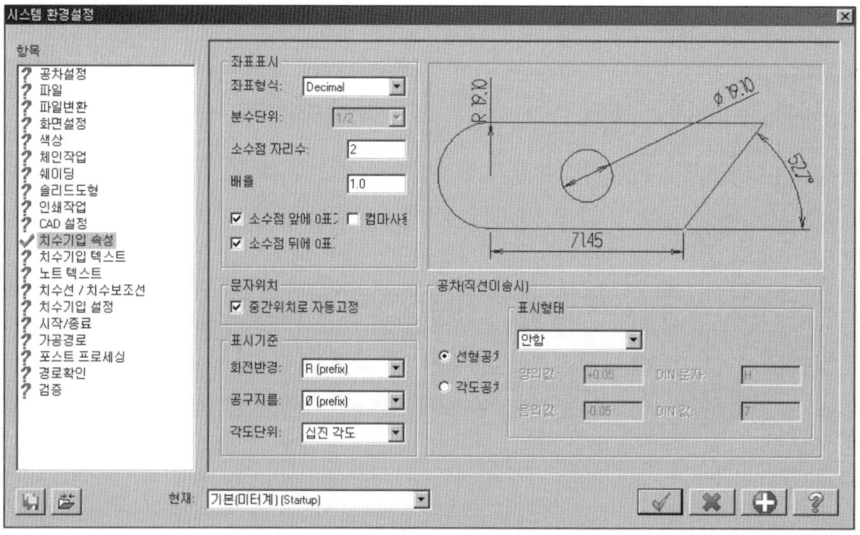

▲ 치수기입 속성 창

① 좌표표시

- 좌표형식 : 산업별 치수기입표시 기준들 중 적용할 기준 설정
- 분수단위 : 치수의 반올림 단위기준을 설정
- 소수점 자리수 : 치수기입 생성에서 표시될 소수점 이하 자리수 설정
- 적용배율크기 : 실제 치수기준(배율 값 : 1) 특정비율 가감 적용된 치수기입 실행 설정
- 소수점 앞/뒤에 0표기 : 항목 선택⇒ 치수 소수표시 점 앞에 숫자 0표기(예: 0.05), 항목 선택 안한 경우⇒ 0표기 안 됨(예: .05)
- 콤마 사용 : 소수단위표시 점(‘.’)이 아닌 콤마(‘,’)로 표시

② 문자위치

치수문자의 위치를 중간위치로 자동 고정하는 기능

③ 표시기준

- ▸ 회전반경 : 원호에 대한 반지름 치수기입에서 표기될 문자형태 설정
- ▸ 공구지름 : 원호에 대한 지름 치수기입에서 표시될 문자형태 설정
- ▸ 각도단위 : 각도 치수기입에서 적용될 각도 계산단위 설정

④ 공차(직선이송시)

⊙ 선형공차/각도공차 : 선형치수기입 또는 각도 치수기입에서 표기될 공차 형태 설정

⊙ 표시형태 : 표시할 형태를 선택(안함, +/−, Limit, DIN)

(12) 치수기입 텍스트

치수 문자표기 형태를 설정하는 영역

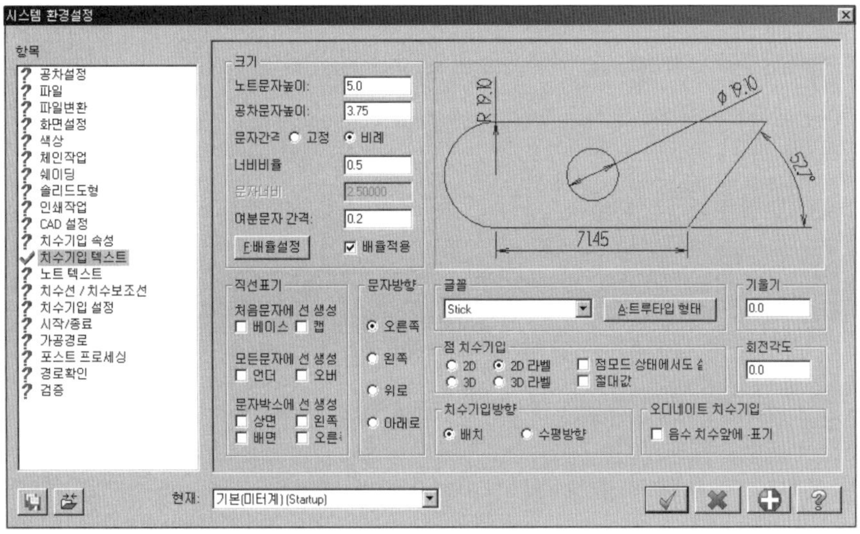

▲ 치수기입 텍스트 창

① 크기설정

- ▸ 노트문자높이 : 노트문자의 높이 값을 설정
- ▸ 공차문자높이 : 공차치수 문자의 높이 값을 설정
- ▸ 문자간격 : 생성될 치수문자 간격 또는 문자 너비 값의 형태 설정
- ▸ 고정 : 치수문자의 문자 간 간격을 아래 문자너비 항목에 입력되는 간격 값을 고정 값으로 적용하여 문자 간 유지 간격이 일정한 형태로 생성되도록 하는 항목

- 비례 : 치수문자의 문자 간 간격을 개별 문자의 너비크기와 문자위치를 감안하여 아래 문자비율에 입력되는 비율 값을 기준으로 시스템이 자동 계산하여 적용하도록 하는 기능
- 너비비율 : 문자간격 항목을 비례로 선택하면 적용되는 항목으로 항목우측 입력란에 생성될 치수문자의 너비 값을 문자높이기준 비율 값으로 입력
- 문자너비 : 문자간격 항목을 고정으로 선택하면 적용되는 항목으로 항목우측 입력란에 문자 간 유지될 일정한 간격 값을 입력
- 여분문자간격 : 문자너비기준 특정비율 값으로 문자 간 간격 값을 수정 적용하는 기능

문자간격 = 문자높이 × 문자너비 × 여분문자간격 (예: $1 \times 0.6 \times 0.1 = 0.06$)

- 배율설정 : 배율적용 항목을 선택하는 경우에만 적용되는 기능으로 공차문자, 치수, 보조선, 화살표 조건을 치수문자 높이기준 특정비율로 설정하여 적용

② **직선표기**

- 처음문자에 선 생성 : 문자열 내 선 생성위치 설정
- 모든문자에 선 생성 : 문자열 내 선 생성위치 설정
- 문자박스에 선 생성 : 문자열 전체를 박스 형태로 감안하여 박스의 상면(Top), 배면(Bottom), 왼쪽(Left) 또는 오른쪽(Right)으로 선 생성

③ **문자방향**

문자표기 진행방향을 설정하는 기능

④ **글꼴**

표기될 치수문자의 글자체를 설정하는 기능

⑤ **기울기**

치수개별문자의 기울기 각도 값을 설정(±90°까지만 입력 가능)

⑥ **점 치수기입**

점 치수기입 실행에서 치수 표기형태(2D, 2D라벨, 3D, 3D라벨), 표기기준(절대값 기준 또는 월드 좌표계 적용) 및 도면작성의 점 모드 상태에서 점 치수기입이 자동으로 실행될지를 설정하는 영역

⑦ **회전각도**

치수개별문자기준 문자의 회전 각도를 설정

⑧ 치수기입방향

▸ 배치 : 해당치수 치수선에 평행한 형태로 표기

▸ 수평방향 : 해당치수 기입방향에 관계없이 무조건 수평방향 표기

⑨ 오디네이트 치수기입

오디네이트 치수기입에서 원점기준 음수위치 치수를 부호(−)로 표기할지를 설정

(13) 노트 텍스트

노트 또는 라벨 생성에서 적용될 형태를 설정하는 영역

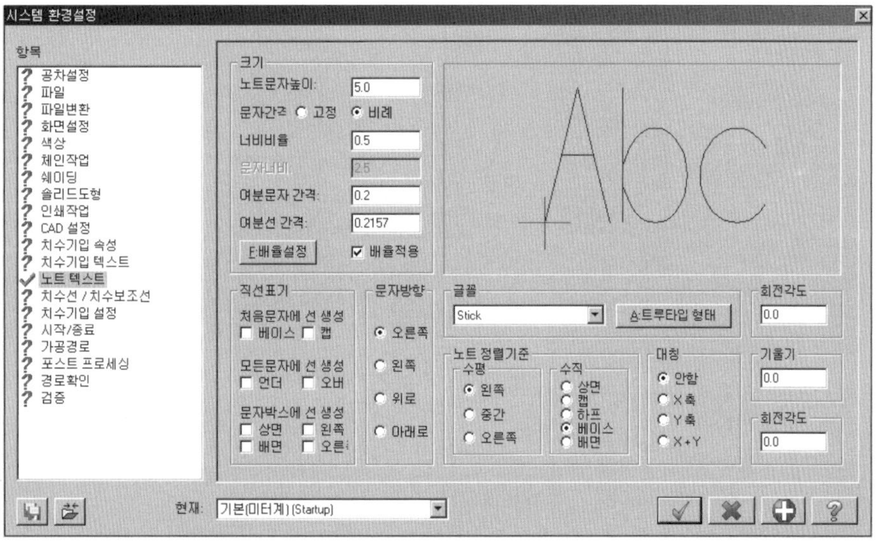

▲ 노트 텍스트 창

(치수기입 텍스트와 다른 기능만 설명)

① 크기설정

▸ 여분선 간격 : 문자높이기준 특정비율 값을 입력하여 노트 문자의 다수 직선들 간 간격을 수정하는 기능

② 배치형태

문자위치와 관련하여 수평방향, 수직방향으로의 문자배치 형태 설정

③ 대칭적용

생성될 문자를 특정 축을 기준으로 대칭 형태로 표기할지를 설정

④ 문자회전

개별문자의 중심위치를 기준으로 각 문자를 회전시키는 기능(±90°까지만 입력 가능)

(14) 치수선/치수보조선

치수선, 치수보조선의 생성 형태를 설정하는 영역

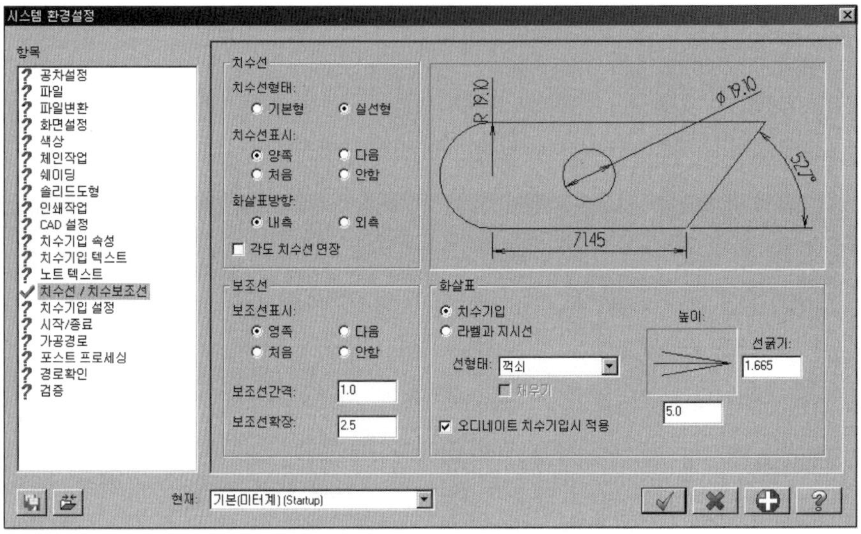

▲ 치수 / 치수보조선 창

① 치수선

- 치수선형태 : 치수선의 선 표시 형태를 설정하는 영역
  ⇔기본형 : 치수선 중간위치에 치수문자 표기
  ⇔실선형 : 치수선 위로 치수문자 표기
- 치수선표시 : 치수문자기준 좌/우측으로 치수선을 분할하여 특정방향/양쪽으로 표기하거나 표기를 실행하지 않을 수 있음.
- 화살표방향 : 치수선 좌/우측 끝의 화살표 표시형태를 해당치수선 끝 위치기준 내측 또는 외측으로 표기할지를 설정
- 각도치수선 연장 : 각도치수문자가 보조선 경계 외측에 위치하는 경우 치수선을 연장하는 기능(잠금과 자동중심 기능 해제하면 적용 가능)

② 보조선

- 보조선표시 : 치수보조선의 좌/우측 표시형태를 설정하는 기능
- 보조선간격 : 치수기입대상 지정위치기준 치수보조선의 유지간격 값 설정
- 보조선확장 : 치수문자 상단높이기준 보조선이 확장될 높이 값을 설정

③ **화살표**

▸ 치수기입 : 항목 선택하면 설정된 화살표형태가 치수기입 실행에서 적용된다.

▸ 라벨과 지시선 : 항목 선택하면 라벨과 지시선 생성에서 적용

▸ 선 형태 : 생성될 화살표의 형태, 너비, 높이 값을 설정

▸ 오디네이트 치수기입시 적용 : 항목 선택하면 오디네이트 메뉴로 치수기입을 실행하는 경우에도 화살표 형태가 추가되어 치수기입 생성되며, 항목 선택 안 한 경우에는 생성되는 치수기입 요소에 화살표 형태가 누락된다.

(15) 치수기입설정

도면요소 관련 기타내용을 설정하는 영역

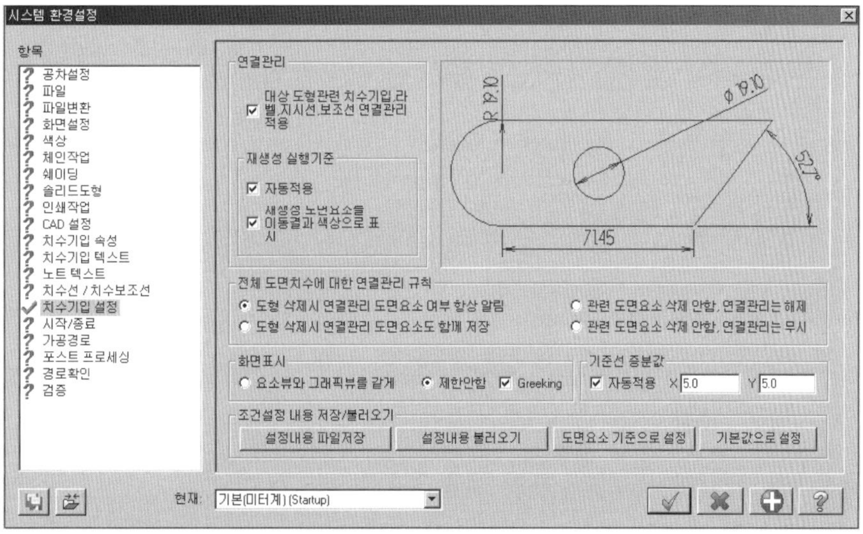

▲ 치수기입 설정 창

① **연결관리**

▸ 대상 도형관련 치수기입, 라벨, 지시선, 보조선 연결관리 : 치수기입 대상도형과 생성된 도면요소를 연결 관리하도록 하는 기능으로 대상 도형의 수정과 이동시 관련도면 요소들도 대상도형 내용변경에 따라 내용이 자동으로 변동

▸ 재생성 실행기준

⇔자동적용 : 도면요소 대상도형의 내용이 변동되는 경우 관련 도면 요소 내용들도 도형변경 내용에 따라 다시 생성되며 항목 선택 안한 경우에는 재생성 메뉴를 이용하여 다시 생성시켜야 한다.

⇔재생성 도면요소를 이동결과 색상으로 표시 : 항목 선택하면 재생성되는 도면 요소들을 이동결과 요소로 시스템이 인식하고 색상 표시 및 관리한다.

② 전체 도면치수에 대한 연결관리 규칙

- 도형 삭제시 연결관리 도면요소 여부 항상 알림
- 도형 삭제시 연결관리 도면요소도 함께 저장
- 관련 도면요소 삭제 안함, 연결관리는 해제
- 관련 도면요소 삭제 안함, 연결관리는 무시

③ 화면표시

- 요소뷰와 그래픽뷰를 같게 : 도면요소 생성 과정에서 적용된 작업평면과 동일한 그래픽뷰로 설정하면 해당 도면요소 화면표시(2차원 치수기입 형태)
- 제한안함 : 그래픽뷰 종류에 관계없이 모든 도면요소 화면표시(3차원 치수기입 형태)

④ 기준선 증분 값

기준선 치수기입에서 치수들 간 X, Y방향 유지간격 적용방법 설정

- 자동적용 : 항목우측 X, Y 항목에 입력된 값이 기준선 치수기입 실행에서 치수들 간 고정 간격으로 자동 적용되며 항목 선택 안한 경우는 기준선 치수기입 실행에서 마우스 위치이동으로 간격형태를 설정할 수 있다.

⑤ 조건설정 내용 저장/불러오기

대화창의 현재 설정된 내용들을 파일로 저장하거나 특정파일 또는 특정 도면요소의 내용을 대화창의 관련 항목 값으로 적용시키는 기능

- 설정내용 파일저장 : 대화창의 설정내용을 파일(*.CAD)로 저장하는 기능
- 설정내용 불러오기 : 특정파일(*.CAD)의 내용을 현재 대화창의 내용으로 복사
- 도면요소 기준으로 설정 : 작업화면 내 특정 도면요소 내용으로 대화창의 관련 항목 값으로 자동 설정하는 기능
- 기본값으로 설정 : 시스템 기본 값으로 대화창의 항목 값들을 다시 설정하는 기능

(16) 시작/종료

프로그램 시작 및 종료 실행에서 적용될 기본내용을 설정하는 영역

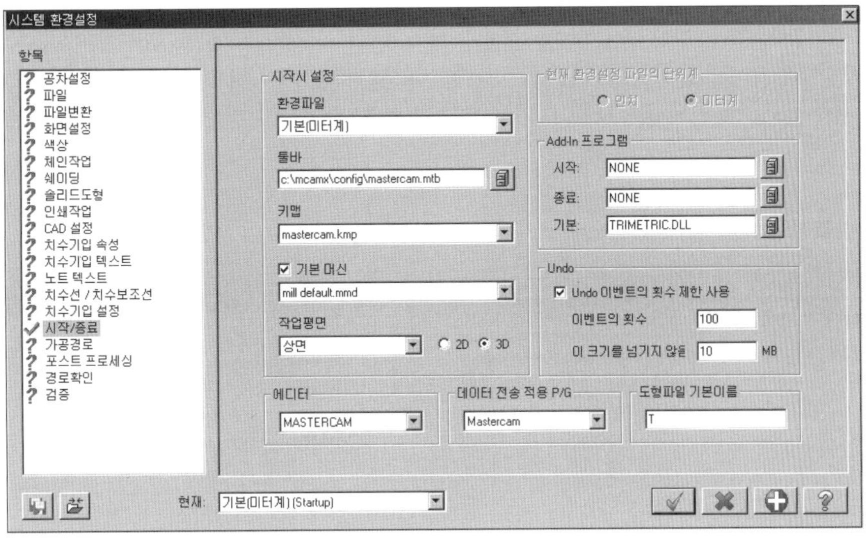

▲ 시작/종료 창

① 시작시 설정

- 환경파일 : 프로그램 시작에서 적용될 환경설정 파일을 설정
- 툴바 : 프로그램 시작에서 적용될 툴바 파일 설정
- 키맵 : 프로그램 시작에서 적용될 키맵 파일 설정
- 기본 머신 : 선택한 머신 형태를 기본 머신 형태로 하여 프로그램을 시작할 때에 사용(미사용시 디자인으로 시작)
- 작업평면 : 프로그램 시작에서 처음 적용될 작업평면의 종류를 설정

② 현재 환경설정 파일의 단위계

선택된 시작 환경설정 파일의 적용 단위계를 표시

③ Add-in 프로그램

프로그램 시작과 종료에서 또는 기본적으로 사용될 C-Hook 파일을 설정

④ Undo

프로그램 사용시 실행취소(Undo) 기능에 대한 횟수나 용량을 설정

⑤ 에디터

적용편집기 메뉴의 기본 적용 값을 설정하는 기능으로 특정파일의 내용 수정시 적용될 편집기 프로그램의 종류를 설정

⑥ 데이터 전송 적용 P/G

시스템의 특정 NC 파일을 연결된 가공기계의 콘트롤러로 파일전송 실행하는 과정에서 적용될 프로그램을 설정하는 항목

⑦ 도형파일 기본이름

작업화면 영역의 도형을 저장시 표시되는 파일대화창의 파일이름 항목에 표시될 도형파일의 기본이름을 설정하는 기능

(17) 가공경로

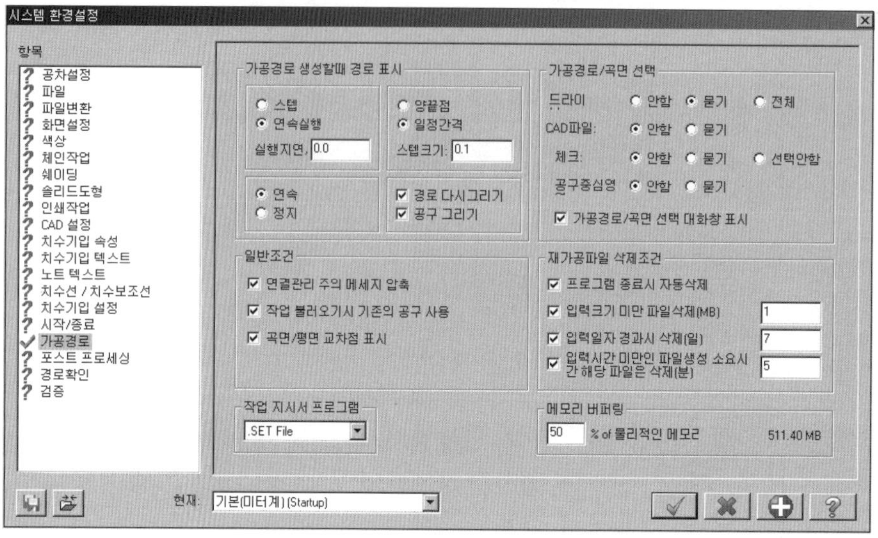

▲ 가공경로 창

① 가공경로 생성할때 경로 표시

- 스텝 : 경로확인 조건설정에서 지정한 조건대로 해당 공구의 절삭진행 상태를 보기위한 방법으로 클릭할 때마다 공구가 이송하는 형태를 볼 수 있다.
- 연속실행 : 연속실행시 경로확인 조건설정에서 지정한 조건대로 공구가 끊임없이 모든 공정에 대한 공구 절삭상태 및 가공경로를 볼 수 있다.
- 양끝점 : 스텝메뉴 선택할 때마다 대상 전체 가공경로들이 순차적으로 각각의 가공경로 시작위치에서 종료위치까지 한 번에 이동하는 형식으로 화면에 표시되는 형태로 경로를 확인하는 방식
- 일정간격 : 스텝메뉴 선택할 때마다 작업화면에서 가공경로가 설정된 일정 길이만큼씩 증분이동 표시되는 형태로 경로를 확인하는 방식으로 항목 선택하면 활성화되는 이동간격 항목에 적용될 스텝크기 값을 설정한다.
- 연속 : 진행되는 경로를 따라 공구가 지속적으로 표시되는 방식
- 정지 : 일정 이동간격위치 또는 개별경로의 끝점위치에서만 공구형상이 화면에 보이는 형태로 경로확인이 진행되는 방식

② 일반조건

- 연결관리 주의 메시지 압축 : 가공경로를 생성한 도형을 삭제할 때 삭제하려는 도형의 가공경로가 있음을 알려주는 주의 메세지를 나타내어 삭제여부를

다시 한 번 묻는 기능으로 가공관련 도형 삭제시 가공이 유효하지 않은 상태로 변경

- 작업 불러오기시 기존의 공구 사용 : 가공경로를 임포트(Import)하는 경우 사용자에게 묻지 않고 임포트하는 작업의 공구를 이미 사용한 공구 리스트에서의 공구로 대치하는 기능
- 곡면/평면 교차점 표시 : 곡면가공시 경로가 계산되어지는 슬라이스된 스텝의 경로를 화면에 파랑색으로 표시하는 기능

③ 재가공파일 삭제조건

- 프로그램 종료시 자동삭제 : 항목 선택하면 프로그램 종료 실행에서 아래 항목들 중 활성화된 항목에 설정된 내용에 해당하는 재가공 파일들은 자동으로 삭제됨.
- 입력크기 미만 파일삭제(MB) : 항목 선택하면 우측 입력란에 입력된 파일크기(Mbytes 단위)보다 작은 크기의 재가공 파일들은 자동으로 삭제됨.
- 입력일자 경과시 삭제(일 : days) : 항목 선택하면 우측 입력란에 입력된 일수보다 이전에 생성된 재가공 파일들은 자동으로 삭제됨.
- 입력시간 미만인 파일생성 소요시간 해당 파일은 삭제(분 : minutes) : 항목 선택하면 우측 입력란에 입력된 시간(분)보다 적은 시간으로 생성된 가공 파일들은 자동으로 삭제됨.

④ 메모리 버퍼링

프로그램에 사용될 기본 메모리 사용량을 설정하는 기능

(18) 포스트 프로세싱(Postprocessing)

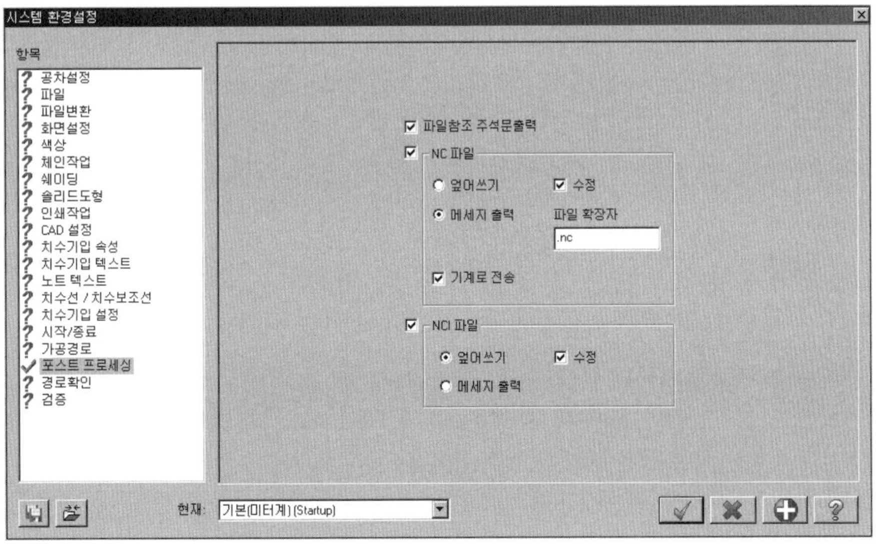

▲ 포스트 프로세싱 창

① 파일 참조 주석문 출력

입력한 주석문을 데이터상에 출력해 주는 기능

② NC 파일

- 엎어쓰기 : 생성되는 NC 파일의 저장경로 위치에 동일 이름의 NC 파일이 이미 있는 경우 해당 파일내용을 새로 생성되는 파일의 내용으로 엎어쓰기를 실행한다.
- 수정 : 생성된 NC 파일을 적용중인 편집기를 이용하여 화면에 자동으로 표시하며, 표시되는 대화창에서 해당 NC 파일의 내용확인 및 수정작업을 실행할 수 있다.
- 메시지 출력 : 동일 이름의 파일이 이미 있는 경우 엎어쓰기 실행 여부를 묻는 메시지 대화창을 화면에 출력한다.
- 기계로 전송 : 시스템이 배치작업 실행종료 후 생성된 NC 파일을 가공기계의 콘트롤러(Controller)로 전송을 실행한다.

③ NCI 파일[1]

위 NC 파일 내용과 동일

(19) 경로확인

NCI를 생성한 후 공구의 절삭진행 방향 및 경로를 사용자가 확인할 수 있는 기능의 기본 설정 값을 지정

▲ 경로확인 창

1) NCI 파일 : 특정 가공경로 생성에서 설정된 모든 가공조건 내용이 저장되어 있는 수치제어 정보파일로 이 파일을 기준으로 수치제어 파일(*.NC)을 생성

① 일반조건

▸ 스텝시 이동간격 기준

⇔양 끝점 : 스텝메뉴 선택할 때마다 대상 전체 가공경로들이 순차적으로 각각의 가공경로 시작위치에서 종료위치까지 한 번에 이동하는 형식으로 화면에 표시되는 형태로 경로를 확인하는 방식

⇔일정간격 : 스텝메뉴 선택할 때마다 작업화면에서 가공경로가 설정된 일정 길이만큼씩 증분이동 표시되는 형태로 경로를 확인하는 방식으로 항목 선택하면 활성화되는 이동간격 항목에 적용될 증분간격 값을 설정한다.

⇔이동간격 : 일정간격 사용시 한 스텝당 이동간격 설정

▸ 화면의 정리

⇔작업 변경시 : 작업을 변경할 때 화면을 정리하는 기능

⇔공구 교환시 : 공구의 교환시 화면을 정리하는 기능

▸ 경로 자동배율 : 현재 작업화면 크기를 대상 가공경로의 전체 크기로 시스템이 자동 조절한 후 경로표시를 실행

▸ 콘트롤러 공구보정 구분표시 : 대상 가공경로들 중 콘트롤러 공구보정이 적용된 가공경로들의 경로형태를 보라색으로 구분 표시하면서 공구경 보정 값을 적용한 좌표 형태로 표시

▸ 가공경로 원점에서 시작표시 : 공구를 가공경로의 원점(WCS의 원점)을 경유하여 경로가 생성되게 하는 기능

② 공구

▸ 원통형/나선형/그래픽 : 화면 표시될 공구의 형태를 설정하는 항목들로 공구측면 형태를 직선으로 표시하는 원통형, 공구측면을 나선형으로 표시하는 나선형 또는 공구형태를 쉐이딩 실행 형태로 표시하는 그래픽 항목들 중 적용될 항목을 선택한다.

▸ 색상 : 공구형태 표시를 원통형 또는 나선형으로 설정한 경우에만 적용되는 항목으로 해당 공구형태를 표시할 색상을 설정한다.

▸ 재질기준 : 공구형태 표시를 그래픽으로 설정한 경우에 적용되는 항목으로 그래픽실행 특정 재질종류를 선택하면 해당 재질의 색상으로 표시된다.

▸ 공구형태 : 기본적인 공구형태 설정은 자동을 사용하고 특별한 공구 사용시 사용자로 사용을 하면 된다.

③ 홀더

▸ 홀더의 색상과 재질을 선택하는 기능으로 방법은 공구와 동일

④ **경로표시**

- 색상 : 각 이송 방법에 따른 색상을 지정할 수 있다.
- 검증 색상 사용 : 사용자가 설정한 공구의 지름을 기준으로 하여 공구가 지나간 흔적을 칠하는 기능으로, 주로 공구의 절삭영역을 식별하기 위하여 사용한다.
- 경로보기 : 항목을 선택하면 공구가 지나간 경로를 볼 수 있으며, 선택하지 않았을 경우에는 경로를 표시하는 선들이 나타나지 않는다.
- 색상루프 : 항목 선택하면 가공경로 표시색상을 가공경로별 6가지 색상으로 시스템이 자동으로 변화시키면서 작업화면에 표시하는 기능으로 화면에서 이전 가공경로와 진행 중인 가공경로를 쉽게 구분하고자 할 때 유용한 기능

⑤ **4-5축 공구벡터 표시**

- 다축을 사용한 경우 공구의 벡터 방향(공구 축 방향)이 존재하는데 이에 따른 표시 조건을 설정하는 항목

(20) 검증

모의 가공시 가공조건 내용을 설정하는 기능

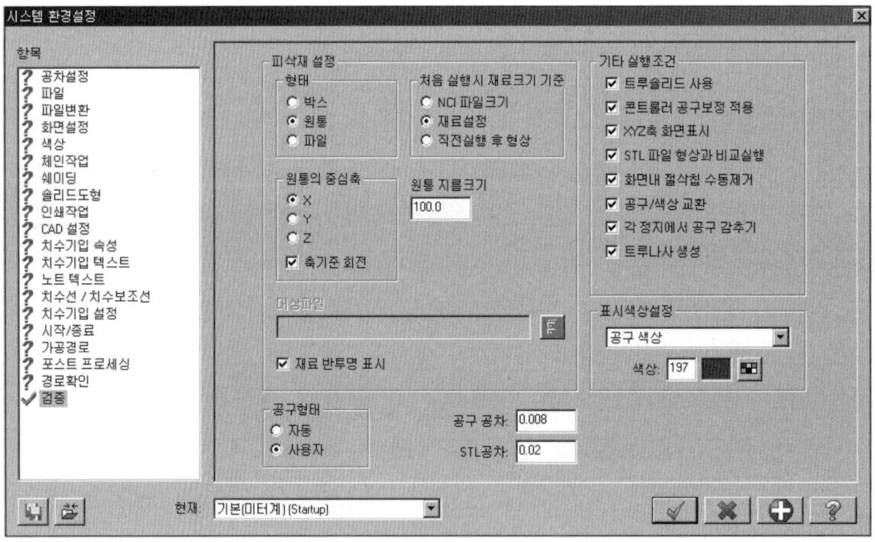

▲ 검증 창

① **피삭재 설정**

- 형태

모의가공 실행대상으로 사용될 가상의 피삭재 형태를 설정하는 영역으로 사각형 형태의 육면체, 원통 또는 특정 파일의 도형형상을 기준형태로 설정할 수 있으며,

파일항목을 선택한 경우에는 대화창 중간영역에 활성화되는 대상파일항목 우측의 파일버튼을 이용하여 적용될 파일을 지정한다.

▸ 처음 실행시 재료크기 기준

⊙ NCI 파일크기 : 모의가공 대상으로 지정한 NCI 파일의 가공경로 크기를 시스템이 자동으로 계산하여 박스형태로 자동 적용

⊙ 재료설정 : 재료설정 대화창에서 설정된 피삭재 크기를 시스템이 읽어 들여 박스형태 크기로 자동 적용

⊙ 직전실행 후 형상 : 직전에 실행된 모의가공 실행 형상을 적용

▸ 원통의 중심축

형태 영역에서 원통 항목을 선택한 경우 활성화되는 영역으로 적용될 가상 원통의 중심 축 적용형태를 설정하며, 축 기준 회전 항목은 선반 또는 로터리 가공경로인 경우 사용하는 항목으로 항목에서 선택된 중심축을 기준으로 원통형태의 피삭재 형상이 작업화면에서 회전하는 형태로 모의가공을 실행할 수 있다.

▸ 원통 지름크기 : 형태 영역에서 원통 항목을 선택한 경우 활성화되는 항목으로 적용될 가상 원통의 지름크기 값을 설정하는 항목

☑ 재료 반투명 표시 : 항목 선택하면 모의가공 완료(또는 일시정지)시 피삭재 형상을 반투명 상태로 화면 표시하는 기능

② 기타 실행조건

☑ 트루솔리드 사용 : 모의가공 피삭재 형상에 대하여 그래픽실행 적용방식을 Open GL 방식으로 적용하여 화면으로 표시하며, 항목 선택 안한 경우는 일반적인 그래픽실행 방법인 화소방식을 적용하여 화면으로 표시한다. 모의가공 실행속도가 더욱 빠르게 진행되는 효과를 기대할 수 있다.

☑ 콘트롤러 공구보정 적용 : 실행되는 대상 가공경로들 중 콘트롤러로 공구 경보정이 적용된 가공경로들에 대한 모의가공 실행 형태를 보정 값이 적용된 형태로 실행

☑ XYZ축 화면표시 : 실행되는 모의가공 화면좌측 상단에 축 상태가 표시되는 기능으로 트루솔리드 사용 항목을 동시에 적용하는 경우에는 축 상태가 피삭재 형상에 표시된다.

☑ STL 파일 형상과 비교실행 : 모의가공 실행완료 후 피삭재 형상과 특정 STL 파일의 도형 형상을 비교할 수 있는 기능이다.

☑ 화면내 절삭칩 수동제거 : 모의가공 실행완료 후 작업화면에 일시적으로 남게 되는 피삭재의 절삭칩 형태를 마우스로 선택하여 화면에서 지울 수 있으며, 항목 선택 안한 경우에는 화면에 표시된 절삭칩 형태를 지울 수 없다.

☑ 공구/색상 교환 : 표시색상설정 버튼으로 설정한 공구별 절삭부위 표시색상대로 각각의 공구별 절삭실행 과정에서 피삭재 영역에 대한 해당 공구의 절삭표시 색상을 다르게 표시한다.

☑ 각 정지에서 공구 감추기 : 모의가공에서 정지시에 공구형상을 감추는 기능
☑ 트루나사 생성 : 너트가 맞을 수 있는 스크루 나사를 시뮬레이션(Simulation)하는 기능

1.6.2 커스터마이즈

원하는 툴바의 아이콘들을 임의로 배치시키는 기능

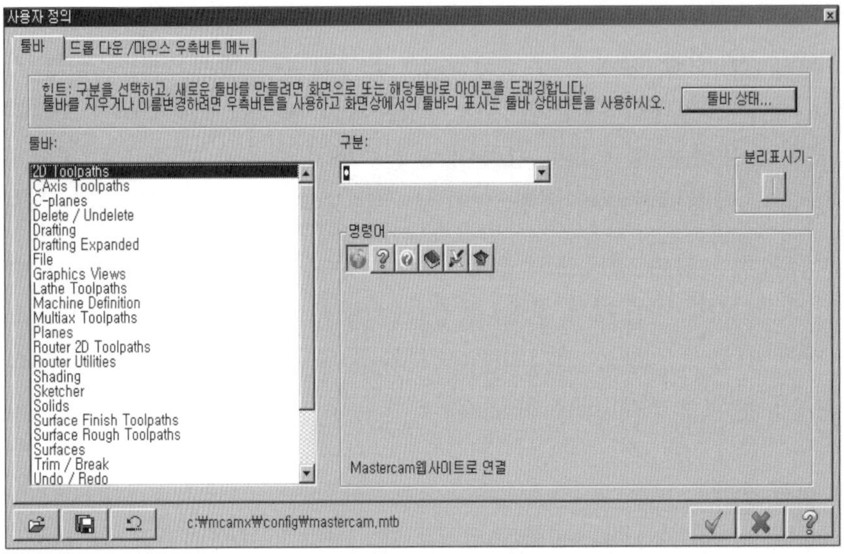

▲ 커스터마이즈 사용자정의 창

구분에서 각 메뉴를 선택하면 명령어 창에 아이콘들이 뜨는데, 거기서 필요한 아이콘들만 드래깅해서 작업화면으로 꺼내면 새로운 툴바가 생성된다. 새로운 툴바에 필요한 아이콘들만 모아서 사용할 수 있다.
툴바에서 선택하고 마우스 우측버튼을 누르면 이름변경과 삭제가 가능하다.

1.6.3 키 맵핑

단축키를 지정하는 기능

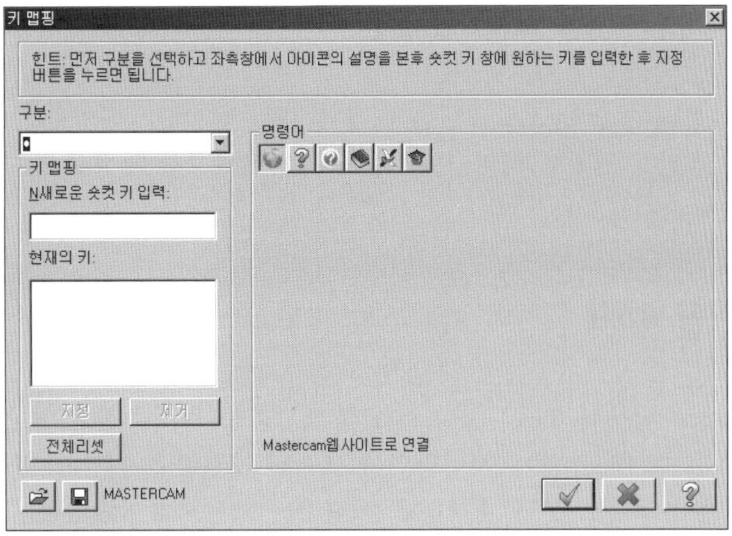

▲ 키 맵핑 사용자정의 창

구분에서 각 메뉴를 선택하면 명령어 창에 아이콘들이 뜨는데, 단축키로 지정하고 싶은 아이콘을 선택하고 '새로운 숏컷 키 입력'창에 Alt, Ctrl, Shift, Alt+ Ctrl, Alt+ Shift, Ctrl+ Shift와 함께 단축키를 입력하고 지정키를 누르면 된다.

1.6.4 툴바 상태

작업화면에 표시되는 툴바들의 배열, 위치 등의 상태를 지정하는 기능

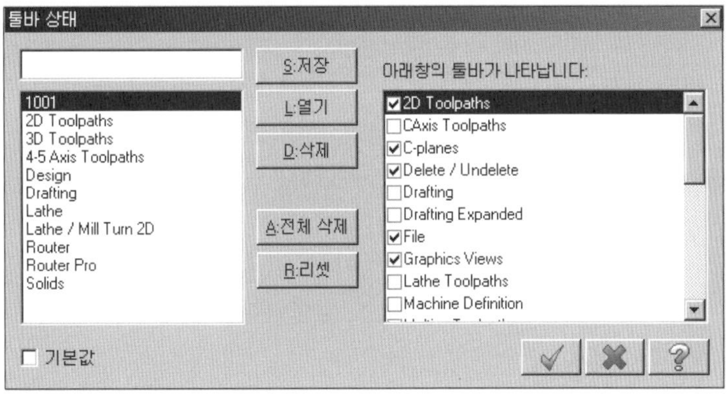

▲ 툴바 상태 사용자정의 창

원하는 툴바 생성 후 이름을 지정하여 저장을 해 두면 툴바의 형태가 변하여도 지정해 놓은 툴바를 선택해서 열기를 하면 원래대로 돌아간다.

1.6.5 사용자 응용 프로그램 실행

C-Hooks라고 불리는 단일 프로그램들의 집합으로 특수하고 다양한 기능들이 나열되어 있다. 사용자의 필요에 따라 사용 가능하며, 프로그램 작성용 랭귀지 프로그램 등을 이용하여 작성도 가능하다.

1.6.6 램 세이버

도형요소 삭제로 발생된 'hole' 현상(시스템 메모리를 축적하면서 실행속도를 저하시키는 현상)을 제거하고 현재 작업화면에 표시된 도형들을 해당 도형들의 생성 과정에서 적용된 조건으로 도형 재생성을 실행하는 기능으로 Mastercam System 실행 중에 작업 실행 속도가 현저하게 둔화되는 경우 이 기능을 실행하면 사용 중인 시스템의 데이터베이스가 최적화되면서 사용 가능한 램(RAM) 용량이 증가하여 이후 프로그램 실행속도가 빨라진다.

1.6.7 매크로 관리자

매크로 명령이란 반복적으로 사용되는 명령어들을 1개의 명령처럼 처리하여 수행하는 기능으로 Mastercam의 명령들의 사용을 레코딩한 후 플레이백(Playback)시켜 반복적인 작업을 효율적으로 수행한다.

주의 : Mastercam의 모든 명령어들이 매크로 레코딩으로 처리되지는 않는다.

1.6.8 선택검증

일반적인 선택을 사용할 때 활성화시키고 작업을 하게 되면 선택이 어려운 때에 쉽게 선택할 수 있도록 도와준다.

1.6.9 VBScript

비쥬얼 베이직 프로그램으로 작성된 스크립트 파일을 사용해서 기능을 수행하는 프로그램으로 사용자의 필요에 따라 스크립트를 작성해서 새로운 명령을 만들 수도 있다.

1.7 화 면

프로그램 명령실행의 기본 실행조건 설정, 도형요소에 대한 색상 복귀, 블랭크 및 쉐이딩 등 다양한 기능을 실행한다.

▲ 화면 드롭-다운 메뉴

1.7.1 색상 복귀

이동메뉴 실행으로 변화된 도형색상을 해당 도형의 고유색상으로 복귀 실행하는 기능으로 이 기능을 실행하면 이동결과로서의 특성을 잃게 된다.

1.7.2 화면 요소갯수

메뉴 선택하면 현재 작업화면 내 모든 도형요소의 종류별 갯수를 화면하단 설명구역에 표시되는 기능으로 작업화면에 있는 도형종류 및 갯수를 파악하는 기능

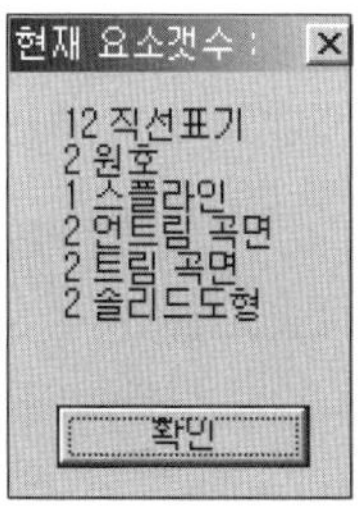

▲ 현재 요소갯수 확인

1.7.3 블랭크

특정 도형들을 화면에서 감추는 기능

1.7.4 언블랭크

감췄던 도형을 다시 보이게 하는 기능

1.7.5 히든

특정 도형들만을 화면에 남기고 다른 도형들은 일시적으로 숨기거나 숨긴 도형들을 다시 화면표시 복원시키는 기능

1.7.6 히든 추가

히든으로 숨긴 도형들 중 화면에 남길 도형을 추가로 지정하는 기능

1.7.7 그리드 설정

자동 커서위치 실행에서 편리성을 위해 가상의 그리드(격자) 사용여부 설정하는 기능

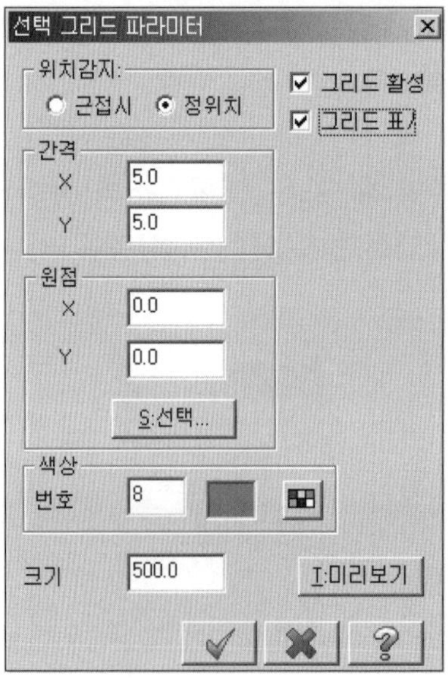

▲ 그리드 파라미터 창

1.7.8 쉐이딩 설정

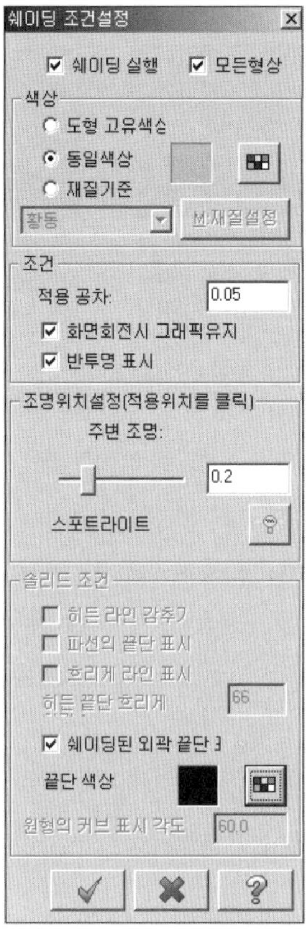

▲ 쉐이딩 조건설정 창

☑ 쉐이딩 실행 : 작업화면 내의 곡면, 솔리드 도형에 대하여 상시 쉐이딩 기능이 실행

☑ 모든 형상 : 작업화면 내의 모든 곡면, 솔리드 도형들을 쉐이딩 대상으로 지정

■ 색상

⊙ 도형 고유색상 : 대상 도형의 색상으로 쉐이딩 실행

⊙ 동일색상 : 대상 도형의 색상을 무시하고 지정한 색상으로 쉐이딩 실행

⊙ 재질기준 : 지정하는 특정 재질의 색상으로 쉐이딩 실행

■ 조건

▸ 적용 공차 : 쉐이딩 실행시 적용될 공차 값

☑ 화면회전시 그래픽유지 : 다이나믹 회전시 쉐이딩 실행 상태로 회전 실행

☑ 반투명 표시 : 쉐이딩 실행시 반투명 상태로 실행

■ 조명위치설정(적용위치를 클릭) : 조명의 밝기를 설정하는 항목으로 입력 값은 0에서 1까지 입력하거나 우측 스크롤바를 이동하여 조도 조정 가능

▲ 스포트 라이트 창

- 스포트라이트 : 쉐이딩 실행시 조명의 위치, 조건을 지정하는 기능
  - 조명형태 : 전구형태 또는 스포트라이트 중 적용될 형태를 설정하며, 스포트라이트 항목을 선택한 경우에는 굴절각도 항목에 적용될 조명에 대한 굴절각도 값을 설정(0~90까지 입력 가능)
  - 조도설정 : 조명의 밝기 농도 값을 설정
  - 조명색상 : 조명의 표시색상을 설정

1.7.9 화면표시 리스트 재생성

작업화면 내의 모든 도형을 지우고 도형생성 순서대로 다시 그리는(Regenerate) 기능

1.7.10 콤바인뷰

작업화면에 있는 다수의 원호 도형들 중 특정 원호도형 생성에서 적용된 평면이 다른 원호도형의 적용 평면과 평행한 상태인 경우 해당 원호 도형들을 평행한 다른 평면 기준으로 생성된 것으로 도형생성 적용내용을 시스템이 자동 변경시키는 기능

※ 평행한 뷰(Parallel view) : 예를 들어 작업평면 평면(번호 1) 기준으로 생성된 원호 도형과 바닥면(번호 4) 기준으로 생성된 원호도형이 작업화면에 있는 경우 이 메뉴를 실행하면 바닥면 기준으로 생성된 원호도형은 평면(Top)기준 생성 도형으로 전환되면서 바닥면에 대한 평면설정 내용은 시스템에서 자동 삭제된다.

1.7.11 도형 속성

생성될 도형의 색상, 선 형태, 점 형태, 레벨, 선 굵기 등의 속성을 설정하는 기능

▲ 속성 설정 창

※ A:와 같이... : 버튼 선택 후 변경하고자 하는 속성을 갖는 도형을 선택시, 지정한 도형이 갖는 속성들을 인식하여 자동속성 설정 창을 지정하는 기능

1.7.12 자동도형감지

항목 선택하면 도형작업 또는 기타 작업의 도형선택 메뉴 단계에서 시스템이 작업화면 내 마우스 커서위치의 도형을 자동으로 감지하여 노란색 상태로 표시하거나 표시하지 않는 토글 기능

1.7.13 화면이미지를 클립보드로 복사

현재 작업화면 형상을 윈도우즈의 클립보드 영역으로 복사하는 기능으로 작업화면 형상에 대한 그림파일 필요시 실행

1.8 파 일

Mastercam System 파일들의 열기, 저장, 수정, 도면 인쇄, 다른 캐드캠(CAD/CAM)과의 호환을 위한 파일 변환 작업을 할 수 있는 기능들이 있다.

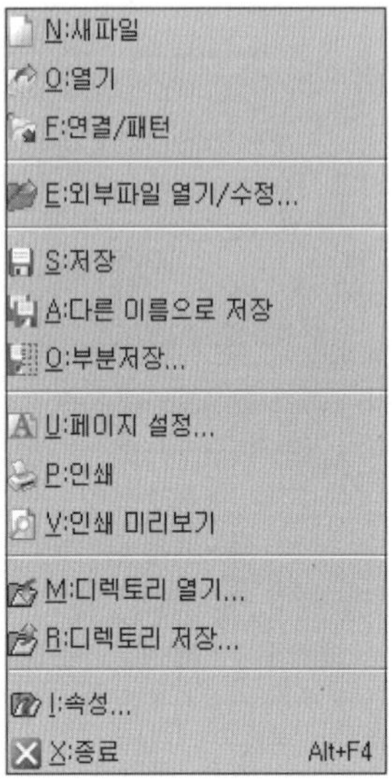

▲ 파일 드롭-다운 메뉴

1.8.1 새파일

작업화면 영역을 초기화시키는 기능
현재 작업화면 영역에 존재하는 모든 도형 및 가공경로를 지우고 새로운 파일을 시작하는 기능

1.8.2 열기

① 현재 작업화면으로 특정 도형파일의 도형들을 불러오는 기능
② 타 CAD/CAM 프로그램으로부터 파일변환해서 불러오는 기능
파일변환시 파일의 형태에서 변환할 확장자를 지정하고 파일을 선택하여 타 CAD/CAM 프로그램의 파일을 Mastercam 파일로 불러올 수 있다.

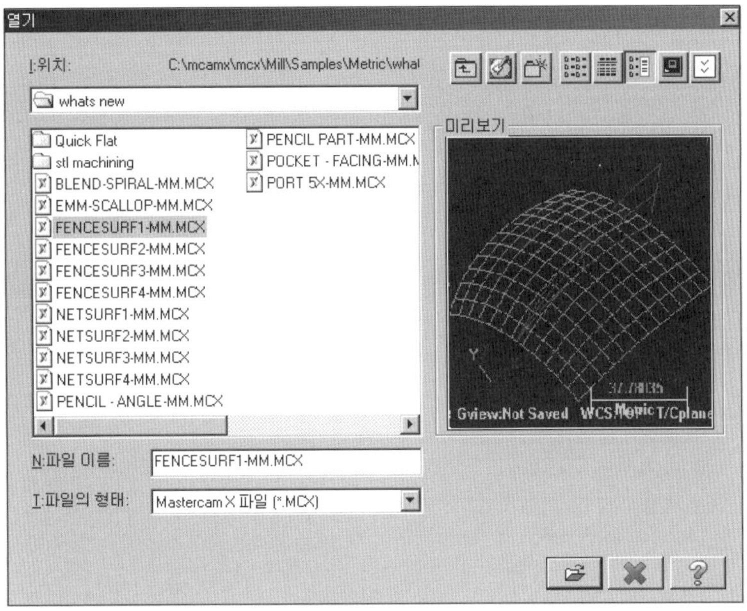

▲ 열기 창

1.8.3 연결/패턴

하나의 파일을 화면에 불러낸 상태에서 다른 파일의 도형을 일정배율(도형파일 내 도형 크기기준)로 축소 또는 확대시켜 불러내는 메뉴로 2개 이상의 파일 도형들을 결합시키는 기능

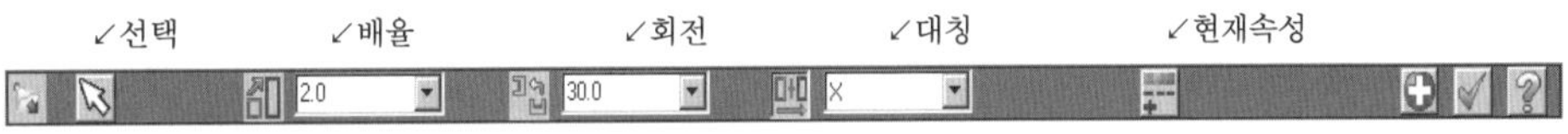

▲ 연결/패턴 리본바

- 선택 : 불러온 도형의 기준점을 선택하는 기능
- 배율 : 불러온 도형의 크기 배율을 설정하는 기능
- 회전 : 불러온 도형의 회전될 각도를 입력하는 기능
- 대칭 : 불러온 도형을 대칭시킬 경우 대칭될 축을 선택하는 기능
- 현재속성 : 불러온 도형을 현재의 설정된 속성으로 설정하는 기능

1.8.4 외부파일 열기/수정

NC 파일, NCI 파일, DOC 파일, IGS 파일 등 이미 만들어져 저장되어 있는 파일을 수정하고자 할 때 사용하는 기능

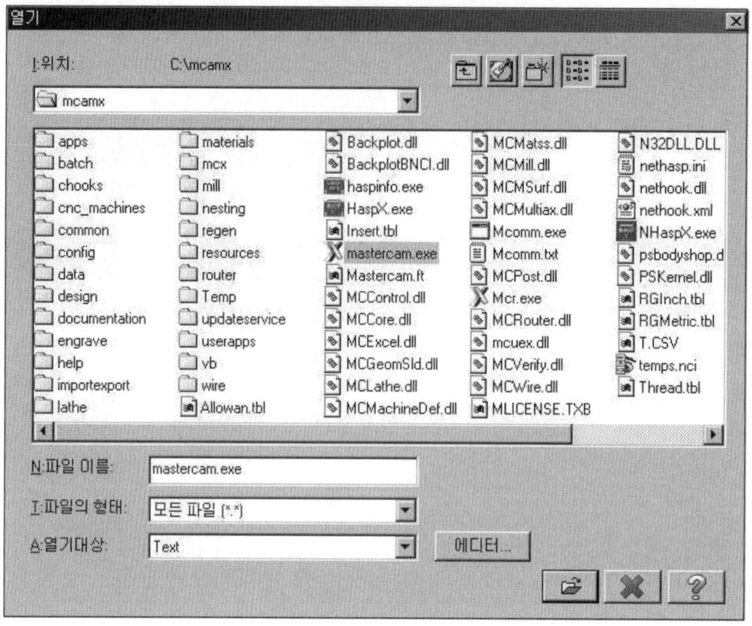

▲ 외부파일 열기/수정 창

1.8.5 저장

현재 작업화면에 표시된 모든 도형들을 특정 도형파일로 저장하는 기능
저장하는 파일형태의 설정으로 타 CAD/CAM 프로그램으로부터 파일 변환해서 저장하는 기능

1.8.6 부분저장

현재 화면에 표시된 도형들 중 일부 도형들만을 특정 파일로 저장하는 기능

1.8.7 다른 이름으로 저장

현재 작업화면에 표시된 모든 도형들을 다른 이름으로 저장하는 기능

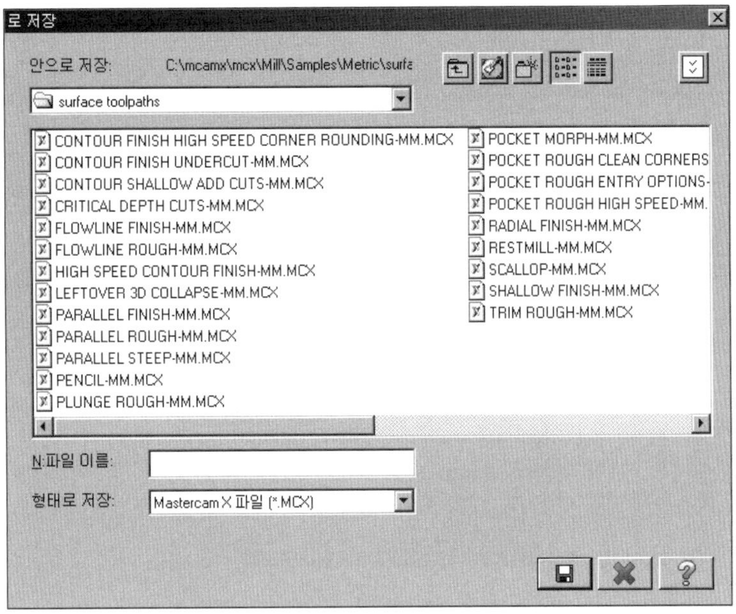

▲ 저장 창

1.8.8 페이지 설정

인쇄할 페이지의 용지의 크기, 방향, 인쇄될 도형의 속성들을 설정하는 기능

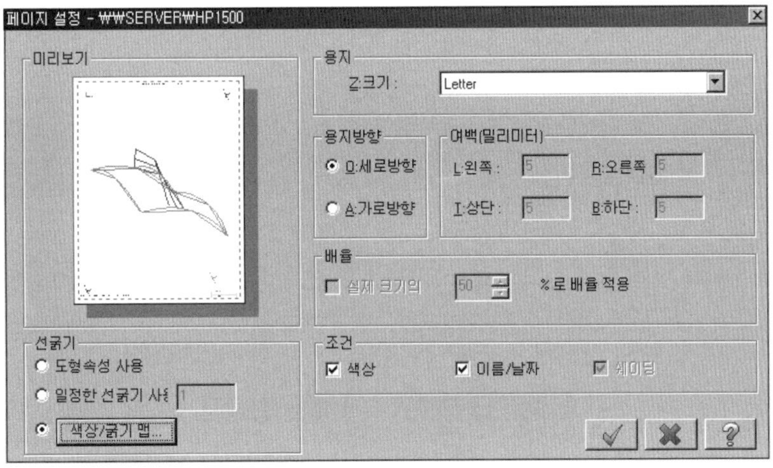

▲ 페이지 설정 창

1.8.9 인쇄

현재 작업화면의 특정 도형들을 연결된 프린터를 이용하여 인쇄하는 기능

1.8.10 인쇄 미리보기

인쇄하기 전 대상의 출력형태를 용지에 대입시켜 미리 보는 기능

1.8.11 디렉토리 열기

파일을 변환해서 mcx 파일로 읽어오는 기능으로 폴더를 한 번에 변환시키는 기능

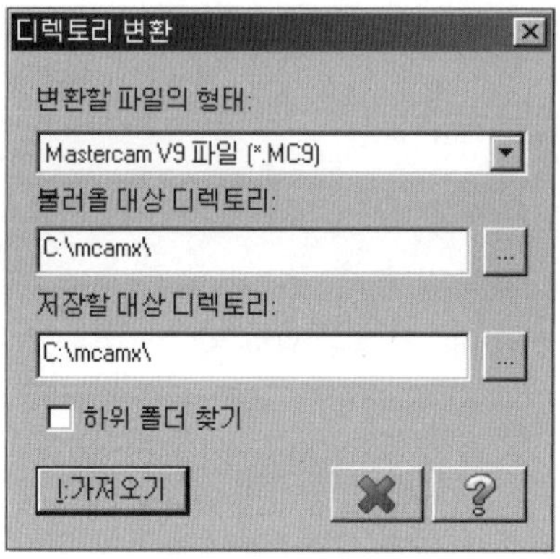

▲ 디렉토리 열기 창

mcx 파일로 변환시킬 파일명을 선택하고 불러올 대상 디렉토리에서 변환시킬 파일이 들어있는 폴더 지정, 저장할 대상 디렉토리에는 저장할 mcx 파일들이 들어갈 폴더 지정 후 가져오기를 누른다.

1.8.12 디렉토리 저장

mcx 파일을 다른 파일로 변환해서 저장하는 기능으로 폴더를 한 번에 변환시키는 기능

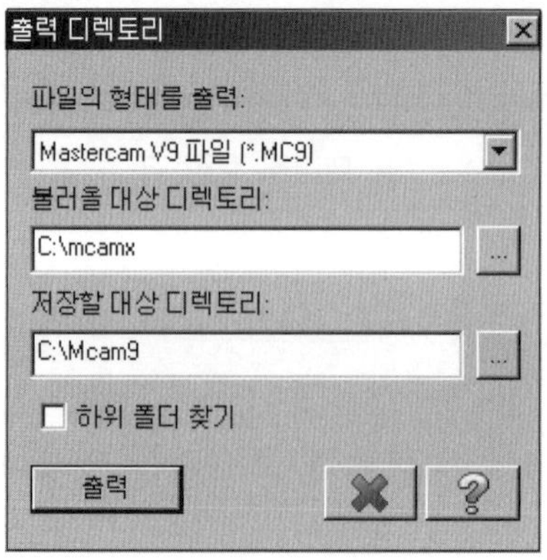

▲ 디렉토리 저장 창

1.8.13 속성

현재 작업화면에 표시된 도형파일에 대한 정보를 확인하는 기능

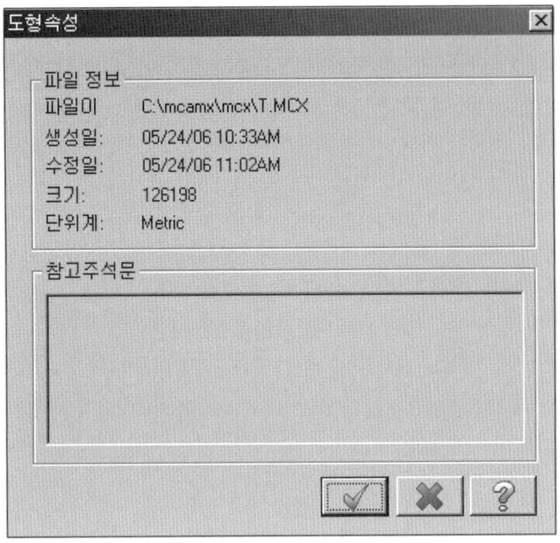

▲ 도형 속성 창

1.8.14 종료

Mastercam 프로그램 실행을 종료하는 기능

Chapter 2

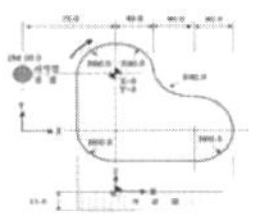

2차원 가공조건설정

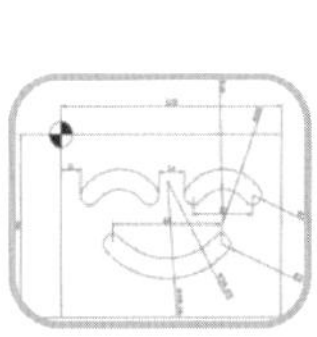

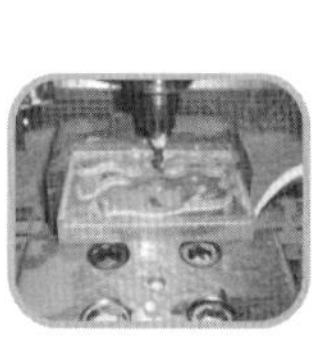

CAD/CAM의 NC 가공 기능을 구분하기 전에, 일반적으로 많이 쓰이는 NC 기계와 그의 가공 기능을 분류하면 아래와 같다.

① 가공 기계별 분류

- 선반 : 외경절삭, 내경절삭, 나사가공, Groove 가공, Drilling 등
- 밀링 : 윤곽가공, 포켓팅(Pocketing), Drilling, 곡면가공, 영역가공, 5면가공, 5축 가공 등
- Wire-EDM : 2축 윤곽가공, Taper 가공, 4축 Taper 가공
- 기타 : 펀치 프레스, 레이저 커팅머신 등의 윤곽가공

② 축 수에 의한 분류

- 2축 가공 : 선반, 밀링, Wire-EDM
- 2.5축 가공 : 밀링(동시 2축, 부가 1축)
- 3축 가공 : 밀링, 선반(C축 부가), 5면 가공기(3축에 Attachment 부가)
- 4축 가공 : 4축 Wire, 밀링(B축 부가), 선반(C축, Y축 부가)
- 5축 가공 : 밀링(A, B, C 중 2축 부가)

가공 기계로 분류하면, 위와 같이 선반과 밀링, Wire-EDM 등으로 나눌 수 있다. 그 외에 분류된 펀치 프레스나 레이저 커팅머신 등은 윤곽가공 기능을 생각하면 된다. 이들 NC 기계의 종류에 따라 여러 가공 기능을 살펴볼 수 있는데, CAD/CAM에서의 형상으로 분류하면 드릴링, 윤곽가공, 포켓팅, 영역가공(곡면가공), 잔삭가공, 황삭가공, 정삭가공 등이다.
나머지는 대부분 기계의 기능에 따른 것이다.

CAD/CAM의 기능을 분류하는 방법 중에 일반적으로 많이 사용하는 것은 축 수에 의한 것이다. 이것은 기계의 서보 모터의 갯수에 의하여 분류하는 것으로, 이것으로 CAD/CAM 시스템의 등급을 구분하기도 한다. 2축은 윤곽가공과 포켓팅을 주로 생각할 수 있다. 선반이나 밀링, Wire-EDM 등도 이에 속한다.
2차원 가공은 모든 CAD/CAM 시스템에서 기본적인 지원을 한다.

2.1 2차원 가공정의 기초

공구가 특정 평면기준 XY(또는 YZ/XZ)축 방향으로만 절삭이송하는 형태의 가공데이터를 생성하는 작업과정을 2차원 NC 프로그래밍(Programming)이라 하며, 밀링기계로 실행할 수 있는 가공종류로는 윤곽/포켓/드릴/표면가공/원호가공 등의 형태가 있다.

※ 공통 적용사항
아래에서 설명되는 가공관리자/속성/공구관리자/재질관리자는 일부 가공정의들을 제외하고 2차원은 물론 3차원 가공정의를 실행하는 경우에도 동일하게 적용되는 항목들이다.

2.1.1 가공관리자

특정 도형관련 생성된 가공정의들의 관련 내용(가공조건, 관련도형, 사용공구…)을 저장 및 수정, 관리 등 종합적인 기능을 실행하는 기능으로 가공정의 내용을 기반으로 한 NC 데이터 생성, 경로확인, 모의가공, 고속가공, 충돌체크 실행은 물론 추가적인 가공정의 생성까지 실행할 수 있다.

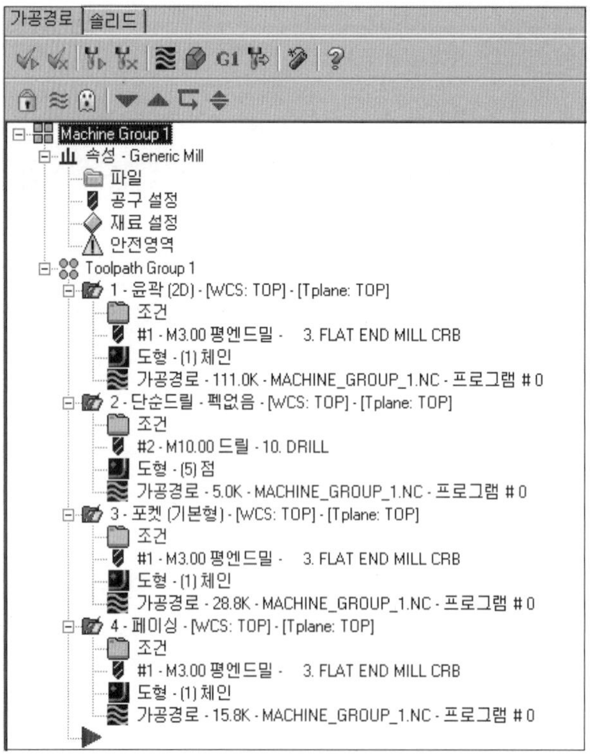

▲ 가공관리자 창

(1) 자동연결 관리기능(Associativity)

특정 가공정의가 생성되면 시스템이 생성된 가공정의와 관련하여 설정된 가공조건, 사용공구, 대상도형, 생성된 가공경로(NCI 파일) 등을 구성내용으로 하여 전체를 묶음 관리하는 기능이 자동연결 관리기능으로 가공정의 생성 후에 가공대상도형 또는 일부 가공조건들을 수정하면 수정내용과 관련된 항목들을 시스템이 자동으로 인식하여 수정된 내용이 반영되지 않았음을 가공정의 관리자 대화창에서 해당 가공정의 항목표시 폴더에 적색 '×'자로 자동 표시하며 재생성버튼 선택만으로 수정된 내용을 즉시 반영하여 재생성할 수 있으며, 이 내용들은 관련 도형파일 저장하는 경우 함께 저장되며 언제든지 설정된 내용들을 보고 수정할 수 있다.

(2) 가공관리자 대화창 내 버튼기능

: 대화창의 표시된 모든 가공정의들을 작업 대상으로 선택하는 기능

: 대화창의 표시된 모든 문제(×표시) 있는 가공정의들을 작업 대상으로 선택하는 기능

: 대화창의 일부 가공정의들에 대한 가공조건 또는 대상도형이 수정된 경우 선택된 작업을 수정된 내용으로 가공경로를 재생성하는 기능

: 대화창의 표시된 모든 문제(×표시) 있는 가공정의들을 재생성하는 기능

: 대화창의 선택(해당 가공정의 폴더에 표시)된 가공정의들의 생성된 가공경로를 대화창의 배열순서대로 작업화면에서 순차적인 진행상태로 확인하는 기능

: 대화창의 선택(해당 가공정의 폴더에 표시)된 가공정의들의 생성된 가공경로를 배치순서대로 작업화면에서 가상의 피삭재 크기를 설정하여 가상의 공구절삭 형태로 확인하는 기능

: 대화창의 선택(해당 가공정의 폴더에 표시)된 가공정의들의 생성된 가공경로(NCI)를 특정기계 가공용 프로그램(기계 언어)인 NC 파일로 변환하는 기능

: 대화창의 특정 가공정의(2.5축 또는 3축 가공)들의 가공경로(NCI 파일)를 가공실행시간 최대 단축 및 효율적인 절삭이 되도록 절삭이송 속도의 가공영역별 자동 가속 또는 감속하는 형태로 자동 변경시키는 최적화 기능

: 가공관리자 대화창에 있는 모든 가공정의들을 삭제하는 기능

: 선택된 가공정의들에 대한 내용수정이 안되도록 잠그는(Lock) 기능과 잠겨있는 가공정의들을 수정이 가능하도록 풀어 주는(Unlock) 기능

: 선택된 가공정의의 가공경로를 경로확인 대상으로 선택할 수 없게(또는 할 수 있게) 설정하는 기능

: 선택된 가공정의에 대한 NC 작업이 실행되지 않게(또는 실행 가능) 설정

: 작업관리자 내의 빨간 화살표의 위치를 수정하는 기능으로 화살표가 위치한 지점에 새로운 가공경로를 생성할 수 있다.

2.1.2 속성

(1) 파일(가공관리자 - 속성 - 파일)

가공작업에서 사용될 머신 정의, 공구 목록, 작업 목록 등의 파일을 기본적으로 설정하는 기능

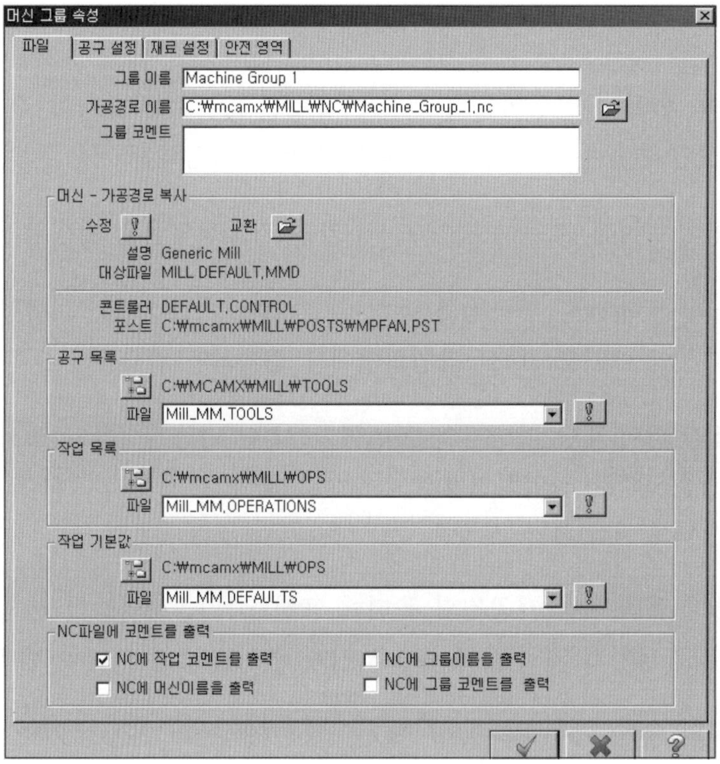

▲ 파일 창

(2) 공구 설정(가공관리자 - 속성 - 공구설정)

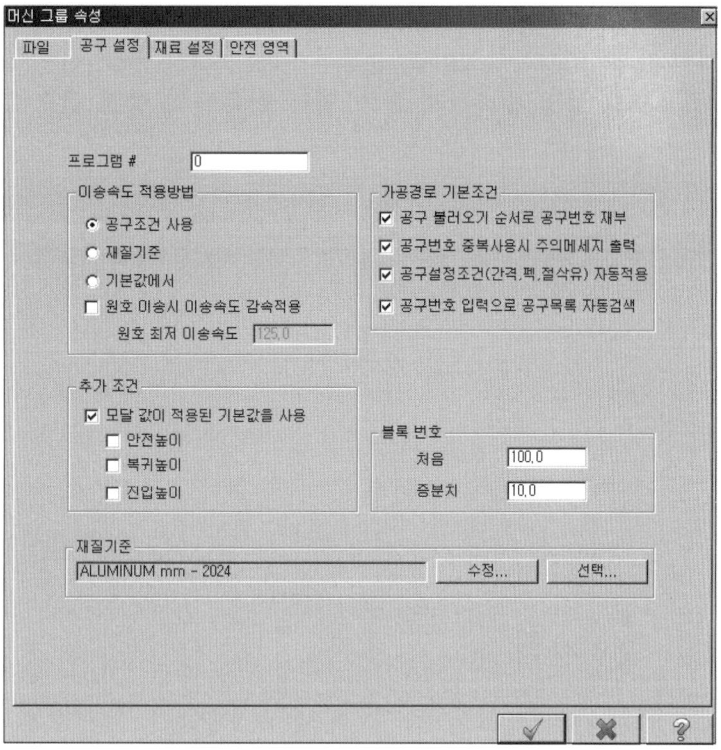

▲ 공구 설정 창

① **이송속도 적용방법** : 가공정의 실행에서 공구조건설정 대화창의 이송속도 항목의 값과 기타 이송속도 적용기준을 설정하는 영역

② **가공경로 기본조건**

☑ 공구 불러오기 순서로 공구번호 재부여 : 항목 선택하면 이후 새 공구 생성 또는 목록에서 공구를 불러 올 경우 지정 공구의 번호를 현재 적용중인 공구목록 파일의 지정된 공구번호를 무시하고 순차적으로 다시 부여하는 기능

☑ 공구번호 중복사용시 주의메시지 출력 : 항목 선택하면 이미 호출된 공구가 있는데 호출된 공구번호가 동일한 다른 공구가 있는 경우 시스템이 동일번호가 있음을 알려주는 메시지 대화창을 화면으로 표시

☑ 공구설정조건(간격, 펙, 절삭유) 자동적용 : 항목 선택하면 가공정의 실행에서 사용될 공구로 선택되는 해당 공구의 조건설정 영역에서 설정된 일부 가공조건(가공간격, 펙 간격, 절삭유 공급형태)들이 해당 가공정의 조건설정 대화창의 관련 항목들 설정 값으로 자동 설정

☑ 공구번호 입력으로 공구목록 자동검색 : 가공정의 실행에서 공구조건설정 대화창의 공구번호 항목 입력란에 특정 공구번호를 입력하면 시스템이 적용중인 공구목록을 자동으로 검색하여 입력된 공구번호의 공구를 불러 오는 기능(처음 공구 사용에서만 적용 가능)

(3) 재료 설정(가공관리자 - 속성 - 재료설정)

가공에 사용될 피삭재에 대한 조건 및 기타조건을 설정하여 이후 모의가공 또는 충돌체크 실행에서 오류사항을 검색하는 용도로 이용하거나 특정 가공정의 실행시 해당 가공정의 공구조건 설정 대화창의 영역 일부 항목들의 설정 값으로 자동 설정하는 기능

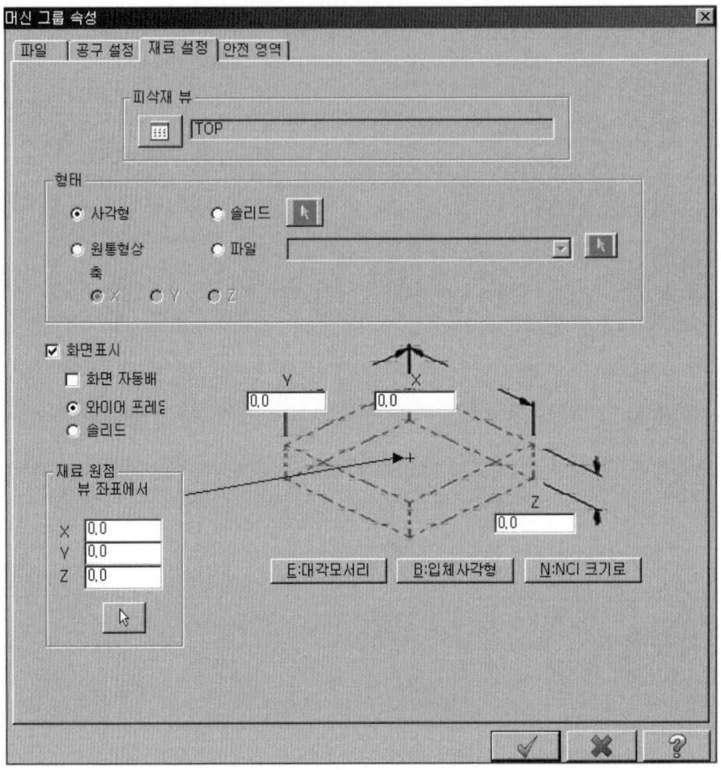

▲ 재료 설정 창

① **화면표시** : 항목 선택하면 현재 대화창의 설정된 재료 크기로 작업화면에 가상의 형상이 표시되는 기능(적색 일점쇄선 형태로 표시)

② **화면 자동배율** : 위의 재료형태 화면표시 항목을 선택한 경우에만 활성화되는 항목으로 항목 선택하면 작업화면 크기를 설정된 재료크기로 알맞게 자동조절하며, 항목 선택을 하지 않은 경우에는 현재 작업화면 크기 그대로 가상 재료형상을 표시함.

③ **재료원점** : 사용될 피삭재의 상단 중심위치 좌표값을 설정하는 항목(대화창 피삭재 그림형상의 적색 점 표시위치)

▸ X/Y/Z : 위의 재료원점 위치기준 축 방향별 피삭재의 크기 값을 설정하는 항목

④ **대각모서리** : 재료크기 설정을 작업화면에서 설정될 재료의 입체사각 대각모서리 두 점 위치를 지정하여 설정하는 기능으로 버튼 선택 후 작업화면에서 대각모서리 두 점 위치를 지정하면 위의 재료원점 및 X/Y/Z 항목 값들이 지정된 두 점 위치를 기준으로 자동 계산되어 입력됨.

⑤ **입체사각형** : 입체사각형 그리기 메뉴를 이용하여 재료크기를 설정하는 기능으로 버튼 선택 후 도형선택 메뉴를 이용하여 가공대상이 될 도형들을 선택 완료하면 선택된 도형들의 X, Y, Z축 크기를 시스템이 자동으로 계산하여 위의 재료원점 및 X/Y/Z 항목값들로 자동 입력됨.

⑥ **NCI 크기로** : 이미 가공정의가 생성된 경우 생성된 가공경로의 축 방향별 절삭이송 구간 범위를 시스템이 자동 계산하여 재료크기를 설정하는 방법으로 메뉴버튼 선택시 바로 적용됨.

(4) 안전 영역(가공관리자 - 속성 - 안전영역)

사용자가 안전영역 크기에 의거하여 가공시 생성되는 급속이동 구간을 해당 영역 밖으로 나가지 못하도록 제한하는 기능

사각형, 구 형상, 원통형상 등 재료 형상에 대한 크기 및 형태를 지정할 수 있음(안전높이는 해당되지 않음).

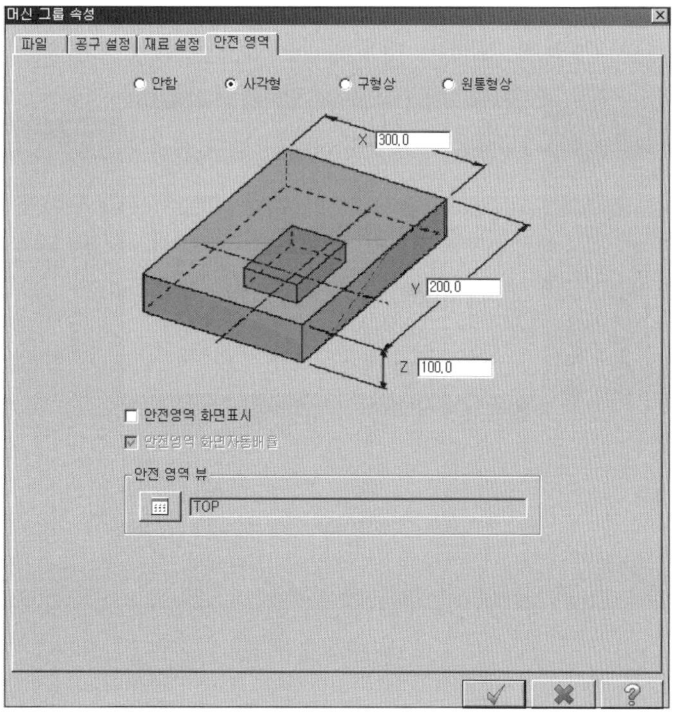

▲ 안전 영역 창

2.1.3 공구관리자

가공에 사용될 공구들을 미리 지정하거나 이미 가공에 사용된 공구들을 표시 및 수정하는 기능으로 이 대화창에 표시된 공구들은 해당 도형파일에 대한 모든 가공정의를 실행할 때마다 공구조건설정 대화창에 자동 표시된다.

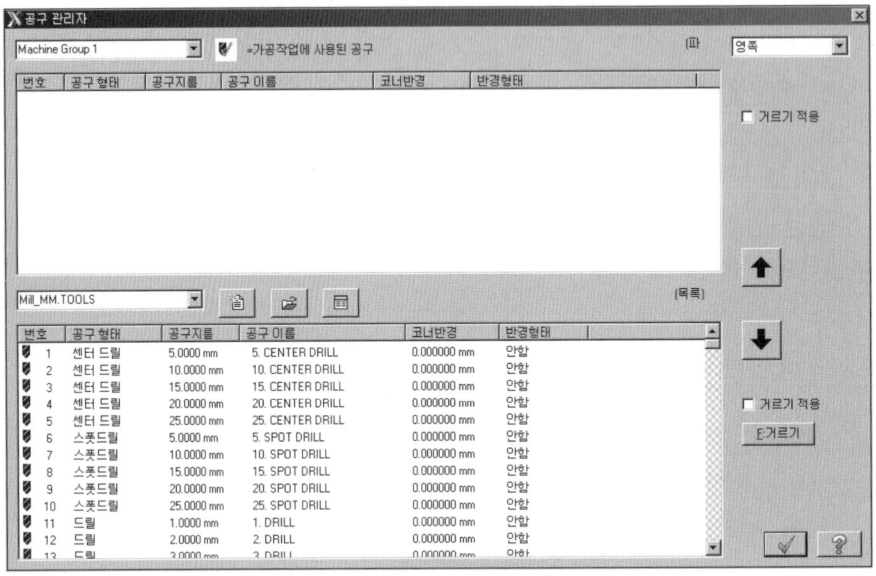

▲ 공구 관리자 창

① **거르기** : 대화창 영역에 표시된 다수의 공구들 중 특정조건에 부합하는 공구들만 영역에 표시되도록 표시 공구들을 제한하는 기능

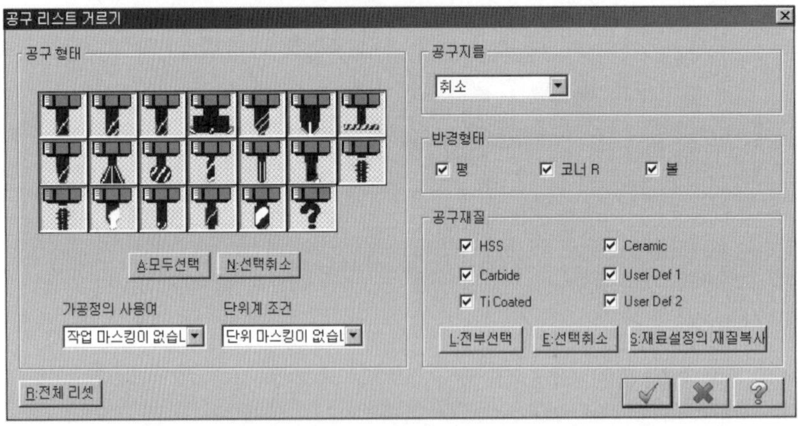

▲ 공구 거르기 창

① **공구 형태** : 표시될 공구의 형태 및 기타 조건을 설정하는 영역

- 공구그림 : 공구형태를 설정하는 영역으로 표시될 공구의 형태 그림 버튼을 마우스로 클릭(흰색표시 상태), 또는 전부선택(선택하면 모든 공구그림 선택) 또는 선택해제(선택하면 모든 공구그림 선택 해제) 버튼으로 그림버튼 선택을 조절
- 가공정의 사용여부 : 이미 가공정의에 사용된 공구들, 가공정의에 사용되지 않은 공구들 또는 사용여부 관계 없이 표시할지를 설정
- 단위계 조건 : 표시된 공구들 중 특정 단위계(미터계, 인치계)에 해당하는 공구들만 표시하거나 단위계를 무시하고 모든 공구 표시

② **공구지름** : 공구형태 기준에 특정 공구지름(또는 취소)을 2차적인 표시 조건으로 설정

③ **반경형태** : 위의 기준들에 공구의 반지름 형태를 추가 표시조건으로 설정

④ **공구재질** : 위의 기준들에 공구의 재질종류를 추가 표시조건으로 설정

⑤ **전체 리셋** : 기본 설정 값으로 되돌리는 기능

▲ 마우스 우측버튼 메뉴

① **새 공구 그리기** : 새로운 공구를 만들어 추가하는 기능

② **공구편집** : 공구표시 영역에서 선택(청색표시)된 공구의 조건을 수정하는 기능

③ **공구삭제** : 공구표시 영역에 선택된 공구들을 삭제하는 기능

④ **뷰** : 공구의 보여질 형태를 설정하는 기능

⑤ **공구정렬** : 공구의 정렬 방법을 설정하는 기능

⑥ **공구복사** : 공구를 복사하여 생성하는 기능

⑦ **공구 붙여넣기** : 복사한 공구를 붙여 넣는 기능

⑧ **목록에 공구 저장** : 현재 사용 중인 공구목록 파일을 다른 공구목록 파일로 저장하는 기능

⑨ **공구 입/출력** : 공구목록 파일 내 공구내용을 텍스트(*.TXT) 파일로 저장하거나 불러오는 기능

2.1.4 재질관리자

사용될 피삭재의 재질 조건을 설정하는 기능

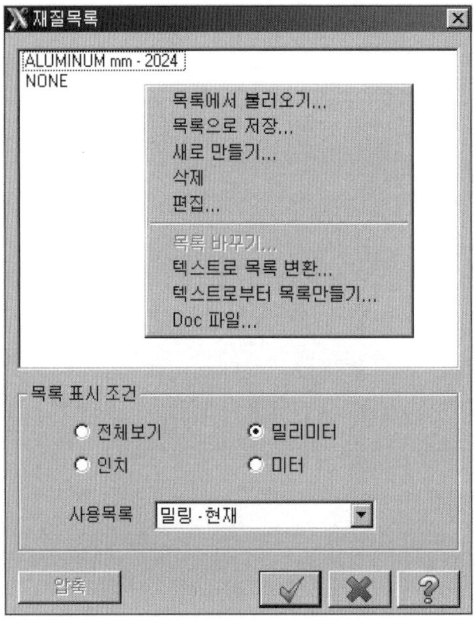

▲ 재질관리자 창

① **재질종류 표시영역**

아래의 밀링-목록/현재 항목에서 설정되는 항목에 일치하는 피삭재 재질들이 표시되는 영역

② **목록 표시 조건**

- 전체보기/밀리미터/인치/미터 : 각각의 단위에 속하는 재료보기 기능으로서 각각의 단위를 활성화할 때마다 그 단위로 설정된 재질만 표시됨.
- 사용목록 : 재질목록파일(*.MTL)의 모든 재질들을 표시영역에 표시하거나(밀링-목록) 현재 가공정의에 기 지정된 재질들만 표시(밀링-현재)되도록 하는 기능

③ **압축**

메뉴버튼 선택하면 현재 표시된 재질목록 파일을 제외한 시스템에 저장된 다른 재질 목록 파일들을 시스템이 자동으로 삭제하는 기능

④ **마우스 우측버튼 메뉴**

재질종류 표시영역에서 마우스 우측버튼 클릭

- 목록에서 불러오기 : 현재 재질목록 파일의 모든 재질종류를 표시
- 목록에 저장 : 표시영역에서 선택된 재질 종류들을 특정 재질목록 파일로 저장하는 기능
- 새로 만들기 : 새 재질을 생성하여 표시영역으로 불러오는 기능
- 삭제 : 표시영역에서 선택된 재질 종류들을 삭제
- 편집 : 표시영역에서 선택된 재질 종류의 재질정의 대화창을 열어 조건을 수정하는 기능
- 목록 바꾸기 : 표시영역에 표시될 재질목록 파일을 다른 파일로 변경
- 텍스트로 변환 : 재질목록 파일의 모든 재질내용을 텍스트 파일로 저장
- 텍스트로부터 목록 만들기 : 위의 재질목록을 텍스트로 변환 메뉴 실행으로 시스템 내 저장된 특정 텍스트 파일을 지정하여 파일내용을 근거로 재질목록 파일을 새로 생성
- Doc 파일 : 재질목록의 재질내용(이름, 종류, 파라미터)을 문서파일(*.DOC)로 저장하는 기능

(1) 새로 만들기

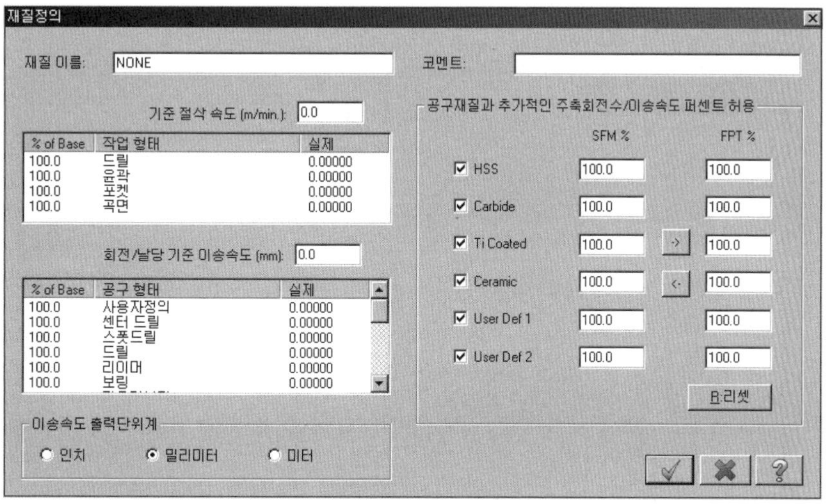

▲ 새로 만들기 창

① **재질 이름 : 피삭재의 재질이름을 입력하는 항목**

② **기준 절삭 속도** : 아래 이송속도 적용기준 단위종류 선택에 따라 분당 밀리미터(mm/min) 또는 표면 피트(SFM : Surface Feet per Minute)로 자동 표시되며, 적용될 기준 절삭거리 값을 설정하는 항목으로 이 기준 절삭거리의 특정 비율 값으로 항목 아래 가공형태별 실제 적용될 절삭거리를 설정

③ **회전/날당 기준 이송속도**

주축 1회전당 공구 절삭날별로 절삭해야 할 양을 설정. 아래 절삭속도 적용기준 단위계에 따라 인치 또는 미리 기준으로 적용되며, 이 기준 값의 특정비율로 항목아래 특정 공구들에 대한 적정 절삭량을 설정

④ **이송속도 출력단위계** : 절삭간격의 적용기준 단위계를 설정

⑤ **코멘트** : 이 재질종류 관련 참고될 사항을 입력하는 영역

⑥ **공구재질과 추가적인 주축회전수/이송속도 퍼센트 허용**

피삭재 재질을 가공대상으로 실행할 수 있는 공구 재질 및 SFM(분당 표면절삭속도), FPT(분당 절삭속도)를 지정하는 기능

2.1.5 공구조건설정

가공에 사용될 공구지정 및 공구관련 내용들을 설정하는 영역

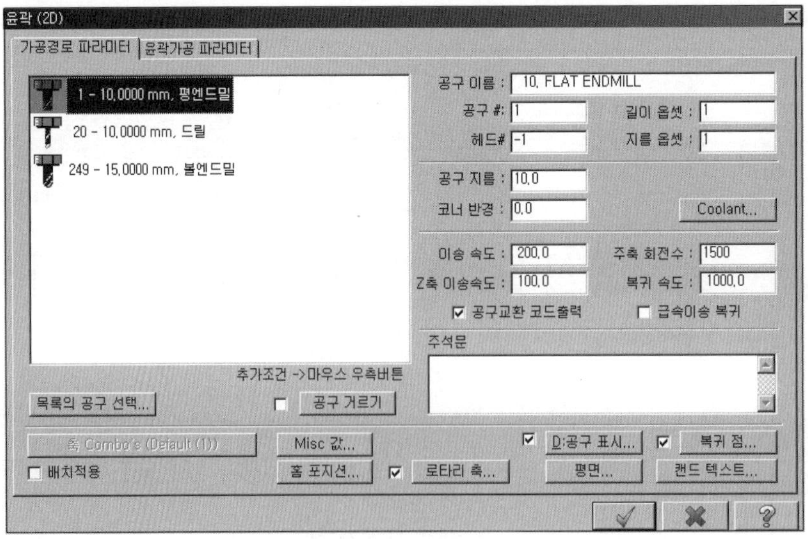

▲ 공구조건설정 창

① **마우스 우측버튼 메뉴**

- 새 공구 생성 : 새로운 공구를 만들어 추가하는 기능
- 공구수정 : 공구표시 영역에서 선택(청색표시)된 공구의 조건을 수정하는 기능
- 공구 관리자 : 목록에 저장된 공구 중 필요한 공구를 불러오는 기능
- 뷰 : 공구의 보여질 형태를 설정하는 기능
- 공구정렬 : 공구의 정렬 방법을 설정하는 기능
- 가공정의 불러오기 : 특정 가공정의 목록파일의 동일 가공정의를 지정하여 해당 파일 내 가공정의 조건설정 내용을 현재 대화창으로 복사하는 기능
- 이송속도 회전수 계산기 : 재질에 따른 이송속도 및 주축회전수를 자동으로 계산할 수 있는 계산기 기능으로, 재료설정에서 지정한 재료를 기준으로 조건들을 지정할 수 있으며, 그 밖에도 지정된 재질(재료설정)의 조건수정, 재질변경, 공구조건 수정 등을 할 수 있음.

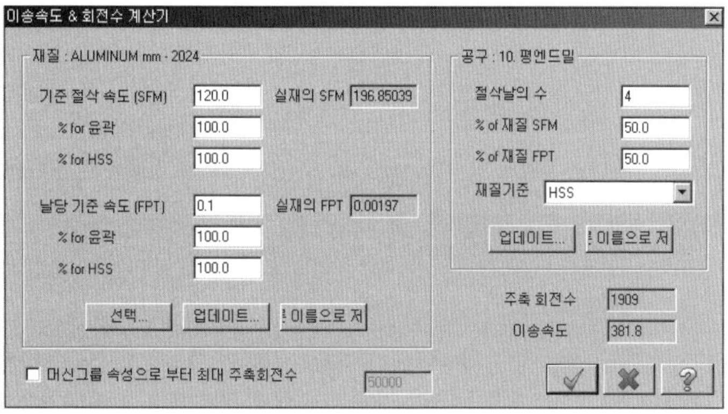

▲ 이송속도 회전수 계산기 창

- 조건을 기본 값 파일로 저장 : 현재 지정한 조건을 기본 값으로 만들어 저장하는 기능
- 기본 값 파일에서 읽어오기 : 기본 값 파일을 읽어오는 기능

② **공구 이름** : 선택 공구의 이름을 입력하는 항목

③ **공구/헤드** : 선택 공구의 공구/헤드번호(공구가 부착될 헤드번호) 입력(ATC : Automatic Tool Change 장치부착 기계만 적용 가능)

④ **길이 옵셋/지름 옵셋** : 선택 공구의 공구지름 및 길이에 대한 보정번호 입력(ATC 장치 부착 기계만 적용 가능)

⑤ **공구 지름/코너 반경** : 선택 공구의 공구지름 및 날끝 반경 크기를 입력하는 항목

⑥ **Coolant** : 선택 공구의 절삭이송 실행과정에서 적용될 절삭유의 공급형태를 설정

⑦ **이송 속도** : 선택 공구가 특정평면의 수직/수평방향(XY축, XZ축 또는 YZ축 등)으로 절삭시 적용될 이송거리를 입력하는 항목(분당 미리 또는 인치 길이 기준으로 입력)

⑧ **Z축 이송속도** : 선택 공구의 특정평면기준 Z축 음의 방향으로 절삭 진입하는 경우 적용될 분당 이송거리를 입력하는 항목(분당 미리 또는 인치 길이기준으로 입력)

⑨ **주축 회전수** : 선택 공구가 부착된 주축(Spindle)이 분당 회전해야 할 회전수 입력

⑩ **복귀 속도** : 공구가 특정 가공깊이에서 Z축 양의 방향으로 특정위치까지 이송하는 경우 적용될 절삭이송 거리를 입력하는 항목(분당 미리 또는 인치 길이 기준으로 입력)

⑪ **Misc 값** : 포스트프로세서 파일 기타 변수들에 대한 적용 값을 설정하는 기능

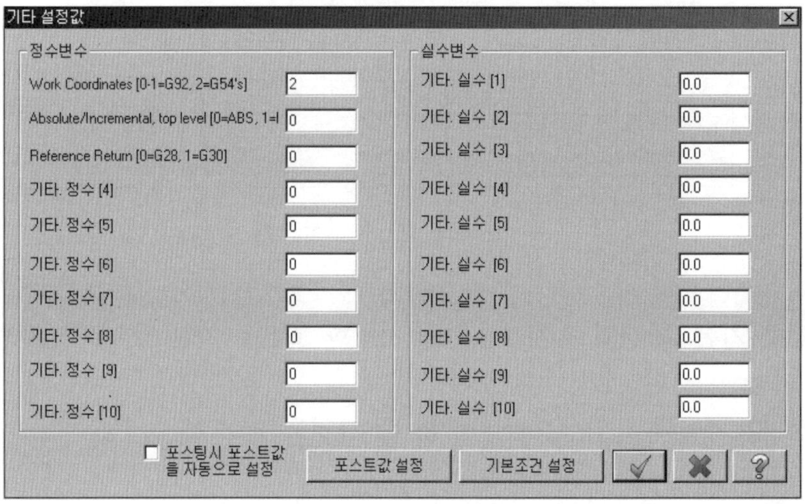

▲ 기타 설정 값 창

① **로타리 축** : 가공실행 기계가 로타리인 경우 적용될 로타리 기계의 형태를 설정

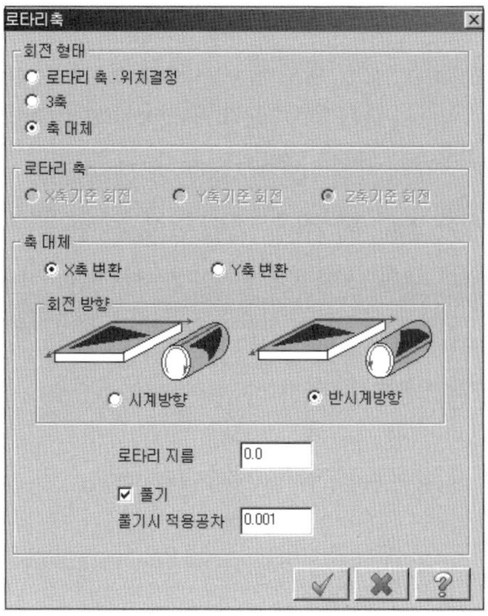

▲ 로타리 축 창

① **회전 형태** : 피삭재가 부착된 로타리가 어떤 형태로 회전하는지를 설정하는 영역으로 설정형태에 따라 대화창의 관련항목들은 자동으로 활성화(또는 비활성화)

- 로타리 축 위치결정 : 아래 축 회전 영역에서 선택한 회전축 형태가 설정된 공구평면 기준으로 회전하면서 공구의 공구평면도 그대로 적용되어 실행되는 가공형태로 생성되는 가공경로에 대하여 공구는 3축 형태로 이송
- 3축 : 로타리 회전축을 X, Y 또는 Z축 중 특정 축으로 변환하여 적용하는 형태로 피삭재는 축 회전방향으로 움직이면서 공구는 회전축에 대하여 평행한 상태를 유지. 주로 피삭재의 면상에 가공경로를 생성하는 경우 사용
- 축 대체 : 3축 가공경로에서 로타리 회전이 X 또는 Y축으로 변환되어 적용되는 형태로 피삭재는 축 회전방향으로 회전하면서 공구는 회전축기준 법선형태를 유지하는 가공형태(주로 원통형상 피삭재의 가공경로 생성시 사용)

② **로타리 축** : 위 3축 형태 항목을 선택한 경우 활성화되는 영역으로 어떤 축을 기준으로 로타리가 회전할지를 설정하는 영역

③ **축 대체** : 위 부가축 형태 항목을 선택한 경우 활성화되는 영역으로 사용될 부가축의 형태를 설정

- X축 변환/Y축 변환 : 로타리 축이 기계 테이블에 어떤 축 형태로 부착되어 있는지를 설정
- 회전방향 : 로타리의 회전방향을 설정(CW : 시계방향, CCW : 반시계방향)
- 로타리 지름 : 사용되는 로타리 지름크기를 설정
- 풀기 : 가공대상 도형으로 작업화면에서 가상의 원통 형태에 감긴 도형을 선

택한 경우(이동－롤 메뉴를 이용) 활성화되는 항목으로 항목 선택하면 선택된 감긴 형태의 도형을 풀기 시 적용공차 항목에 입력된 공차 값을 적용하여 가상으로 평면 상태로 풀어낸 다음 평면상태의 풀린 도형을 기준으로 시스템이 공구보정 및 공구복귀 조건을 적용하여 가공경로를 생성토록 하는 기능으로 해당 가공경로에 대한 NC 데이터 생성시에는 해당 도형을 대화창 영역의 부가축 조건 및 로타리 지름크기 항목 설정 기준을 적용하여 다시 말린 형태로 환산하여 생성하며, 이 항목은 대상으로 선택된 도형에 대하여 윤곽 및 드릴 가공경로 생성에서만 적용 가능

④ **공구표시** : 가공경로 생성 후 작업화면에 표시되는 가공경로의 표시형태를 설정

⑤ **평면** : 가공실행에서 적용될 선택 공구의 공구이송 기준평면 및 작업평면을 설정하는 기능

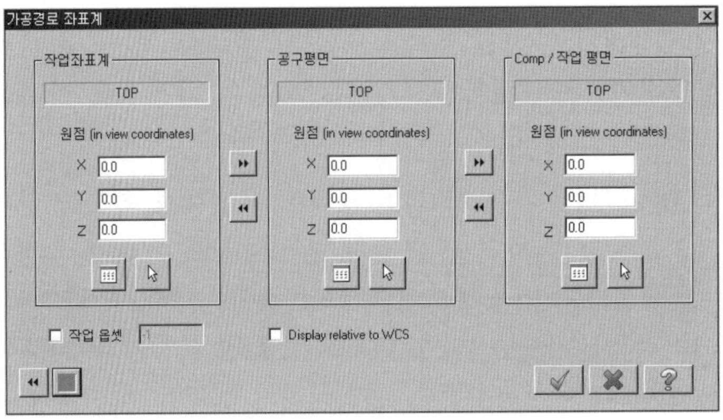

▲ 평면 창

① **복귀점** : 가공 실행에서 선택 공구의 공구교환위치 및 가공 프로그램 실행 종료 후 공구가 위치해야 할 위치 좌표 값(원점) 또는 공구교환위치에서 가공시작 위치로, 가공종료 위치에서 공구 교환위치로 이동시 공구가 경유하여 지나야 할 지점의 위치 좌표 값(참고점)을 입력하는 항목

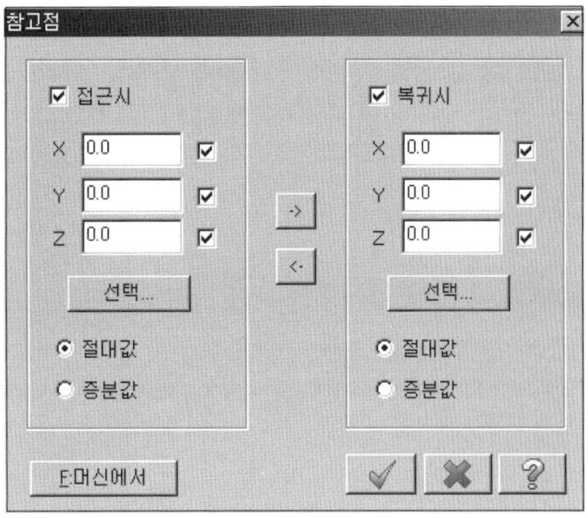

▲ 복귀점 창

① **캔드 텍스트** : 생성될 NC 프로그램의 공구교환명령 블록위치기준 특정 M코드들을 출력시키는 기능으로 이 기능은 체인관리자(윤곽가공인 경우만 해당) 또는 가공경로 편집의 위치수정 메뉴를 이용하여 지정할 수도 있음.

- 코드형태 종류 : 출력될 수 있는 명령문 형태가 표시된 영역
- 출력될 캔드 텍스트 : 이 영역에 표시된 특정 코드들이 NC 프로그램에서 출력되며, 실행방법은 코드형태 종류 영역에서 특정 형태를 마우스 클릭 후 추가버튼을 선택하면 해당 형태가 표시 영역으로 자동 이전되어 표시되며, 영역에 표시된 명령문 형태 중 특정 명령문 형태를 선택하고 삭제버튼을 선택하면 영역에서 해당 명령문이 자동으로 삭제됨.

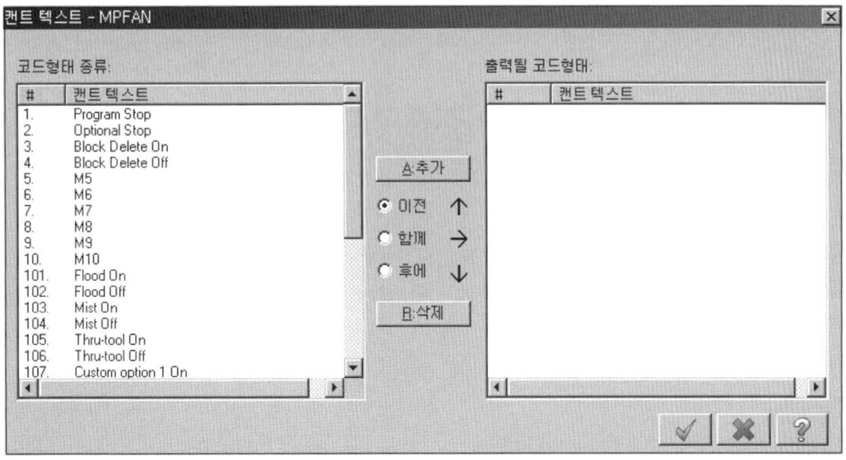

▲ 캔드 텍스트 창

- 추가/삭제 : 코드형태 종류 영역에 선택된 특정 명령문형태를 출력될 캔드 텍스트 영역으로 추가하거나 출력될 캔드 텍스트 영역에 표시된 특정 명령문 형

태 중 선택된 항목을 삭제하는 기능

▸ 이전/함께/후에 : 위 추가버튼 선택 전 출력될 캔드 텍스트 영역에 표시될 명령문의 NC 프로그램의 해당 위치기준 출력될 방향을 설정하는 기능

2.2 2차원 가공정의

초기화면에서 메뉴란의 가공경로 메뉴를 선택하면 아래 그림과 같이 특정한 방법으로 가공을 실행할 수 있는 가공정의 실행 메뉴들이 나타나는데 이 메뉴를 중에서 윤곽가공, 드릴가공, 포켓가공, 표면가공 등 2차원 가공정의를 실행할 수 있다.

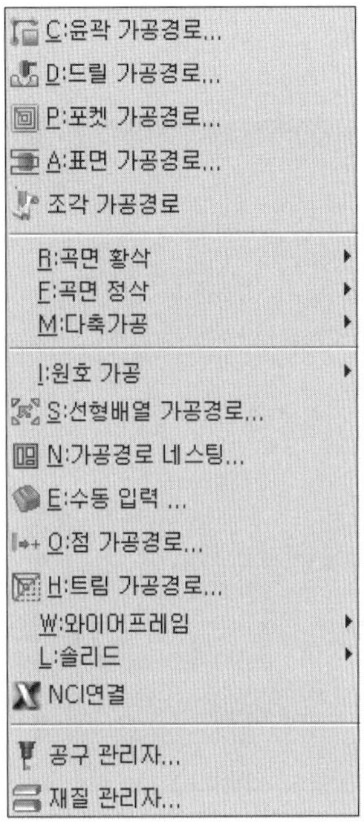

▲ 가공경로 드롭-다운 메뉴

2.2.1 윤곽 가공경로

여러 개의 도형들이 연결되어 형상을 이루는 것을 윤곽이라 하며, 이러한 윤곽은 하나의 공구로 윤곽가공 또는 포켓가공 등을 하는데 사용된다. 윤곽의 형태는 아래 그림과 같이 닫힌윤곽과 열린윤곽의 2가지 종류가 있으며, 닫힌윤곽은 처음 요소와 마지막 요소가 연결되는 형태이고, 열린윤곽은 연결되어 있지 않은 형태이다. 윤곽가공은 이러한 형태를 이루는 도형요소를 따라 가공하는 방법을 정의하는 가공의 한 방법이다.

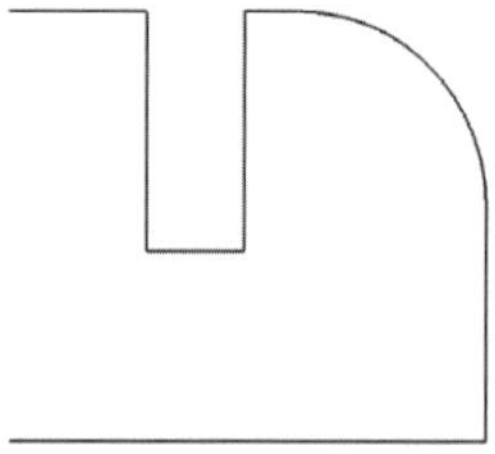

▲ 열린윤곽 형태

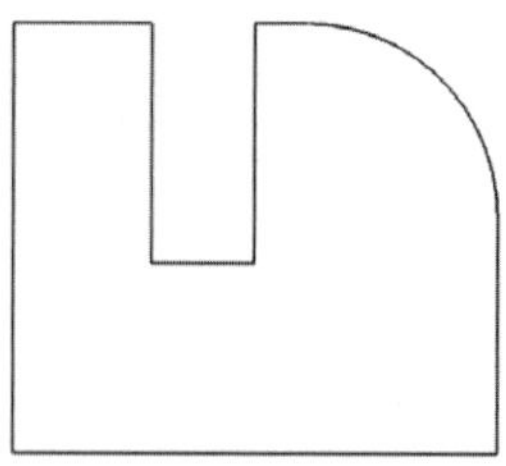

▲ 닫힌윤곽 형태

(1) 윤곽가공 조건설정

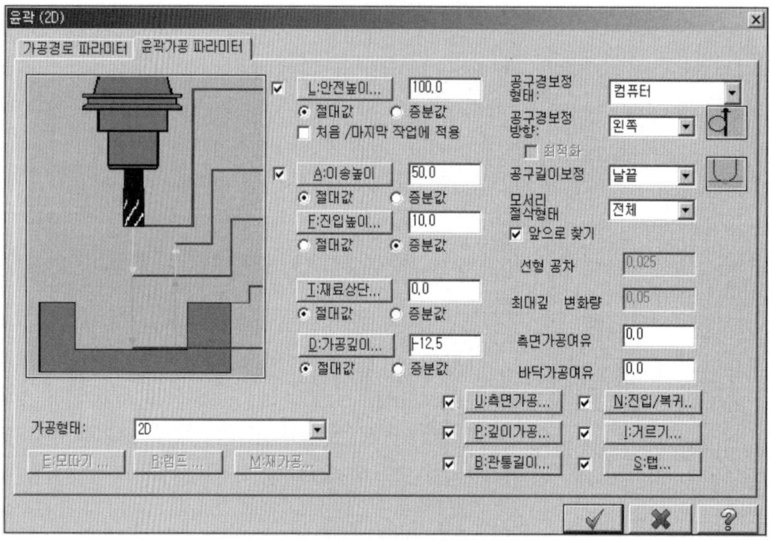

▲ 윤곽가공 조건설정 창

(2) 공구높이 설정

생성되는 가공경로에서 Z축 방향으로의 공구이송높이를 설정하는 영역으로 각 항목의 절대 값, 증분 값 항목은 항목 선택에 따라 아래와 같이 적용된다.

※ 절대 값 : 적용중인 공구평면의 Z축 원점기준으로 높이 적용

※ 증분 값 : 재료의 상단 항목에 설정된 높이기준으로 다른 항목에 설정된 높이값이 증분 적용되며, 이 항목에서 증분 값 항목을 선택한 경우에는 가공대상으로 선택된 도형의 적용평면기준 현재 Z축 위치기준으로 적용된다.

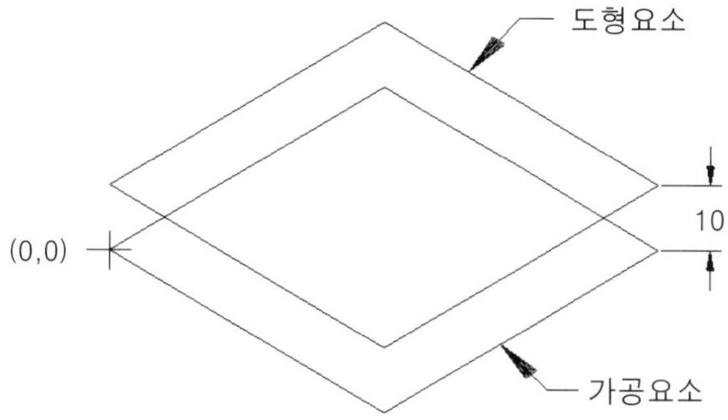

절대 값 - 가공깊이 : Z0.
증분 값 - 가공깊이 : Z-10.

① **안전높이** : 가공실행시 공구가 공구교환위치에서 가공시작 위치로 이동시에 처음으로 위치해야 할 공구의 높이 값 설정

▸ 처음/마지막 작업에 적용 : 이 기능 활성화시 다수의 윤곽가공을 하나의 동일가공으로 선택할 경우 처음 선택한 도형과 마지막 선택한 도형만이 안전높이가 적용되며, 비활성화시 모든 도형에 안전높이가 적용된다.

② **이송높이** : 가공실행과정에서 연결되지 않는 다음 가공경로로 공구이동시 공구가 위치해야 할 높이 값 설정

③ **진입높이** : 위 안전높이 또는 이송높이로부터 이후 실행될 가공경로의 시작위치 높이 구간에서 이 항목에 설정된 높이를 기준으로 위쪽 구간은 급속이송(G00) 형태로 적용되며, 아래쪽 구간은 공구조건설정 대화창의 Z축 이송속도 항목 설정속도로 절삭이송(G01)하는 형태로 구분 적용된다. 항목아래 급속이송복귀 항목을 선택하면 특정 가공경로 종료위치에서 이후 가공경로로 이동하기 위하여 공구가 Z축 양의 방향으로 이송하는 경우 해당 위치에서 이송높이 항목에 설정된 높이까지 급속이송(G00)하며, 항목 선택 안한 경우는 해당 위치에서 진입높이 항목 설정 높이까지는 Z축 이송속도로 적용하고 진입높이부터 이송높이까지 급속이송하는 형태로 구분하여 이송된다.

④ **재료의 상단** : 가공대상 피삭재의 상단높이 값을 설정하는 항목

⑤ **가공깊이** : 대상 도형윤곽기준 Z축 방향으로 가공이 실행될 최종깊이를 설정하는 항목으로 위 재료의 상단 항목에 설정된 높이부터 이 항목에 설정된 높이까지를 시스템이 실제 가공깊이로 인식한다. 실제 가공깊이에 대한 깊이 분할 절삭은 대화창의 하단영역 '깊이가공' 버튼을 이용하여 설정하며, 깊이가공 버튼이 비활성화된 경우에는 시스템은 해당 가공깊이를 한 번에 절삭 실행하는 형태로 경로를 생성한다.

(3) 깊이 가공 대화창

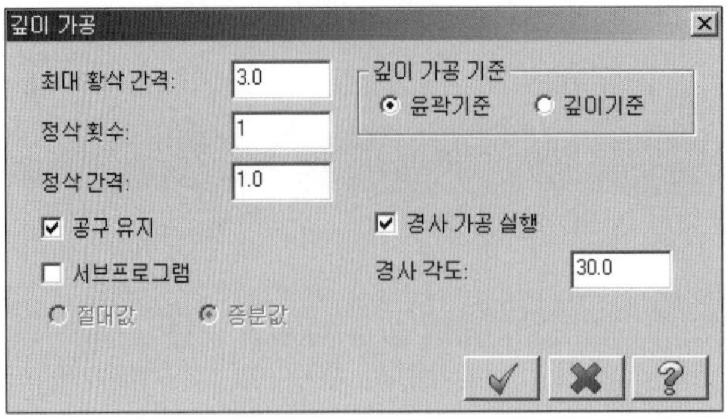

▲ 깊이 가공 대화 창

① **황삭 최대 가공간격** : 실제 가공깊이에서 아래 정삭가공 항목의 설정 값과 바닥 가공여유 항목에 설정된 값이 차감된 가공깊이 기준으로 분할절삭 실행될 최대 간격 값을 설정하는 항목으로 입력된 값을 기준으로 하며, 황삭가공 실행횟수는 시스템이 자동으로 계산한다. (예 : 실제 가공깊이=10, 정삭가공간격=1, 바닥가공여유=1, 황삭최대 가공간격=2일 때 황삭실행횟수 : 10－1－1/2=4회 실행)

② **정삭가공횟수/간격** : 위 가공깊이 항목에 설정된 깊이에서 바닥 가공여유 항목에 설정된 간격 값이 차감된 높이를 기준으로 가공횟수 및 간격을 설정하는 항목들로 가공실행 순서는 위 황삭가공 실행 후 실행된다. (전체 정삭가공간격=횟수×가공간격)

③ **경로 간 공구절삭유지** : 항목 선택하면 분할 절삭되는 가공깊이 단계별 해당 경로 종료위치에서 이송높이까지 공구를 복귀하지 않고 다음 가공깊이로 바로 절삭 진입하여 가공시간을 단축시키는 경로형태가 되며, 항목 선택 안한 경우는 분할 절삭되는 가공깊이 단계별 경로 종료위치에서 공구가 이송높이 항목에 설정된 높이까지 이송한 후 다음 가공깊이로 절삭 진입하는 형태를 반복하는 형태로 경로가 생성된다.

④ **서브프로그램** : 하나의 가공대상 도형윤곽(또는 다수의 도형윤곽)에 대한 깊이 가공 단계별 NCI 파일내용을 처음깊이단계 실행 후 다음 단계부터는 처음깊이 가공실행 내용을 동일하게 실행(또는 처음 도형윤곽에 실행된 가공실행을 다음 연속되는 도형 윤곽들에 동일하게 적용하는)하는 기능을 갖는 특정 명령문(예 : NC 프로그램에 M98 또는 M99 코드 형태로 생성) 형태로 출력시켜 이후 생성될 NC 파일의 크기까지 감소시키는 기능으로 보다 효율적인 가공 데이터 생성하고자 하는 경우에 적용하는 항목이다.

절대 값/증분 값 항목은 이때 출력좌표 적용기준을 어떤 방식으로 할지를 설정하는 세부항목이다. 이 서브프로그램 기능은 윤곽, 드릴, 포켓, 원호, 표면가공 및 선형배열 가공정의에서만 적용한다.

⑤ **깊이 가공 실행기준** : 가공대상 도형으로 다수의 도형윤곽을 선택하고 가공깊이를 분할하여 실행하는 경우 깊이로의 가공실행 기준을 설정하는 영역

- 윤곽기준 : 도형윤곽 선택순서대로 개별 도형윤곽에 대한 깊이가공 실행완료 후 다음 도형윤곽에 대한 깊이가공을 반복하는 형태로 깊이절삭 실행
- 깊이기준 : 가공깊이 단계별로 대상 도형윤곽들을 이동하면서 가공 실행하는 방법

⑥ **경사 가공** : 항목 선택하면 재료의 상단항목 높이로부터 최종 가공깊이까지 Z축 절삭 진입을 경사각도 항목에 입력된 경사각도를 적용하여 경사 형태로 실행하는 기능으로 만약 위 서브프로그램 항목을 적용하면 이 항목은 사용할 수 없다.

(4) 가공형태

가공대상 도형에 대한 가공형태를 설정하는 항목으로 항목 우측 역 화살표 버튼 선택 후 표시되는 가공형태들의 내용은 다음과 같다.

① **2D** : 일반적인 윤곽가공 형태로 대상도형 윤곽을 설정된 가공깊이 단계별로 측면가공 버튼으로 설정된 내용으로 가공실행

② **2D 모따기** : 가공대상 도형윤곽기준 2차원 모따기 가공을 실행하는 기능으로 사용 공구는 챔퍼밀, 테이퍼밀, 또는 볼 엔드밀 등 공구의 측면형상이 모따기 가공형태로 적용 가능한 형태만 사용 가능하며, 모따기 가공 버튼 선택 후 표시되는 대화창의 내용은 다음과 같다.

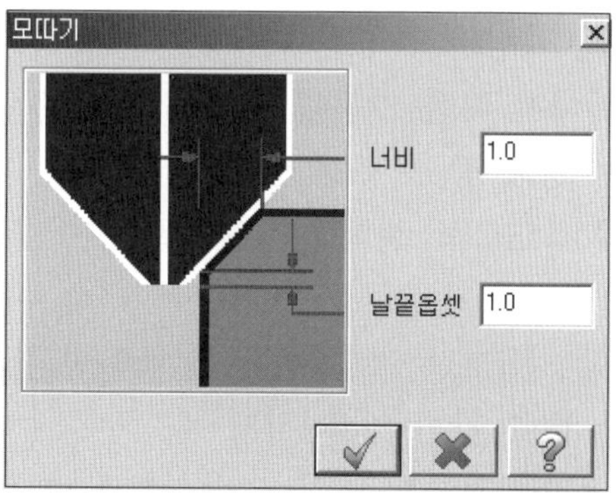

▲ 모따기 조건설정 창

▸ 너비 : 가공대상 도형윤곽기준 공구보정 적용방향으로 적용될 모따기 너비 값 설정

▸ 날끝옵셋 : 위 너비 항목에 입력된 길이는 대상 도형윤곽기준 Z축방향 깊이로도 적용되는데 이 적용 깊이로부터 사용공구의 날끝이 얼마만큼 더 낮게 위치해야 하는지를 설정

③ **램프** : 절삭속도를 고속으로 실행하는 경우 유용한 기능으로 전체 가공깊이를 대상도형 윤곽의 수평절삭 진행방향을 따라 경사진 형태로 가공하는 형태로 이 형태를 선택하면 대화창의 깊이가공 버튼은 자동으로 비활성화되어 적용되지 않는다. 적용될 경사의 형태는 활성화되는 램프가공 버튼으로 설정하며 해당버튼 선택 후 표시되는 대화창의 내용은 다음과 같다.

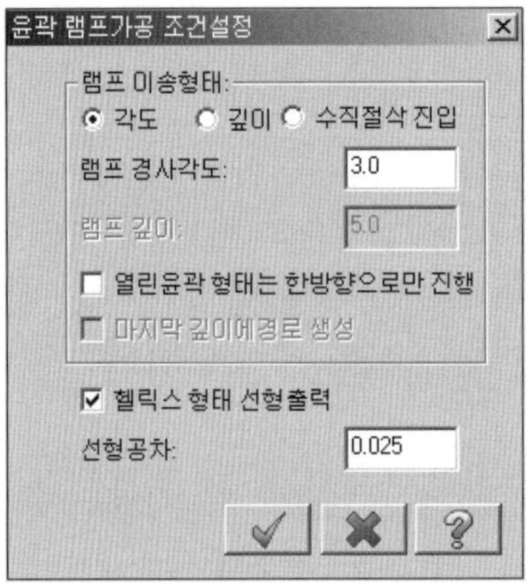

▲ 램프가공 조건설정 창

■ 램프형태 : Z축 경사 절삭진입을 어떤 형태로 실행할지를 설정하는 영역

▸ 각도/깊이/수직절삭 절입 : 정면 또는 측면기준 특정각도로 최종 가공 깊이까지 도형윤곽을 따라 절삭진입(각도), 전체 가공깊이를 설정되는 일정깊이로 분할하여 분할단계별로 경사형태(경사각도는 시스템이 자동계산) 절삭진입(깊이),전체 가공깊이를 설정된 특정깊이로 분할하여 진입하되 경사진입이 아닌 이전 가공깊이 위치에서 다음 가공깊이 위치로 바로 절삭 수평/수직 방향으로 경사절삭(절입)하는 형태 중 적용될 방법 선택

▸ 램프 경사각도 : 위 각도항목 선택하면 활성화되는 항목으로 적용될 경사각도 값을 설정

▸ 램프 깊이 : 위 깊이항목(또는 절입 항목) 선택하면 활성화되는 항목으로 전체 가공깊이를 분할될 분할 깊이 값을 설정

▸ 열린 윤곽 형태는 한방향으로만 실행 : 가공대상으로 선택한 도형윤곽이 열린 형태인 경우 항목 선택하면 분할 깊이별로 가공 진행방향으로만 경사가공 실행한 후 해당깊이 경로의 종료위치에서 Z깊이를 유지한 채 해당 깊이의 가공

경로 시작위치로 되돌아오는 절삭 형태를 반복하며, 항목 선택 안한 경우는 깊이별 가공경로 종료위치에서 반대편 끝점위치까지 경사절삭 형태를 반복하는 형태로(왕복하면서 경사적용) 적용된다.

- 헬릭스 형태 선형 출력 : 가공대상 도형윤곽의 모서리구간, 원호도형 구간 및 원호형태 스플라인도형 구간에서는 경사형태가 헬릭스(나선형) 형태로 적용되는데 항목 선택하면 이 구간들의 가공경로를 적용될 선형공차 항목에 입력된 공차 값을 적용하여 직선이송 형태로 출력하며, 항목 선택 안한 경우에는 원호이송 형태로 출력한다.

④ **재가공** : 가공대상 도형윤곽을 기준으로 윤곽가공이 이미 실행된 상태에서 도형윤곽의 형태상 실행된 윤곽가공에서 사용된 공구의 지름크기로 인해 가공되지 않은 도형윤곽의 미 절삭 영역들(내측의 각진 모서리 및 사용 공구지름 크기보다 작은 원호 도형 구간)에 대하여만 추가적인 윤곽가공을 실행하는 가공형태로 항목 선택하면 활성화되는 재가공 버튼을 이용하여 설정하며, 해당버튼 선택 후 표시되는 대화창의 내용은 다음과 같다.

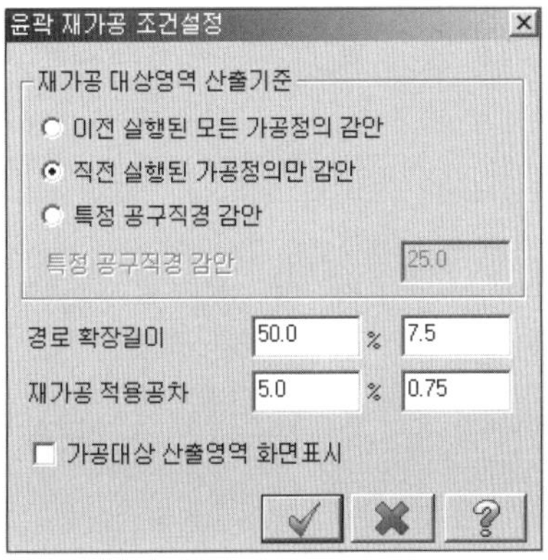

▲ 재가공 조건설정 창

① **재가공 대상영역 산출기준** : 가공대상 도형윤곽의 재가공 대상영역(미 절삭영역)을 계산하는 과정에서 적용될 기준을 설정하는 영역

- 이전 실행된 모든 가공정의 감안 : 항목 선택하면 가공정의 관리자 대화창 영역에 생성되어 있는 모든 윤곽, 포켓, 원호, 표면가공 가공정의들의 가공경로를 가공대상 도형윤곽에 적용하여 미 절삭 영역을 자동으로 계산한다.
- 직전 실행된 가공정의 감안 : 항목 선택하면 가공정의 관리자 대화창 영역에서 최종 실행된 윤곽, 포켓, 원호, 표면가공 가공정의의 가공경로를 가공대상 도형윤곽에 적용하여 미 절삭 영역으로 자동으로 계산한다.
- 특정 공구직경 감안 : 항목 선택하면 활성화되는 계산기준 공구직경 항목에 입력된 공구직경 크기를 가공대상 도형윤곽에 적용하여 미 절삭 영역을 자동

으로 계산한다.

- 가공경로 확장길이 : 시스템이 미 절삭 영역 기준으로 생성하는 가공경로들의 시작과 끝 위치기준으로 항목우측 입력란에(사용공구 지름크기기준 비율 값 또는 특정 길이로 입력) 입력된 길이만큼 양방향으로 경로길이를 더 확장시키도록 하는 기능
- 재가공 적용공차 : 생성되는 가공경로의 정밀도를 조절하는 항목으로 입력되는 값이 적을수록 정밀도는 높아지나 경로생성 소요시간이 길어지게 되며, 적당한 입력 값은 사용공구 지름의 5%이다.
- 가공대상 산출영역 화면표시 : 항목 선택하면 가공정의 대화창 완료 후 작업화면에 해당 가공경로를 표시하기 전에 시스템이 계산한 계산기준 영역들과 가공대상 영역을 분할깊이별 순차적인 형태로 작업화면에 표시하며, 항목 선택 안한 경우는 계산된 영역을 표시하지 않고 바로 생성된 가공경로를 표시한다.

(5) 공구경보정 형태 및 방향, 공구길이보정, 모서리 절삭형태

공구경보정은 가공대상 도형윤곽의 절삭진행 방향기준 사용공구의 반지름 크기만큼 어느 쪽 방향으로 공구중심 위치를 이동(보정적용)하여 가공이 실행될지를 설정하는 항목

① 공구경보정 형태

- 컴퓨터 : 사용공구 반경 값이 이동된 공구중심위치 좌표 값이 NC 데이터로 출력되는 방법
- 콘트롤러 : 보정코드 선 출력 후 가공대상 도형들의 각 끝점위치 좌표 값으로 출력하는 방법
- 중복보정 : 사용공구 반경 값만큼 이동된 공구중심 위치를 NC 데이터로 출력하면서 경보정코드(G41, G42)를 선 추가하는 방법
- 역중복보정 : 가공형태는 중복보정과 같지만 보정코드는 해당 보정과 반대로 코드를 출력시키는 방법
- 안함 : 어떠한 방법도 아닌 오직 해당 도형윤곽만을 따라 데이터를 출력하는 방법

② 공구경보정 방향

- 왼쪽 : 가공대상 도형윤곽의 절삭진행방향기준 왼쪽으로 사용공구 반경 값만큼 공구중심위치 이동하여 가공 진행
(공구경보정 형태 콘트롤러 적용시 G-code : G41)
- 오른쪽 : 가공대상 도형윤곽의 절삭진행방향기준 오른쪽으로 사용 공구 반경 값만큼 공구중심위치 이동하여 가공 진행
(공구경보정 형태 콘트롤러 적용시 G-code : G42)

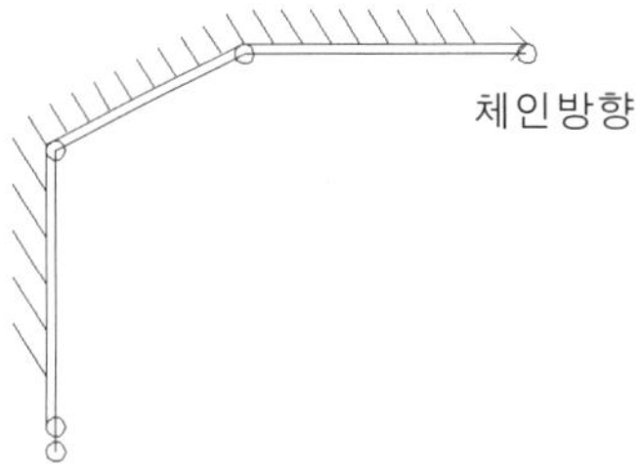

▲ 왼쪽 보정

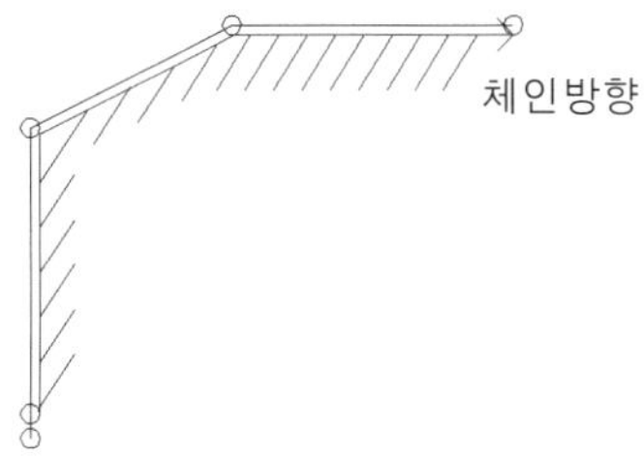

▲ 오른쪽 보정

③ **최적화** : 공구경보정 적용방법을 콘트롤러로 설정한 경우에만 적용할 수 있는 항목으로 항목 선택하면 생성되는 가공경로에서 사용공구 반지름 값보다 작거나 같은 원호이송이 있는지를 시스템이 자동 체크하여 해당 경로를 삭제하며 간섭이 발생되는 경로형태를 자동으로 제거

④ **공구길이보정** : 이 항목은 사용하는 공구의 어느 부분으로 가공물을 절삭해낼 것인지를 선택하는 것으로, 공구 날의 중심 또는 날끝 중 선택하며, 선택방법은 마우스로 해당 공구를 선택하면 된다.

아래 그림은 각 공구별 날의 중심과 날끝 표시로 가공의 차이점을 나타낸 것이다.

※ 각 공구별 날 중심과 날끝

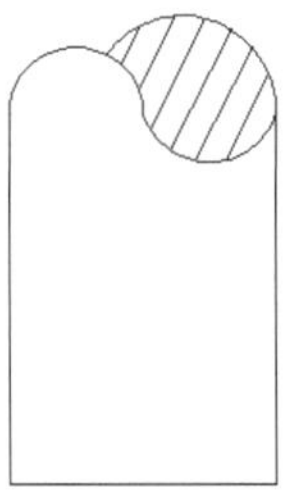

▲ 평 엔드밀

▲ 볼 엔드밀

▲ 불노즈 앤드밀

※ 가공의 차이점

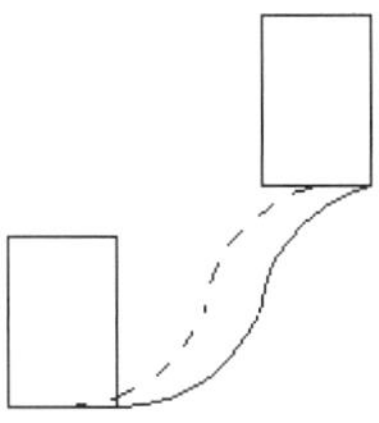

▲ 중심

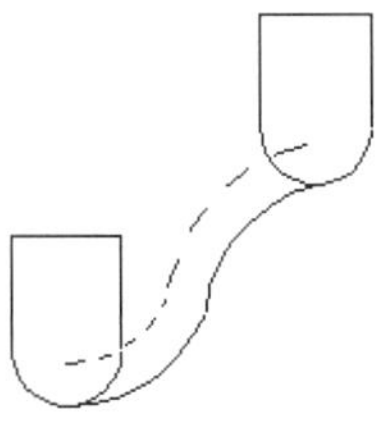

▲ 중심

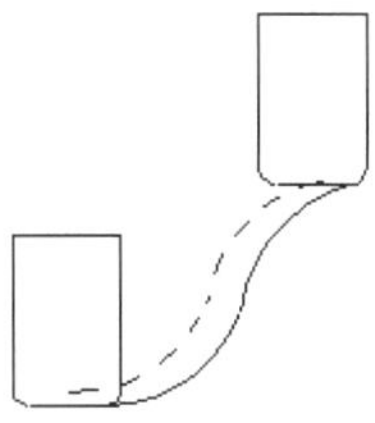

▲ 중심

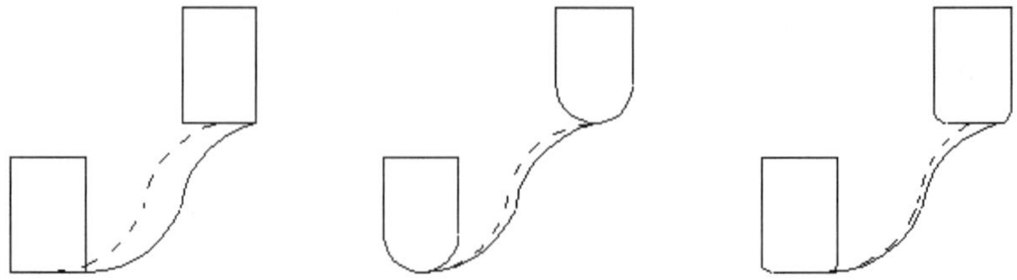

▲ 날끝 ▲ 날끝 ▲ 날끝

▸ ——— (실선) : 프로그램된 가공경로선

▸ ……… (점선) : 실제 공구의 절삭부분 이동 경로선

⑤ 모서리 절삭이송형태

위 공구경 보정 방법을 컴퓨터로 선택한 경우에만 적용되는 항목으로 도형윤곽의 각진 모서리구간에서의 공구이송형태 설정

- ▸ 안함 : 도형윤곽 모서리 부분에 대하여 공구이송형태를 각진 형태로 직선이송 출력
- ▸ 샤프 : 도형윤곽 모서리 부분들 중 모서리각이 135° 이내에 해당하는 부위는 원호이송으로 변환 적용하며, 135°를 초과하는 부분들은 각진 형태로 직선이송 출력
- ▸ 전체 : 도형윤곽 모서리부위 전부(각도에 관계 없음)를 원호이송으로 변환 출력

구 분	가 공 경 로
샤 프	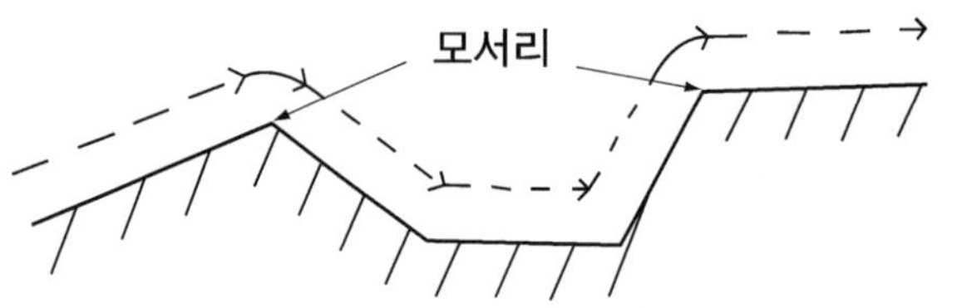
전 체	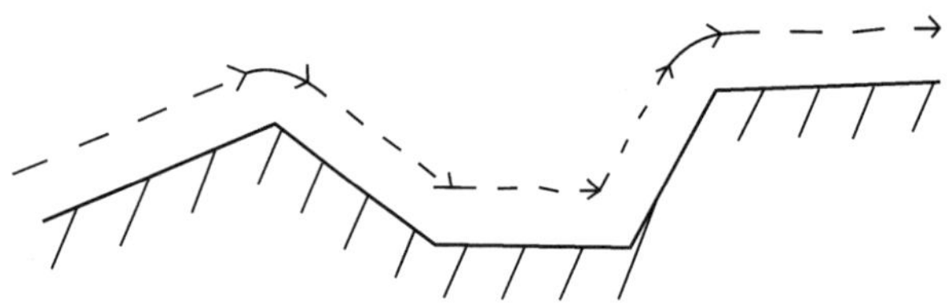
안 함	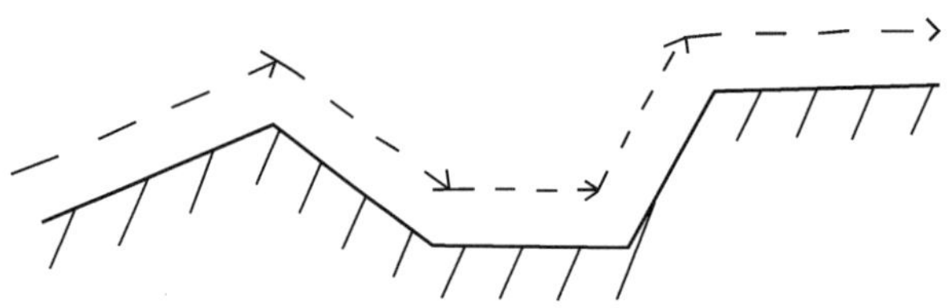

(6) 스플라인 도형 항목

가공대상 도형윤곽이 스플라인 도형인 경우 아래 항목들 설정

▸ 선형공차 : 스플라인 도형에 대한 직선이송 변환 출력시 적용될 공차 값을 설정
▸ 최대깊이변화 : 3차원 스플라인 도형(Z값 변화)인 경우 위 선형공차 항목 설정 값을 적용하여 분할될 직선절삭 이송하는 경우 Z축상으로 유지할 최대깊이 변화 값 설정

(7) 가공여유 설정

가공실행에서 가공대상도형 윤곽기준 미 절삭될 간격을 설정

▸ 측면 가공여유 : 대상도형 윤곽기준 절삭이 진행되는 측면방향(좌측 또는 우측)으로 미 절삭될 간격 값
▸ 바닥 가공여유 : 최종 가공 깊이기준 위쪽으로 남겨야 할 간격 값

(8) 측면 가공

항목 비활성화시에는 대상도형 윤곽기준 측면절삭을 1회로 실행하며, 활성화된 상태에서는 대화창의 설정 내용으로 수회 이상 실행

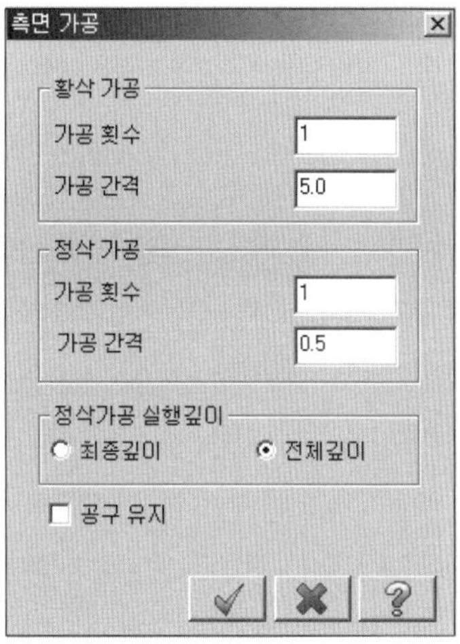

▲ 측면 가공 조건설정 창

① **황삭 가공** : 대상도형 윤곽기준 정삭가공 실행 전에 실행될 황삭가공 횟수/간격 설정

② **정삭 가공** : 대상도형 윤곽기준 실행될 정삭가공 횟수/간격 설정

③ **정삭가공 실행깊이** : 정삭가공이 실행될 위치를 지정하는 영역

- 최종깊이 : 분할가공 깊이별로 측면 정삭가공 실행을 유보한 채 측면 황삭가공을 모두 실행한 후 최종 가공깊이에서 설정된 정삭가공 횟수로 정삭가공을 실행한다.
- 전체깊이 : 분할 가공깊이 단계별로 정삭가공 실행

④ **경로 간 공구절삭유지** : 항목 선택하면 측면 방향으로의 황삭, 정삭가공 실행 시 공구가 현재 측면 가공경로 종료위치에서 연결되지 않는 다음 측면 가공경로 시작위치로 공구복귀 없이 바로 절삭이송하는 형태로 모든 측면 가공경로를 반복 실행하며, 항목 선택 안한 경우에는 현재 가공경로 종료위치에서 Z축(이송높이)으로 급속이송 후 다음 가공경로의 시작위치로 공구 이동하여 해당 경로의 시작위치 깊이까지 Z축 절삭진입을 반복하는 형태로 측면가공을 실행한다.

(9) 진입/복귀

분할 가공깊이 단계별 가공경로의 시작위치로 공구진입 전(또는 종료 위치에서 이송높이까지 복귀 전) 적용될 공구이송 형태를 설정하는 기능 표시되는 대화창의 내용은 다음과 같다.

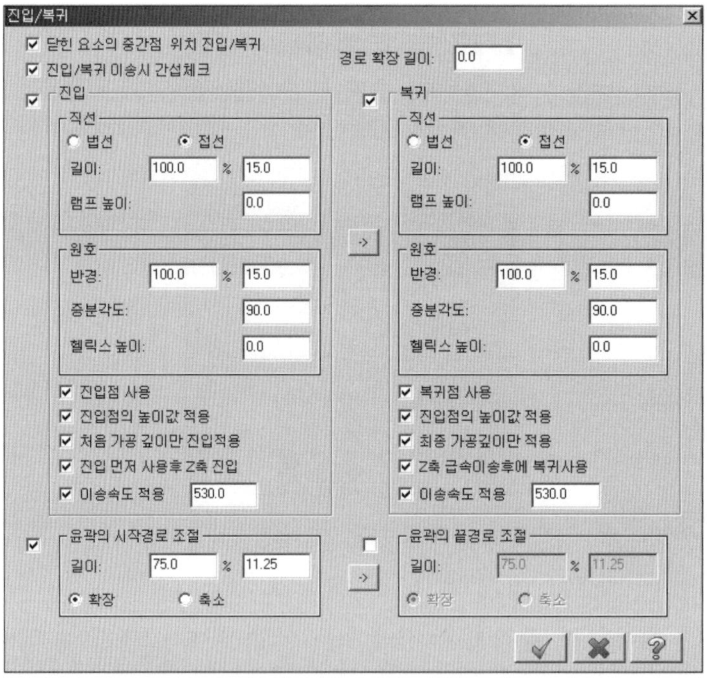

▲ 진입/복귀 조건설정 창

☑ 닫힌윤곽 처음요소 중간점 위치로 진입/복귀 : 항목 선택하면 가공대상 도형윤곽이 닫힌 형태인 경우 가공실행 처음대상 요소의 중간점 위치로 공구진입 및 복

귀를 적용

☑ 진입/복귀 이송시 간섭체크 실행 : 항목 선택하면 설정되는 진입, 복귀 조건을 적용하여 가공경로 생성하는 과정에서 재료설정 대화창의 설정된 피삭재 형상 기준으로 진입/복귀 공구이송 형태가 간섭을 발생시키는 경우에 해당이 되면 시스템이 자동으로 간섭이 발생되지 않는 형태로 진입/복귀 적용형태를 자동 수정한다.

① **직선** : 가공경로의 가공시작위치로 Z축 절삭진입 전(또는 종료위치에서 이송높이로 이송 전) 해당 가공경로 형태기준 접선 또는 법선형태의 직선 절삭이송 형태를 시작위치 또는 끝 위치에 추가 적용하여 가공경로의 시작과 끝 위치에서의 경로 형태를 변경시키는 영역으로 추가될 직선의 길이와(길이항목) 추가되는 직선형태의 한쪽 끝점에서 다음 끝점까지 Z축 기준 경사이송 형태로 적용될 높이를(램프높이 항목) 설정한다.

② **원호** : 위 직선 항목과 동일하게 적용되는 기능으로 차이점은 추가되는 경로의 형태가 원호형태로 영역에서 추가될 원호의 반경크기(반경항목), 원호의 회전각도(회전각도 항목) 및 원호의 한쪽 끝점에서 다음 끝점까지 Z축 기준 경사이송 형태로 적용될 높이(헬릭스 높이 항목)를 설정하며, 위 직선항목과 병행 사용하는 것으로 설정하면 적용형태는 시작위치에서는 직선형태 ⇒ 원호형태 순서로, 끝 위치에서는 원호형태⇒직선형태 순서로 연속하여 적용된다.

☑ 진입점/복귀점 사용 : 가공대상 도형선택 과정에서 가공대상 도형윤곽과 일정거리를 유지하는 특정 점 도형을 함께 선택한 경우 적용할 수 있는 기능으로 선택된 점 도형의 좌표 위치에서 경로 시작위치까지 직선형태로 경로형태가 추가되며, 경로 끝 위치에서 점 도형 좌표위치까지 직선형태로 경로형태가 추가된다. 이 항목을 적용하면 위 직선/원호 항목의 설정내용은 자동으로 사용할 수 없다.

☑ 진입점/복귀점의 높이 값 적용 : 위 진입점(또는 복귀점) 사용 항목을 선택한 경우 활성화되는 항목으로 항목 선택하면 선택된 점 도형의 Z좌표 높이로부터 가공경로 시작위치까지 또는 가공경로 끝 위치에서 점 도형의 Z좌표 높이까지 추가되는 직선형태의 경로가 경사형태로 적용된다.

☑ 처음/최종 가공 깊이만 진입/복귀적용 : 항목 선택하면 위 항목들에서 설정된 진입/복귀조건이 처음 가공깊이의 가공경로 시작위치 또는 최종 가공깊이의 가공경로 종료 위치에서만 적용되며, 항목 선택 안한 경우에는 각각의 가공깊이 단계별 시작위치와 종료위치에 모두 적용된다.

③ **경로 확장 길이** : 가공경로 복귀조건에 추가되는 항목으로 설정된 거리 값만큼 가공경로 종료위치에서 가공경로를 확장(접선형태로)한 후에 설정된 복귀조건이

적용됨.

④ **화살표버튼** : 진입영역에 설정된 항목 내용들을 복귀영역 동일 항목들의 값으로 복사

※ 진입/복귀 활용

윤곽가공시 공구의 충돌을 방지하기 위해 가공경로의 시작과 끝부분에서의 공구의 진입과 복귀를 정의하는 항목으로 직선, 원호, 각도의 기본적인 3가지 방법을 적용할 수 있으며, 3가지를 혼용한 방법은 아래와 같다.

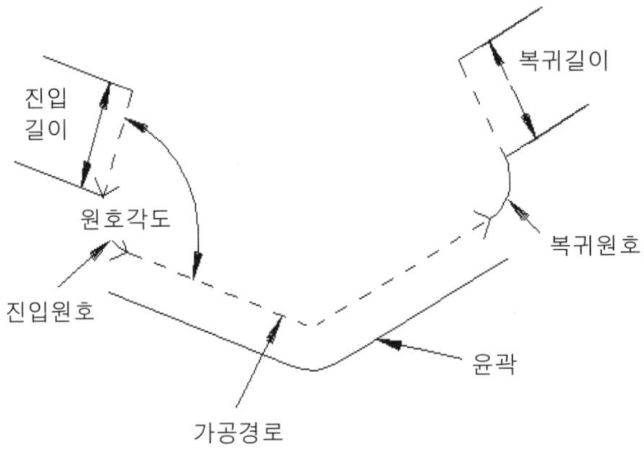

▲ 기본적인 진입/복귀 형태

(10) 거르기

시스템이 기본적으로 계산한 가공경로들 중 일정길이 이하 삭제 및 원호형태 구간에 대하여 직선이송 형태로 생성된 경로의 원호이송 형태로의 변환 등 가공경로를 최적화 형태로 다시 변경하는 기능으로 거르기가 설정된 가공경로는 가공실행시간 단축 및 절삭면의 조도가 향상되는 효과가 있다.

※ 거르기 조건설정 대화창

① **적용공차** : 대상 가공경로에서 두 점 간 간격과 직선 또는 원호이송 경로의 길이가 항목에 입력된 값과 같거나 작은 경우에는 시스템이 해당 경로구간을 삭제하는 기능

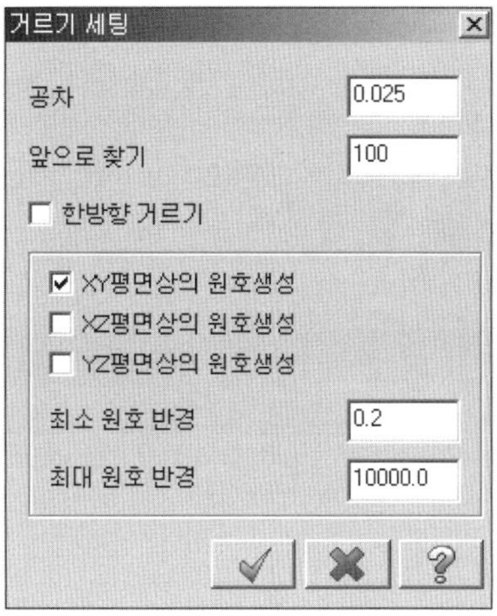

▲ 거르기 조건설정 창

② **앞으로 찾기** : 위 적용공차 항목의 설정 값을 기준으로 비교될 대상 가공경로의 연결 갯수를 설정하는 기능으로 1～100까지 입력가능 하나 100 이하로 입력하면 거르기 실행 속도는 신속한 반면 최적화 효과는 감소한다.

③ **한방향 거르기** : 거르기 실행시 공구의 왕복에 기준을 두는 것이 아니라 공구 진행방향의 한쪽 방향만을 거르기 설정하는 기능

☑ XY / XZ / YZ평면상의 원호생성 : 항목 선택하면 대상 가공경로에서 원호형태 구간에 대하여 직선이송으로 생성된 가공경로들을 원호이송 형태로 시스템이 자동 변경하는 기능으로 G17, G18, G19 평면에서 사용자가 원하는 평면만을 거르기(직선이송을 원호이송으로)를 설정할 수 있다.

▸ 최소/최대 원호반경 : 위 원호이송 생성 항목을 선택한 경우 활성화되는 항목들로 원호이송 형태로 변환시 적용될 원호형태의 최소/최대 반경 값을 설정하는 항목

(11) 관통길이

입력된 길이만큼을 사용자가 지정한 가공깊이에 추가하여 절삭하는 소재의 하단절단면을 미 절삭 부분 없이 깨끗하게 처리할 수 있도록 한다.

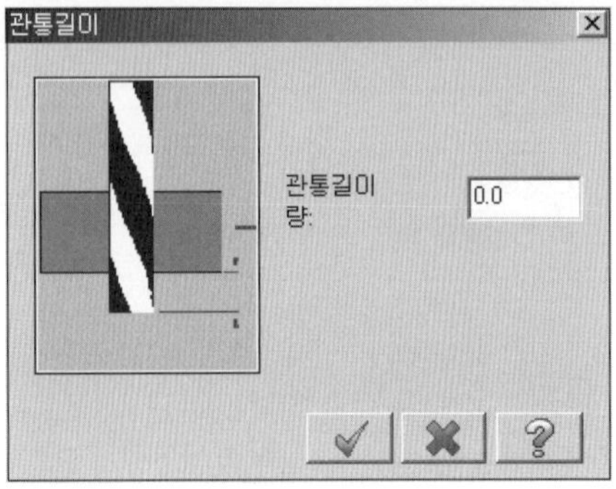

▲ 관통길이 창

(12) 탭

절삭한 재료가 스크랩이 떨어지지 않도록 미 절삭 구간을 두어 재료를 지지하는 방법

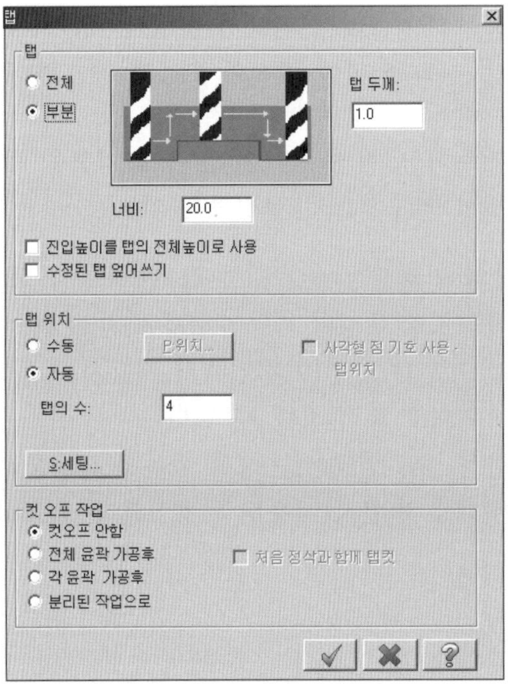

▲ 탭 조건설정 창

① 탭

⊙ 전체 : 소재의 두께가 탭의 두께가 된다.

⊙ 부분 : 탭 두께를 별도로 지정할 수 있다.

☑ 진입높이를 탭의 전체높이로 사용 : 미사용시 탭의 복귀높이는 이송높이가 된다.

☑ 수정된 탭 엎어쓰기 : 이미 수정된 탭에 전체적인 탭의 변경사항을 엎어 쓰는 기능

② 탭 위치

⊙ 수동 : 탭의 위치를 형상 윤곽에서 수동으로 입력한다.
⊙ 자동 : 탭의 수를 입력하면 자동으로 형상 윤곽에 탭을 적용한다.
☑ 사각형 점 기호 사용 탭 위치 : 사각형 점 기호를 사용해서 탭의 위치를 수동으로 입력하는 기능

③ 컷 오프 작업

대상 윤곽의 절삭을 완료 후 남아있는 탭의 처리방법

2.2.2 드릴가공경로

특정 위치들을 기준으로 다양한 홀(Hole) 가공경로를 생성

(1) 드릴 가공위치 선택방법

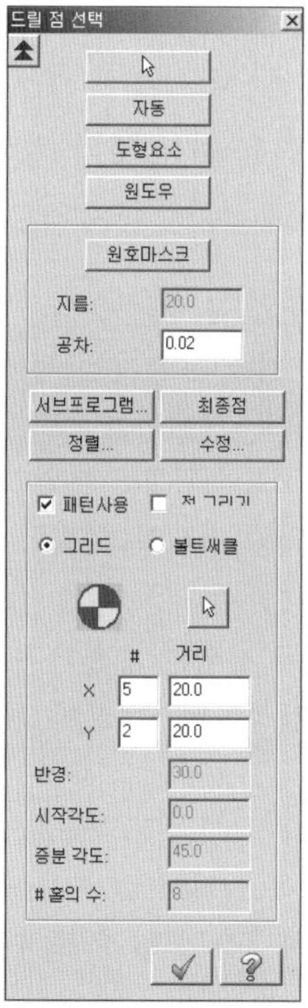

▲ 드릴 점 조건설정 창

① **선택** : 자동커서위치를 이용하여 가공대상위치 지정

② **자동** : 작업화면 내 점 도형들을 대상으로 첫 번째/두 번째 점 도형 및 마지막 위치의 점 도형을 순서대로 선택하면 시스템이 두 번째와 마지막위치 점 도형 사이의 다른 점 도형들을 두 번째 점 도형에서 가까운 위치순서로 자동 선택하여 가공대상 위치로 설정

③ **도형요소** : 작업화면에서 직선, 원호 또는 스플라인 도형들을 선택하면 직선, 스플라인, 호도형의 경우는 끝점위치, 원 도형의 경우는 중심점 위치를 시스템이 가공대상 위치로 자동 인식

④ **윈도우** : 마우스 윈도우 기능으로 작업화면에서 가공대상 점 도형들을 한 번에 선택하여 드릴경로를 생성하는 기능

⑤ **원호마스크** : 작업화면 내 특정 원호를 먼저 선택 후 선택한 원호의 공차 값을 입력한다. 그런 다음 가공 대상으로 적용될 다수의 원호들을 무작위로 추가 선택하면 처음 선택한 원호크기를 기준으로 입력한 공차 값 범위 안에 속하는 원호는 모두 가공대상으로 자동 인식하는 기능이다.

⑥ **최종점** : 항목 선택하면 현재 드릴가공정의 직전에 실행한 드릴 가공대상 위치들이 다시 선택되는 기능

⑦ **서브프로그램** : 이전에 실행된 드릴 가공들의 가공대상 위치들을 현재 실행되는 드릴가공의 가공대상 위치로 시스템이 자동 선택하면서 현재 실행되는 드릴가공 정의의 싸이클 형태를 대상으로 선택되는 이전 드릴가공 정의들에서 적용한 드릴 싸이클 형태와 동일하게 적용하되 NC 파일크기가 현저히 감소되는 서브프로그램 형태로 생성하는 방법으로 이전에 실행된 드릴가공이 있었던 경우에만 실행할 수 있다.

- 가공정의 표시영역 : 이전에 실행된 드릴가공 정의들이 표시되는 영역으로 이 영역에 표시된 드릴 가공정의들 중 대상이 될 가공정의들을 마우스 클릭으로 선택한다.
- 실행방법 : 표시영역에서 대상 가공정의들을 마우스로 클릭하여 선택한 후, 적용될 서브프로그램기준 항목을(절대 값 또는 증분 값) 선택하고 OK 버튼 선택 후 표시되는 드릴가공 대화창을 설정 완료하면 새로운 가공정의 생성

⑧ **정렬기준** : 위 메뉴들로 지정된 다수의 가공대상 위치들에 대한 가공실행 순서 형태를 설정하는 기능으로 내용항목은 다음과 같다.

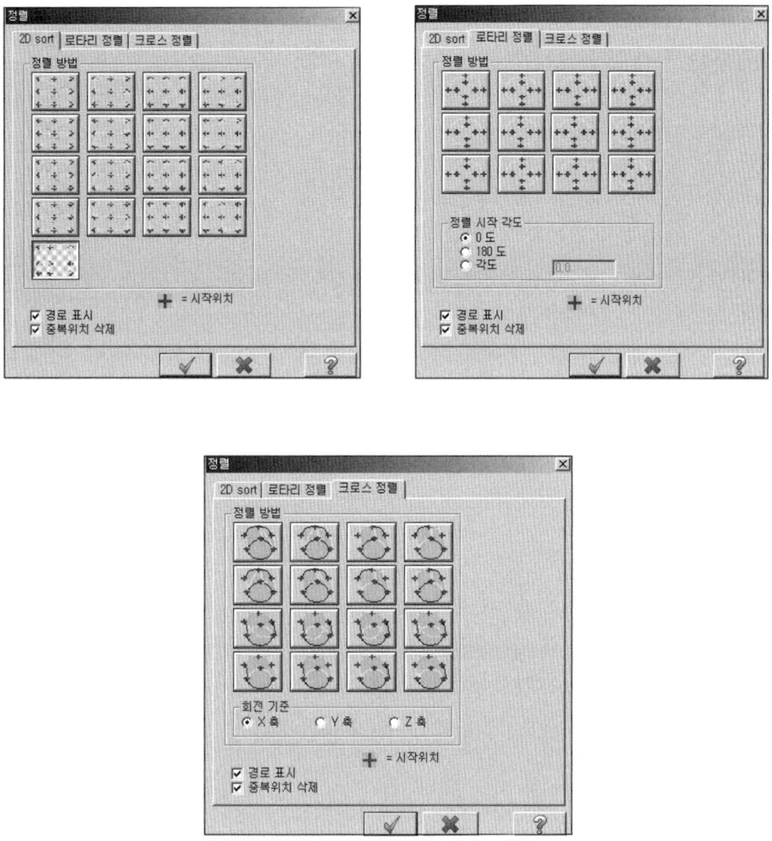

▲ 정렬 조건설정 창

- 2D sort : X, Y축 일정방향(+ 또는 −)으로 가공대상 선택 위치들에 대한 가공실행 순서를 정렬시키는 기능으로 원하는 정렬형태표시 그림버튼을 마우스 클릭
- 로타리 정렬 : 가공대상선택 위치들이 가상의 원주형태로 구성되어 있는 경우 가공실행 순서를 회전하는 형태로 정렬시키는 기능으로 적용될 정렬형태 표시그림 버튼을 마우스 클릭하며, 정렬 시작각도 영역에서 가공시작 실행위치 기준각도를 설정
- 크로스 정렬 : 크로스 기계를 이용한 드릴가공 실행시 적용될 정렬 기준형태를 설정하는 기능으로 가공 대상으로 선택한 위치들이 가상의 원통상에 있는 형태인 경우 특정 축 회전방향 기준을 선택하여 가공 위치들을 특정 회전방향 기준으로 정렬하는 방법
- 경로 표시 : 항목 선택하면 대화창 완료 후 작업화면 내 대상위치들에 대한 가공순서별 이송형태가 표시되며, 항목 선택 안한 경우에는 표시하지 않는다.
- 중복위치 삭제 : 항목 선택하면 가공대상으로 선택된 위치들 중 동일 위치에 다수의 점 도형 존재 또는 동일위치 중복 선택한 경우 해당 위치들에 대하여 1회만 드릴가공 실행하는 것으로 시스템이 자동으로 인식하며, 항목 선택 안한 경우에는 중복지정 횟수만큼 가공실행

☑ 패턴 : 가상의 그리드 또는 볼트 써클 형태조건을 설정하여 설정된 위치들을 가공대상 위치로 선택하는 기능

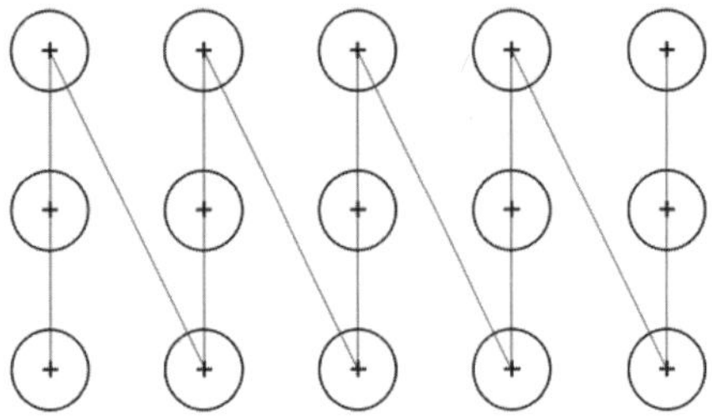

▲ 그리드 사용

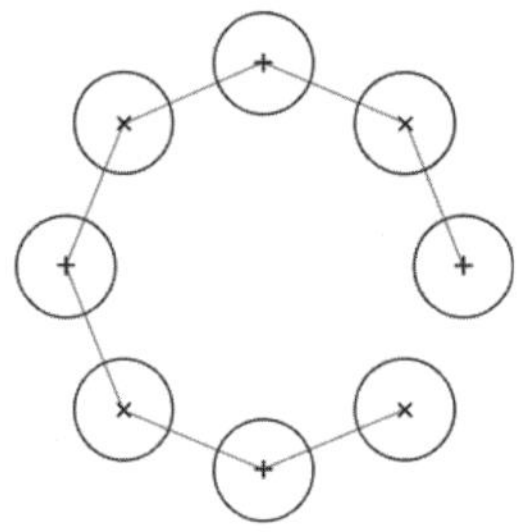

▲ 볼트 써클 사용

(2) 드릴가공 조건설정

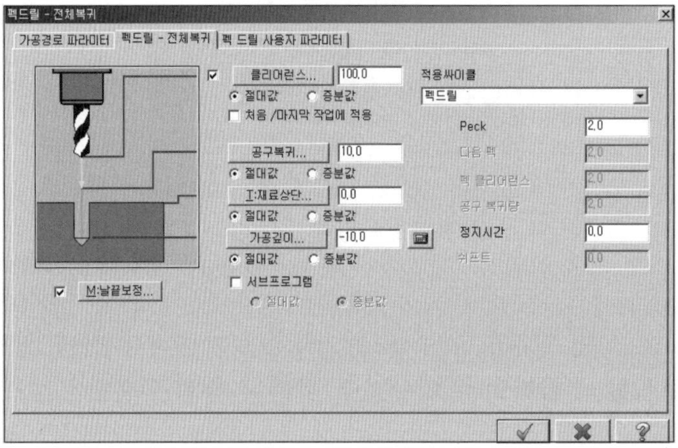

▲ 드릴가공 조건설정 창

☑ 날끝 보정 : 드릴 공구 특성상 공구의 날끝 각도로 인한 공구날끝 길이를 가공깊이에 대하여 어떻게 적용할지를 설정하는 항목으로 항목 비활성화되면 드릴 공구날끝이 가공깊이 기준으로 적용되며, 버튼 선택 후 표시되는 대화창의 내용은 다음과 같다.

- 공구지름 : 사용 공구로 지정된 공구의 지름크기 값이 자동으로 표시되는 항목
- 관통길이 : 사용 공구의 날끝 길이가 시작되는 위치기준 가공깊이 항목에서 설정한 가공깊이에서 어느 정도 길이만큼 공구가 더 깊이로 절삭이송될지를 설정하는 기능으로 이 항목을 적용하는 경우 실제 가공깊이는 설정 가공깊이 + 공구날끝 길이 + 항목 입력 값으로 계산된다. 항목 입력 값이 (−) 형태로 입력되면 Z축 양의 방향 값으로 적용된다.

▸ 날끝길이 : 사용 드릴공구의 날끝 각도 변화에 따라 자동으로 변동되는 길이로 공구의 날이 경사지는 구간에 대한 수직으로의 길이 값이 표시된다.

▸ 날끝각도 : 사용 드릴공구의 날끝 구성각도를 입력하는 항목

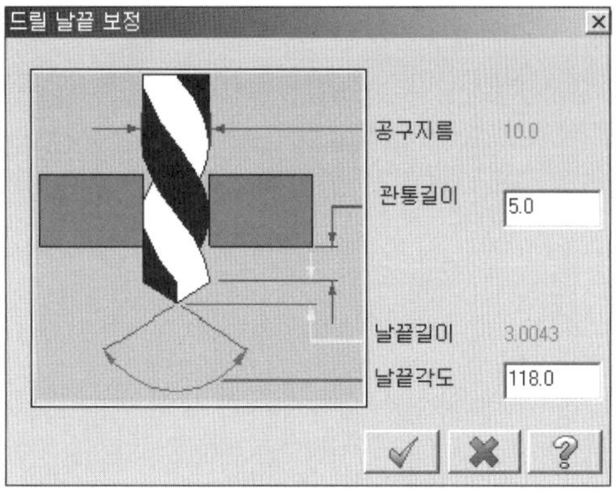

▲ 드릴 날끝 보정 창

※ **적용 싸이클** : 드릴가공 방법의 형태를 설정하는 기능으로 다음 도표내용 참조

싸이클	내 용	NC Code		적용분야
Drill/Counter bore	가공깊이를 한 번에 가공	일시정지=0	G81	공구지름의 3배 이하 깊이가공
		일시정지=0	G82	
Peck drill	가공깊이를 설정간격으로 나누어 가공(간격별로 급속이송복귀)		G83	지름 3배 이상 / 칩배출이 용이하지 않은 가공
Chip Break	가공깊이를 설정간격으로 나누어 가공(간격별 증분 급속이송복귀)		G73	공구지름의 3배 이상 깊은가공
Tap	최종가공깊이에서 역회전 복귀		G84	나사가공
Bore #1	절삭진입 및 복귀시 이송속도	일시정지=0	G85	보링가공
		일시정지=0	G89	
Bore #2	절삭진입시 이송속도, 복귀시 주축정지 후 급속이송복귀		G86	보링가공
Fine bore	최종가공깊이에 주축정지 후 사전 지정된 각도로 공구회전하여 드릴홀 측벽에서 이탈 후 복귀			
Custom cycle	사용자 임의로 드릴가공형태 지정			

▲ 드릴 적용 싸이클 창

① **드릴 깊이 계산기** : 이 계산기는 드릴작업시 지정한 공구지름을 기준으로 하여 자동으로 드릴 작업의 깊이 값을 계산하여 주는 기능으로 그림에서 보이는 드릴공구의 날끝 각도, 지름을 고려하여 날끝 길이 값을 자동으로 계산한다.

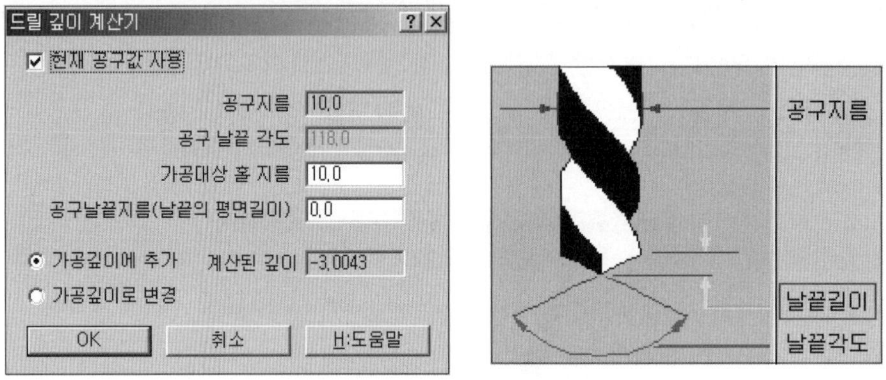

▲ 드릴 깊이 계산 조건설정 창

☑ 현재 공구 값 사용 : 본 기능활성시 공구조건설정에서 지정한 드릴공구를 기준으로 하여 계산기가 자동으로 날끝 길이 값을 계산하며, 기능을 선택하지 않았을 때는 사용가가 각각의 항목 값을 입력하여 계산된 날끝 길이 값을 얻을 수 있다.

⊙ 가공깊이에 추가 : 본 기능선택시 계산된 깊이 값이 이전에 설정한 가공깊이 값에 더해지는 기능으로, 이전 설정한 가공깊이 값이 －10이고, 계산된 깊이(계산기) 값이 －3.0043이면, OK 버튼을 클릭시 자동적으로 가공깊이가 －13.0043으로 날끝 길이가 추가된 깊이로 바뀐다.

⊙ 가공깊이로 변경 : 본 기능선택시 이전에 설정한 가공깊이 값은 무시한 채 계산기의 계산된 깊이가 덮어 씌우기되는 기능으로 결과적으로는 날끝 길이 만큼의 가공깊이만 적용된다.

드릴가공은 다음과 같이 3가지 Z값을 설정할 수 있다.

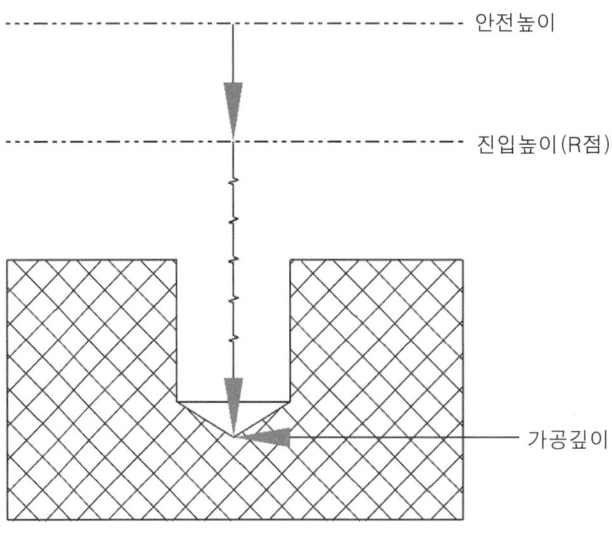

② **특정 싸이클 관련항목** : 위 싸이클 항목에서 특정 싸이클 형태를 선택하면 아래 항목들 중 선택된 싸이클 형태에 관련된 항목들이 자동으로 활성화된다.

- 처음 절입량 : 재료의 상단 높이기준 처음 가공실행에서 절삭 진입될 Z깊이 간격을 설정
- 다음 절입량 : 위 처음 펙 항목설정 값으로 깊이가공 실행 후 전체 가공깊이에서 처음 펙 항목 깊이가 차감된 잔여 깊이를 분할 가공할 최대간격 설정
- 펙 클리어런스 : 단계별 가공깊이에서 칩 배출을 위해 +Z방향으로 공구가 급속이송될 간격 설정
- 칩 브레이크 : 칩 브레이크 가공시 단계별 가공깊이에서 다음 가공깊이로 절삭진입 전에 공구가 급속이송될 간격 설정
- 정지시간 : 단계별 가공깊이 위치에서 공구가 공회전해야 할 시간설정(초 단위)
- 이동 : 파인보링가공으로 실행하는 경우 가공경로 종료위치에서 공구복귀 전 적용될 가공경로 연장 길이 설정(간섭발생 방지 효과)

(3) 드릴 사용자 파라미터

위 싸이클 항목에서 특정 사용자정의 항목을 선택한 경우 활성화되는 영역으로 사용자 임의로 특정한 드릴가공 형태를 지정하여 적용하고자 하는 경우 설정

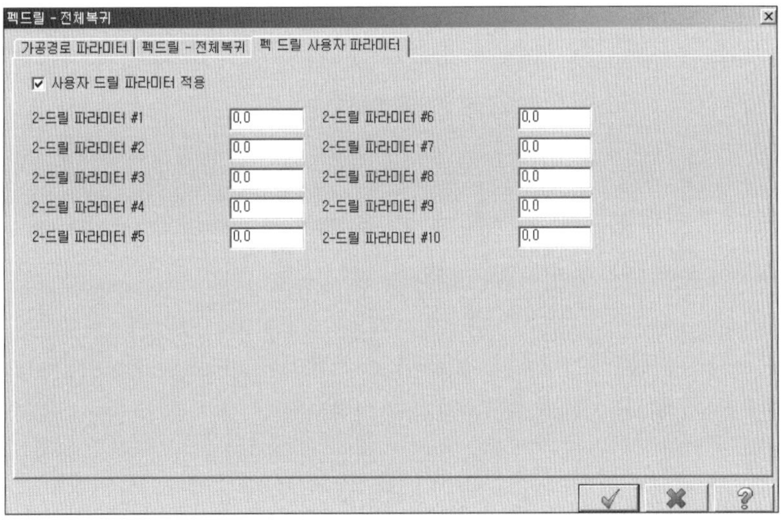

▲ 드릴 사용자 파라미터 창

2.2.3 포켓가공경로

닫힌 형태(또는 열린 형태) 도형윤곽의 내측 영역을 특정깊이로 가공

(1) 포켓가공 조건설정

포켓가공 실행에서 적용될 각종높이, 가공형태 등의 조건을 설정하는 영역으로 대화창의 항목들 중 앞에서 설명한 윤곽가공 내용과 동일한 이름의 항목들은 적용 내용도 동일하므로 설명을 생략하고 추가된 항목들만 설명한다.

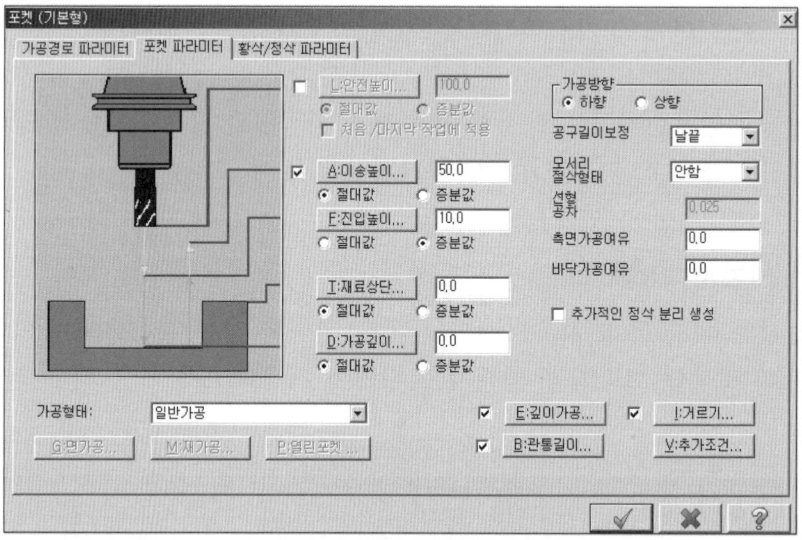

▲ 포켓가공 파라미터 창

(2) 가공형태 : 실행될 가공형태를 우측 역 화살표 버튼 선택하여 설정

① **일반가공** : 일반적인 포켓가공 형태 실행

② **면가공** : 재료의 상단높이에서 가공대상 선택도형의 외곽 도형깊이(Z좌표 값)까지 면가공을 실행하는 기능으로 면가공 버튼 선택 후 표시되는 대화창의 내용은 다음과 같다.

⇔ 종료위치 확장비율/길이 : 사용 공구의 지름 비율 값 또는 일정길이 값을 입력하면 가공대상으로 선택된 도형의 외측윤곽(아일런드 외측윤곽 포함) 기준으로 가공의 종료 위치에서 절삭방향으로 입력된 길이만큼 가공경로 길이가 확장되는 기능으로 가공종료위치의 미 절삭 현상을 방지하고자 할 때 적용

⇔ 시작위치 확장길이 : 처음 가공시작을 위치기준으로 가공경로 진행방향의 역방향으로 설정된 길이만큼 가공경로 길이를 확장하여 경로 생성하는 기능

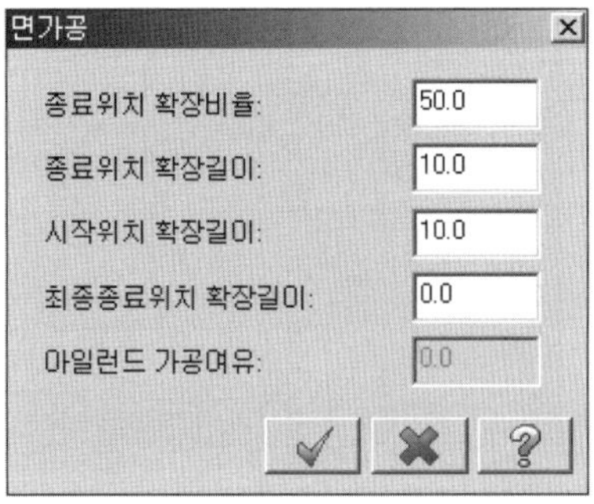

▲ 면가공 창

⇔ 최종 종료위치 확장길이 : 마지막 가공 종료위치를 기준으로 가공경로 설정된 길이만큼 가공경로 길이를 확장하여 경로생성

③ **아일런드 면가공** : 가공대상 선택 도형윤곽 중 아일런드 도형윤곽의 상단 면들만을 대상으로 면가공을 실행하는 기능으로 면가공 버튼 선택 후 표시되는 대화창의 내용은 위 면가공 내용과 동일하며 추가된 항목의 내용은 다음과 같다.

⇔ 아일런드 가공여유 : 아일런드 도형윤곽의 Z높이 값 기준으로 미 절삭될 높이 값을 설정하는 기능

※ 아일런드(Islands) : 아일런드 명칭의 의미는 포켓가공 대상으로 선택된 가장 외측의 닫힌 도형형태 안에 다른 닫힌 도형들이 있는 경우 이 도형들을 아일런드라 칭하며, 이런 형태의 도형들이 선택된 경우에 포켓가공 대상 영역은 가공대상으로 선택된 외측의 닫힌 도형에서 내측 아일런드 도형을 제외한 나머지 영역이 가공대상 영역이며, 아일런드 도형들의 Z높이와 외측 닫힌 윤곽 도형의 Z높이가 차이나는 경우에는 아일런드 도형의 높이기준으로 단차 가공을 실행할 수 있다.

④ **재가공** : 앞에서 설명한 2.2.1 윤곽가공경로-(4) 가공형태-④ 재가공의 내용과 동일한 내용으로 이전에 실행된 포켓가공에서 미 절삭된 영역만을 대상으로 추가적인 포켓가공을 실행하는 기능이며, 항목 선택하면 활성화되는 재가공 버튼을 선택하여 표시되는 대화창에서 적용될 가공조건을 설정하며, 대화창의 항목들 중 윤곽가공-재가공 대화창과 다른 항목들만 설명한다.

☑ 황삭실행시 진입/복귀 조건적용 : 황삭/정삭 가공조건 대화창 영역에서 황삭사용 항목과 정삭실행 항목을 선택하고 정삭실행 영역의 진입/복귀 버튼을 활성화한 경우에만 적용되는 기능으로 항목 선택하면 재가공 실행대상 영역에 대하여 생성되는 황삭가공경로에 진입/복귀 대화창의 설정조건을 적용시키는 기능

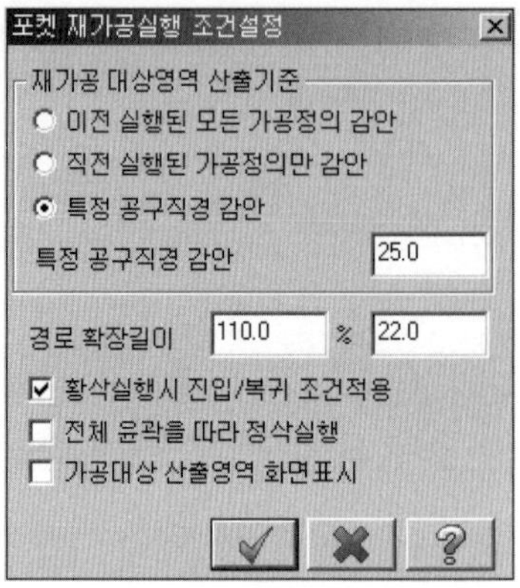

▲ 재가공 조건설정 창

☑ 전체 윤곽을 따라 정삭실행 : 항목 선택하면 가공대상으로 선택된 도형들의 모든 윤곽형태를 기준으로 정삭가공 경로가 생성

⑤ **열린윤곽** : 가공대상 도형으로 열린윤곽 도형형태를 선택한 경우에만 적용할 수 있는 가공형태로 시스템은 선택된 열린윤곽 도형형태의 양쪽 끝점을 자동 연결하여 닫힌윤곽 도형형태로 자동 수정한 후 내측 영역을 포켓가공 대상영역으로 계산한다. 항목 선택시 활성화되는 열린윤곽 버튼 선택하여 적용될 가공조건을 설정하며, 표시되는 대화창의 내용은 다음과 같다.

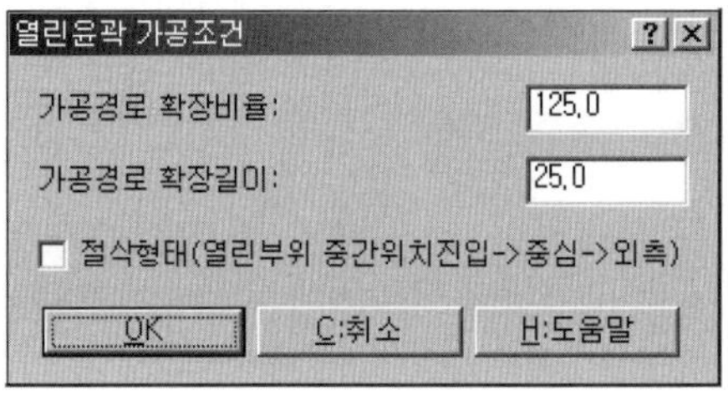

▲ 열린윤곽 가공조건 창

⑥ **가공경로 확장비율/길이** : 열린윤곽 도형형태의 양쪽 끝점을 연결하는 가상의 직선기준 도형윤곽의 외측 방향으로 추가 절삭될 거리 값을 설정(가공경로 확장)

☑ 절삭형태(열린부위 중간위치진입→중심→외측) : 항목 선택하면 황삭/정삭 가공조건 대화창 영역에 설정된 황삭 가공방법의 절삭형태를 적용하지 않고 가상으로 연결된 직선의 중간점 위치가 황삭 가공경로의 시작위치이며, 이 위치에서 도형윤곽의 내측 중심위치로 절삭이송한 후 황삭/정삭 가공조건 대화창 영역에 설정된 황삭가공 간격만큼씩 도형윤곽의 외측 방향으로 절삭 진행하는 형태로 황삭 가공경로가 생성되며, 항목 선택 안한 경우에는 황삭/정삭 가공조건 대화창 영역에서 설정한 황삭 가공방법 형태로 황삭 가공경로를 생성한다.

⑦ **절삭형태** : 공구 절삭형태를 설정하는 기능으로 내용은 다음과 같다.

▸ 하향 : 절삭이송방향과 반대방향으로 공구회전하면서 절삭진행

▸ 상향 : 절삭이송방향과 같은 방향으로 공구회전하면서 절삭진행

⑧ **정삭가공 분리생성** : 항목 선택 후 대화창을 완료하면 가공정의 관리자 대화창으로 동일 도형에 대한 포켓가공정의가 1개 추가 생성되는 기능으로 현재 선택된 도형들에 대하여 추가적인 포켓 정삭가공 또는 재가공을 실행해야 하는 경우 추가적인 포켓가공 생성에 소요되는 시간을 단축하는 효과로 이용방법은 가공정의 관리자 대화창에 추가 생성된 포켓가공정의 구성내용 중 가공조건 항목을 마우스 클릭하여 대화창의 내용을 추가적으로 생성될 정삭 또는 재가공 가공조건으로 수정하고 가공정의 관리자 대화창의 재생성 버튼을 선택하면 원하는 형태의 추가적인 포켓 가공정의를 바로 생성할 수 있다.

⑨ **깊이 가공** : 가공깊이 항목에 설정된 깊이를 분할하여 가공하는 기능으로 버튼 선택 후 표시되는 대화창의 항목들 내용은 윤곽가공 내용과 동일하며 추가 항목들의 내용은 다음과 같다.

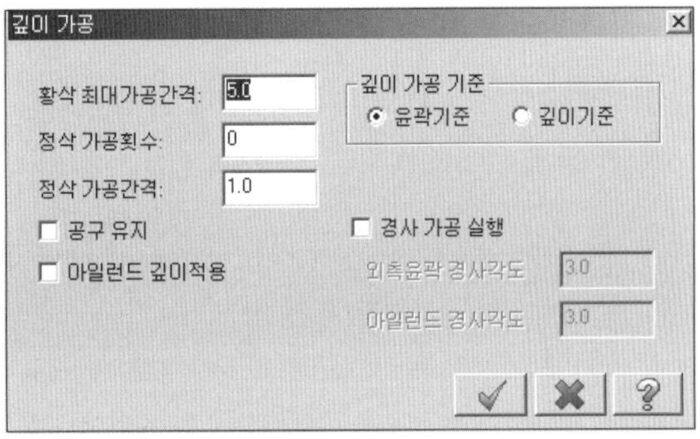

▲ 깊이 가공 창

☑ 아일런드 깊이적용 : 항목 선택하면 가공대상 선택도형들 중 아일런드 도형윤곽이 있으면서 아일런드 도형윤곽의 Z높이가 외측윤곽 Z높이와 다른 경우 아일런드 도형윤곽 Z높이까지 단차가공이 실행되며, 선택 안한 경우에는 Z높이 차이에 관계없이 외측윤곽의 Z높이로만 가공실행

☑ 경사 가공 실행 : 항목 선택하면 가공대상 선택도형에 대하여 경사가공이 실행되는 기능으로 아래 항목들로 적용될 경사형태를 설정

▸ 외측윤곽 경사각도 : 가공대상 선택도형 외측윤곽기준 내측으로의 경사가공 각도 값

▸ 아일런드 경사각도 : 가공대상 선택도형의 아일런드 도형 외측 윤곽 기준 외측 방향으로의 경사가공 각도 값 설정관통길이(윤곽가공의 관통길이 참조)

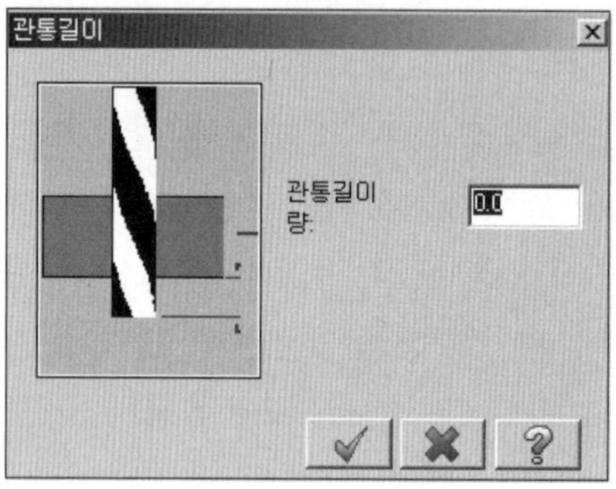

▲ 관통길이 창

⑩ **추가 조건** : 가공형태 항목에서 재가공형태를 선택한 경우와 황삭/정삭 가공조건 대화창에서 황삭가공 형태를 일정한 오버랩나선형 가공으로 설정한 경우 적용되는 항목으로 대화창의 내용은 다음과 같다.

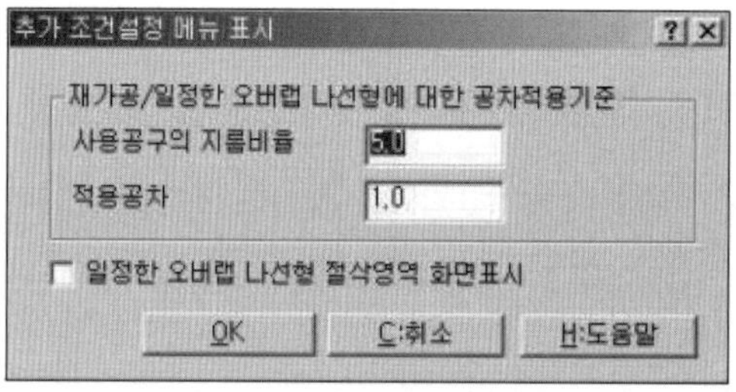

▲ 추가 조건 창

▸ 재가공/일정한 오버랩 나선형에 대한 공차적용기준 : 재가공 또는 일정한 오버랩 나선형가공시 가공경로의 정밀도를 설정하는 영역으로 사용공구의 지름비율 또는 특정 공차 값으로 적용될 정밀도를 설정하며, 적절한 설정 값은 공구지름기준 5(%)이다.

▸ 일정한 오버랩 나선형 절삭영역 화면표시 : 항목 선택하면 일정한 오버랩나선형 가공 방법으로 가공경로 생성 완료 후 오버랩이 적용된 가공대상 영역이 작업화면으로 표시된다.

(3) 황삭/정삭 파라미터

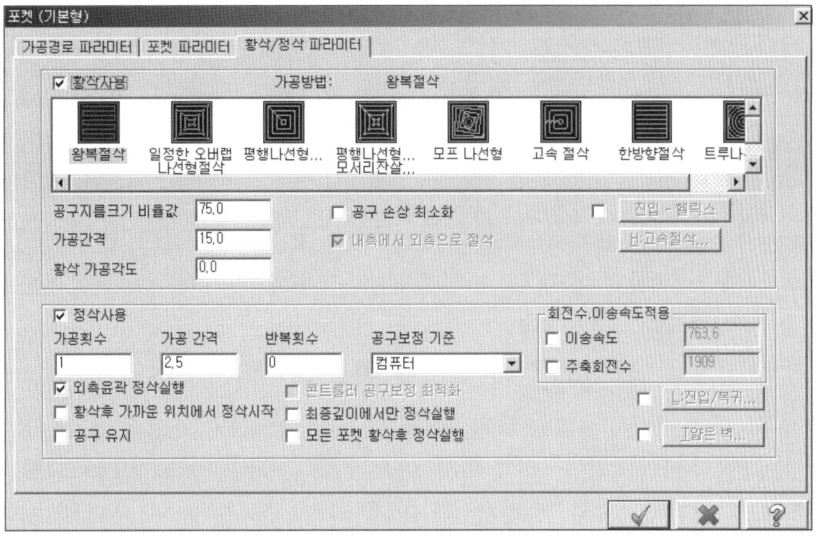

▲ 황삭/정삭 파라미터 창

① **황삭사용** : 항목 선택하면 가공대상 도형윤곽 내측 영역에 대한 포켓 황삭 가공경로를 생성하며, 항목 선택 안한 경우는 생성하지 않는다.

▸ 황삭 가공방법 : 위 황삭 실행 항목을 선택한 경우 적용될 황삭 가공방법을 설정하는 영역으로 가공대상으로 선택한 도형의 형태에 따라 가장 효율적인 가공경로를 생성할 수 있는 가공방법 그림을 마우스로 클릭하여 선택하며, 가공방법별 내용은 다음과 같다.

⇔ 왕복절삭 : 황삭 가공각도 항목에 설정된 각도방향으로 지정한 가공간격만큼씩 대상도형 내측 영역을 왕복(Zig-zag)하는 형태의 황삭 가공경로 생성

⇔ 일정한 오버랩 나선형 절삭 : 가공대상으로 선택된 도형윤곽에서 아일런드 도형 윤곽이 있는 경우 내측에서 외측으로 항목을 선택한 경우에는 내측 아일런드 도형의 외곽형태를 기준으로 가공경로가 먼저 생성된 후 설정된 가공간격 만큼 외측으로 가공경로를 생성하는 방법으로, 모서리구간에서 발생하는 미 절삭 영역에 대하여 시스템이 해당구간의 경로길이를 자동 확장하는 형태로 생성된다. 내측에서 외측으로 항목을 선택한 경우에는 외측 도형윤곽의 도형형태 기준으로 가공경로가 먼저 생성된 후 설정된 가공간격만큼씩 내측으로 가공경로가 생성되면서 모서리구간의 미 절삭 영역을 동일한 형태로 적용하는 가공방법이다.

⇔ 평행나선형 절삭 : 위 일정한 오버랩나선형 가공과 동일한 방식으로 진행되는 가공방법으로 차이점은 모서리구간에 대하여 가공경로를 확장하지 않고 설정된 가공간격만큼씩 이동되는 형태로 가공경로가 생성하는 방법이다. 이

가공방법은 대상도형 형태에 모서리구간이 있는 경우에는 절삭진입이 이루어질 수 있는 모서리영역을 제외하고는 나머지 모서리 영역들은 미 절삭이 발생할 수 있는 단점이 있다.

⇔ 평행나선형(모서리 잔살제거) : 위 평행나선형 절삭형태로 진행되면서 대상도형의 모서리부위들에 대한 미 절삭이 발생하지 않도록 가공경로가 확장되는 형태로 일정한 오버랩나선형 가공보다 미 절삭 영역이 완벽하게 제거되는 장점이 있다.

⇔ 모프 나선형 절삭 : 가공대상 도형으로 선택된 도형 형태가 아일런드 도형윤곽 하나만을 포함하는 형태인 경우에만 적용할 수 있는 가공방법으로 내측에서 외측으로 항목을 선택한 경우에는 내측영역의 아일런드 도형 형태로 가공경로가 시작된 후 외측 도형 형태로 변화하는 가공경로가 생성되는 가공 방법이다. 다른 가공 방법들과의 차이점은 공구손상이 최소화되는 형태로 가공경로가 생성된다. 또한, 내측에서 외측으로 항목을 선택 안한 경우에는 외측도형윤곽 형태로 먼저 시작한 후 내측 아일런드 도형 형태로 변화하는 형태로 적용된다.

⇔ 고속 절삭 : 포켓가공 절삭방법 중 원추형절삭을 지원하는 형태로 각진 경로구간을 원호형상의 가공형태로 생성한다. 또한 고속절삭을 선택하여 루프반경 및 코너 적용 반경 등을 적용한다.

⇔ 트루나선형 절삭 : 가공대상 도형윤곽 형태에 관계없이 일정한 나선형 형태로만 설정된 가공방향/간격을 적용하여 가공경로가 생성되는 방법으로 하나의 원 도형에 대한 포켓가공 실행에서 유효한 가공 방법이다.

⇔ 한방향 절삭 : 황삭 가공각도 항목에 설정된 각도 방향으로 지정된 가공간격만큼씩 이동하면서 가공하는 방법이다.

② **공구지름크기 비율값/가공간격** : 위 황삭 가공 실행에서 적용될 가공간격을 설정하는 항목으로 사용공구 지름크기의 비율 값 또는 특정간격 값으로 설정

③ **황삭 가공각도** : 위 가공방법 중 왕복가공과 한 방향가공 항목 선택하면 활성화되는 항목으로 적용될 가공각도 값을 설정

④ **공구 손상 최소화** : 위 가공방법들 중 왕복, 일정한 오버랩나선형 절삭, 평행나선형 절삭 가공방법을 선택한 경우에만 활성화되는 항목으로 가공대상 도형에 아일런드 도형들이 있는 경우 적용하는 기능이다. 이 항목 선택하면 생성되는 황삭 가공경로 이후 내측 아일런드 도형들을 다음에 실행될 정삭가공에서 공구손상이 최소화되는 형태로 시스템이 자동으로 변경시켜 생성하며, 항목 선택 안한 경우에는 공구손상 발생예상 영역에 관계없이 정해진 일반적인 형태로 가공경로 생성한다.

⑤ **내측에서 외측으로 가공** : 위 가공방법들 중 나선형 형태 가공방법을 선택한 경우에만 활성화되는 항목으로 항목 선택하면 해당 나선형 가공방법의 가공경로 시작위치 기준을 가공대상 도형의 외측부터 적용하며, 항목 선택 안한 경우는 내측 아일런드 도형 기준으로 적용한다. 만약 내측에 아일런드 도형이 없는 경우는 선택 도형의 중심점위치에서부터 시작한다.

⑥ **공구진입(헬릭스/램프)** : 분할 가공깊이별로 해당 가공깊이까지 공구의 Z축 절삭 진입 형태를 헬릭스(나선형) 또는 램프(경사직선) 형태로 적용하는 기능으로 버튼 선택 후 표시되는 대화창의 내용은 다음과 같다. 항목 선택 안한 경우는 분할 가공 깊이별 해당 가공깊이까지 Z축 방향으로 수직절삭 진입하는 형태로 적용된다.

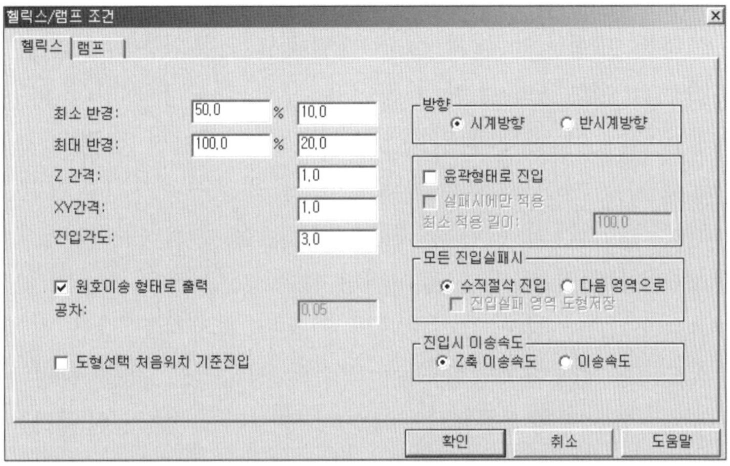

▲ 헬릭스 조건설정 창

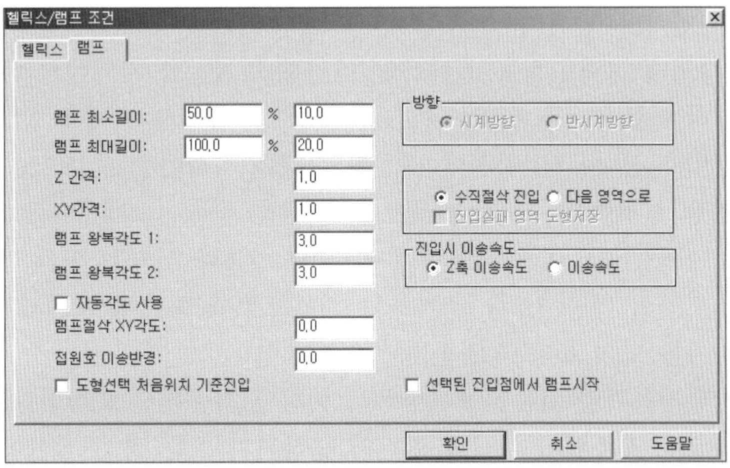

▲ 램프 조건설정 창

- ▸ 헬릭스 최소 반경/램프 최소길이 : 나선형 형태 회전절삭 진입에서 적용될 평면 기준 원호의 최소반경 크기 값(헬릭스) 또는 경사 직선형태 절삭 진입에서 적용될 해당 직선의 최소길이 값(램프)을 설정하는 항목
- ▸ 헬릭스 최대 반경/램프 최대길이 : 나선형 형태 회전절삭 진입에서 적용될 평면기준 원호의 최대반경 크기 값(헬릭스) 또는 경사 직선형태로 절삭 진입에서 적용될 해당 직선의 최대길이 값(램프)을 설정하는 항목
- ▸ 헬릭스/램프 Z간격 : Z축 기준 나선형 회전절삭(헬릭스) 또는 경사 직선형태 절삭이송(램프)이 시작될 높이를 설정하는 항목으로 입력되는 값은 처음 분할깊이 절삭이송에서는 포켓가공 조건설정 대화창의 재료의 상단 항목에 설정된 높이의 증분높이로 적용되며, 이후 분할깊이 절삭이송에서는 이전 실행 가공깊이 기준의 증분높이로 적용된다.
- ▸ XY 유지 간격 : 나선형(헬릭스) 또는 경사 직선형태(램프) 절삭 진입에서 가공대상 도형의 외측윤곽과 아일런드 도형의 XY방향 유지간격 값을 설정하는 항목으로 선택된 도형들의 실제 절삭 진입에서 적용되는 유지되는 간격은 포켓가공 조건설정 대화창의 측면 가공여유 설정 값+황삭/정삭 가공조건 대화창 정삭 가공 간격+이 항목의 입력 값만큼 절삭 진입시 간격이 유지된다.
- ▸ 진입각도(피치) : 나선형 회전절삭(헬릭스) 원호형태가 1회전할 때 처음시작 높이와 최종 높이 간의 단차에 대한 각도 값을 설정하는 항목으로 입력 값이 클수록 1회전당 절삭 깊이가 깊어진다.
- ▸ 램프 왕복각도 1/2 : 경사 직선형태의 적용될 경사각도 값을 설정하는 항목으로 왕복각도 1은 Zig(한쪽방향)되는 직선의 경사각도 값을 설정하는 항목이며, 왕복각도 2는 Zag(방향전환)되는 직선의 경사각도 값을 설정하는 항목
- ▸ 자동각도 : 항목 선택하면 경사 직선형태(램프) 진입에서 직선 형태에 적용될 경사 각도를 가공대상 도형 형태에 따라 시스템이 자동으로 계산하여 적용하며, 항목 선택 안한 경우에는 램프절삭 XY각도 항목에 적용될 각도 값을 설정할 수 있다.

☑ 원호이송형태 출력 : 항목 선택하면 나선형 회전절삭 진입에서 나선형 형태에 대한 절삭이송 형태를 원호이송(G02,G03)으로 출력하며, 항목 선택 안한 경우에는 공차(직선이송시) 항목에 나선형 형태를 직선이송(G01)으로 분할할 적용 공차 값을 설정한다.

- ▸ 접 원호 이송반경 : 경사 직선형태 진입에서 Zig와 Zag 두 직선 형태에 접하는 나선형 모양의 가공경로를 추가하는 기능으로 입력란에 추가되는 나선형 형태의 반지름 크기 값을 설정한다.

☑ 도형선택 처음위치 기준진입 : 항목 선택하면 가공대상 도형의 체인 시작위치를 기준으로 시스템이 나선형 회전의 중심위치 또는 경사 직선이송의 시작위치를 계산하며, 항목 선택 안한 경우에는 시스템이 해당 중심위치 또는 시작위치를 임의의 위치로 계산하여 적용한다.

⇔ 회전방향(램프절삭 가공방향) : 헬릭스인 경우는 평면기준 나선형 회전의 적용 방향을, 램프인 경우에는 전체 경사이송 형태에 대한 평면기준 절삭 진행 방향을 설정하는 항목으로 램프에서는 접 원호 이송반경 항목에 1 이상의 값이 입력된 경우만 항목이 활성화되어 적용할 수 있다.

☑ 외측윤곽 형태로 진입(헬릭스 경우) : 항목 선택하면 절삭진입 형태가 설정된 나선형 회전형태를 적용하지 않고 가공대상으로 선택된 도형의 외측윤곽 형태로 적용되는 기능

☑ 실패시에만 적용 : 위 외측윤곽 형태로 진입 항목을 선택한 경우에만 활성화되는 항목으로 항목 선택시 시스템이 절삭진입 형태 적용을 헬릭스 형태로 우선 적용하며, 대상 윤곽이 헬릭스 형태를 적용할 수 없는 상태로 파악되면 헬릭스 진입 대신 위 외측윤곽 형태로 진입 항목 내용을 적용하여 절삭 진입하는 방식으로 실행한다.
항목 선택 안한 경우는 바로 외측 윤곽 형태로 절삭 진입한다.

▸ 최소 적용길이 : 위 외측윤곽 형태로 진입 항목의 내용으로 절삭진입 형태가 적용될 때 이 항목에 입력된 길이보다 시스템이 계산한 외측윤곽기준 절삭진입 길이가 작은 경우에는 절삭 진입이 자동으로 취소되는 기능이다.

▸ 모든 진입실패시/램프진입 실패시 실행기준 : 위 헬릭스 진입의 외측윤곽 형태로 진입 또는 경사 직선이송 진입 형태로 절삭 진입을 적용할 수 없는 경우 실행될 방법을 설정하는 기능으로 다음 항목들 중 적용될 방법 선택한다.

⊙ 수직절삭진입 : 공구가 가공대상 선택도형의 도형연결 시작위치 기준 Z축 수직방향으로 절삭 진입하는 형태로 적용(피삭재 재질에 따라 공구손상 발생할 수 있음)

⊙ 다음 영역으로 : 항목 선택하면 모든 진입실패시 위 수직절삭 진입 형태를 적용하지 않고 대상 도형윤곽에 대한 포켓 가공경로 생성을 중단하고 다음 가공대상영역 또는 선택된 다른 도형윤곽에 대하여 포켓 가공경로를 생성하도록 하는 기능으로 이후 대상 영역 또는 대상 도형윤곽이 없는 경우에는 현 위치에서 가공경로 생성을 중지하고 자동으로 포켓 가공정의 종료된다.

☑ 진입실패 영역윤곽 도형저장 : 위 다음 영역으로 항목을 선택한 경우에만 활성화되는 항목으로 항목 선택하면 시스템이 가공경로를 생성하지 못한 영역범위 또는 절삭진입 적용이 실패된 영역범위의 윤곽형태대로 시스템이 도형을 자동 생성하여 작업화면에 표시하며, 항목 선택 안한 경우는 해당 영역들에 대한 도형을 생성하지 않는다.

▸ 진입시 적용 절삭속도 : 나선형 회전절삭, 외측윤곽 형태 절삭진입 또는 경사 직선이송 형태 절삭진입시 적용될 절삭속도기준을 공구조건설정 대화창의 이송속도 또는 Z축 이송속도 항목들 중 어느 항목 설정 값으로 적용할지를 선택하는 항목으로 절삭진입 실패한 경우로 수직절삭 진입 항목이 적용되는 경우에는 이 영역의 항목 적용선택 항목에 관계없이 Z축 이송속도 설정 값으로 적용된다.

▸ 선택된 진입점에서 램프시작 : 가공대상 도형선택 과정에서 특정 점 도형을 함께 선택한 경우 적용되는 항목으로 항목 선택하면 선택된 점 도형의 Z높이 위치에서 가공깊이별 가공경로 시작위치까지 경사 형태로 절삭 진입된다.

⑦ **고속 절삭 조건설정** : 포켓가공 절삭방법 중 고속절삭 방법을 선택할 때만 활성화되는 기능으로 원추형 절삭형태를 지원한다. 이 방법은 과부하 영역으로 인해 발생할 수 있는 공구손상 및 재질의 손상을 방지하기 위하여 원형형태의 가공경로를 지원하는 방식으로 생성될 가공경로의 원호에 대한 반경 값 및 간격을 적용할 수 있다.

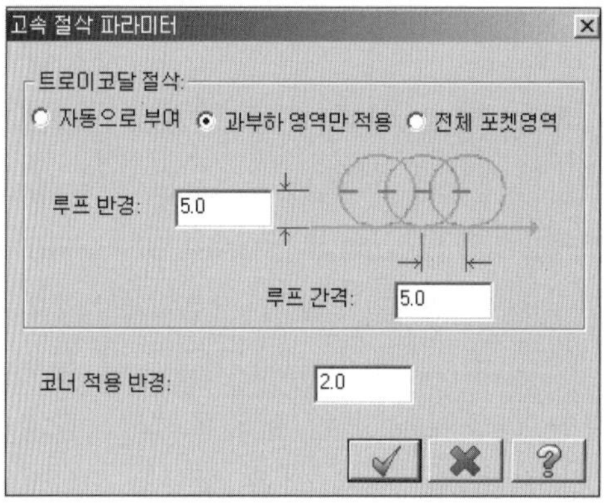

▲ 고속 절삭 파라미터 창

☑ 정삭사용 : 가공대상 도형윤곽들 중 외측윤곽 형태는 영역 내측 방향으로 아일런드 도형윤곽은 윤곽의 외측방향으로 도형윤곽 형태를 따라서 공구절삭이 실행되는 가공이 정삭가공으로 항목 선택하면 이러한 형태의 가공경로가 생성되며, 항목 선택 안한 경우는 해당 형태 가공경로가 생성되지 않는다. 위 황삭 실행 항목과 이 항목을 모두 선택하면 가공실행 순서는 황삭가공 ⇒ 정삭가공 순서로 실행된다.

⑧ **정삭 가공횟수/가공간격** : 실행될 정삭가공의 횟수 및 횟수별 가공 간격을 설정

☑ 외측윤곽 정삭가공 실행 : 항목 선택하면 가공대상으로 선택된 도형 윤곽에서 외측 도형윤곽 및 아일런드 도형윤곽 모두에 대하여 정삭 가공경로를 생성하며, 항목 선택 안한 경우에는 아일런드 도형윤곽에 대하여만 정삭 가공경로를 생성한다.

☑ 황삭 후 가까운 위치에서 정삭시작 : 항목 선택하면 황삭가공 실행 후 정삭가공 실행 시작위치를 황삭가공 종료위치에서 가장 가까운 위치에 있는 도형윤곽 순서로 정삭 가공경로를 생성하며, 항목 선택 안한 경우에는 대상도형 선택순서로

정삭가공 경로를 생성한다.

☑ 공구유지 : 연결되지 않는 정삭가공 경로들 간 공구이송 형태를 설정하는 기능으로 항목 선택하면 연결되지 않는 정삭가공 경로들에 대하여 현재 계산된 정삭가공경로 종료위치에서 다음 정삭 가공경로 시작위치까지 공구복귀 없이 현재 깊이를 유지한 채 바로 절삭이송하는 형태로 경로를 생성하며, 항목 선택 안한 경우에는 현재 종료위치에서 이송 높이까지 공구복귀 후 다음 경로의 시작위치까지 수평 이송 후 시작위치로 절삭 진입하는 형태로 경로를 생성하게 된다. 아일런드들이 있는 형태에서는 간섭이 발생할 수 있으므로 적용하지 않는 것이 좋다.

⑨ **공구보정 적용기준** : 윤곽가공 조건설정 대화창의 내용과 동일하며, '보정코드+공구중심좌표'는 NC 데이터 좌표 출력 형태를 공구 중심위치로 적용하면서 해당 블록별 앞에 보정 코드(예 : G41D1)가 출력되는 형태이다.

⑩ **콘트롤러 공구보정 최적화** : 윤곽가공 조건설정 대화창 내용과 동일

⑪ **최종깊이에서만 정삭실행** : 포켓가공 조건설정 대화창의 깊이가공 항목에서 전체 가공깊이를 분할 가공하도록 설정된 경우에만 적용되는 기능으로 항목 선택하면 정삭 가공실행을 최종 가공깊이에서만 실행하는 형태로 경로를 생성하며, 항목 선택 안한 경우에는 깊이가공 항목에 설정된 가공깊이 단계별로 정삭가공을 실행하는 형태로 경로를 생성한다.

⑫ **모든 포켓 황삭 후 정삭실행** : 가공대상 도형윤곽으로 다수의 포켓형태 도형윤곽을 선택한 경우에만 적용되는 항목으로 항목 선택하면 모든 도형윤곽에 대해 황삭가공만을 먼저 실행한 후 정삭가공이 실행되는 형태로 경로를 생성하며, 항목 선택 안한 경우에는 도형윤곽별로 황삭가공⇒정삭가공 순서로 실행된다.

⑬ **진입/복귀** : 윤곽가공 조건설정 대화창의 내용과 동일하다.

2.2.4 표면가공경로

닫힌 형태의 도형윤곽에 대하여 일정깊이 기준으로 가공하는 형태의 가공방법

(1) 표면가공 조건설정

대화창의 항목들 중 윤곽가공 조건설정 대화창 영역의 항목과 동일한 항목들은 적용 내용도 동일하며, 추가 항목들 내용은 다음과 같다.

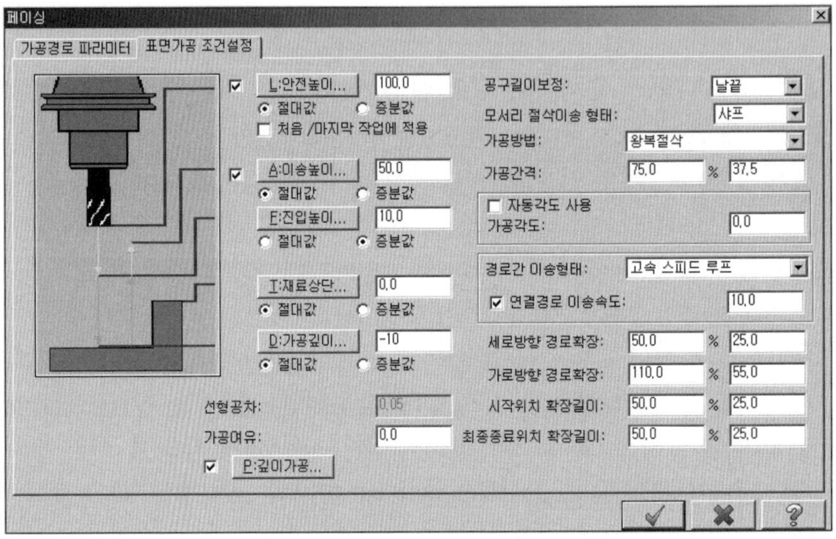

▲ 표면가공 조건설정 창

① **가공방법** : 가공대상 도형윤곽에 대한 가공방법 형태를 설정

- 왕복절삭 : 가공대상 범위를 설정된 가공간격만큼 이동하면서 왕복하는 형태로 가공
- 한 방향－하향(상향) : 가공대상 범위를 하향 또는 상향 방향으로만 설정된 가공간격만큼씩 이동하면서 가공하는 형태
- 원 패스 : 가공대상으로 선택된 도형윤곽의 세로방향 또는 가로방향 너비가 사용공구 지름크기보다 작은 경우 적용하는 방법으로 시스템은 각도지정 영역에 설정되는 각도 방향으로 가공대상 도형영역의 가상 중심선을 자동으로 계산하여 해당 중심선을 사용 공구의 중심이 1회 이송하는 형태로 가공경로를 생성한다.

☑ 자동각도 사용 : 항목 선택하면 가공실행 각도를 시스템이 자동으로 계산하여 적용하는 기능으로 계산 방식은 대상 도형윤곽의 너비 또는 높이길이를 비교하여 길이가 긴 방향의 각도로 적용하며, 항목 선택 안한 경우는 사용자가 각도지정 항목에 적용될 각도 값을 직접 입력한다.

② **경로간 이송형태** : 위 절삭방법 영역에서 왕복항목을 선택한 경우에만 활성화되는 항목으로 왕복가공 경로들 간 끝점위치를 연결하는 공구이송 형태를 설정하는 기능

- ▶ 접 원호 고속절삭이송 : 진행 중인 경로의 종료위치와 다음 경로의 시작위치를 기준으로 두 경로 사이에 접 원호 형태의 원호이송을 추가하는 방법으로 고속가공시 적용
- ▶ 직선 절삭이송/급속이송 : 위 접 원호 고속절삭 이송 형태에서 경로들 간 양 끝점 위치를 직선 형태로 연결하는 직선 절삭이송 형태 또는 동일한 직선 형태이면서 절삭이송이 아닌 급속이송 속도가 적용되는 형태이다.

☑ 연결경로 이송속도 : 위 접 원호 고속절삭이송 또는 직선 절삭이송 방법을 선택한 경우 활성화되는 항목으로 항목 선택하면 추가되는 경로 형태구간에 대하여 별도의 적용 이송속도를 설정할 수 있으며, 항목 선택 안한 경우는 공구조건설정 대화창의 이송속도 항목에 설정된 값으로 시스템이 자동 적용한다.

③ **세로방향 경로확장** : 설정된 가공각도 방향기준 법선 방향으로 가공간격을 확장하는 기능으로 적용될 간격 값은 사용공구 지름의 일정비율 또는 일정간격 값으로 설정하며, 이 항목은 위 절삭방법에서 1회 가공 형태를 선택한 경우는 적용할 수 없다.

④ **가로방향 경로확장** : 설정된 가공각도 방향으로 가공간격을 확장하는 기능으로 적용될 간격 설정방법은 위 세로방향 경로확장과 동일하며, 주의할 점은 설정 간격 값을 세로방향 경로확장 항목에 설정된 값보다 같거나 크게 설정해야 한다.

⑤ **시작위치 경로확장** : 시스템이 계산한 처음 가공경로의 시작위치기준 가공경로 진행방향의 반대방향으로 경로길이를 확장하는 기능

⑥ **최종종료위치 경로확장** : 시스템이 계산한 최종 가공경로의 종료위치기준 가공경로 진행방향으로 경로길이를 확장하는 기능

2.2.5 기타 가공경로

원호가공은 주로 원호형태를 가공경로로 생성하는 방법들로 써클밀, 나사밀, 자동드릴, 시작홀, 슬롯밀, 헬릭스 보링이 있다.

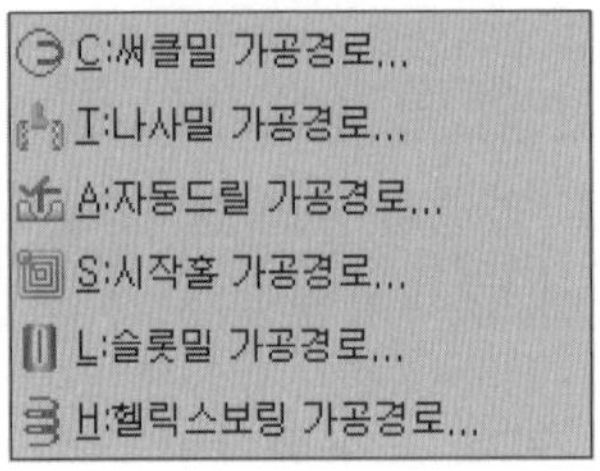

▲ 원호가공 드롭-다운 메뉴

(1) 써클 밀 가공경로

특정 위치들을 지정하여 해당위치를 중심위치로 하는 가상의 일정크기 원(Circle)의 내측 영역 또는 다수의 특정 원 도형들을 선택하여 해당 원 도형들의 내측 영역을 특정한 진입/복귀형태로 적용하여 절삭하는 경로형태를 생성하는 가공방법으로 주로 원 형태의 보링가공 실행에서 유용한 가공 방법이다. 대화창의 항목들 중 윤곽가공 조건설정 대화창 영역 항목과 동일한 항목들은 적용 내용도 동일하며, 추가항목 내용은 다음과 같다.

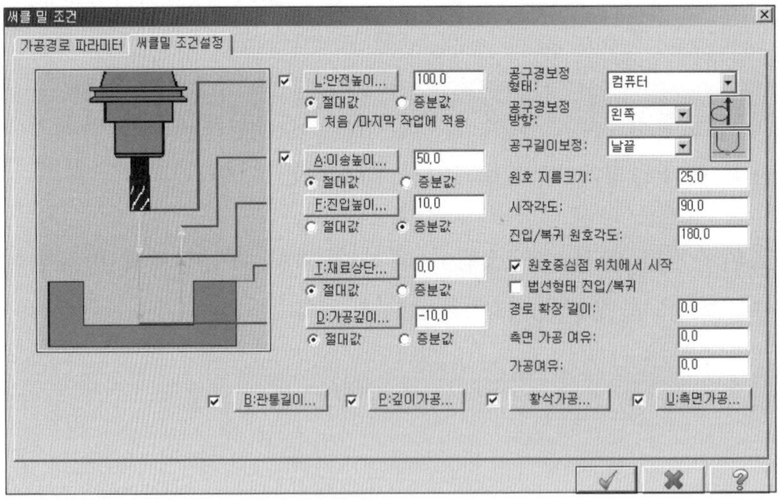

▲ 써클 밀 조건설정 창

① **원호 지름크기** : 메뉴실행 과정에서 특정 위치들을 대상으로 지정한 경우 활성화되는 항목으로 지정된 위치를 중심으로 적용될 가상 원 도형의 지름 값을 설정하는 항목

② **시작각도** : 선택된 특정위치 또는 원 도형들에 대한 가공실행 시작 위치를 설정하는 항목으로 각도 값으로 설정한다.

③ **진입/복귀 원호각도** : 진입에서는 시스템이 계산한 가공경로 시작위치 앞으로 원호이송 형태를 추가하고 복귀에서는 가공경로 종료위치에서 공구복귀 전에 원호이송 형태를 추가하는 기능으로 적용되는 원호이송 형태의 지름 값은 중심위치와 가공경로 시작위치 또는 종료위치의 간격으로 자동 적용되며, 입력된 각도 값이 180°에 미달하면 시스템이 자동으로 직선형태로 적용한다.

☑ 원호중심점 위치에서 시작 : 항목 선택하면 진입에서는 대상 선택된 위치 또는 원 도형들의 중심점 위치로 공구 진입하여 설정된 진입형태로 이송한 후 가공경로 시작위치로 이송되며, 복귀에서도 복귀형태를 적용한 후 중심위치로 공구이송 후 공구 복귀한다. 항목을 선택 안한 경우에는 설정된 진입형태의 시작위치로 바로 절삭 진입하고, 복귀에서도 복귀형태 종료위치에서 바로 공구 복귀한다.

☑ 법선형태 진입/복귀 : 항목 선택하면 처음 가공경로의 시작위치와 최종 가공경로의 종료위치기준으로 법선형태의 진입/복귀가 적용되는 기능으로 위 진입/복귀 원호 형태를 동시 적용하면 실행순서는 진입에서는 법선 형태⇒호 형태, 복귀에서는 호 형태⇒법선 형태 순서로 적용된다.

④ **경로확장 길이** : 각 가공깊이별 가공경로의 종료위치에서 해당 가공경로 길이를 입력된 길이만큼 더 확장하는 형태로 경로를 생성하는 기능

☑ 황삭가공 : 항목 선택하면 버튼 선택 후 표시되는 대화창의 설정 내용으로 원 형태 기준 XY 방향으로 황삭 가공실행 및 Z축 절삭진입 형태를 나선형 회전절삭 형태로 적용할 수 있다.

(2) 나사 밀 조건설정

특정 위치들을 지정하여 해당위치를 중심으로 하는 가상의 일정크기 원 형태를 기준으로 또는 다수의 특정 원 도형들을 대상으로 해당 원호들의 지름크기를 기준으로 내경나사 또는 외경나사 형태의 가공경로를 생성하는 가공 방법으로 내경나사인 경우에는 먼저 해당 원 도형에 대한 드릴가공 실행 후 실행하며, 외경나사인 경우에는 원 도형에 대한 보스가공을 먼저 실행 후 이 가공을 실행한다.

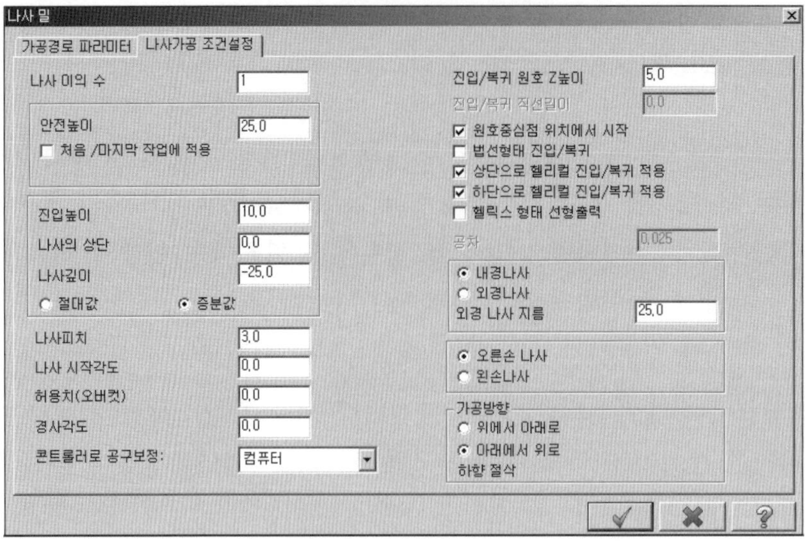

▲ 나사 밀 조건설정 창

① **나사 이의 수** : 가공될 나사 이의 수를 설정하는 항목으로 사용 공구가 다수의 나사 이 형태로 된 경우에는 입력 값을 1로 설정하며, 입력 값이 증가할수록 공구의 절삭회전 수는 감소한다.

② **안전높이** : 나선형 회전절삭 이송이 시작될 높이 값을 설정하는 항목으로 가공경로별 종료위치에서 다음 가공경로 위치로 공구이송 전에도 이 높이까지 공구가 복귀한 후 다음 가공경로 시작위치로 이송하게 되며, 절대 값 기준으로 적용된다.

※ 높이설정 : 사용공구의 Z축상 각종 높이를 설정하는 영역으로 절대 값 또는 증분 값 중 적용될 기준을 선택한다.

- 진입높이 : 급속이송(G00)에서 나선형 절삭이송으로 변환될 높이
- 나사의 상단 : 나사가공으로 생성될 나사의 상단높이 값 설정
- 나사깊이 : 나사가공으로 생성될 나사의 가공깊이 값 설정

③ **나사피치** : 나선형 1회전 절삭의 정면 또는 측면기준 시작위치와 종료위치의 경사각도 값을 설정하는 항목

④ **나사 시작각도** : 나사가공이 시작될 위치를 설정하는 항목으로 각도 값으로 설정한다.

⑤ **허용치(오버컷)** : 원 도형 윤곽기준 내측 또는 외측 방향으로 과절삭 간격 값을 설정하는 항목으로 내경 나사인 경우에는 입력된 값만큼 나사 지름이 커지게 되며, 외경 나사인 경우에는 작아진다.

⑥ **경사각도** : 내측 또는 외측방향으로 처음 가공경로 시작위치부터 주어진 각도를 유지하며 가공경로를 생성한다.

⑦ **콘트롤러로 공구보정** : 사용공구에 대한 보정적용 기준을 설정하는 항목으로 대화창 우측 영역의 헬리컬 진입/복귀 항목을 적용하는 경우에는 안함으로 설정한다.

⑧ **진입/복귀 원호 Z높이** : 나사가공경로의 시작위치 및 종료위치에 나선형 형태의 진입/복귀 이송형태를 추가하는 기능으로 입력 값은 추가되는 나선형의 각 위치기준 Z높이와 평면기준 원호의 반지름 값으로 동시 적용되며, 내경 나사인 경우 입력 값이 가공대상 원 도형의 반지름 크기보다 큰 경우에는 입력 값을 반지름으로 적용하지 않고 중심위치 기준으로 자동 적용된다.

⑨ **진입/복귀 직선길이** : 아래 원호중심에서 시작 항목을 선택하지 않은 경우에만 활성화되는 항목으로 나사형태를 외경나사로 선택하는 경우에만 적용되며, 위 진입/복귀 원호형태에 입력된 길이 값만큼 직선형태 진입/복귀가 추가되는 기능으로 공구보정 항목에서 왼쪽 또는 오른쪽으로 보정 형태를 선택하면 진입에서 적용되는 직선 형태에 해당 내용이 적용된다.

☑ 원호중심점 위치에서 시작 : 나사형태를 내경 나사로 설정한 경우에만 적용되는 기능으로 항목 선택하면 생성되는 가공경로의 시작위치가 원 도형의 중심점 위치에서 시작된다.

☑ 법선형태 진입, 상단/바닥으로 헬리컬 진입/복귀 적용 : 법선형태 진입 항목을 선택하면 처음 공구이송 형태가 나사 가공경로기준 법선형태로 적용되며, 상단/바닥으로 헬리컬 진입/복귀 적용 항목들은 선택하면 나사상단 또는 나사바닥 위치로 나선형 진입/복귀형태가 적용되는 기능으로 항목 선택 안한 경우에는 시스템이 나사상단 또는 나사바닥 높이로 원호형태 진입/복귀를 적용한다. 이 항목은 나사상단 또는 나사바닥에 원호형태 진입에서 발생할 수 있는 공구 마킹(재료표면에 표시) 현상을 방지하고자 할 때 사용한다.

☑ 헬릭스 형태 선형출력 : 항목 선택하면 나선형 회전절삭 이송형태를 적용 공차 항목에 입력된 값 기준으로 직선이송 형태로 변환 적용하며, 항목 선택 안한 경우는 나선형 형태로 출력된다. 나선형 형태 이송을 지원하지 않는 기계인 경우 사용한다.

※ **나사형태** : 가공실행으로 생성될 나사형태를 설정

- ▸ 내경나사 : 대상 원 도형기준 내측으로 나사 가공경로 생성
- ▸ 외경나사 : 대상 원 도형기준 외측으로 나사 가공경로 생성

▸ 내경(외경) 나사 지름 : 가공대상 도형선택 과정에서 특정 위치들을 선택한 경우에만 활성화되는 항목으로 내경 또는 외경나사 형태 선택에 따라 항목 표시 명칭이 자동 변환 표시되며, 지정된 위치들을 중심으로 실행될 나사가공의 가상 원 지름크기 값을 설정하는 항목

※ **나사종류** : 생성될 나사형태가 오른손 나사 또는 왼손 나사인지 나사의 종류를 설정하는 항목으로 설정 내용에 따라 아래 가공방향 영역에 실행될 나사가공 상향 또는 하향 가공인지를 시스템이 자동 표시

⑩ **가공방향** : 나사절삭 진행을 나사상단에서 바닥으로 진행할지 또는 바닥에서 상단으로 진행할지를 설정하는 항목으로 설정 내용에 따라 영역하단에 시스템이 실행될 나사가공이 하향 또는 상향인지를 자동 표시한다.

(3) 자동 드릴 조건설정

특정 점 도형들을 지정하여 해당위치를 중심으로 하는 가상의 일정크기 원 형태를 기준으로 또는 다수의 특정 원 도형들을 대상으로 해당 원호들의 지름크기를 기준으로 시스템이 지름크기를 자동 파악한 후 지정된 공구목록 파일의 드릴 공구들 중에서 해당 원 도형 크기와 일치하는 공구들을 자동으로 선택하여 스폿드릴가공⇒선행드릴가공(황삭)⇒정삭 드릴가공 순서로 다수의 드릴 가공정의를 일시에 생성하는 가공 방법으로 동일 위치들에 다수의 드릴 가공정의 생성에서 실행시간이 단축되는 효과를 기대할 수 있다. 대화창 영역에서 윤곽가공-공구조건설정 항목과 동일한 항목들의 내용은 적용되는 내용도 동일하며, 추가항목 내용은 다음과 같다.

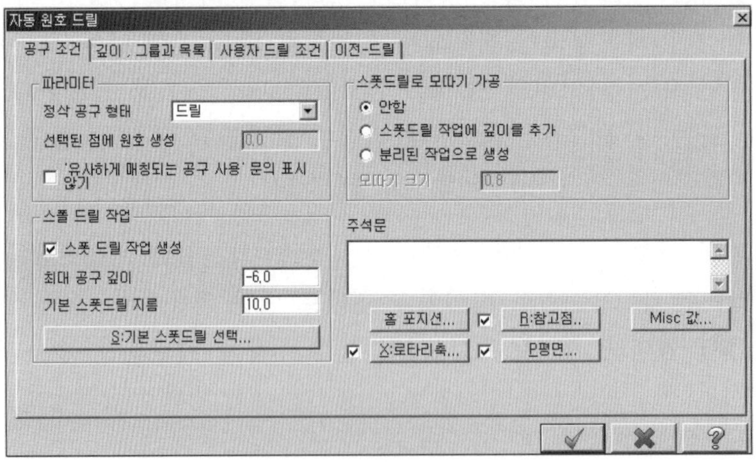

▲ 자동 원호 드릴 창

(1) 공구 조건

① **최종가공** : 최종적으로 실행될 드릴가공 형태 및 기타 내용을 설정하는 영역

▸ 최종실행 가공형태 : 생성될 최종 드릴가공의 싸이클 종류를 설정

▸ 선택위치기준 생성될 원호지름 : 가공대상으로 점 도형들을 선택한 경우에만 활성화되는 항목으로 선택된 점 도형 위치를 중심위치로 하는 가상의 원 도형 지름 값을 설정하며, 입력된 지름크기는 가공정의 생성과 함께 작업화면에 원 도형으로 자동 생성된다.

▸ 공구목록 파일 내 유사크기 모든 공구 검색실행 : 항목 선택하면 지정 공구목록 파일 내 드릴 공구들 중 현재 가공대상 원 도형 크기를 기준으로 깊이/그룹/목록 설정 대화창 영역의 지름검색 적용공차 항목에 입력된 공차 값을 적용하여 공차범위 이내에 해당하는 지름크기의 공구들로만 시스템이 사용 공구로 자동 선택하며, 항목 선택 안한 경우는 대상 도형의 지름크기와 일치하는 공구만을 사용공구로 시스템이 선택한다.

② **스폿드릴 가공정의 조건** : 생성될 스폿드릴 가공조건을 설정

☑ 스폿 드릴 작업 생성 : 항목 선택하면 선행드릴 가공정의 또는 최종 가공정의 생성 전에 스폿드릴 가공이 먼저 생성되며, 항목 선택 안한 경우에는 스폿드릴 가공정의가 생성되지 않는다.

▸ 최대 공구 깊이 : 실행될 스폿드릴의 가공깊이를 설정하는 항목

▸ 기본 스폿드릴 지름 : 실행될 스폿드릴 가공정의에 사용될 공구지름 값을 설정하는 항목

▸ 기본 스폿드릴 선택... : 버튼 선택 후 표시되는 공구관리자 대화창에서 스폿드릴 가공정의에 사용될 공구를 지정하는 기능으로 지정된 공구의 지름 값은 위 스폿드릴 공구지름 항목에 자동으로 표시된다.

③ **스폿드릴로 모따기 가공** : 생성될 스폿드릴 가공경로에 모따기 가공조건을 적용할지를 설정하는 영역

⊙ 안함 : 항목 선택하면 모따기 가공 관련 경로형태 생성 안함

⊙ 스폿드릴 깊이를 추가 : 스폿드릴 가공정의 생성항목을 선택한 경우에만 활성화되는 항목으로 항목 선택하면 생성되는 스폿드릴 최종 가공경로에 대상 원 도형 윤곽을 기준으로 실행되는 모따기 가공경로형태가 추가되어 생성된다.

⊙ 분리된 작업으로 생성 : 항목 선택하면 최종 드릴가공 실행 후에 모따기 가공 실행순서를 최종가공 후에 실행하는 형태로 가공경로 생성한다.

④ **모따기 크기** : 실행될 모따기 가공의 간격 값을 설정하는 항목

(2) 깊이, 그룹과 목록

윤곽가공 조건설정 대화창의 항목과 동일한 항목들은 적용내용도 동일하며, 추가항목 내용은 다음과 같다.

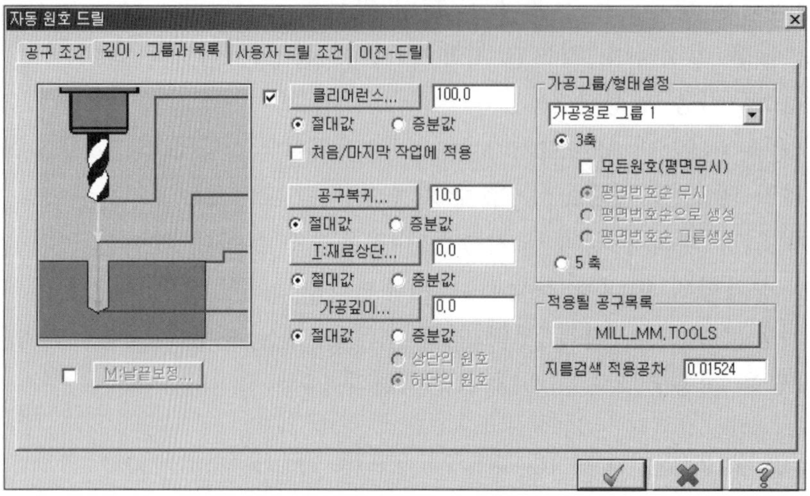

▲ 자동 원호 드릴 조건설정 창

① **가공그룹/형태설정** : 생성될 가공정의들이 가공정의 관리자 대화창에서 표시될 그룹의 이름 및 가공에서 사용될 축 형태를 설정하는 영역

▸ 그룹설정 : 가공정의 관리자 대화창에 생성되는 가공정의들에 대한 가공경로 그룹 명칭을 설정하는 항목

▸ 3축 가공 : 항목 선택하면 대상 도형들에 대한 가공실행을 3축 형태로 실행하며, NCI 파일에 G100 코드로 출력된다.

⇔ 모든원호(평면무시) : 항목 선택하면 가공대상으로 선택된 원 도형들의 귀속평면 여부에 관계없이 가공경로를 생성하며, 항목 선택 안한 경우에는 설정된 공구평면과 원 도형 귀속 평면이 일치하는 원 도형들에 대해서만 가공경로를 생성한다.

⇔ 평면번호순 무시 : 위 원호평면 적용 항목을 선택한 경우에만 적용되는 항목으로 항목 선택하면 가공정의 정렬순서를 무시하고 시스템 임의순서로 가공정의 생성

⇔ 평면번호순으로 생성 : 위 원호평면 적용 항목을 선택한 경우에만 적용되는 항목으로 항목 선택하면 평면번호 순서대로 가공정의들을 생성한다.

⇔ 평면번호순 그룹생성 : 위 원호평면 적용 항목을 선택한 경우에만 적용되는 항목으로 항목 선택하면 평면번호 순서대로 평면별 가공경로 그룹으로 생성한다.

▸ 5축 가공 : 대상도형들에 대한 가공실행을 5축 형태로 진행하는 가공경로 생성

② **적용될 공구목록** : 사용될 공구목록 파일을 설정하는 항목으로 버튼 선택 후 사용 대상이 될 공구목록 파일을 지정하며, 지름검색 적용공차 항목은 시스템이 사용공구를 자동으로 선택할 때 선택된 원 도형의 지름크기기준 목록 파일의 공구들을 비교하는 과정에서 적용될 공차 범위 값을 설정하는 항목

(3) 사용자정의 드릴 조건

드릴가공 조건설정 대화창의 내용과 동일하며 사용하고자 하는 경우에는 사용자정의드릴 조건설정 적용항목을 선택한다.

스폿드릴 가공실행 후 최종 드릴가공 실행 전에 실행될 드릴가공의 가공조건을 설정하는 영역

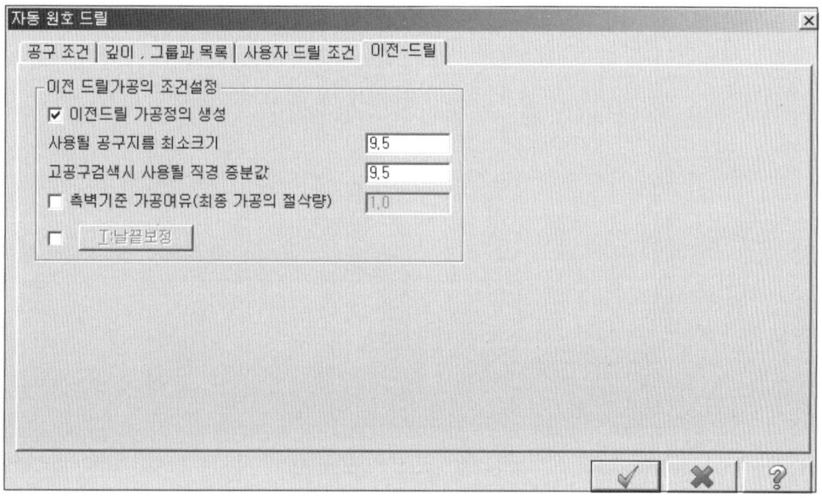

▲ 드릴가공 조건설정 창

☑ 이전드릴 가공정의 생성 : 항목 선택하면 최종 드릴가공 실행 전에 실행될 드릴가공 정의를 생성하며, 항목 선택 안한 경우에는 생성하지 않는다.

① **사용될 공구지름 최소크기** : 선행드릴로 사용될 공구를 시스템이 적용중인 공구목록 파일에서 검색하는 과정에서 적용될 최소 지름크기 값을 설정하는 항목

② **공구검색시 사용될 직경 증분 값** : 시스템이 위 사용될 공구지름 최소 크기 항목에 입력된 지름크기에 일치하는 공구를 적용중인 공구목록 파일에서 찾지 못한 경우 다른 적용될 공구를 검색하는 과정에서 적용될 증분 지름크기 값을 설정하는 항목

☑ 측벽기준 가공여유(최종 가공의 절삭량) : 선행드릴 가공 실행에서 최종 실행될 드릴 가공에서 절삭될 재료 양을 원 도형윤곽 측벽 기준으로 남기도록 설정하는 항목으로 이 항목에 설정된 값만큼 선행드릴 가공작업에서는 자동으로 절삭하지 않는다.

③ **날끝보정** : 드릴가공 조건설정 대화창의 내용과 동일

(4) 시작 홀 조건설정

이미 생성되어져 있는 밀링가공(가공경로)을 기준으로 현재 생성된 가공경로 앞쪽으로 자동드릴 가공을 생성시켜주는 기능

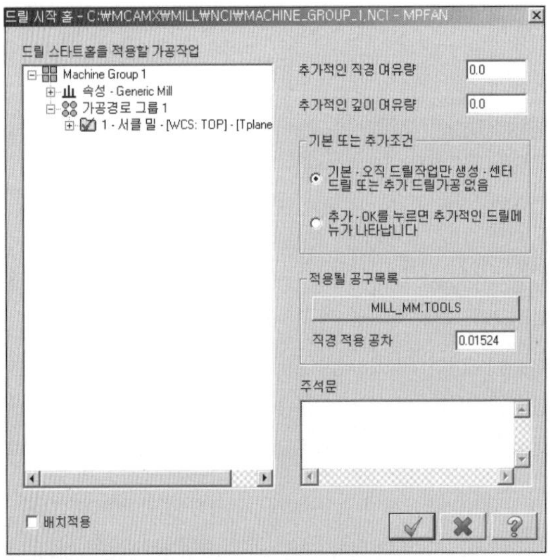

▲ 시작 홀 조건설정 창

① **드릴 스타트홀을 적용할 가공작업** : 시작 홀 작업의 기준이 될 밀링작업을 지정하는 기능(드릴가공 작업일 경우 적용 안 됨)

② **추가적인 직경 여유량** : 기준이 된 밀링작업에서 사용된 공구의 직경을 기준으로 이전-드릴 작업(시작 홀)시 사용될 공구의 직경 값을 조절할 수 있다. 여기서 입력되어진 값을 기준으로 적당한 공구를 아래 '적용될 공구목록'란에 지정된 공구목록에서 찾아 드릴작업을 실행한다.

③ **추가적인 깊이 여유량** : 이곳에 값을 입력하면 앞에서 기준이 된 밀링작업의 가공깊이 값에 여기서 입력한 값만큼 더 더하여 최종 가공깊이를 결정한다.

※ 기본 또는 추가조건

⊙ 기본·오직 드릴작업만 생성·센터드릴 또는 추가 드릴가공 없음 : 선택시 기준 밀링작업 앞쪽에 이전-드릴작업만을 생성시키며, '추가-OK를 누르면 추가적인 드릴메뉴가 나타납니다'를 선택하면, 앞에서 배운 자동드릴 대화창이 나타나 추가적인 드릴가공을 생성시킬 수 있다.

④ **적용될 공구목록** : 시작 홀에서 사용될 공구검색 기준목록으로 아래의 '직경 적용 공차'에 의거하여 적당한 공구를 찾아 가공경로를 생성한다.

(5) 슬롯밀 조건설정

두 개의 평행한 직선과 만나는 원호로 구성되어진 도형만 가공형태로 설정(사각형 조건설정의 오브라운드)할 수 있으며, 각각의 경로를 원호형태로 이어주는 가공이다.

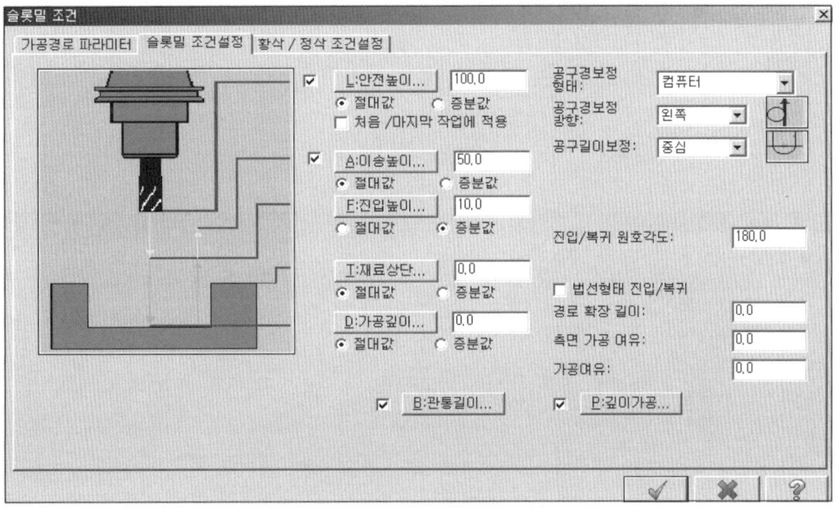

▲ 슬롯밀 조건설정 창

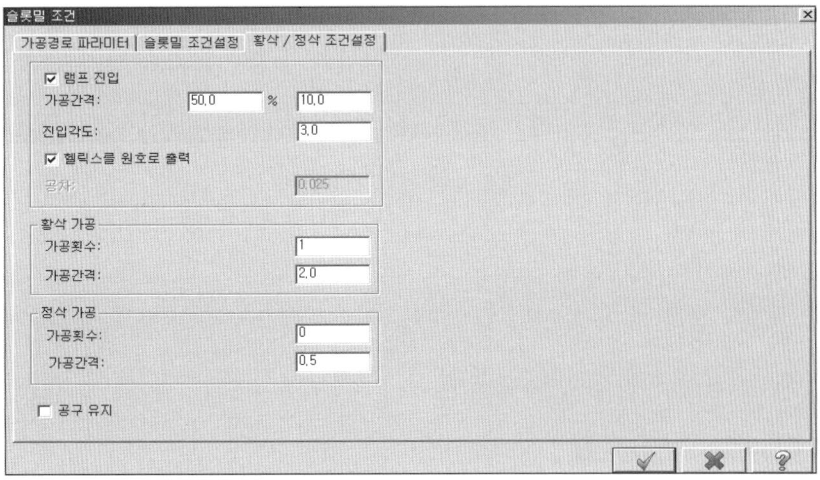

▲ 황삭/정삭 조건설정 창

① **진입/복귀 원호각도** : 같은 Z값의 가공경로를 마친 후 복귀시 생성될 원호경로의 각도를 지정하는 기능

② **법선형태 진입/복귀** : 같은 Z값의 가공경로를 마친 후 복귀시 해당 법선형태로 경로를 지정하는 기능

☑ 램프 진입 : 해당 가공의 가공간격 및 진입각도(피치) 등을 총괄하는 메뉴로 비활성시 램프진입에 대한 모든 기능은 사용할 수 없으며 시스템이 자동 계산한 값으로 가공경로가 생성된다.

③ **진입각도(피치)** : 공구가 Z값 진입 때마다 지정해 준 피치 값만큼의 각도를 유지하며 이송하는 형태를 지정하는 기능으로 값이 클수록 한 번에 많은 깊이로 공구가 진입하게 된다.

(6) 헬릭스 보링 조건설정

재료의 내부에 보링바를 이용한 보링작업시 사용하며, 대화창의 추가 내용은 다음과 같다.

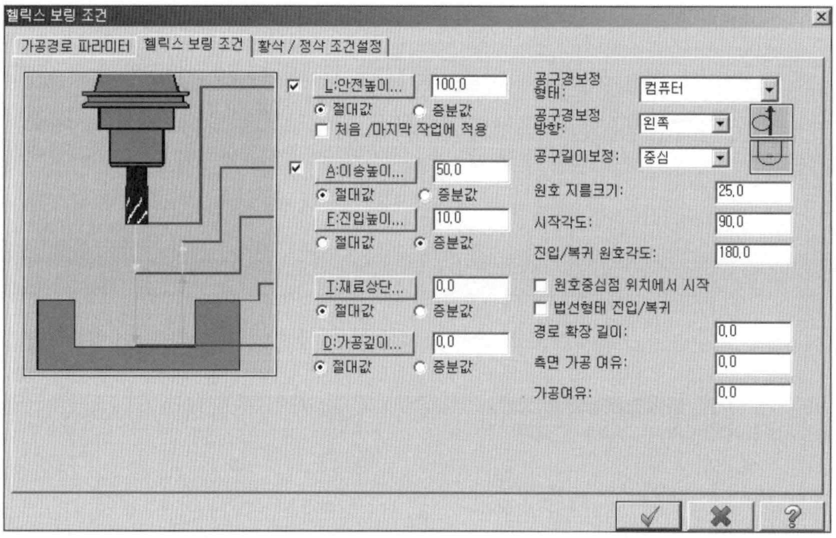

▲ 헬릭스 보링 조건설정 창

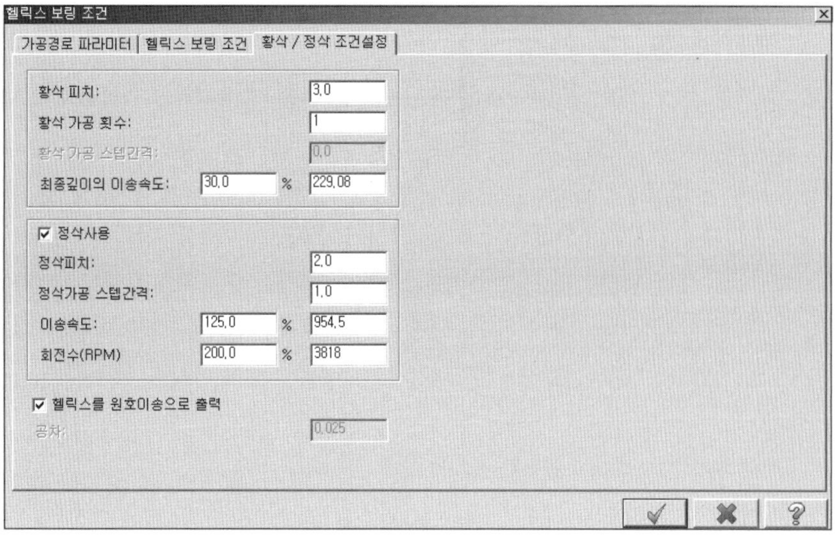

▲ 헬릭스 보링 황삭/정삭 조건설정 창

① **원호 지름크기** : 보링작업을 구멍의 외곽 지름크기를 입력하면 지정한 공구가 가상의 원호를 인식하고 선택되어진 조건들로 보링작업을 실행

② **진입/복귀 원호각도** : 처음 및 최종깊이 가공시 공구의 원호 진입/복귀 각도 값을 조정하는 기능

③ **황삭 피치** : 나선가공시 피치(pitch)의 간격을 지정하는 기능

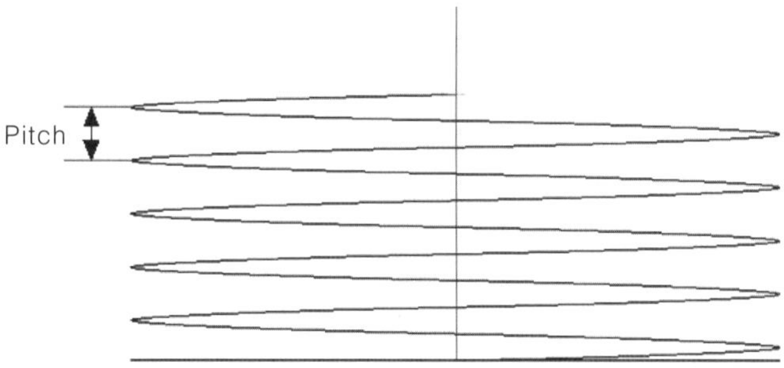

▲ 헬릭스 보링 황삭/정삭 피치

④ **황삭가공 횟수/황삭가공 스텝간격** : 황삭가공의 횟수를 지정하여 나선가공을 할 때 지정된 황삭가공의 스텝간격만큼씩 진행되는 가공방법

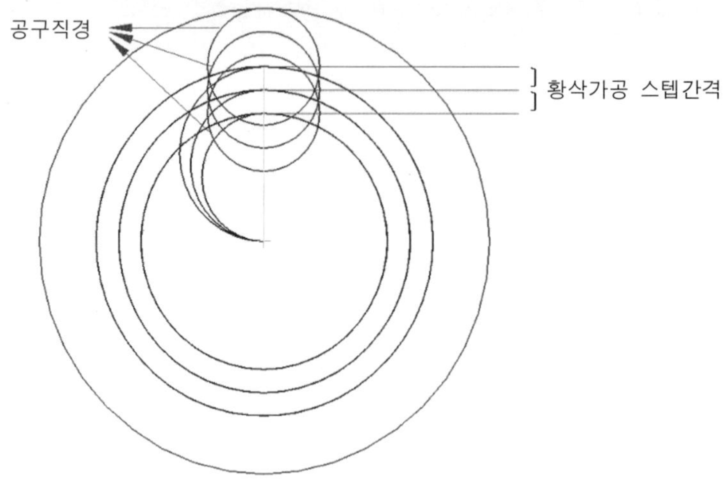

▲ 헬릭스 보링 황삭/정삭 스텝간격

⑤ **최종깊이의 이송속도** : 보링작업의 최종깊이 작업시 공구조건 설정창에서 지정한 이송속도 항목에 입력한 값을 기준으로 사용자가 요구하는 속도를 %(이송속도 기준) 또는 수치로 지정할 수 있다.

⑥ **정삭사용** : 황삭가공 후 실행되는 정삭의 조건을 입력

- 회전수(RPM) : 공구조건설정에서 입력한 주축회전수를 기준으로 사용자가 요구하는 회전수를 %(주축회전수 기준) 또는 수치로 입력할 수 있다.

2.2.6 선형배열

가공정의 관리자 대화창에 이미 생성된 가공정의들 중 특정 가공정의들을 대상으로 이동메뉴 기능을 이용하여 다른 위치로 대상으로 선택된 가공정의들과 동일한 형태의 가공정의 또는 가공경로들을 다수의 형태로 추가 생성하는 기능으로 메뉴 실행시 먼저 가공정의 관리자 대화창에 대상이 될 가공정의들이 생성되어 있어야 하며, 대상 가공정의들의 상태 또한 재생성 작업이 필요 없는 완전한 상태이어야 한다.

(1) 선형배열 조건설정

대상 가공정의 선택, 실행될 선형배열 형태 및 기타 적용조건을 설정하는 영역

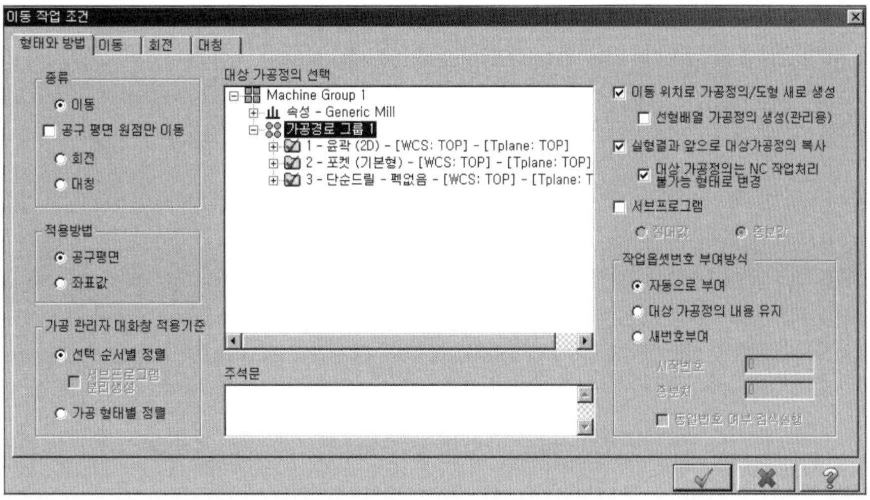

▲ 선형배열 형태와 방법 창

① **종류** : 대상으로 선택된 가공정의들이 이동될 형태를 설정하는 영역으로 '공구 평면 원점만 이동' 항목은 이동형태를 평행이동으로 설정하고 적용기준 영역의 공구평면 항목을 선택한 경우에만 활성화되는 항목으로 항목 선택하면 작업 대상으로 선택된 가공정의들을 다른 평면으로 이동하는 경우 이동되어 새로 생성되는 가공경로들은 적용되는 공구평면 원점 위치가 대상 가공정의들의 원점위치와 다르게 적용되며, 항목 선택 안한 경우는 동일원점 위치로 적용된다.

② **적용방법** : 특정형태로 가공정의 이동할 때 적용될 기준을 설정하는 영역으로 위 이동형태 영역에서 대칭이동 항목을 선택하면 적용되지 않는다.

⊙ 공구평면 : 항목 선택하면 이동되어 새로 생성되는 가공경로의 출력 좌표위치는 대상 가공정의들의 출력 형태와 동일하지만 가공경로에 대한 공구의 접근방향이 다른 방향으로 수정 적용된 형태로 생성되는 기능으로 이 항목을 사용하려면 사용될 가공 기계에서 적용 공구평면을 수동으로 변경할 수 있는 기계라야 한다. 이 항목은 이동형태를 대칭이동 선택하면 자동으로 적용할 수 없다.

⊙ 좌표 값 : 항목 선택하면 공구평면을 변경하는 대신 새로 생성되는 가공경로의 좌표 위치 값을 이동되는 위치기준으로 대상 가공정의들의 내용과 다르게 출력하는 형태로 생성하는 기능으로 이 항목도 대칭이동 형태를 선택하면 적용할 수 없다.

③ **가공관리자 대화창 적용기준** : 새로 생성되는 가공정의들에 대한 가공정의 관리자 대화창의 정렬기준을 설정하는 영역으로 '선택 순서별 정렬' 항목을 선택하면 대화창의 대상 가공정의 영역에서 선택되는 가공정의들의 선택 순서대로 정렬되며, '가공 형태별 정렬'을 선택하면 선택 순서에 관계없이 대상 가공정의

들의 형태별로 정렬한다. 예를 들어 대상 가공정의를 포켓가공-윤곽가공 순서로 선택한 경우, 선택순서 정렬은 포켓-윤곽-포켓-윤곽, 가공형태별 정렬은 포켓-포켓-윤곽-윤곽 순서로 출력된다.

④ **대상 가공정의 선택** : 이동작업 대상이 될 가공정의들을 선택하는 영역으로 현재 도형파일관련 이미 생성된 가공정의 관리자 대화창의 모든 가공정의들이 자동으로 표시되며, 선택 방법은 마우스로 클릭한다.(Shift, Ctrl키 사용 가능)

⑤ **주석문** : 새로 생성되는 가공정의들에 대한 참고사항을 입력하는 항목

☑ 이동 위치로 가공정의/도형 새로 생성 : 항목 선택하면 지정된 이동위치마다 대상 가공정의들의 가공정의 명칭 및 구성내용이 동일한 형태로 이동 갯수만큼 가공정의 관리자 대화창으로 생성되면서 작업화면으로 대상 가공정의 관련도형까지 생성되는 가공정의 갯수만큼 자동으로 도형들이 해당 위치에 자동 복사되어 생성되는 형태로 실행되며, 항목 선택 안한 경우에는 이동 갯수에 관계없이 이동 내용을 모두 포함하는 하나의 선형배열 가공정의가 가공정의 관리자 대화창에 생성된다. 선형배열 가공정의 생성(관리용) 항목은 다수의 동일한 가공정의 형태로 생성하는 경우 해당 가공정의들의 선형배열 생성 조건만을 내용으로 하는 선형배열 가공정의(NC 작업 불능 대상 형태로 자동생성)가 가공정의 관리자 대화창에 별도 생성되는 기능이다.

☑ 실행결과 앞으로 대상가공정의 복사 : 항목 선택하면 선형배열 작업대상이 된 가공정의들은 가공정의 관리자 대화창에서 선형배열 결과로 생성되는 해당 가공정의들의 앞쪽으로 자동 복사되도록 설정하는 기능으로 대상 가공정의는 NC 작업처리 불가능 형태로 변경 항목은 이 항목을 적용하는 경우 활성화되는 항목으로 항목 선택하면 선형배열 작업실행과 동시에 가공정의 관리자 대화창에 작업 대상이 되었던 가공정의들의 형태가 추후에 NC 작업 대상으로 선택할 수 없도록 구성내용 형태가 자동 변경되는 기능이다.

☑ 서브프로그램 : 윤곽가공 조건설정 대화창의 내용과 동일

⑥ **작업옵셋번호 부여방식** : 선형배열 실행결과로 생성되는 가공정의들에 대하여 적용될 작업옵셋번호 형태를 설정하는 영역

(4) 평행이동 대화창

위 선형배열 형태 대화창의 이동형태 영역에서 평행이동 항목을 선택한 경우에만 열리는 영역으로 대화창의 항목들 내용은 앞에서 설명한 평행이동의 실행메뉴 및 실행과정에서 설정하는 값들이 항목으로 표시된 것으로 적용되는 내용도 동일하므로 설명을 생략하며 추가된 항목들의 내용은 다음과 같다.

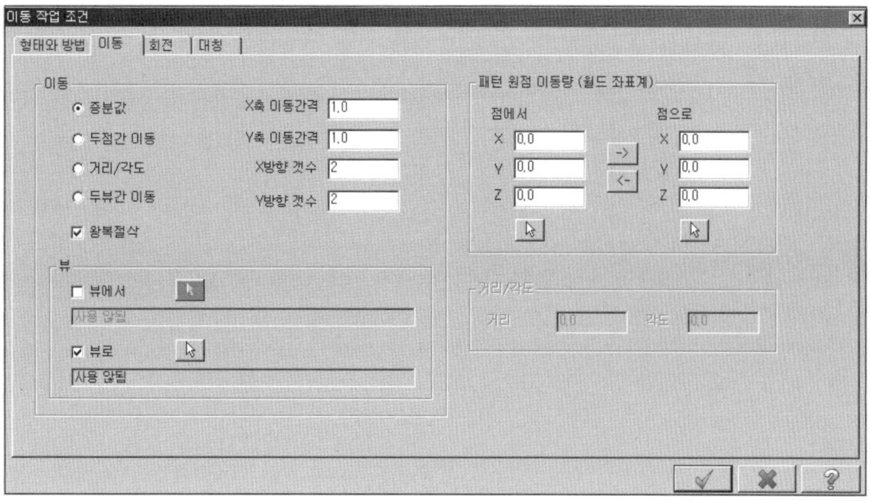

▲ 선형배열 이동 창

⊙ 두뷰간 이동 : 이동방법을 두뷰간 이동 항목으로 선택한 경우 적용하는 항목으로 이동의 기준이 될 작업평면을 설정하고 적용될 평면을 선택하면 해당 평면이 버튼상에 자동으로 표시된다.

⊙ 점에서/점으로 : 이동방법을 두 점 간 이동 항목으로 선택한 경우 적용하는 항목으로 대상 가공정의들의 이동기준이 될 위치 및 이동되어 새로 생성될 가공정의 이동기준 위치를 지정하는 버튼들로 버튼 선택 후 작업화면에서 적용될 위치를 지정하거나 버튼항목 위의 XYZ 항목 입력란에 해당 위치 좌표 값을 직접 입력한다.

☑ 왕복절삭 : 이동방법을 증분 값 항목으로 선택한 경우에만 활성화되는 항목으로 항목 선택하면 X, Y방향으로 다수의 가공정의들이 새로 생성되는 경우 가공실행 순서를 왕복(Zig-Zag)형태로 실행한다. 항목 선택을 안한 경우에는 +Y축 방향 → +X축 방향 순서로 가공실행 순서를 자동 배열한다.

(3) 회전이동 대화창

위 선형배열 형태 대화창의 이동형태 영역에서 회전이동 항목을 선택한 경우에만 열리는 영역으로 대화창의 항목들 내용은 앞에서 설명한 회전이동의 실행메뉴 및 실행과정에서 설정하는 값들이 항목으로 표시된 것이므로 설명을 생략하며 추가항목 내용은 다음과 같다.

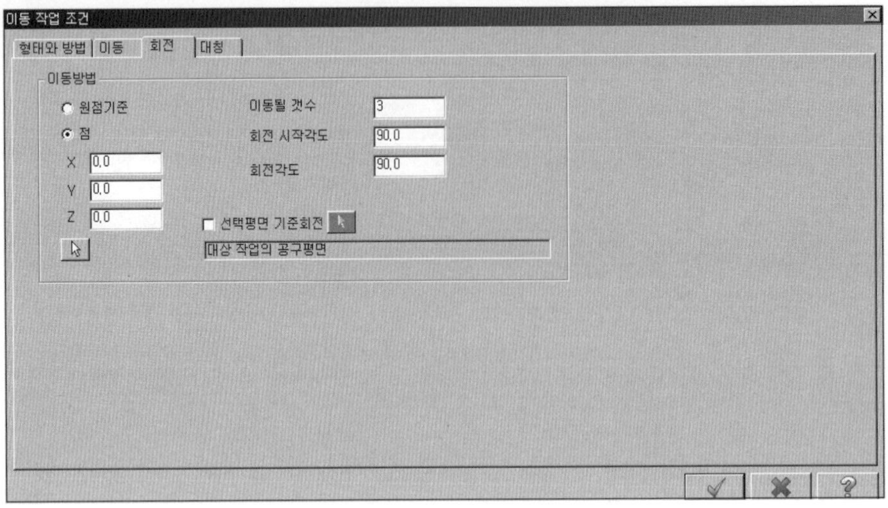

▲ 회전이동 조건설정 창

① : 특정위치 항목을 선택한 경우 활성화되는 항목으로 회전이동의 중심 위치를 원점이 아닌 다른 좌표 위치로 선택하는 기능으로 버튼 선택 후 작업화면에서 적용될 위치를 지정하면 XYZ 항목들 입력란에 해당 위치 좌표 값이 자동으로 입력된다.

☑ 선택평면 기준회전 : 항목 선택하면 활성화되는 적용 뷰번호 버튼으로 회전이동 시 적용될 기준평면을 설정할 수 있으며, 항목 선택 안한 경우에는 부메뉴란 현재 설정된 공구평면 기준으로 회전이동이 적용된다.

(2) 대칭이동 대화창

위 선형배열 형태 대화창의 이동형태 영역에서 대칭이동 항목을 선택한 경우에만 열리는 영역으로 대화창의 항목들 내용은 앞에서 설명한 대칭이동의 실행메뉴 및 해당메뉴 실행과정에서 설정하는 값들이 항목으로 표시된 것이므로 설명을 생략하며 추가항목 내용은 다음과 같다.

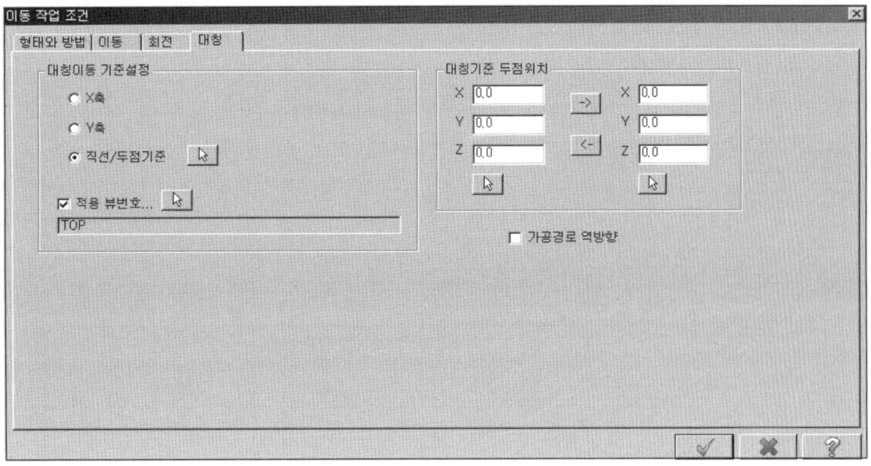

▲ 대칭이동 조건설정 창

① **대칭이동 기준설정** : 대칭이동의 실행기준 축 형태를 설정하는 영역으로 직선 선택 버튼은 직선/두점기준 항목을 선택하면 활성화되는 항목으로 버튼 선택 후 작업화면에서 대칭이동의 기준이 될 하나의 직선도형을 선택하는 기능이다.

② **대칭기준 두점위치** : 위 대칭이동 기준설정 영역에서 직선/두점기준 항목을 선택하면 활성화되는 영역으로 대칭이동의 기준이 될 두 점 위치를 지정하는 항목이다.

☑ 가공경로 역방향 : 항목 선택하면 대칭이동으로 생성되는 가공정의들의 가공경로 진행방향이 대상 가공정의들의 가공경로 진행방향과 반대방향으로 자동으로 전환되는 기능이다.

2.2.7 연습 및 가공예제 1

[연습 1]

다음 도형을 생성하고, 가공조건을 고려하여 2D 가공정의를 하시오.

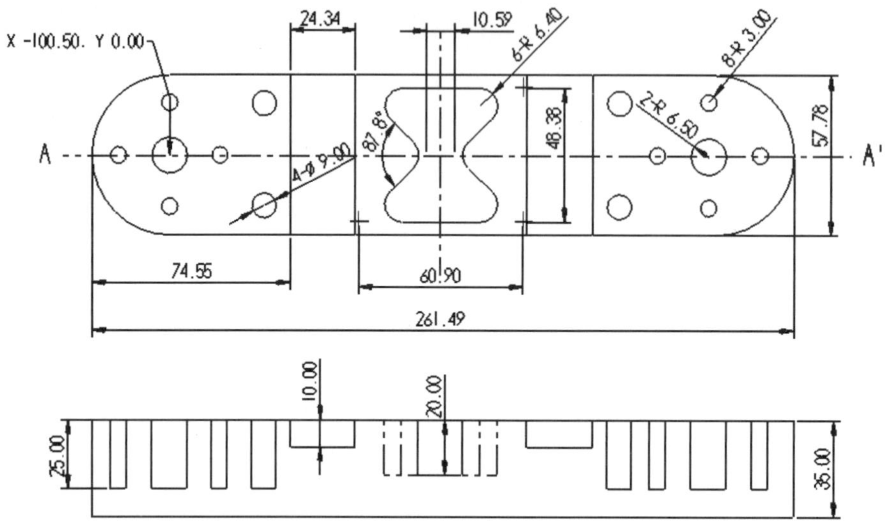

Section A-A'

▶ 가공조건

가공정의	대상도형	가공깊이 (재료상단기준)	사용공구	피삭재조건
표면가공	외측윤곽	-5	ø50 (플레인 커터)	280×80×50
윤곽가공	외측윤곽	도면참조	ø25 (평엔드밀)	
포켓가공 (재가공포함)	내측 닫힌윤곽	도면참조	ø10 (평엔드밀)	
드릴가공	정 원	도면참조	ø25 (Center drill), ø13, ø9, ø6 (Drill)	

[연습 1 해답]

1 도면 그리기

1) 그리기－사각형태 그리기에서 <그림 1>과 같이 설정한다. 자동커서위치에서 <그림 2>의 원점을 선택하면 작업화면에 사각형이 그려진다.

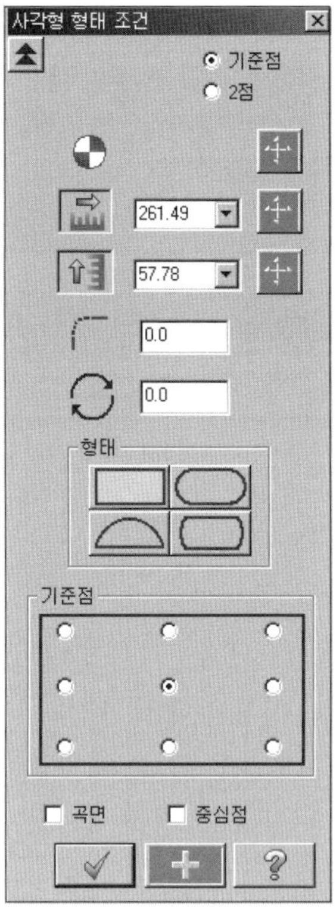

〈그림 1〉

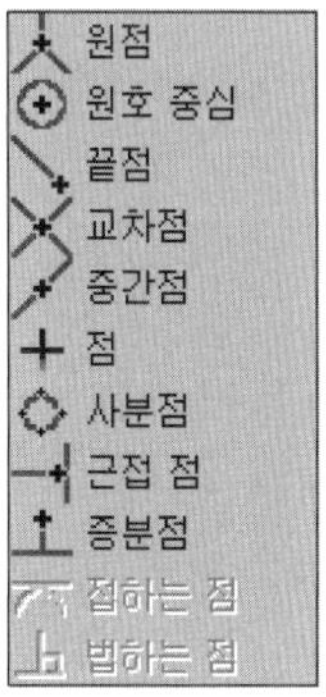

〈그림 2〉

2) 그리기 – 직선 – 평행선 선택 후 <그림 3>에서 T1, T2를 차례로 선택한 후 리본바의 거리 설정창에 '74.55'를 입력하고 OK를 누르면 <그림 4>와 같은 직선이 생성된다.

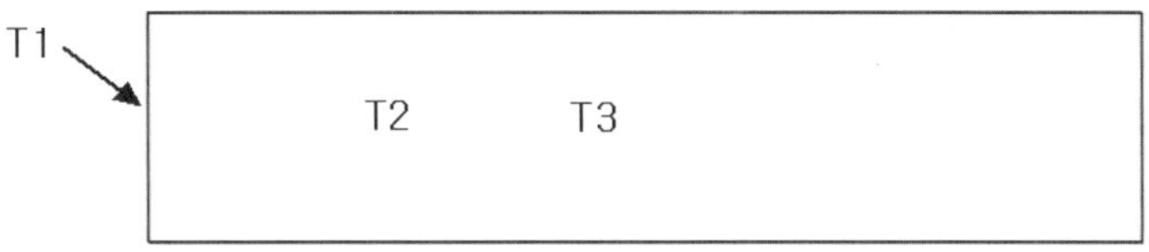

〈그림 3〉

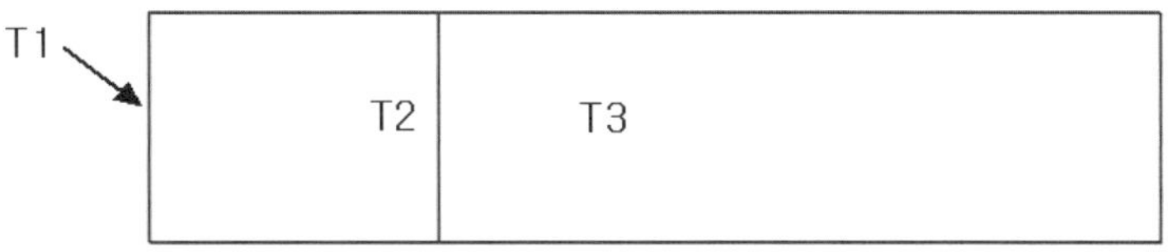

〈그림 4〉

3) 현 상태에서 T2 직선을 선택 후 T3을 지정한 후 평행선의 리본바 거리창에 '24.34'를 입력하고 OK를 누르면 아래의 <그림 5>와 같은 직선이 생성된다.

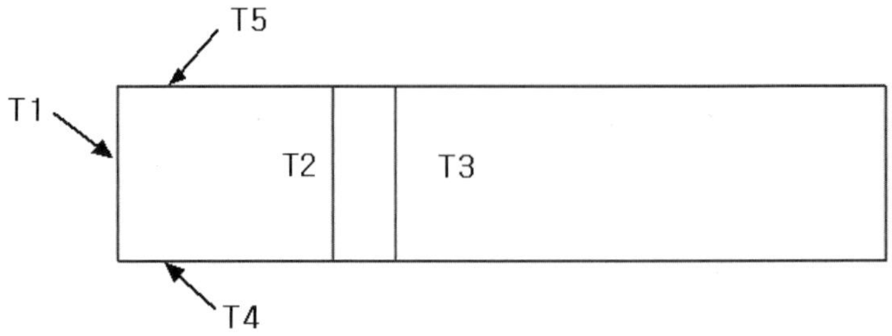

〈그림 5〉

4) 그리기－원호－3점원 선택 후 <그림 5>에서 T5, T1, T4를 차례로 선택하면 아래의 <그림 6>과 같이 원호가 생성된다. 리본바에서 3점과 접함이 선택되어 있어야 한다.

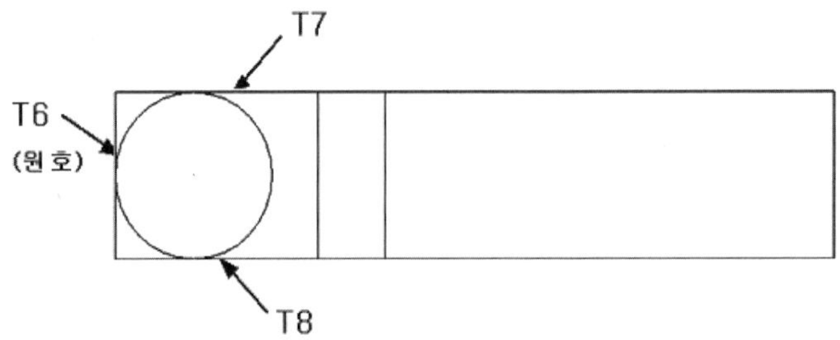

〈그림 6〉

5) 수정－트림/자르기－트림/자르기 선택 후 리본바에서 트림 3요소를 선택한 후 T7, T8, T6(원호)을 차례로 선택 수정－삭제－도형요소 삭제 선택 후 T6에 존재하는 직선을 삭제하면 아래의 <그림 7>과 같은 도형이 생성된다.

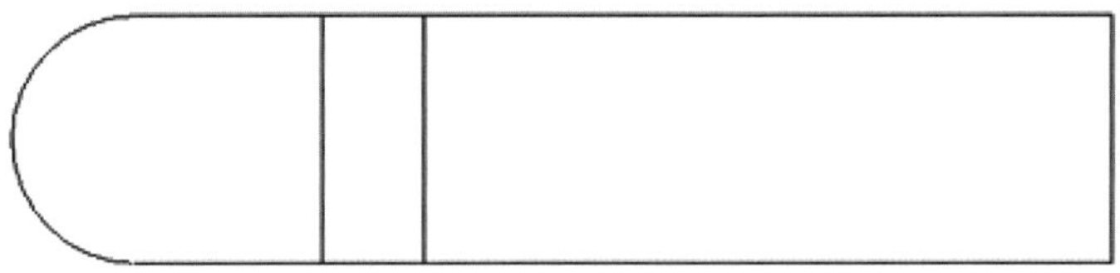

〈그림 7〉

6) 그리기－원호－중심점＋반지름, 지름, 원 선택 반경 값 '6.5'를 입력 후 자동커서 위치에서 좌표 입력란에 '－100.5, 0'을 입력하고 OK를 누르면 <그림 8>과 같이 원호가 생성된다.

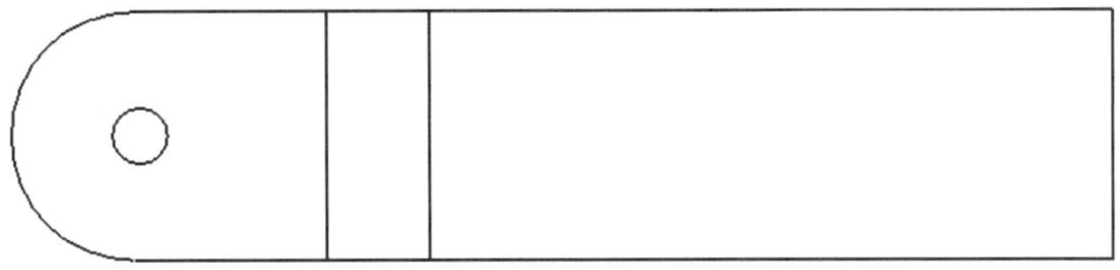

〈그림 8〉

7) 그리기 – 원호 – 중심점 + 반지름, 지름, 원 선택 반경 값 '3'을 입력 후 자동커서위치에서 좌표 입력란에 '– 119.55, 0'을 입력하고 OK를 누르면 R3의 원호가 생성된다.

8) 그리기 – 원호 – 중심점 + 반지름, 지름, 원 선택 반경 값 '4.5'를 입력 후 자동커서위치에서 좌표 입력란에 '– 64.65, 18.71'을 입력하고 OK, '– 64.65, – 18.71'을 입력하고 OK를 누르면 <그림 9>와 같이 원호가 생성된다.

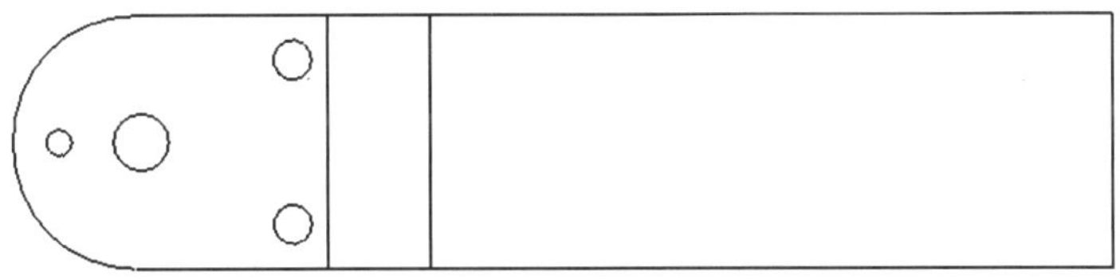

〈그림 9〉

9) 그리기 – 직선 – 두 점선 선택 후 연속선을 누르고 좌표입력란에 차례대로 '0, – 24.19' 입력 후 ENTER, '– 30.3, – 24.19' 입력 후 ENTER, '– 5.95, 0' 입력 후 ENTER, '– 30.3, 24.19' 입력 후 ENTER, '0, 24.19' 입력 후 ENTER를 누르면 <그림 10>과 같은 도형이 생성된다.

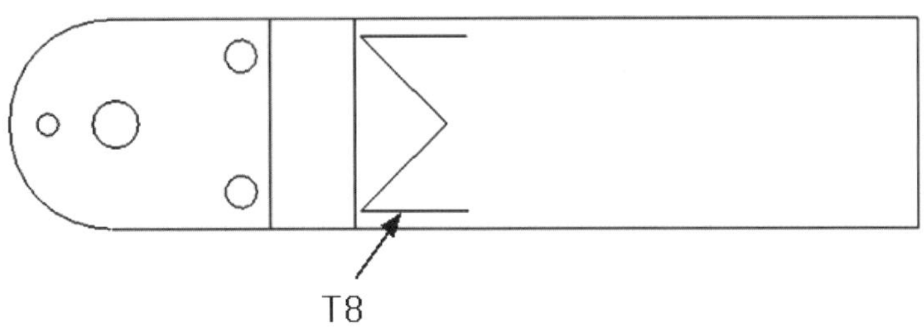

〈그림 10〉

10) 그리기 – 필렛 – 필렛 체인 선택 후 T8을 선택하고 필렛 체인의 리본바를 <그림 11>과 같이 지정하면 <그림 12>와 같이 필렛이 적용된다.

〈그림 11〉

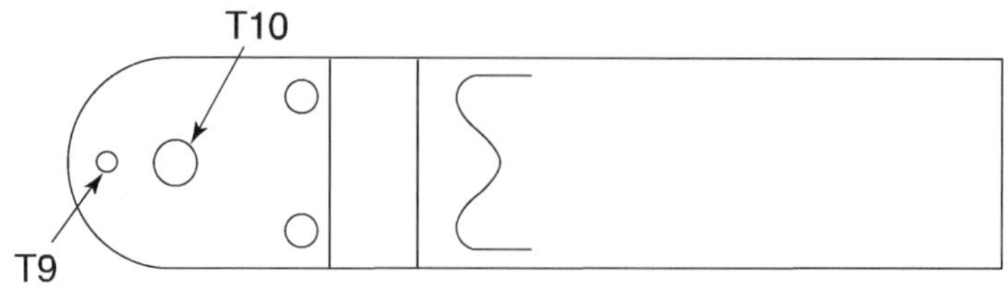

〈그림 12〉

11) 이동－회전이동 선택 후 T9를 지정하고 ENTER를 누른다. 회전의 중심을 지정 버튼을 누르고 자동커서위치에서 중심점 선택 후 T10을 지정한다. 회전이동대화창을 <그림 13>과 같이 설정하고 OK를 누르면, <그림 14>와 같은 원호가 생성된다.

〈그림 13〉

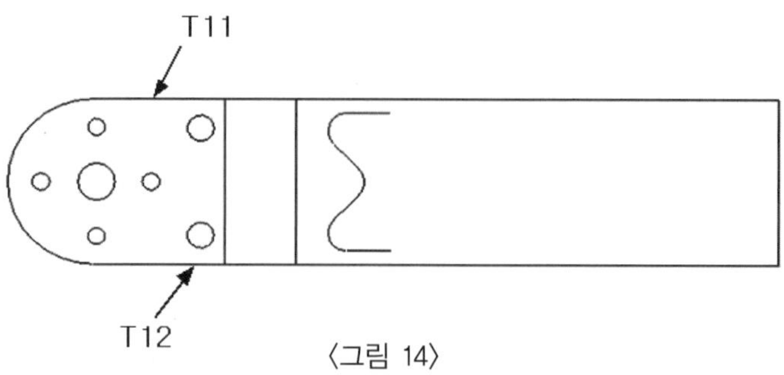

〈그림 14〉

12) 수정－트림/자르기－트림/자르기에서 점으로 트림을 선택한 후 T11 클릭 후 자동커서위치에서 원점 선택, T12 클릭 후 자동커서위치의 원점 선택하면 <그림 15>와 같이 트림된다.

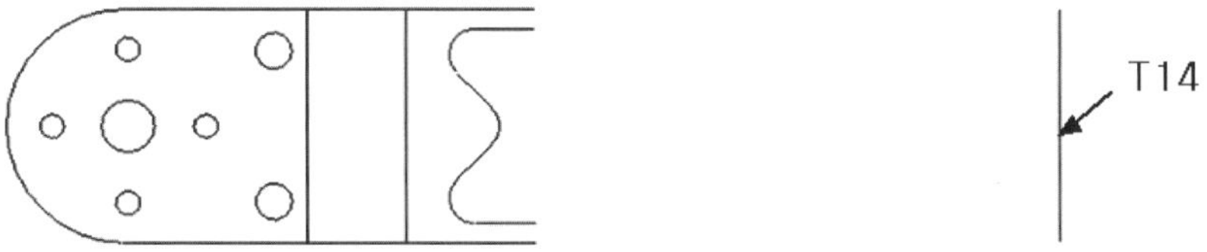

〈그림 15〉

13) 수정－삭제－도형요소 삭제 선택 후 T14를 지정하여 삭제한다.

14) 이동－대칭이동 선택 후 메뉴바의 일반적인 선택에서 전체－전체요소를 선택하고 ENTER를 누른다. <그림 16>과 같이 설정한 후 OK를 누르면 <그림 17>과 같이 도형이 완성된다.

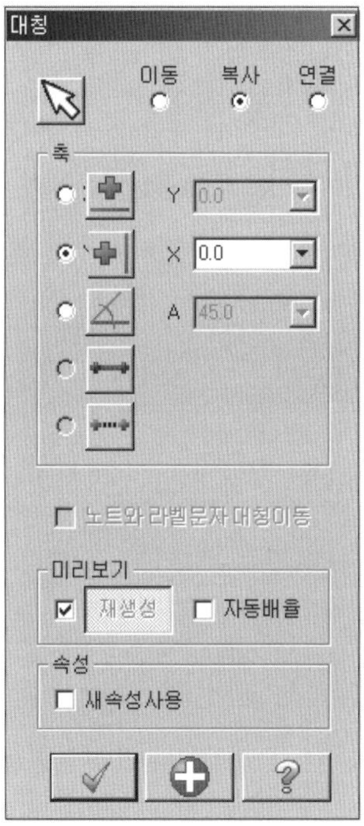

〈그림 16〉

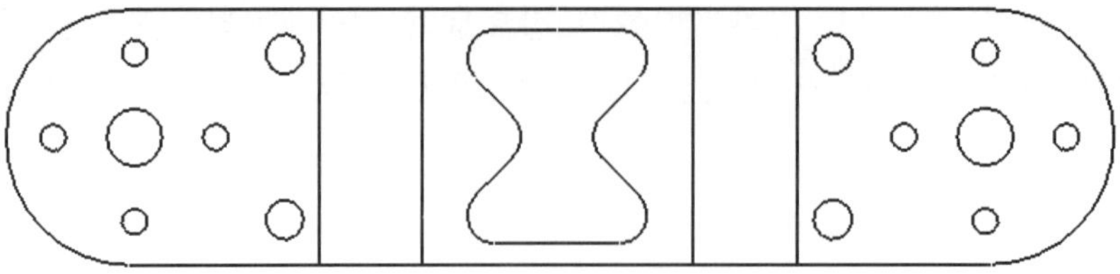

〈그림 17〉

15) 화면－색상복귀를 선택하면 도형원래 색상으로 변경된다.

※ 다음 가공을 위하여 수정－트림/자르기－교차점 분할 선택한다.
일반적인선택에서 전체－전체요소를 선택하고 OK 버튼을 눌러 교차점을 기준으로 도형을 분할한다.

2 가공경로 생성하기

2-1 재료 설정

피삭재 크기설정은 이후 실행될 모의가공과정에서도 설정할 수 있으며, 공구정의 또한 가공실행과정에서 설정할 수 있으나 이 매뉴얼 사용자들의 이해를 돕기 위해 사전 정의하는 과정으로 실행하였으므로 참고하기 바란다.

도면 그리기에서 생성된 도형을 기준으로 하여

1) 상태바의 2D/3D 모드에서 2D로 Z : 0.0에 '5'를 입력한다.

2) '**1. 도면그리기**'의 1)과 같은 방법으로 너비＝280, 높이＝80을 입력하고 자동커서 위치에서 원점을 선택하면 사각형이 그려진다.

3) 이동－평행이동에서 순서 2)에서 생성한 사각형을 선택하고 아래와 같이 설정한 후 OK를 누른다.

4) 상태바의 그래픽뷰를 입체로 지정한다.

5) 메뉴바－머신형태－밀링－기본값을 선택한 후, 다시 메뉴바－뷰－작업관리자 표시전환을 선택한다. 이어서 작업화면의 왼쪽부분 위치에 작업관리자창이 나타난다. 여기에서 속성을 열면 파일, 공구설정, 재료설정, 안전영역이 나타나며, 이 중 재료설정을 선택하면 재료설정창이 나타나는데 여기서 대각선 모서리를 선택 후 그림의 P1, P2를 차례로 지정하면 재료크기가 자동으로 지정된다.

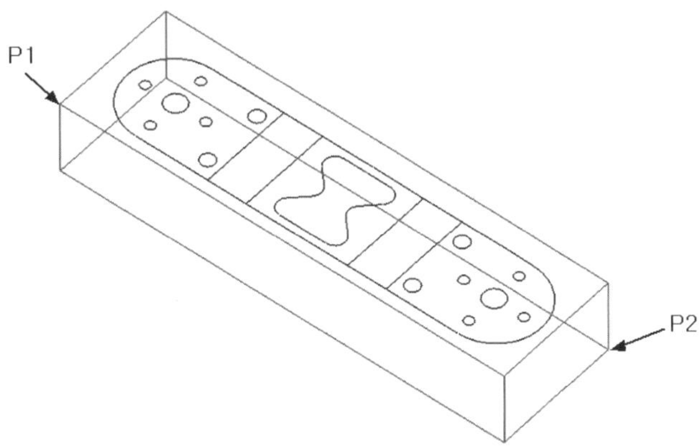

6) 재료설정 내용을 아래와 같이 지정 후 OK 버튼을 누른다.

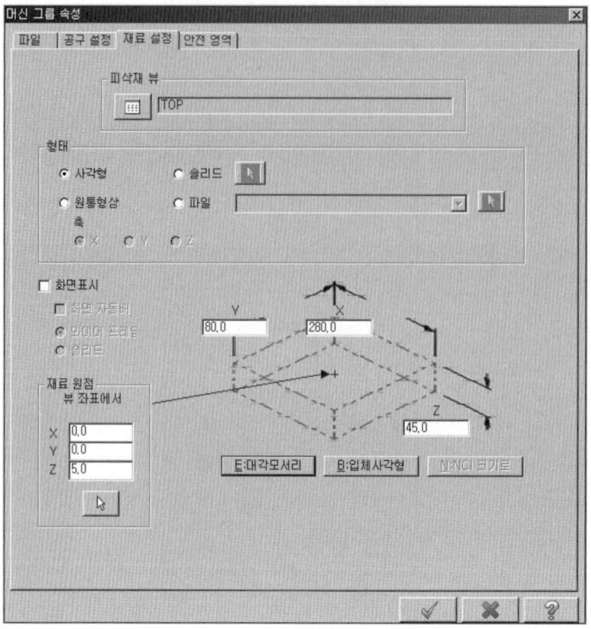

2-2 사용공구 사전정의

구 분	플레인커터 Ø50	평엔드밀 Ø25	평엔드밀 Ø10	드 릴 Ø9	드 릴 Ø9	센터드릴 Ø20	드 릴 Ø13
공구번호	1	2	3	4	5	6	7
공구지름	50	25	10	6	9	20	13
경보정번호	1	2	3	4	5	6	7
장보정번호	1	2	3	4	5	6	7
이송속도	150	300	450	700	600	600	500
Z축 이송속도	100	150	300	–	–	–	–
복귀속도	1000	1000	1000	1000	1000	1000	1000
주축회전수	1200	1800	2200	1500	1500	1500	1500
절삭날의 수	4	4	4	4	4	4	4

※ 홀더높이, 오버롤 등 각종 공구관련 치수는 각 공구지름 크기에 비례하여 설정

1) 메뉴바 – 가공경로 – 공구관리자 선택

2) 화면표시 공구관리자 대화창의 상단 흰색 영역에서 마우스 우측버튼 클릭

3) 새 공구 그리기 선택

4) 플레인 커터 그림항목 마우스 클릭

5) 공구－플레인 커터 화면을 <그림 1>과 같이 설정

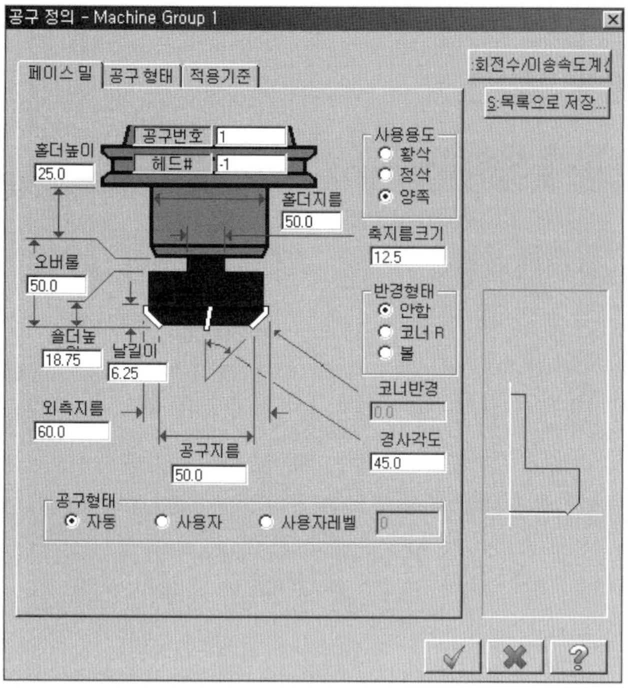

〈그림 1〉

6) 대화창의 상단 적용기준 항목 마우스 클릭

7) 적용기준 화면을 <그림 2>와 같이 설정하고 하단부 OK 버튼 선택

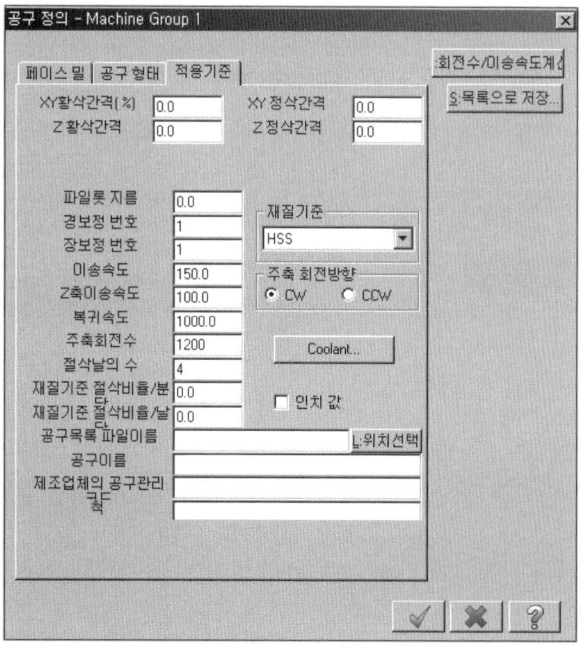

〈그림 2〉

8) 기타 공구들은 위 표의 내용으로 위 3)~7)까지의 과정을 반복하여 정의

9) 공구관리자 대화창의 하단위치 OK 버튼 선택

2-3 작업/공구평면 지정

상태바의 평면 선택 후 평면으로 지정

2-4 표면가공 가공경로 생성

1) 가공경로-표면가공-체인으로 선택한 다음 A1을 선택한다.

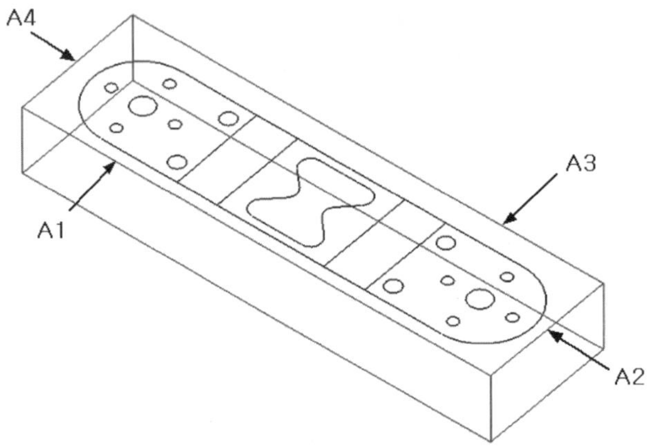

2) 체인 화살표가 나타나면 A2-A3-A4를 차례로 선택한 뒤 OK를 지정한다.

3) 공구조건설정 대화창의 상단 표시된 공구들 중 1번 공구 마우스 클릭

4) 대화창의 기타 항목들은 아래의 그림과 같이 설정한다.

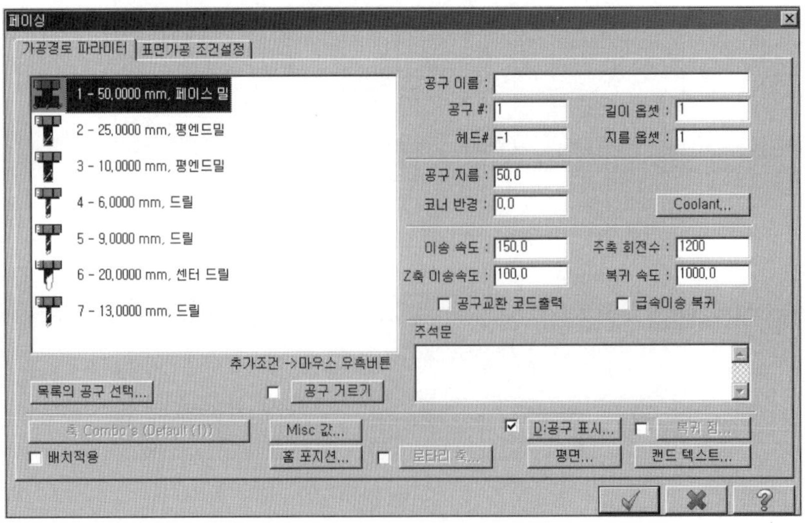

5) 대화창의 상단 표면가공 조건설정 항목을 마우스 클릭하고 아래와 같이 설정한다.

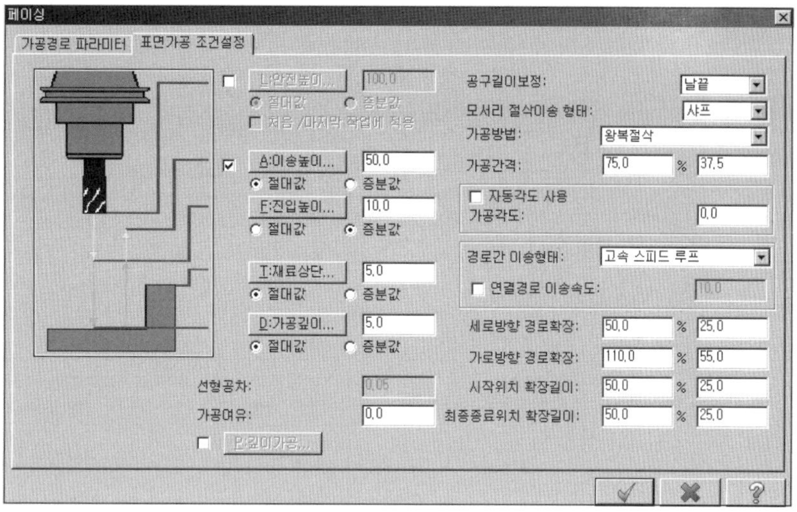

6) 모든 조건을 설정 후 OK를 클릭하면, 아래의 그림과 같이 가공경로가 생성된 것을 볼 수 있다.

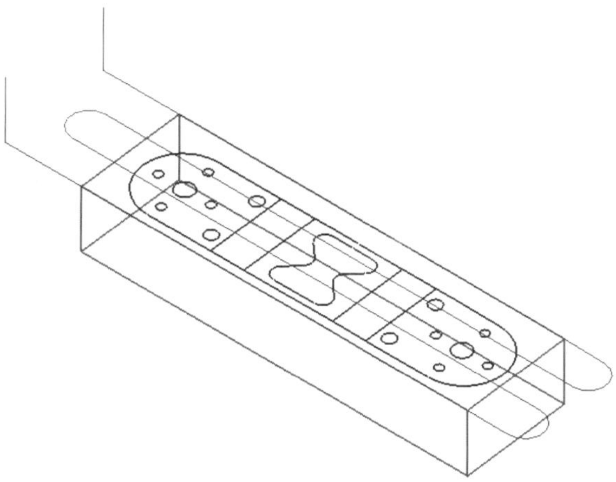

7) 가공경로 관리자에서  버튼을 눌러서 가공경로를 화면에서 감춘다.

위의 과정에서 가공경로를 화면에서 감추는 이유는 다른 가공정의 경로를 생성할 때 쉽게 확인할 수 있도록 하기 위한 작업이다.

2-5 포켓가공 1 가공경로 생성

1) 수정－트림/자르기－교차점 분할 선택한다. B1, B2, B3, B4, B5, B6을 차례로 OK 버튼을 눌러 교차점을 기준으로 도형을 분할한다. 상태바의 Z : 5.0을 선택하여 '0'을 입력한다.

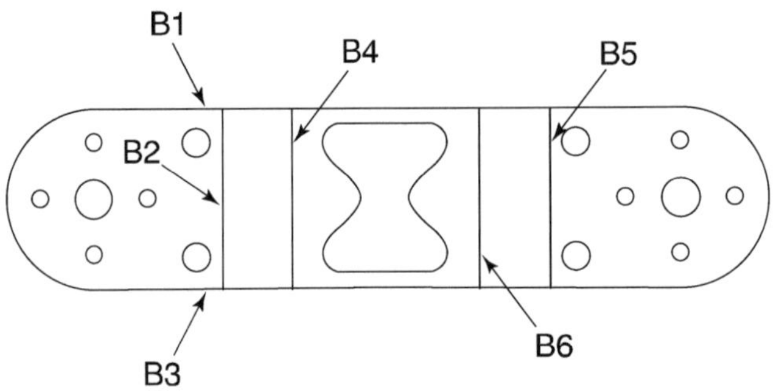

2) 수정－트림/자르기－트림/자르기 선택 후 길이버튼을 누르고 '15'를 입력한다. C1, C2, C3, C4, C5, C6, C7, C8을 차례로 클릭하여 <그림 1>처럼 확장시킨다.

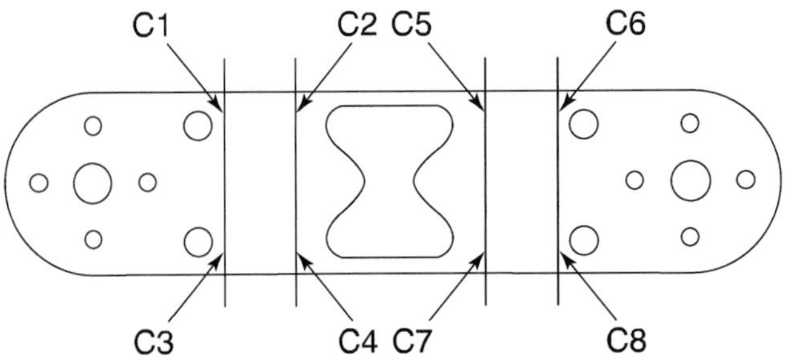

〈그림 1〉

3) 그리기－직선－두 점선 선택

4) 아래의 <그림 2>의 D1의 끝점 클릭, D2의 끝점 클릭 → D3의 끝점 클릭, D4의 끝점 클릭 → D5의 끝점 클릭, D6의 끝점 클릭 → D7의 끝점 클릭, D8의 끝점 클릭하면 <그림 3>의 직선이 생성된다.

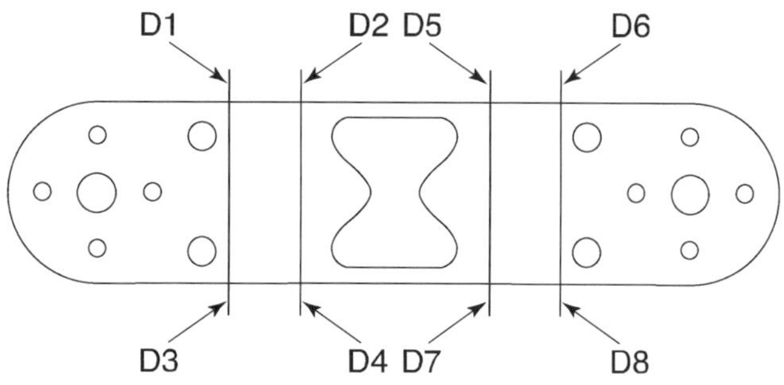

〈그림 2〉

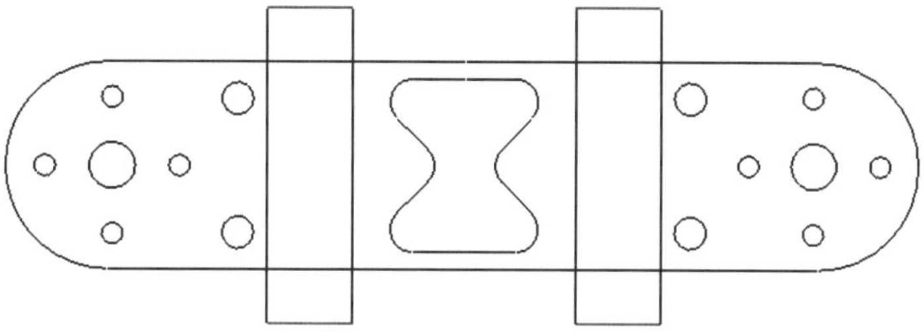

〈그림 3〉

5) 가공경로-포켓가공에서 체인 선택 후 <그림 4>의 E1, E2를 차례로 선택한 후 OK를 지정한다.

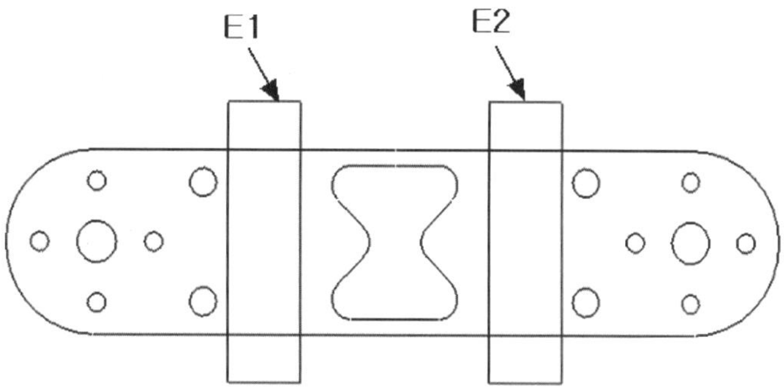

〈그림 4〉

6) 공구조건설정 대화창의 상단 표시된 공구들 중 3번 공구 마우스 클릭

7) 대화창의 기타 항목들은 다음 그림과 같이 설정한다.

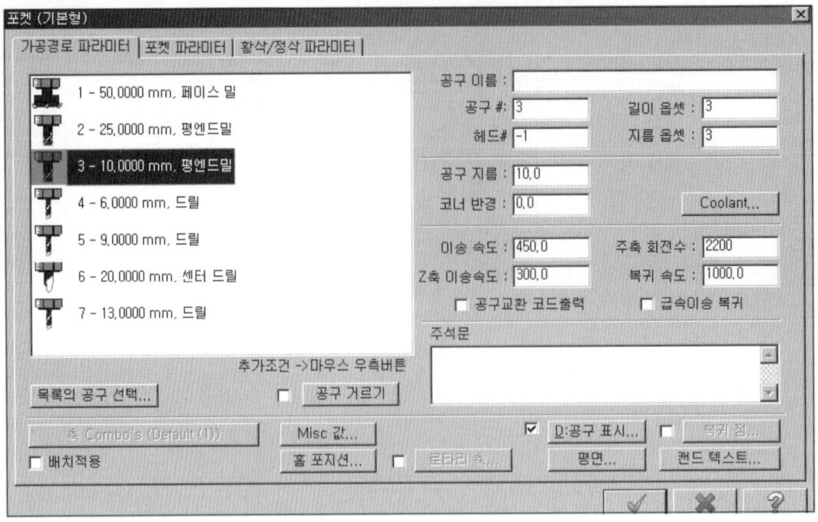

8) 대화창의 상단 포켓가공 조건설정 항목을 마우스 클릭하고 깊이가공 및 가공조건을 아래의 <그림 5>와 같이 설정한다.

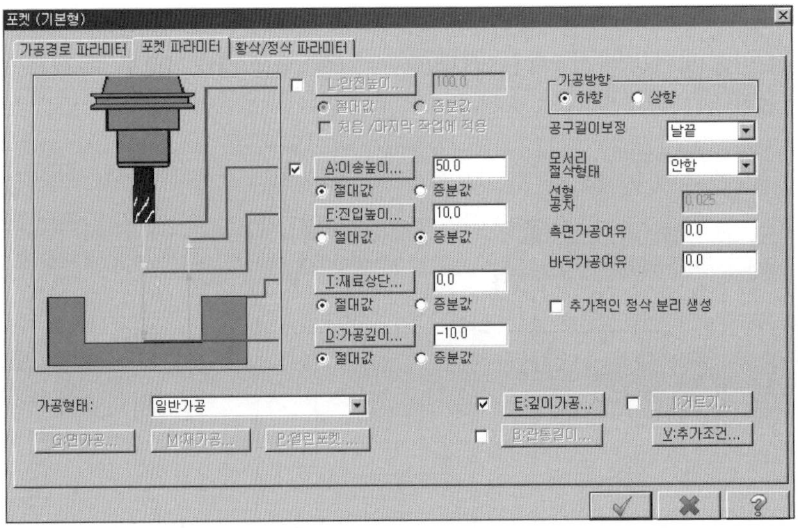

〈그림 5〉

9) 깊이 가공을 선택하여 아래의 <그림 6>과 같이 설정한다.

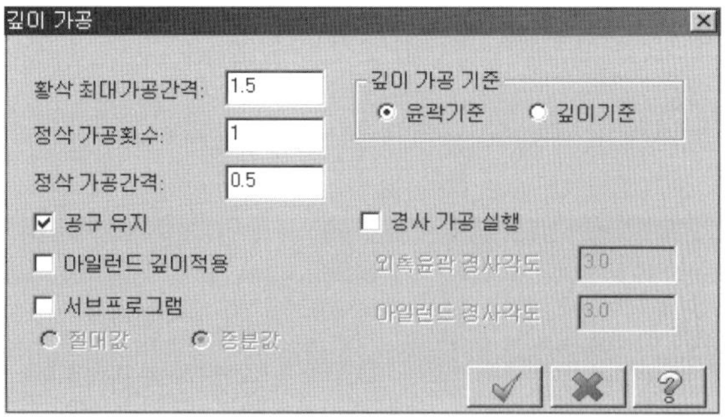

〈그림 6〉

10) 대화창의 황삭/정삭 파라미터 항목을 클릭하고 아래와 같이 설정한다.

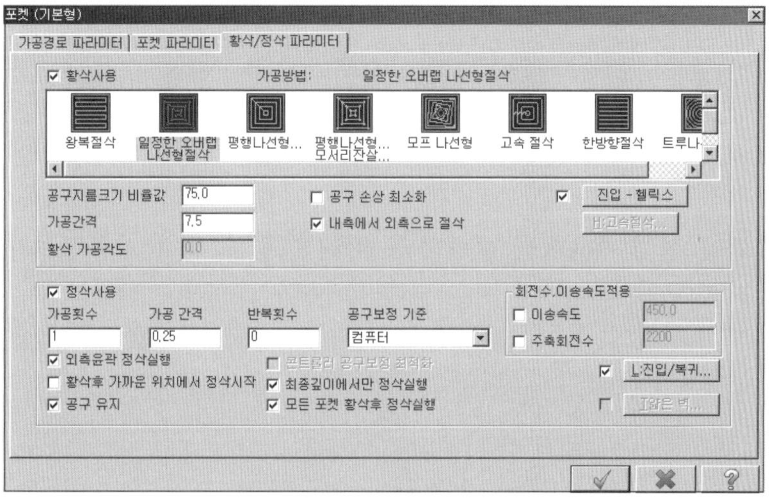

11) 대화창의 황삭/정삭 가공조건 중 진입/헬릭스 항목을 클릭하고 아래와 같이 설정한다.

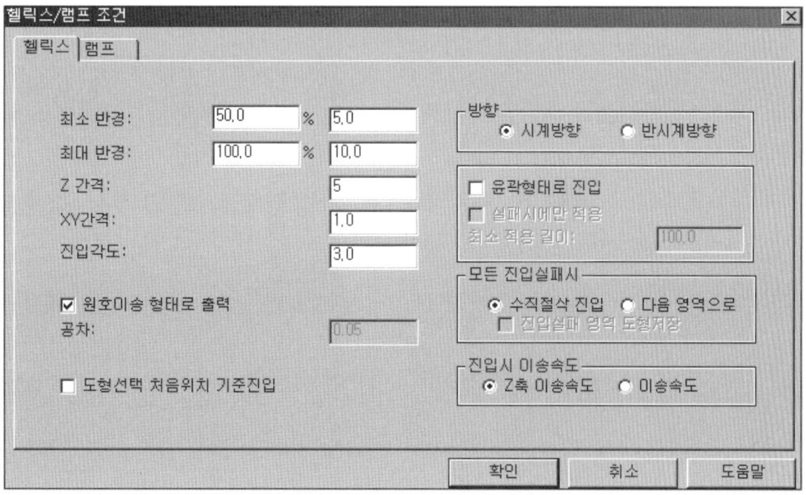

12) 대화창의 황삭/정삭 가공조건 중 진입/복귀 항목을 클릭하고 아래와 같이 설정 한다.

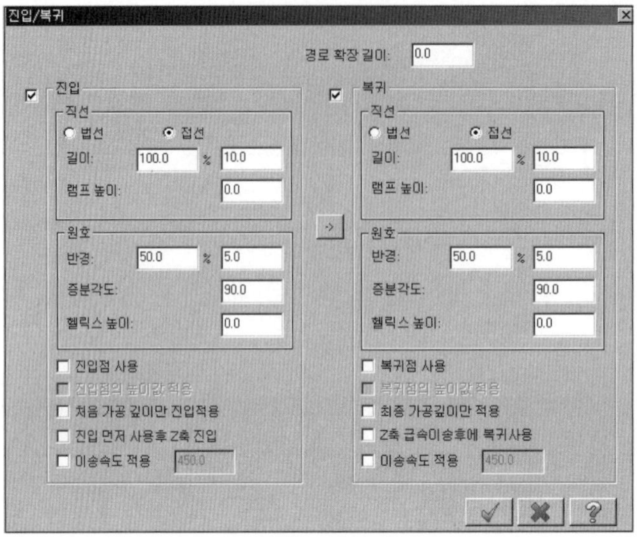

13) 모든 조건을 설정 후 OK를 클릭하면, 아래 그림과 같이 가공경로가 생성된 것 을 볼 수 있다.

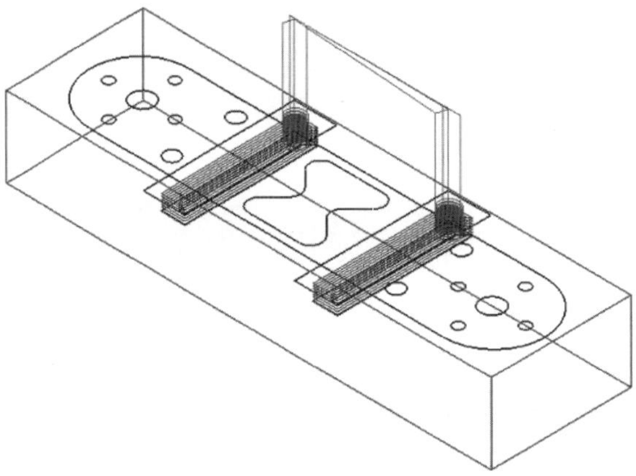

14) 가공경로 관리자에서 ≋ 버튼을 눌러서 가공경로를 화면에서 감춘다.

2-6 포켓가공 2 가공경로 생성

1) 가공경로－포켓가공에서 체인 선택 후 E3을 선택한 후 OK를 지정한다.

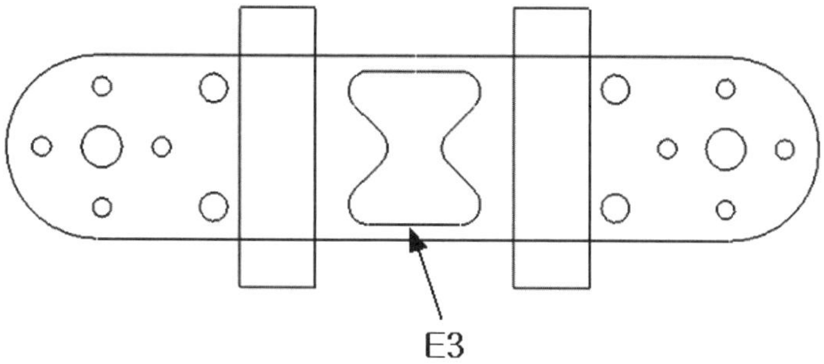

2) 공구조건설정 대화창의 상단 표시된 공구들 중 3번 공구 마우스 클릭

3) 대화창의 기타 항목들은 다음의 그림과 같이 설정한다.

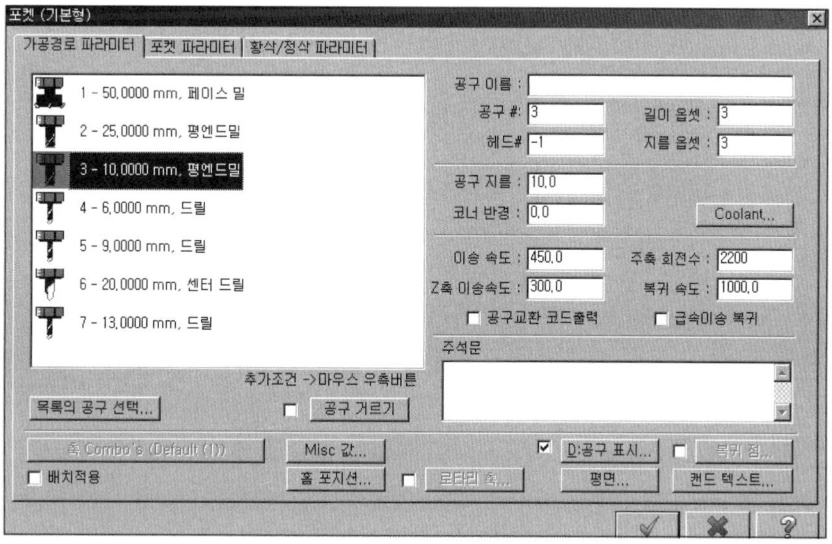

4) 대화창의 상단 포켓 파라미터 항목을 클릭하고 다음의 <그림 1>과 같이 지정한다.

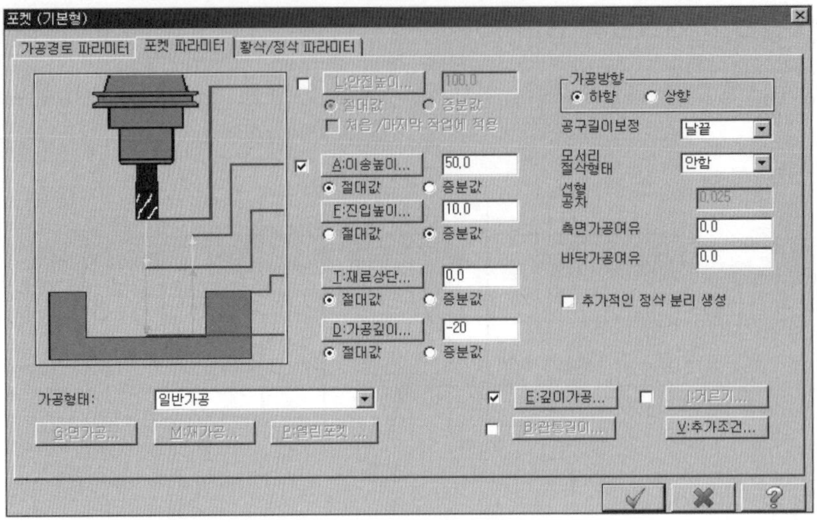

〈그림 1〉

5) 깊이 가공을 선택하여 아래의 <그림 2>와 같이 설정한다.

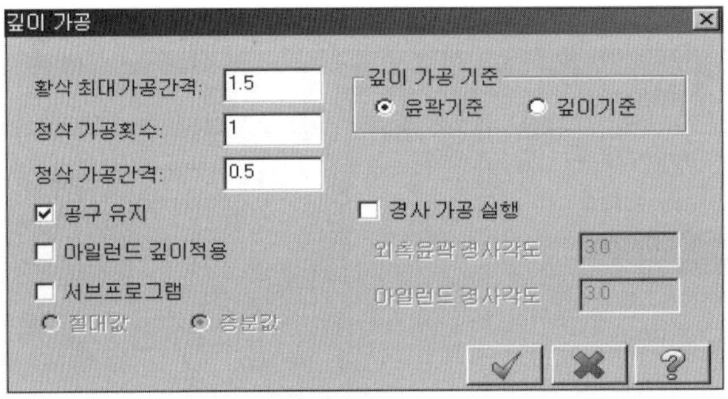

〈그림 2〉

6) 대화창의 황삭/정삭 파라미터 항목을 클릭하고 아래와 같이 설정한다.

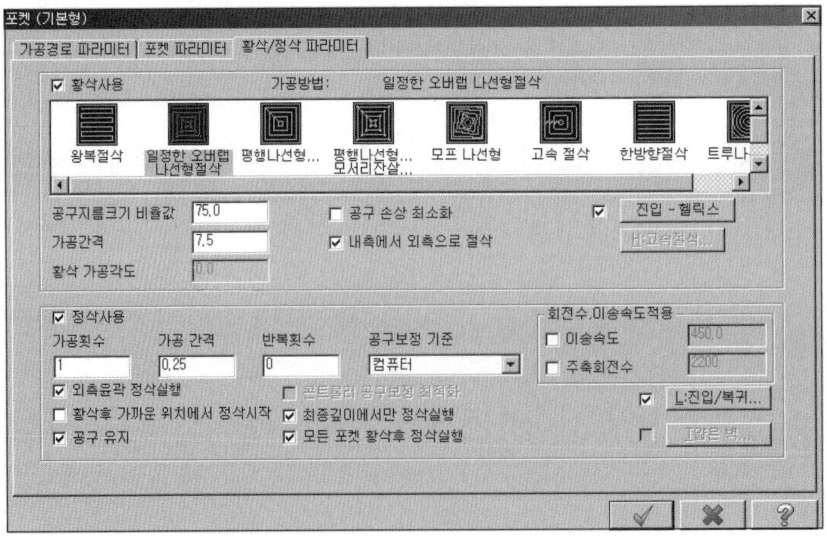

7) 대화창의 황삭/정삭 가공조건 중 진입/헬릭스 항목을 클릭하고 아래와 같이 설정한다.

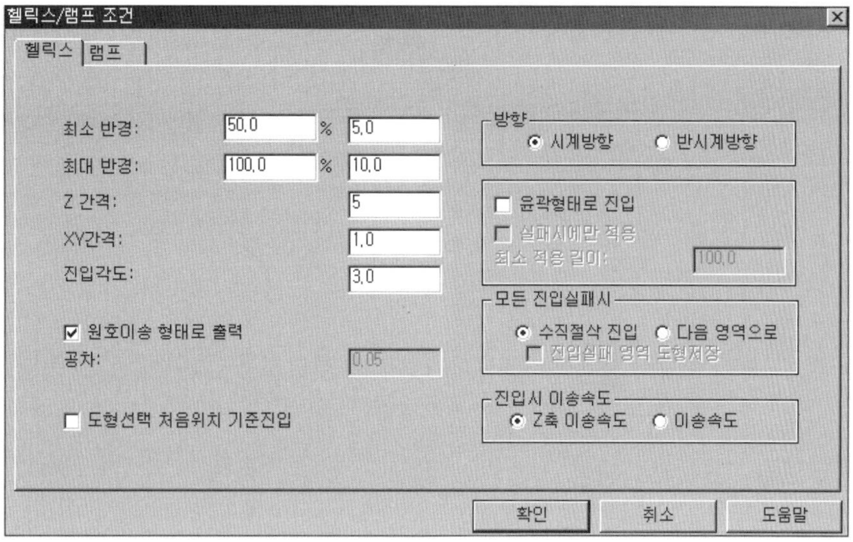

8) 대화창의 황삭/정삭 가공조건 중 진입/복귀 항목을 클릭하고 아래와 같이 설정한다.

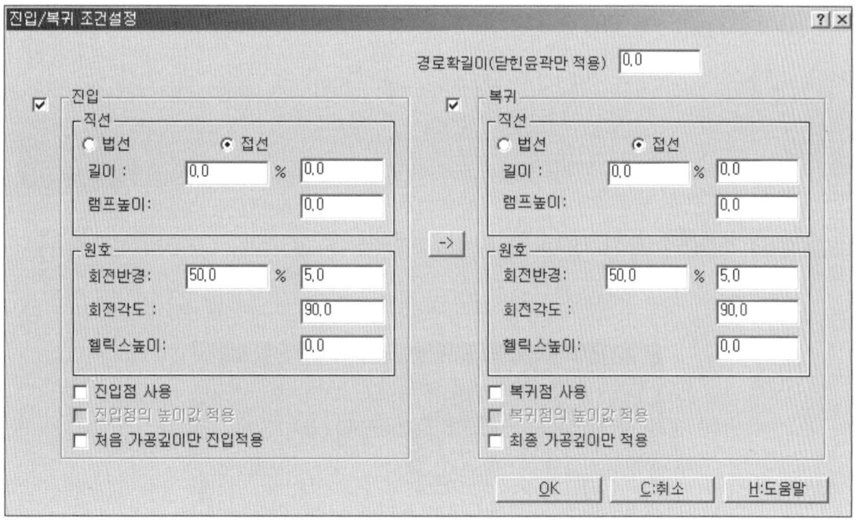

9) 모든 조건을 설정 후 OK를 클릭하면, 아래의 그림과 같이 가공경로가 생성된 것을 볼 수 있다.

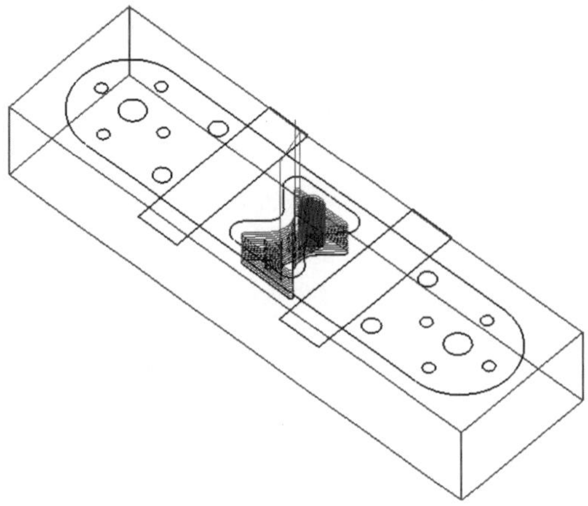

10) 가공경로 관리자에서 ≋ 버튼을 눌러서 가공경로를 화면에서 감춘다.

2-7 센터드릴 가공경로 생성

1) 가공경로－드릴가공－도형요소 선택 후 F1, F2, F3, F4, F5, F6, F7을 차례로 지정, ENTER를 누른다.

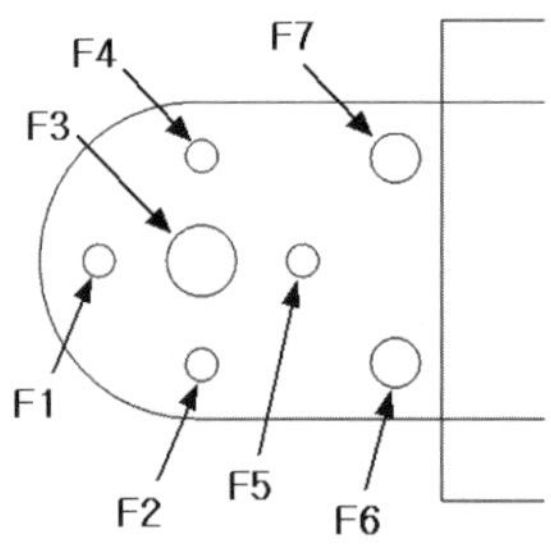

2) 드릴 점 선택 설정창에서 정렬을 지정하여 아래 그림과 같이 설정한 후 지정한다.

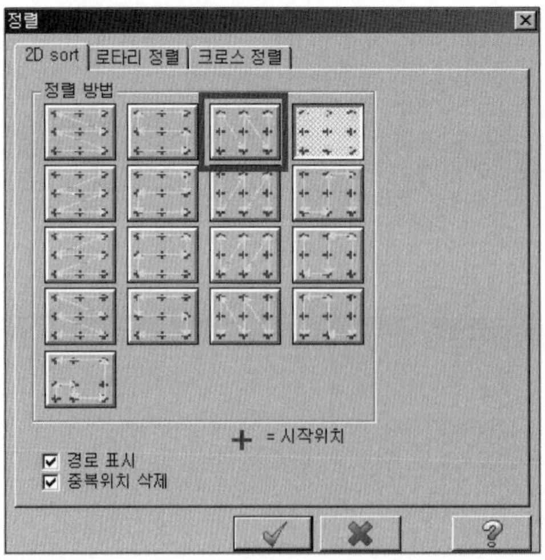

3) 공구조건설정 대화창의 상단 표시된 공구들 중 6번 공구 마우스 클릭

4) 대화창의 기타 항목들은 다음 <그림 1>, <그림 2>와 같이 설정한다.

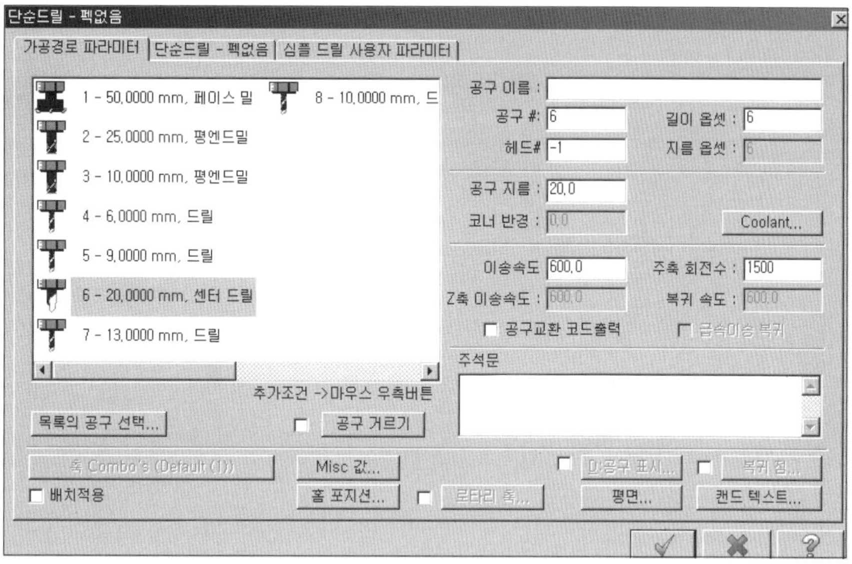

〈그림 1〉

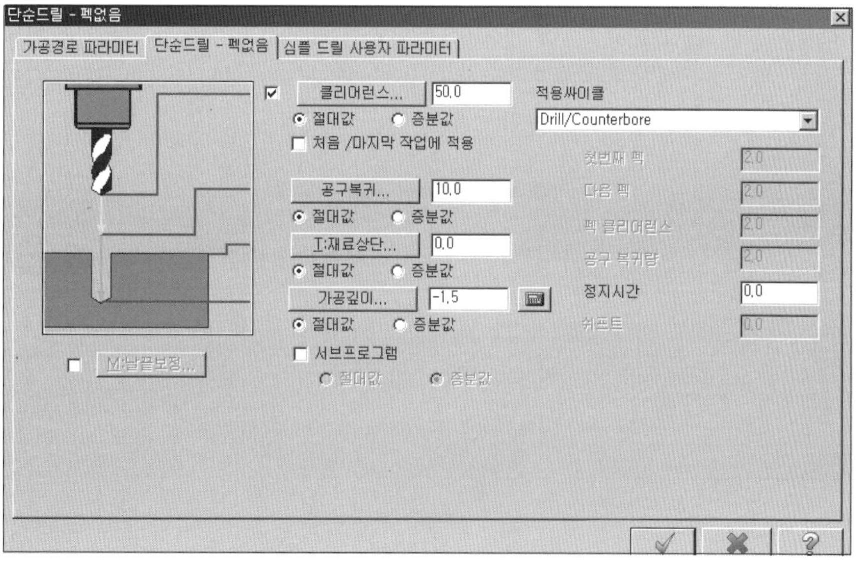

〈그림 2〉

5) 모두 설정 후 OK를 지정하면 아래와 같은 드릴 가공경로가 생성된다.

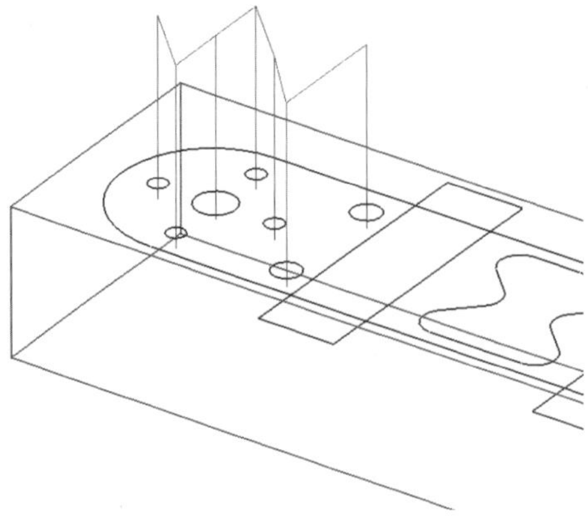

6) 가공경로 관리자에서 버튼을 눌러서 가공경로를 화면에서 감춘다.

2-8 센터드릴 가공 선형배열 하기

1) 가공경로－선형배열 가공경로 선택

2) 선형배열 형태를 아래의 <그림 1>과 같이 지정한다.

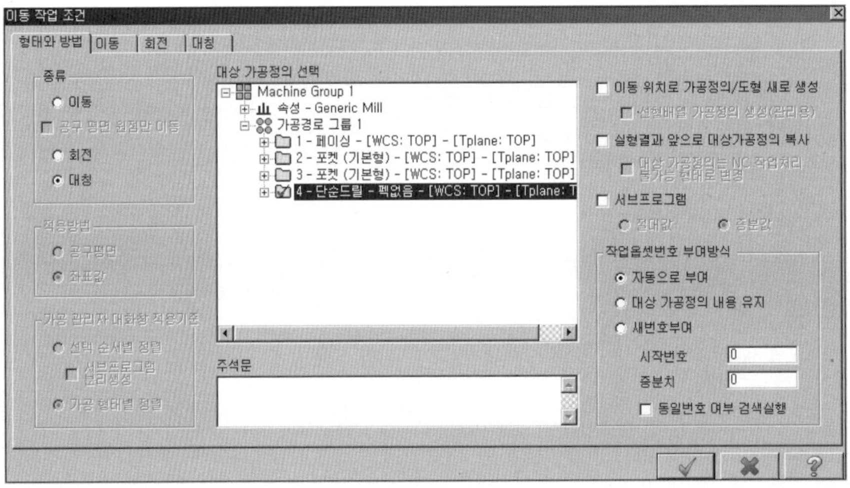

〈그림 1〉

3) 대화창을 지정한 후 아래의 <그림 2>와 같이 지정한다.

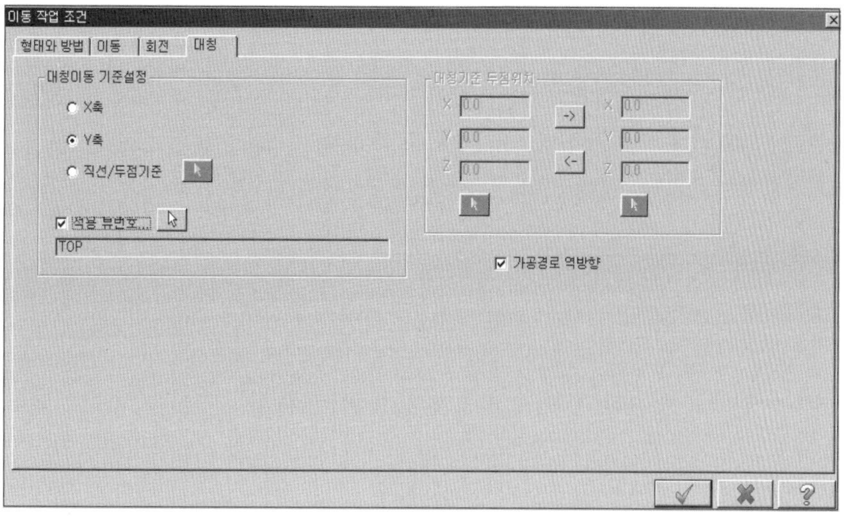

〈그림 2〉

4) 모두 선택한 후 OK를 지정하면 아래와 같은 가공경로가 생성된다.

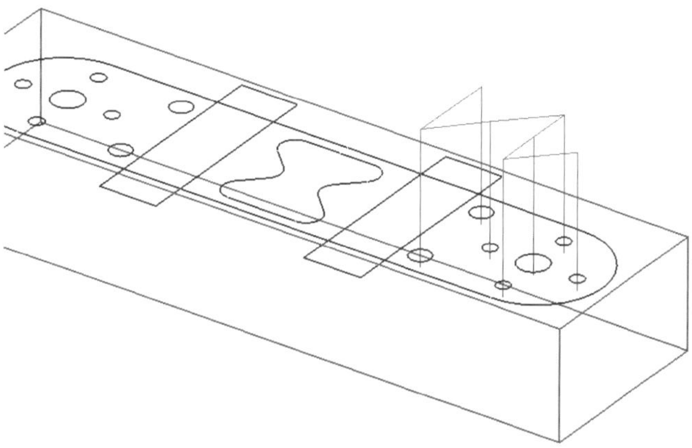

5) 가공경로 관리자에서 [≋] 버튼을 눌러서 가공경로를 화면에서 감춘다.

2-9 드릴 가공경로 생성

1) 가공경로－드릴가공－도형요소 선택 후 G1, G2, G3, G4, G5, G6, G7, G8을 차례로 지정하고 OK를 누른다.

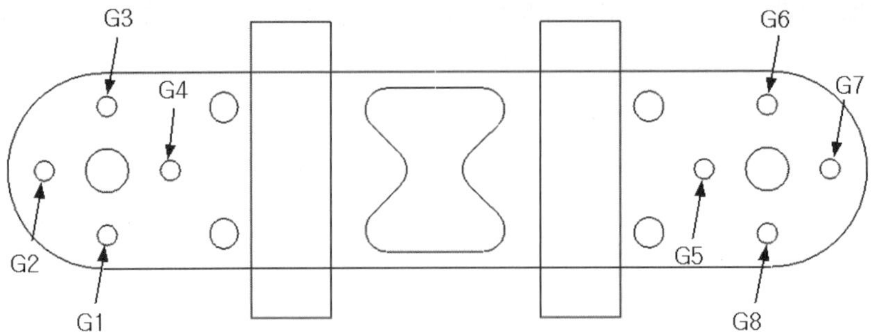

2) 아래의 <그림 1>, <그림 2>와 같이 조건을 설정한다.

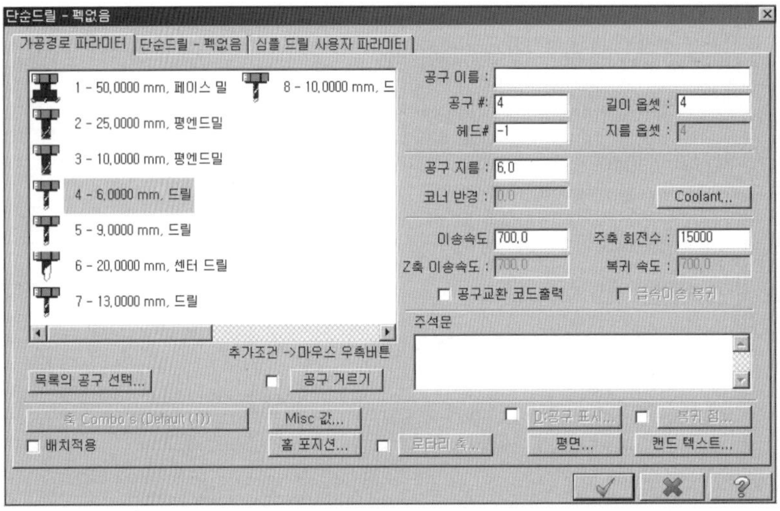

〈그림 1〉

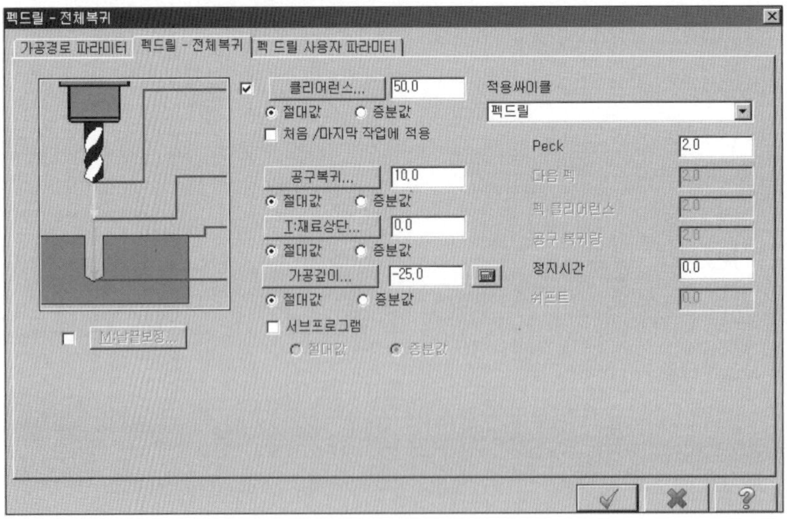

〈그림 2〉

3) 모두 설정하고 OK를 지정하면 아래 그림과 같이 가공경로가 생성되는 것을 볼 수 있다.

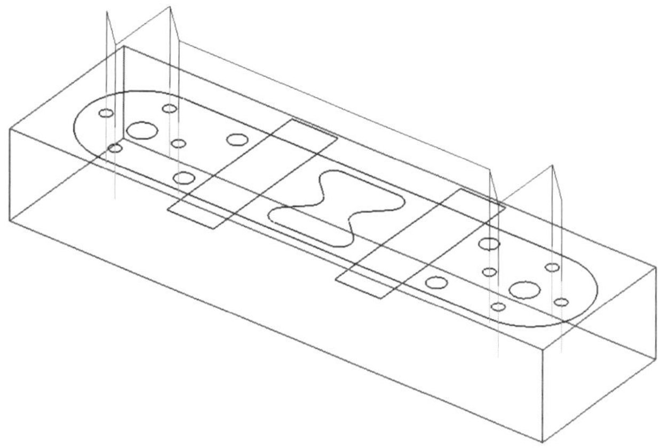

4) 가공경로 관리자에서 [버튼] 버튼을 눌러서 가공경로를 화면에서 감춘다.

5) 가공경로-드릴가공-도형요소 선택 후 H1, H2, H3, H4를 차례로 지정하고 OK를 누른다.

6) 아래의 <그림 3>, <그림 4>와 같이 조건을 설정한다.

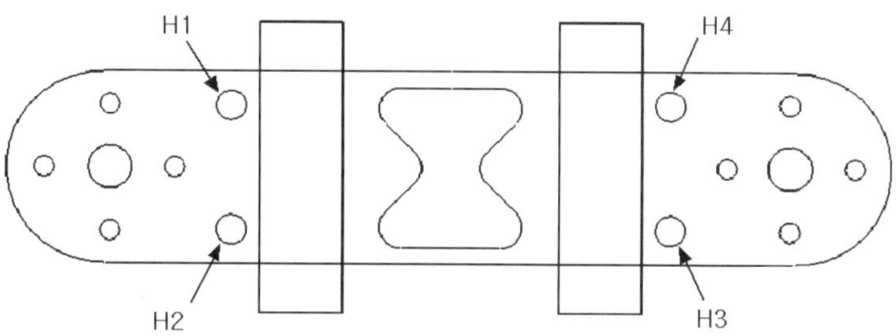

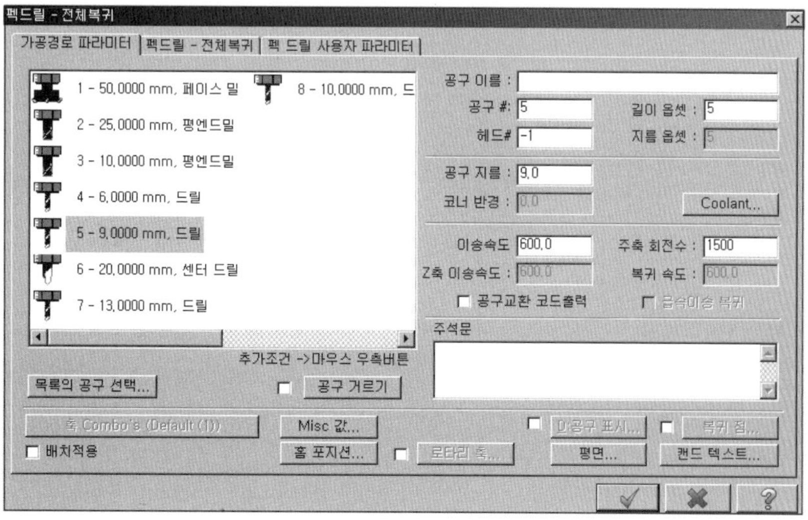

〈그림 3〉

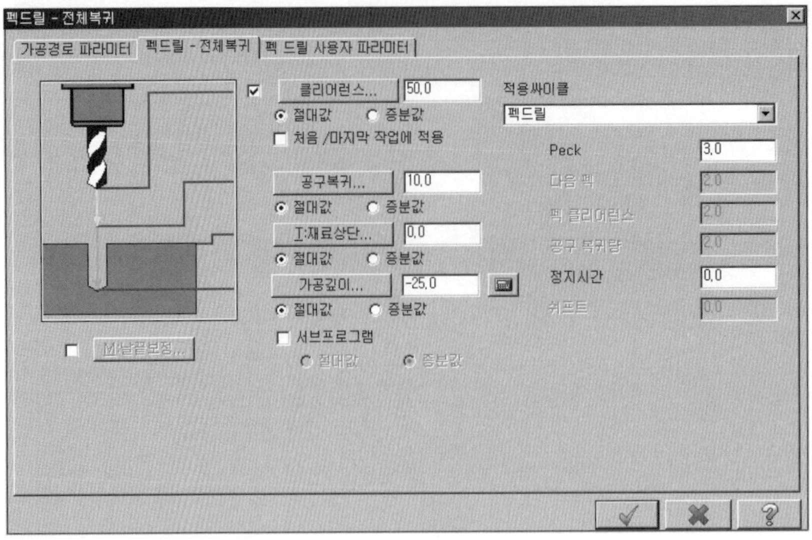

〈그림 4〉

7) 모두 설정하고 OK를 지정하면 아래 그림과 같이 가공경로가 생성되는 것을 볼 수 있다.

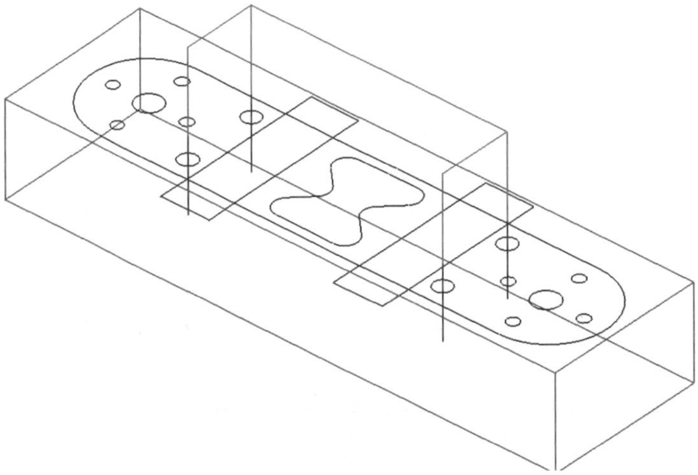

8) 가공경로 관리자에서 ≋ 버튼을 눌러서 가공경로를 화면에서 감춘다.

9) 가공경로 – 드릴가공 – 도형요소 선택 후 J1, J2를 차례로 지정하고 OK를 누른다.

10) 아래의 <그림 5>, <그림 6>과 같이 조건을 설정한다.

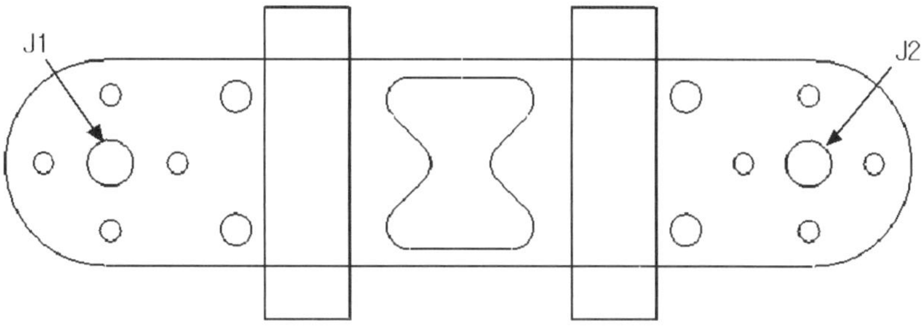

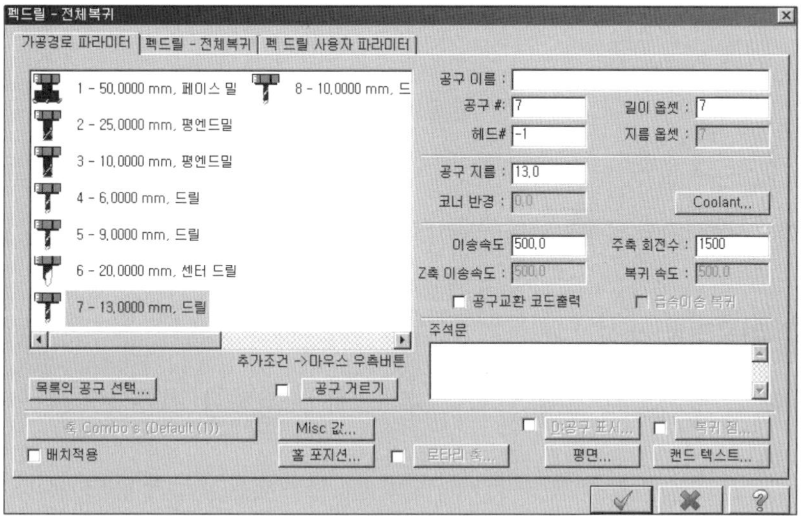

〈그림 5〉

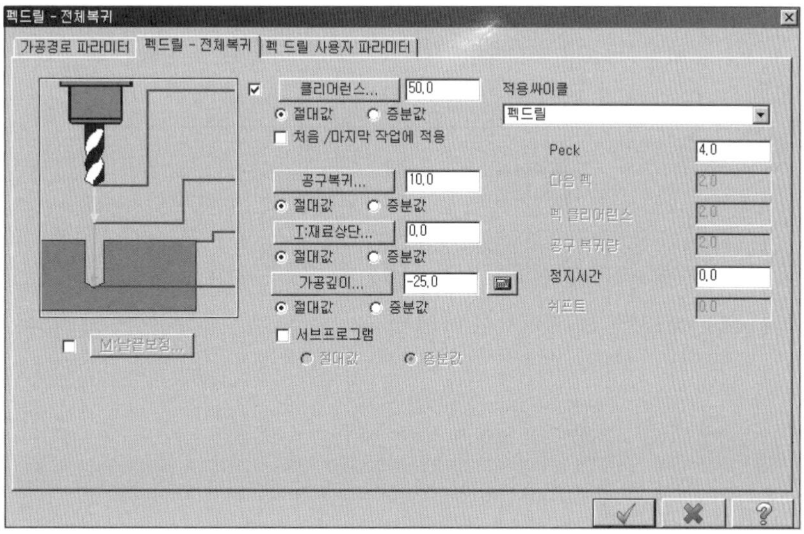

〈그림 6〉

11) 모두 설정하고 OK를 지정하면 아래 그림과 같이 가공경로가 생성되는 것을 볼 수 있다.

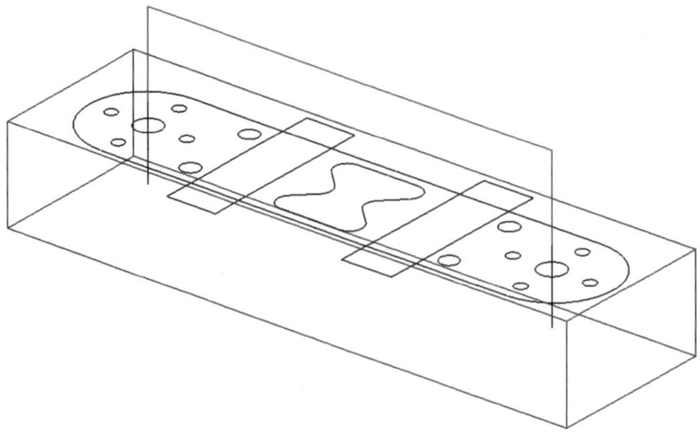

12) 가공경로 관리자에서 버튼을 눌러서 가공경로를 화면에서 감춘다.

2-10 윤곽 가공경로 생성

1) 가공경로－윤곽가공에서 체인 선택 후 K1을 지정하여 아래와 같이 체인방향을 설정한다.

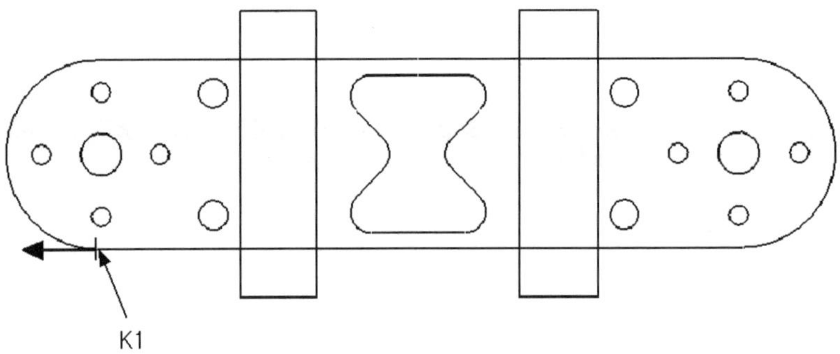

2) 선택 후 OK를 지정한 뒤 공구 조건설정을 <그림 1>, <그림 2>와 같이 설정한다.

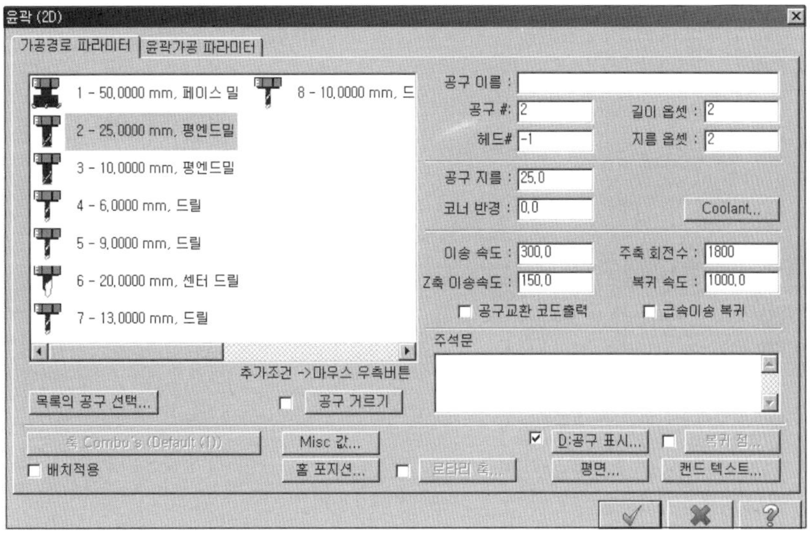

〈그림 1〉

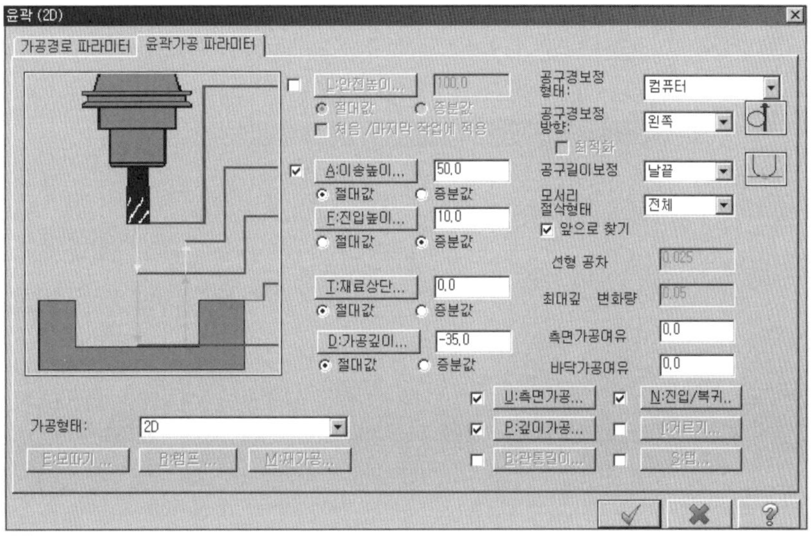

〈그림 2〉

3) 진입/복귀 <그림 3>, 깊이가공 <그림 4>, 측면가공 <그림 5>를 아래 그림들과 같이 설정한다.

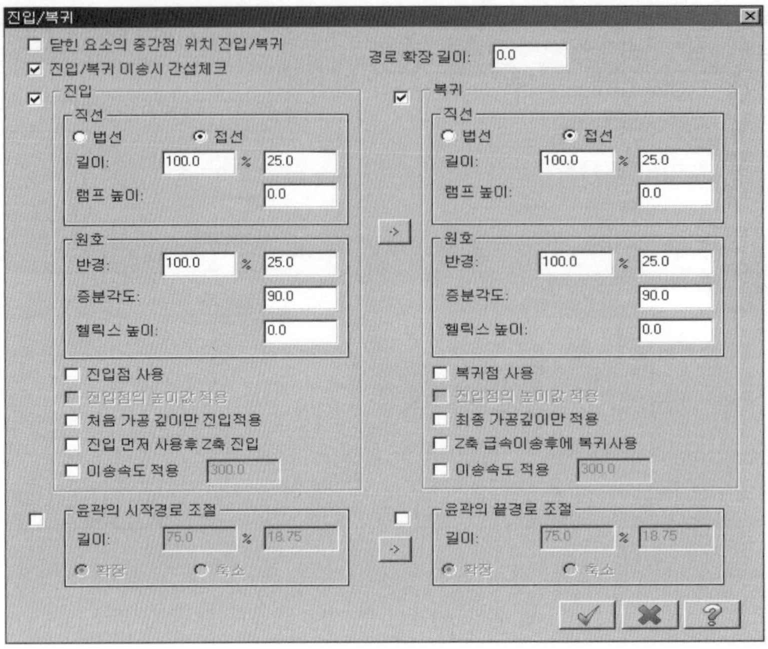
진입/복귀
닫힌 요소의 중간점 위치 진입/복귀
진입/복귀 이송시 간섭체크
경로 확장 길이:
0.0
진입
직선
법선
접선
길이:
100.0
%
25.0
램프 높이:
0.0
원호
반경:
100.0
%
25.0
증분각도:
90.0
헬릭스 높이:
0.0
진입점 사용
진입점의 높이값 적용
처음 가공 깊이만 진입적용
진입 먼저 사용후 Z축 진입
이송속도 적용
300.0
복귀
직선
법선
접선
길이:
100.0
%
25.0
램프 높이:
0.0
원호
반경:
100.0
%
25.0
증분각도:
90.0
헬릭스 높이:
0.0
복귀점 사용
진입점의 높이값 적용
최종 가공깊이만 적용
Z축 급속이송후에 복귀사용
이송속도 적용
300.0
윤곽의 시작경로 조절
길이:
75.0
%
18.75
확장
축소
윤곽의 끝경로 조절
길이:
75.0
%
18.75
확장
축소

〈그림 3〉

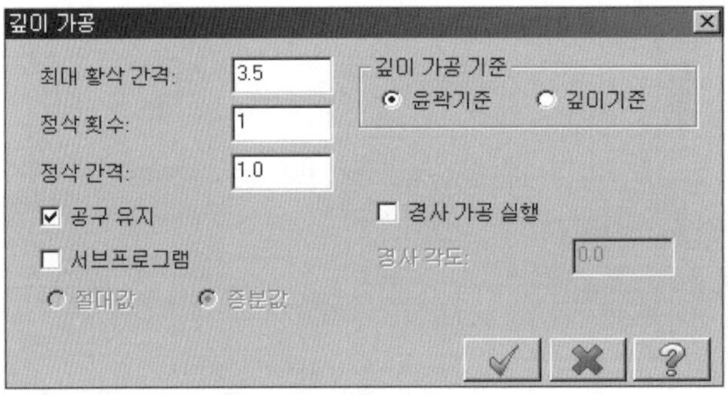
깊이 가공
최대 황삭 간격:
3.5
정삭 횟수:
1
정삭 간격:
1.0
공구 유지
서브프로그램
절대값
증분값
깊이 가공 기준
윤곽기준
깊이기준
경사 가공 실행
경사 각도:
0.0

〈그림 4〉

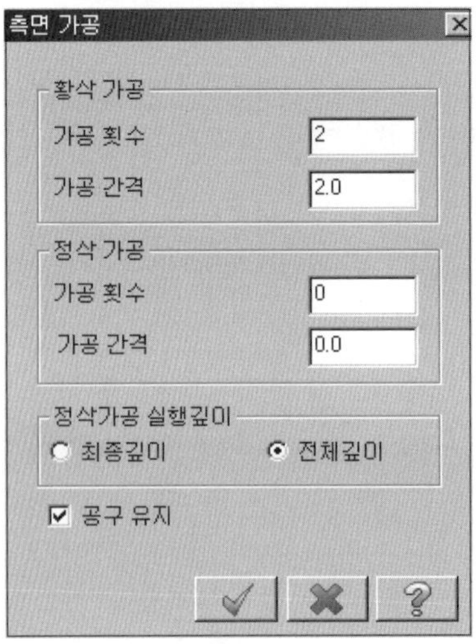
측면 가공
황삭 가공
가공 횟수
2
가공 간격
2.0
정삭 가공
가공 횟수
0
가공 간격
0.0
정삭가공 실행깊이
최종깊이
전체깊이
공구 유지

〈그림 5〉

4) 모두 설정하고 OK를 지정하면 아래 그림과 같이 가공경로가 생성되는 것을 볼 수 있다.

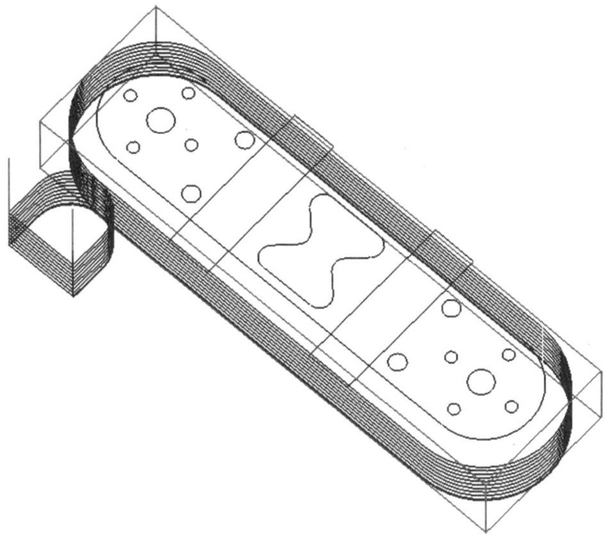

3 모의가공 실행

3-1 모의가공 조건설정

1) 가공경로 관리자에서 버튼을 선택한다.

2) 아래의 그림의 '환경설정' 버튼을 클릭한다. (사각영역)

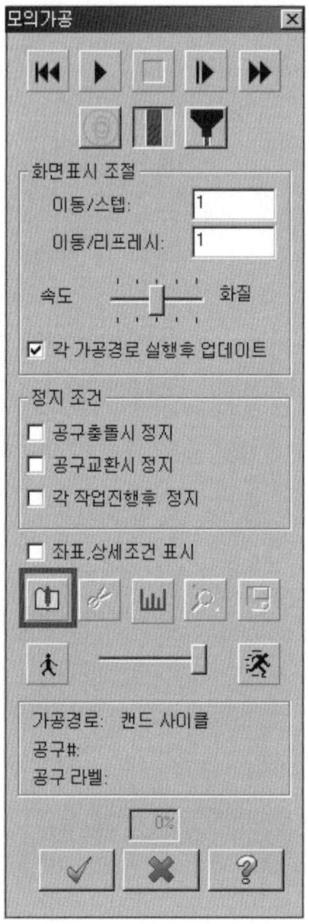

3) 모의가공 조건설정 창에서 재료의 형태는 '박스'로 지정하고, U:재료설정의 값으로 버튼을 선택하여 가상의 모의가공 재료를 설정한 후 나머지 조건들은 아래와 같이 지정한다.

4) 모두 지정 후 OK 버튼을 선택한 다음 '실행'을 지정한다. (사각영역)

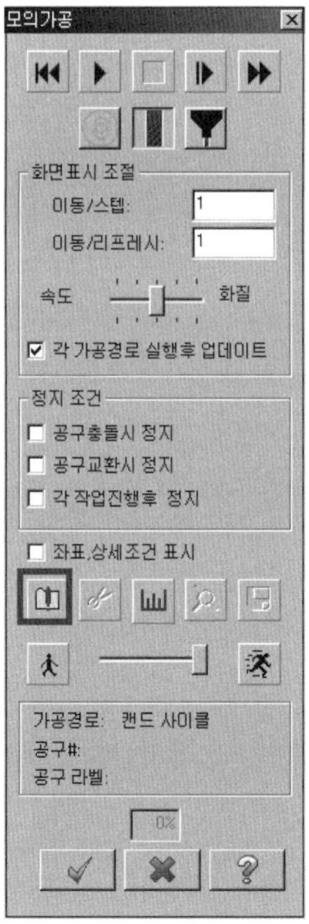

5) 모의가공이 완료된 것을 볼 수 있다.

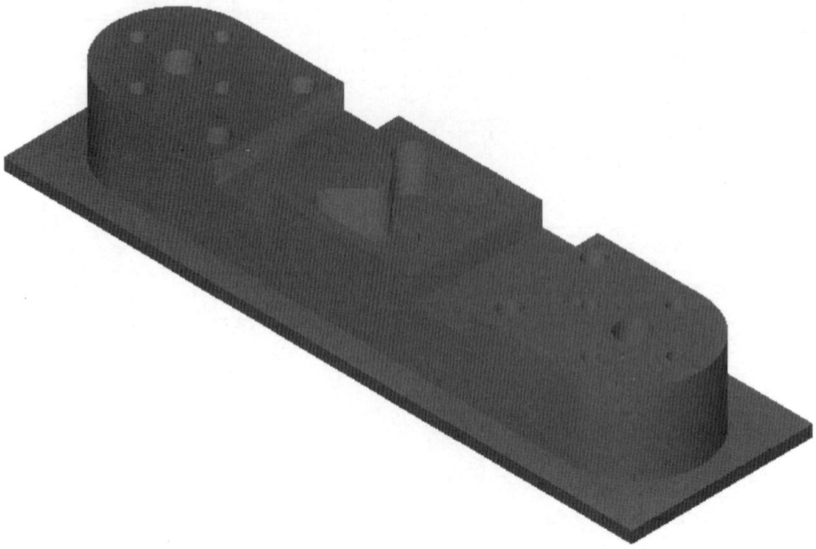

2.2.8 연습 및 가공예제 2

[연습 2]

다음 도형을 생성하고, 가공조건을 고려하여 2D 가공정의를 하시오.

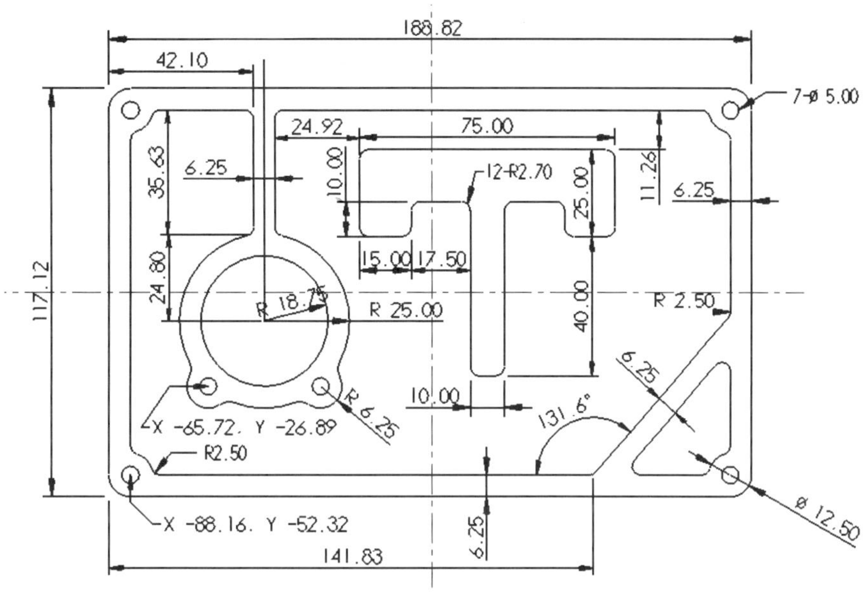

※ 별도의 R표기가 없는 것은 R2.5로 처리할 것

▶ 가공조건

가공정의	대상도형	가공깊이 (재료상단기준)	사용공구	피삭재조건
표면가공	외측윤곽	-5	ø50 (플레인커터)	210 x 135 x 40
윤곽가공	외측윤곽	-30	ø30 (평엔드밀)	
포켓가공 (재가공포함)	내측 닫힌윤곽	-20	ø10, ø5 (평엔드밀)	
드릴가공	정 원	-20	ø10 (센터드릴), ø5 (드릴)	

[연습 2 해답] ➜

1 도면 그리기

1) 그리기 – 사각형 – 리본바에서 너비, 높이 값(188.82,117.12)을 입력을 하고 중심점 선택 후 작업화면 영역상에 사각형을 그린다.

〈그림 1〉

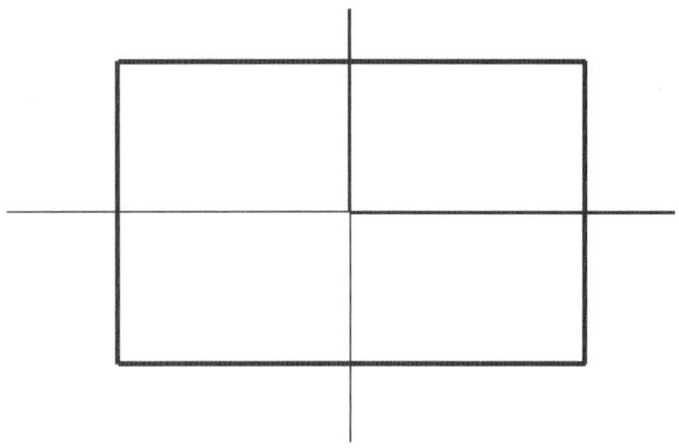

〈그림 2〉

2) 이동 – 윤곽 옵셋 – 체인 작업을 이용해서 사각형 도형을 선택한 뒤 OK 버튼을 누른다.(체인작업은 도형의 좌측상단을 선택하며, 화살표 방향은 우측)

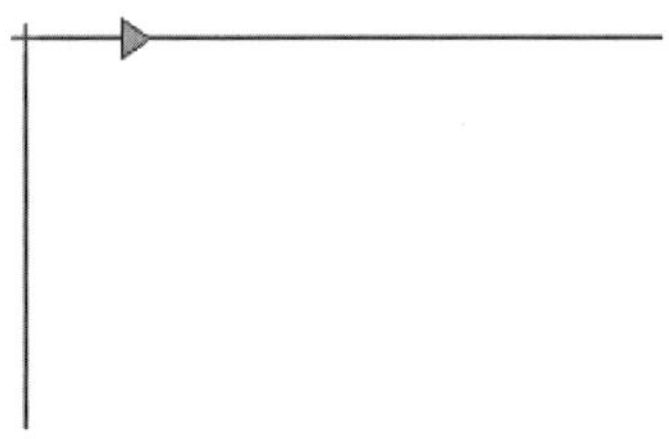

〈그림 3〉

〈그림 4〉

▸ 아래 그림과 같이 거리 6.25만큼 옵셋된 내측 사각형을 볼 수 있다.

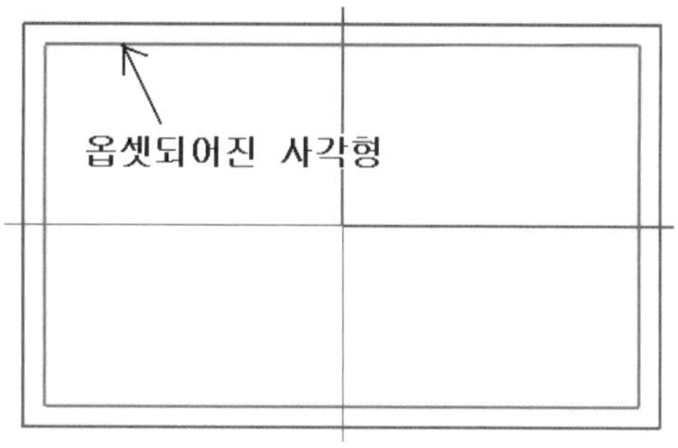

〈그림 5〉

3) 그리기－필렛－필렛 체인을 선택 후 반지름 값 '6.25'를 입력한 뒤 외측 사각형을 체인 작업 후 OK 버튼을 누른다.

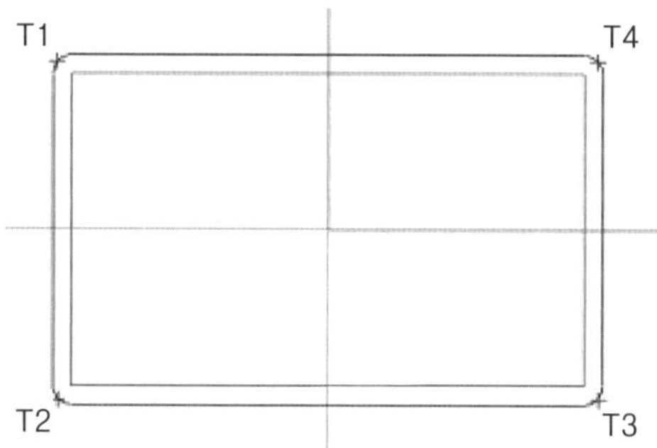

〈그림 6〉

4) 수정－트림/자르기－원호 닫기를 차례로 선택한 다음 T1, T2, T3, T4를 차례로 클릭하고 나서 엔터키를 누르면 아래 그림과 같이 원호가 닫힌 형상을 볼 수 있다.

5) 수정－트림/자르기－자르기 멀티 지정 후 원 도형 선택 T1을 선택한다.
리본바에서 분할될 갯수를 입력란에 ‘2’를 기입한 뒤 형태버튼을 원호로 바꿔준 후 OK 버튼을 누른다.

선택되어진 원호(T1)는 이등분되어진다. 나머지 T2, T3, T4도 같은 방법으로 2등분한다.

6) 그리기－필렛－필렛 요소 선택 후 반지름 값 ‘2.5’를 기입하고 트림으로 선택되어 있어야 한다. 이후 ‘A1－A2’, ‘A3－A2’를 차례로 클릭한다.

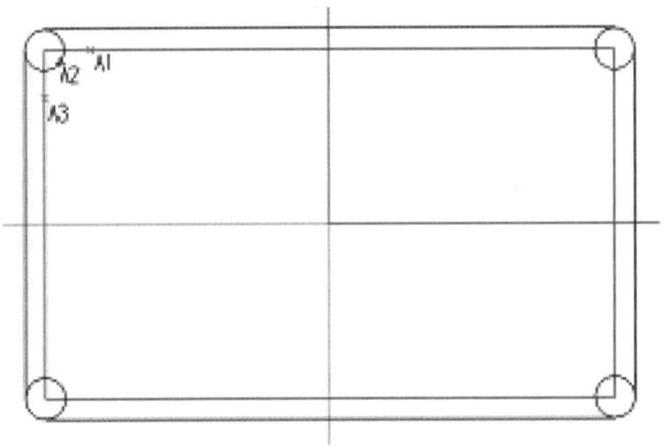

다음 그림과 같이 필렛이 적용된 상태를 볼 수 있다.

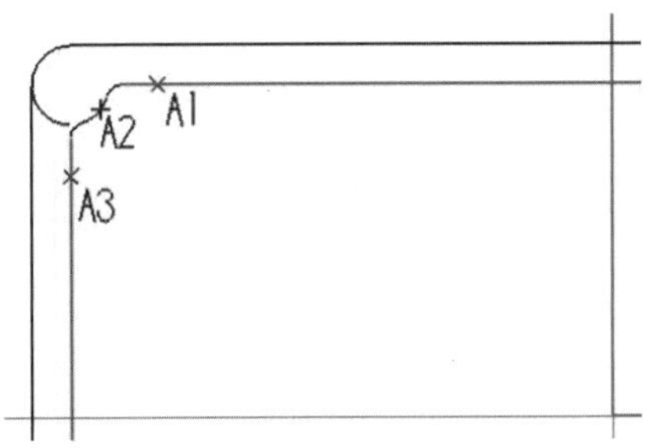

나머지 원호들도 위와 같은 방법으로 필렛을 적용한다.

7) 수정－트림/자르기－한 요소를 선택 후 아래 그림과 같이 ‘B1과 B2’를 차례로 선택하면 원호의 불필요한 부분이 삭제되는 것을 확인할 수 있다.

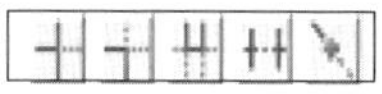 (좌측부터 한 요소, 두 요소, 세 요소, 나누기, 점)

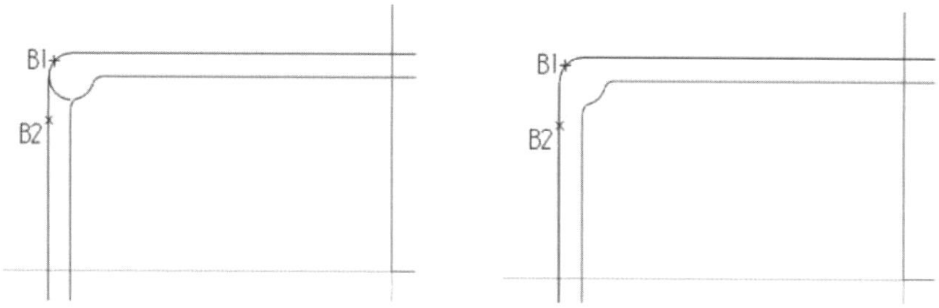

8) 나머지 원호들도 위와 같이 트림처리를 하면 아래와 같은 도형이 생성된다.

9) 그리기－직선－평행선을 선택 후 아래 그림 C1 클릭한 뒤 C2(옵셋 방향)를 지정한다.
리본바에서 평행선거리 값 입력란에 '42.10'을 입력한 뒤 OK 버튼을 누른다.

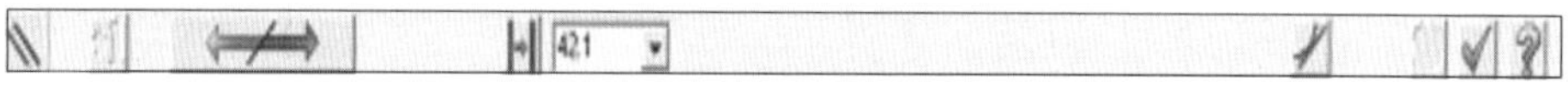

↑거리 값 입력란

아래 그림과 같이 옵셋되어진 직선이 나타나는 것을 확인할 수 있다.

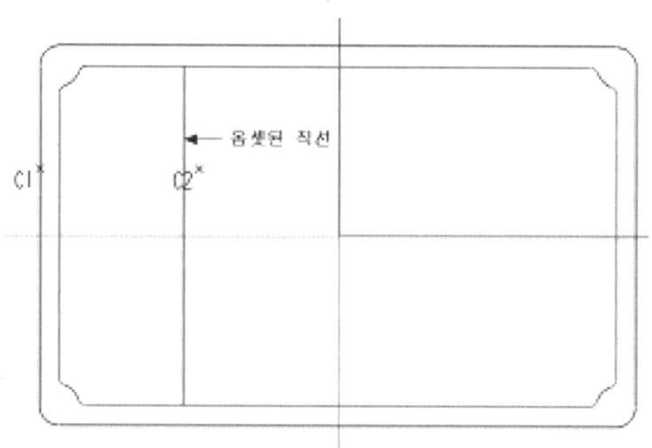

10) 수정－트림/자르기를 선택 후 리본바에서 확장길이와 자르기 아이콘을 누른다. 자르기할 길이를 입력하는 란에 <－35.63>을 입력한다. <그림 1>과 같이 C3 직선을 선택하면 윗쪽에서 －35.63 부위가 잘려 2등분된 것을 확인할 수 있다.

11) 그리기－직선－평행선 메뉴를 차례로 선택 후 <그림 2>와 같이 C2 직선을 클릭하고C3(옵셋 방향)을 지정한다. 리본바에 평행선거리 값 입력란에 '6.25'를 입력한 뒤 OK 버튼을 누르면 아래 그림과 같이 6.25만큼 옵셋된 직선이 나타나는 것을 볼 수 있다.

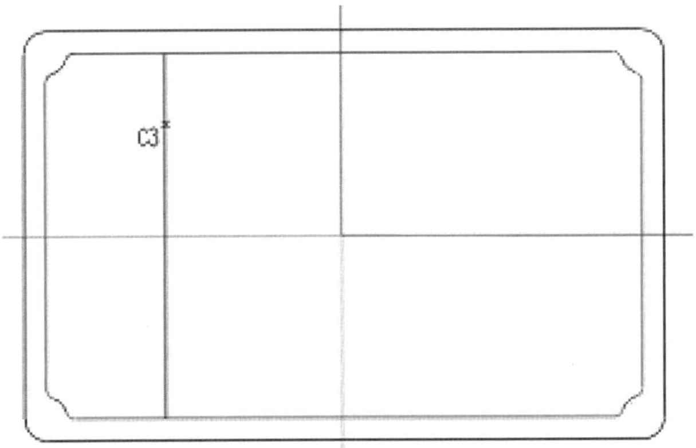

〈그림 1〉

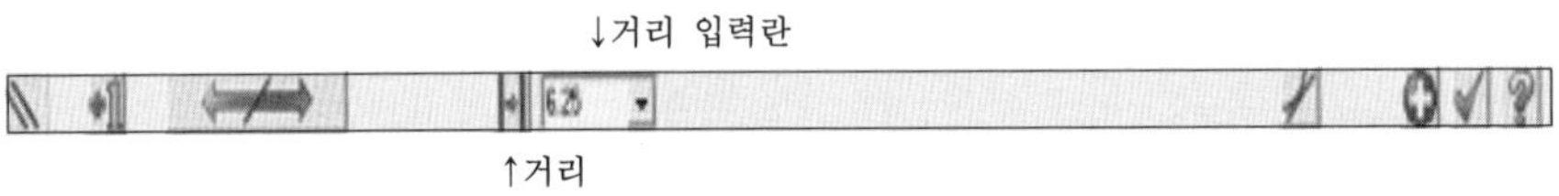

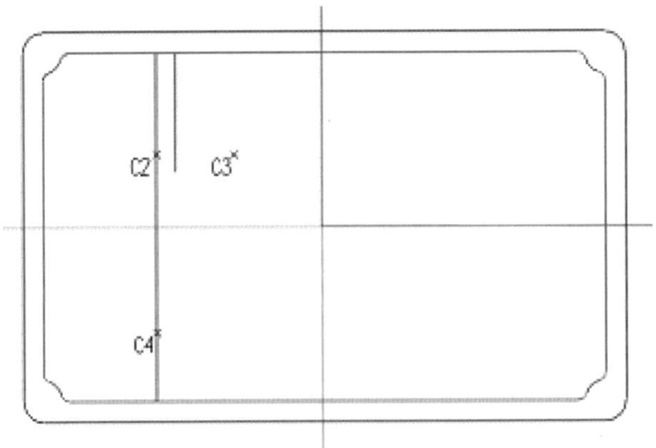

〈그림 2〉

12) 수정 – 트림/자르기 – 나누기 메뉴를 선택 후 다음 <그림 1>에서 C5를 선택하면 <그림 2>와 같이 트림된 형상이 되는 것을 확인할 수 있다.

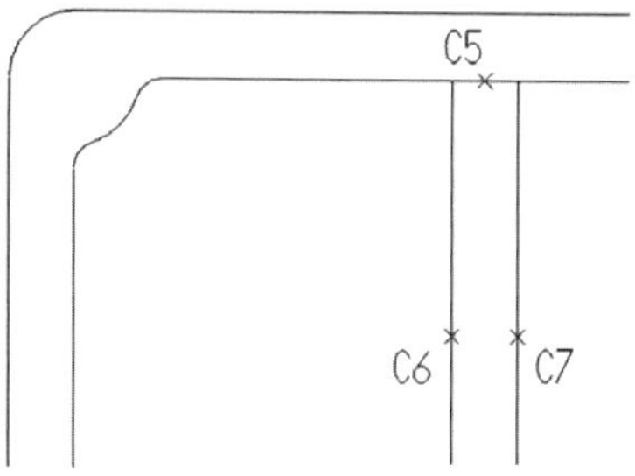

〈그림 1〉

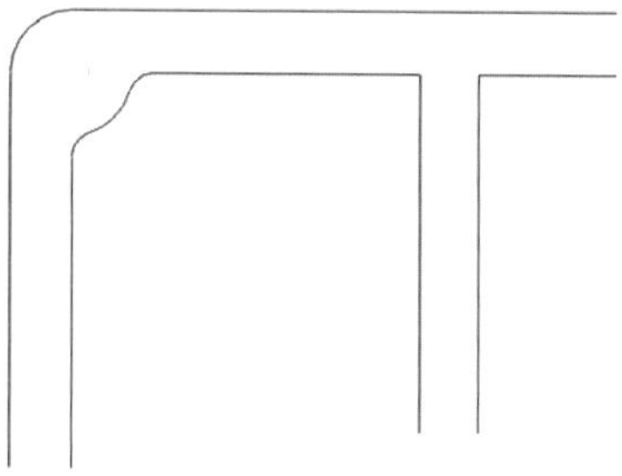

〈그림 2〉

13) 위에 11번 그림의 C4를 지정하여 'Del'키를 이용 삭제한다.

14) 그리기 – 원호 – 중심 + 반지름, 지름원 선택 후 반지름 값 입력란에 '18.75'를 입력하고 좌표 입력란에 '–49.188, –8.136'을 입력한 뒤 Enter를 누르면 원호의 중심이 위치할 중심점의 좌표가 지정된다.
중심 + 반지름, 지름원 선택 후 원호 반지름 입력란에 '25'를 입력하고 이전에 선택한 '–49.188, –8.136' 위치에 다시 한 개의 원을 그린다.

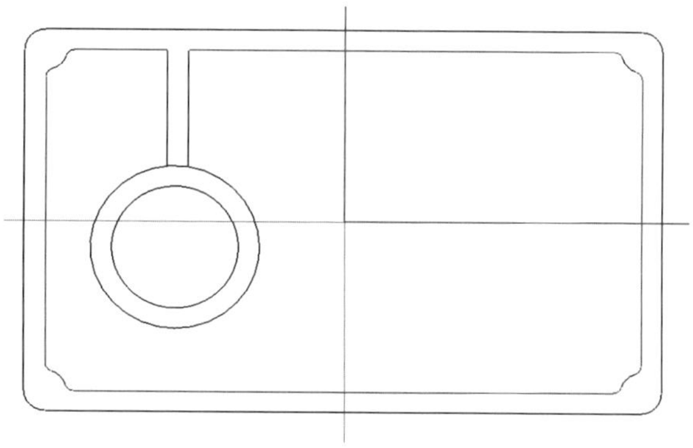

15) 그리기 – 원호 – 중심 + 반지름, 지름원 메뉴를 선택 후 원호 반지름 입력란에 '6.25'를 입력하고 좌표입력란에 '–65.72, –26.89'를 입력하여 원호의 중심이 위치할 중심점의 좌표를 지정한다.
다시 원호 + 반지름, 지름원을 선택한 후 원호 지름 입력란에 '5'를 입력하고 최종점을 선택하면 D5의 원호중심이 이전에 선택한 '–65.72, –26.89'에 위치한다.

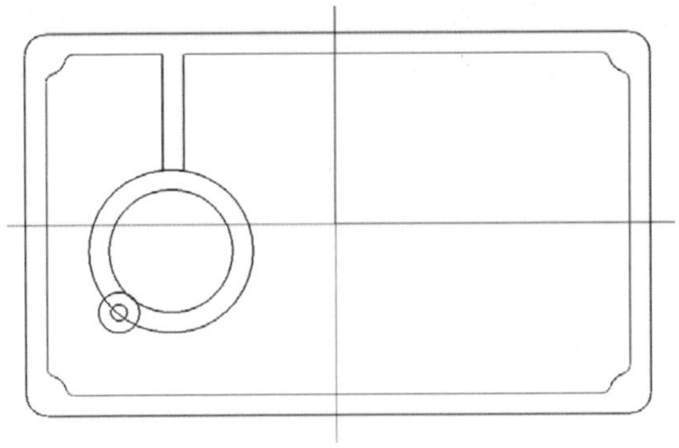

16) 이동－대칭이동을 선택 후 아래 <그림 1>의 D1, D2를 선택한다.
(대칭이동 대상도형 선택)
모두 선택하였으면 대칭이동 기준 설정 중 두 점 메뉴를 이용 D3과 D4를 지정하면 아래 <그림 2>와 같은 대칭이동 대화창이 표시된다.

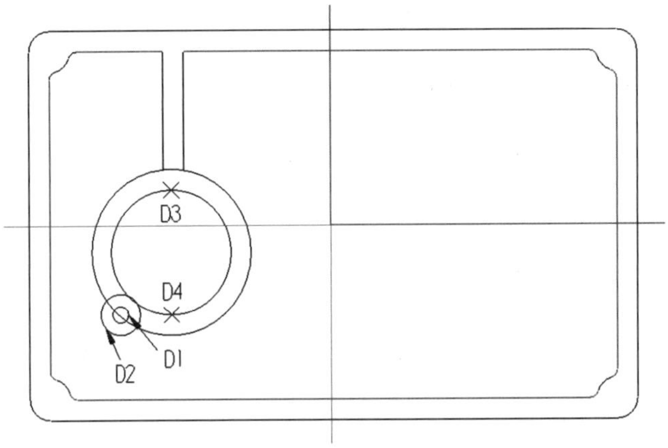

〈그림 1〉

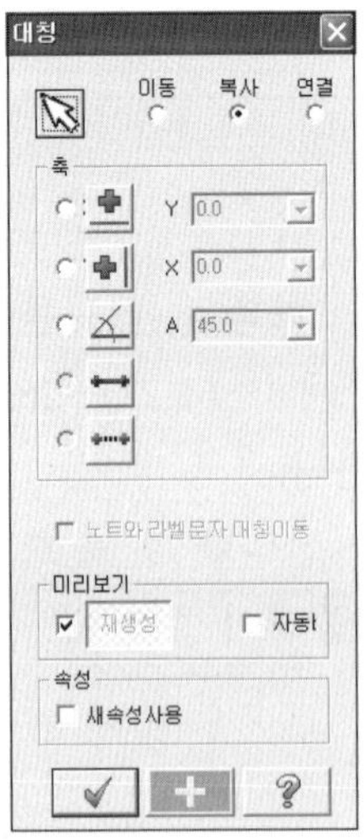

〈그림 2〉

<그림 2>처럼 대칭이동창을 설정하고 OK 버튼을 클릭한다.
다음 <그림 3> 같은 대칭 이동된 도형이 생성되는 것을 볼 수 있다.

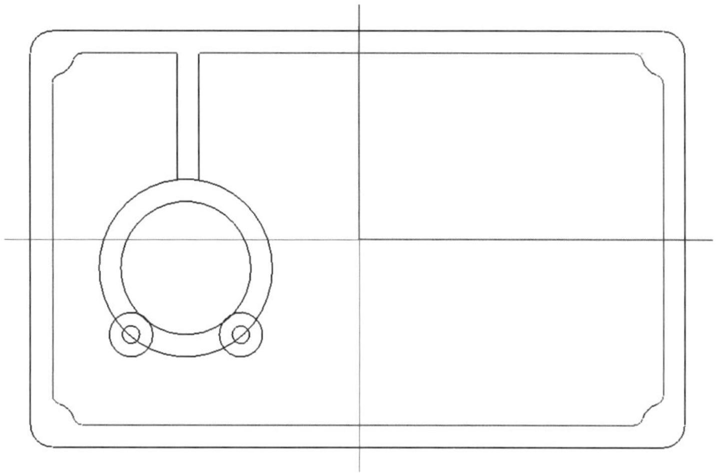

〈그림 3〉

17) 그리기－필렛－필렛 요소를 선택 후 리본바에서 반지름 값 '2.5'를 입력하고 아래 그림의 E1－E2, E3－E4를 차례로 선택한다.
(필렛 조건 중 '트림 안함'으로 설정할 것)
오른쪽 원호도 같은 방법으로 필렛을 적용한다.

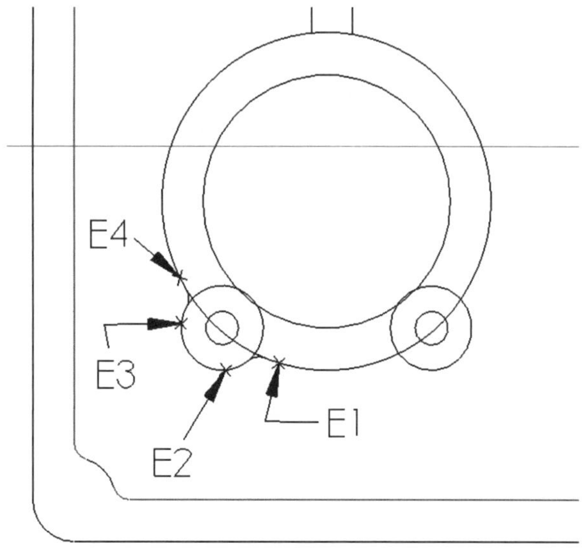

18) 수정－트림/자르기－세요소를 선택 후 다음 그림의 F1－F2－F3을 차례로 지정한다.

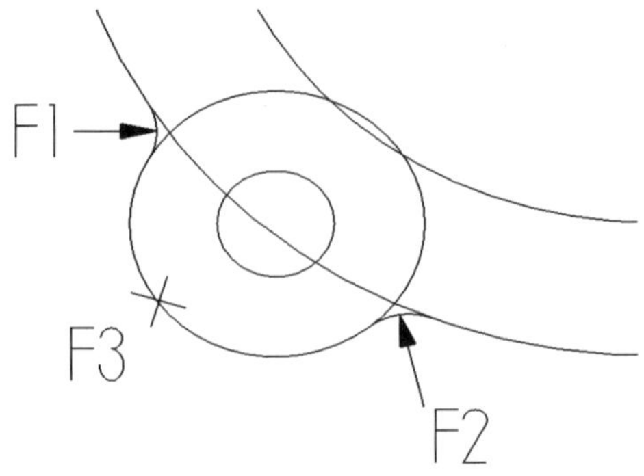

다음 그림과 같이 트림된 형태를 볼 수 있다.

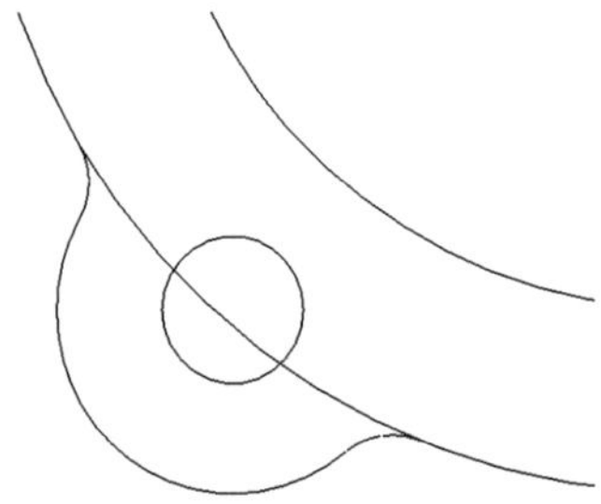

19) 현재 상태(트림/자르기－세 요소)에서 아래 그림의 G1, G2, G3을 차례로 지정한다.

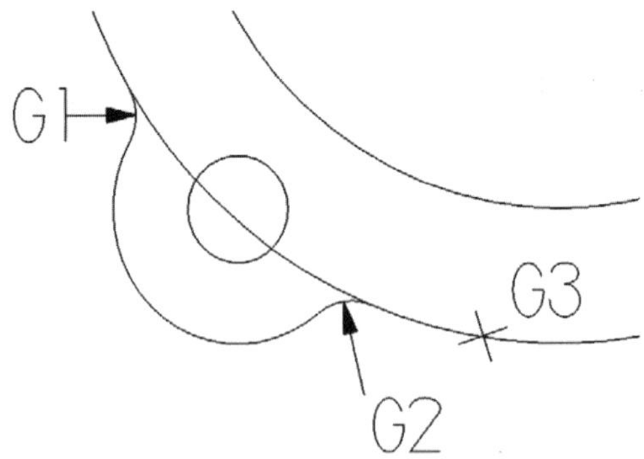

아래 그림과 같이 트림된 상태를 확인할 수 있다.

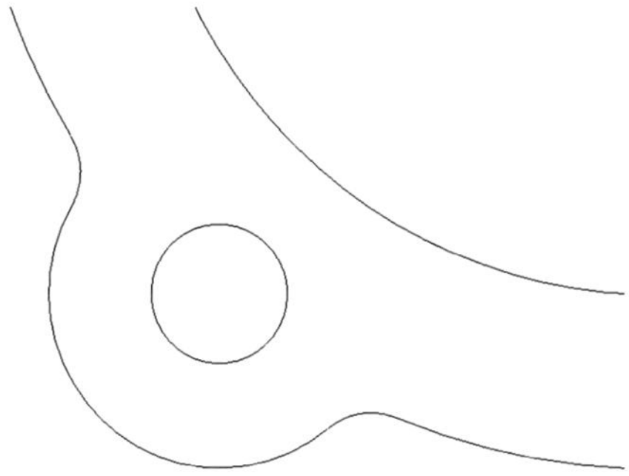

20) 수정－트림/자르기－나누기 선택 후 우측 원호의 H1, H2, H3을 차례로 지정한다.

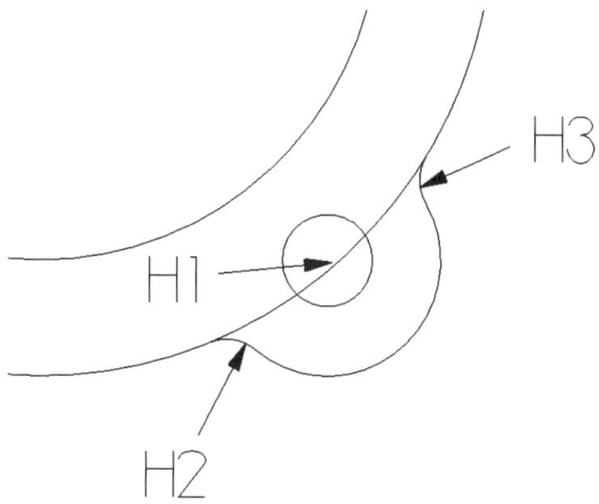

아래 그림과 같이 불필요한 부분(H1)이 삭제되어진 것을 확인할 수 있다.

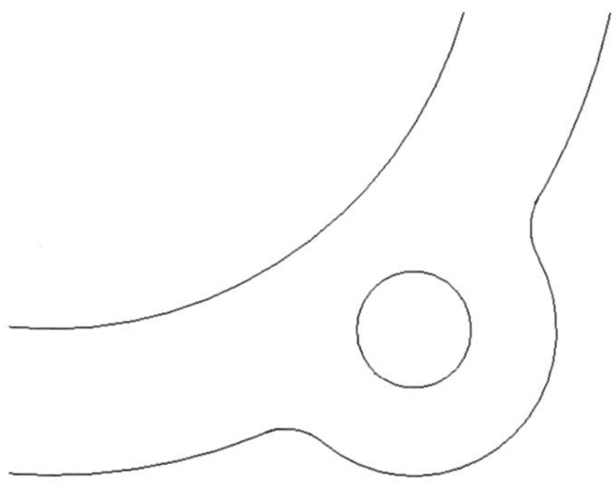

현 상태(수정－트림/자르기－나누기)에서 아래 <그림 1>의 J1을 선택하면, 불필요한 부분(J1)이 삭제된 <그림 2>를 볼 수 있다.

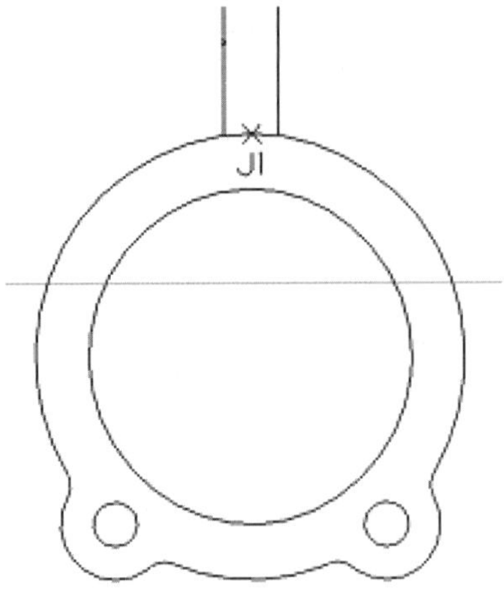

〈그림 1〉

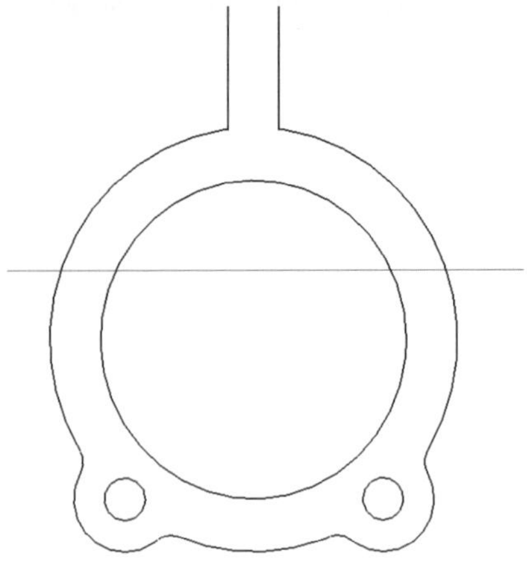

〈그림 2〉

21) 그리기－필렛－필렛 요소를 선택 후 '2.5'를 입력하고 K1－K2, K3－K4, K5－K6, K7－K8을 차례로 지정하면 필렛이 적용된다.
('트림 함'으로 지정)

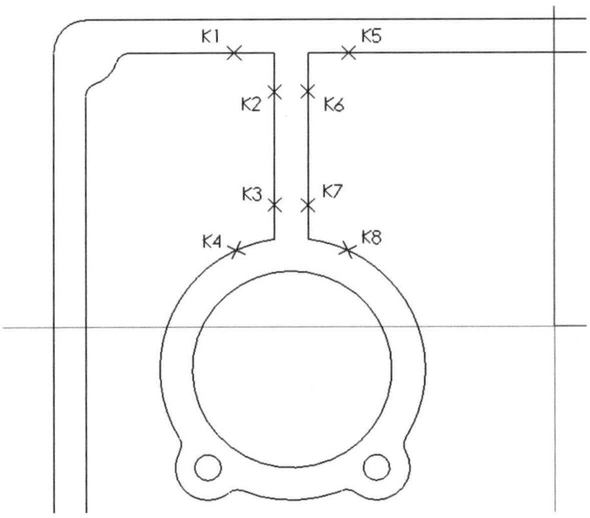

22) 그리기－직선－두점선－증분점－교차점을 선택 후 L1, L2를 지정한다.

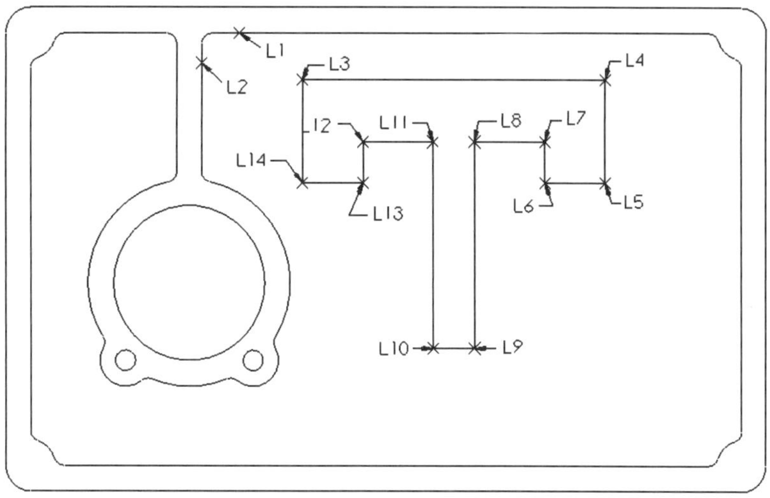

증분 값을 입력하는 란에 '24.92, －11.26'을 입력하고 Enter를 누르면, L3이 지정된다.
각도는 0(zero)으로 지정하고 직선의 길이 값 '75'를 입력 후 '적용버튼'을 누른다.

L4의 끝점을 마우스로 지정 후 경사선의 각도 값 '270', 직선의 길이 값 '25'를 지정한다.
L5의 끝점을 마우스로 지정 후 경사선의 각도 값 '180', 직선의 길이 값 '15'를 지정한다.
L6의 끝점을 마우스로 지정 후 경사선의 각도 값 '90', 직선의 길이 값 '10'을 지정한다.
L7의 끝점을 마우스로 지정 후 경사선의 각도 값 '180', 직선의 길이 값 '17.5'를 지정한다.
L8의 끝점을 마우스로 지정 후 경사선의 각도 값 '270', 직선의 길이 값 '50'을 지정한다.
L9의 끝점을 마우스로 지정 후 경사선의 각도 값 '180', 직선의 길이 값 '10'을 지정한다.
L10의 끝점을 마우스로 지정 후 경사선의 각도 값 '90', 직선의 길이 값 '50'을 지정한다.
L11의 끝점을 마우스로 지정 후 경사선의 각도 값 '180', 직선의 길이 값 '17.5'를 지정한다.
L12의 끝점을 마우스로 지정 후 경사선의 각도 값 '270', 직선의 길이 값 '10'을 지정한다.
L13의 끝점을 마우스로 지정 후 경사선의 각도 값 '180', 직선의 길이 값 '15'를

지정한다.

L14의 끝점을 마우스로 지정 후 경사선의 각도 값 '90', 직선의 길이 값 '25'를 지정한다.

23) 그리기－필렛－필렛 체인 메뉴를 선택 후 리본바에 필렛 반경 값 R2.7 입력 후 <그림 1>에서처럼 L15를 지정하고 OK 버튼을 선택하면 <그림 2>에서처럼 R2.7 필렛이 적용된 형태를 볼 수 있다.

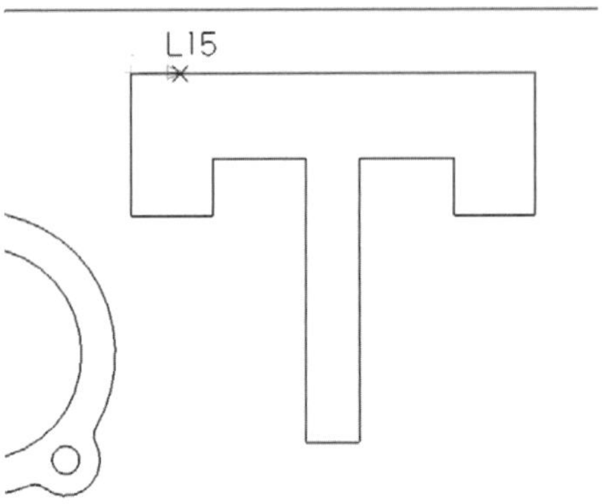

〈그림 1〉

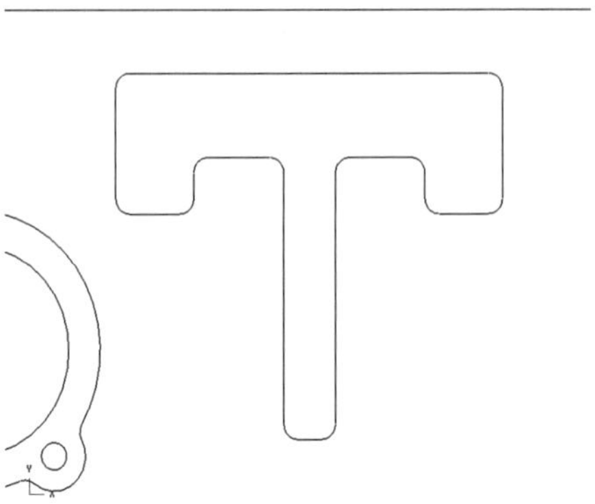

〈그림 2〉

24) 그리기－직선－두점선－증분점－교차점을 선택 후 N1, N2를 지정한다. 그리고 증분 값을 입력하는 란에 'X141.83'을 입력하고 Enter를 누르면 N3 지점이 지정된다. 적용될 각도 값 입력하는 란에 '48.4'를, 직선의 길이 값은 '60'을 입력하고 OK 버튼을 누르면 아래 그림과 같은 경사선이 생성된다.

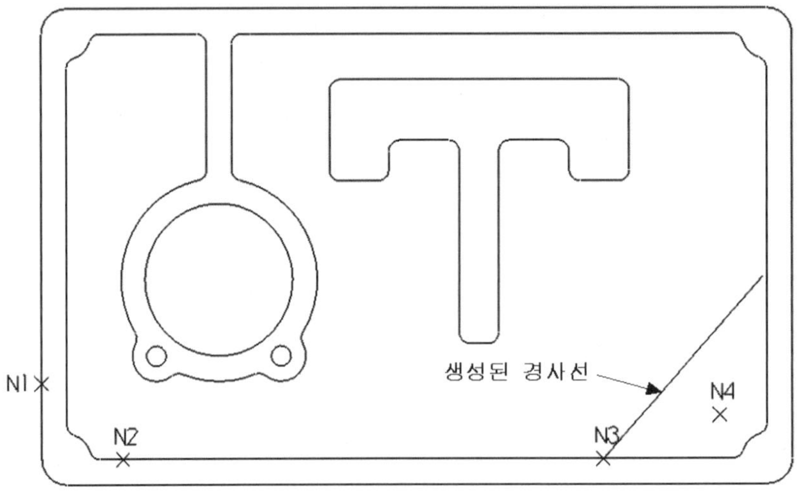

25) 그리기 – 직선 – 평행선 메뉴를 차례로 선택 후 생성된 경사선을 지정한다. N4 지점을 선택(옵셋 방향 지정)하고 평행선거리 6.25를 입력한 후 OK 버튼을 누른다. 그러면 거리 6.25만큼 옵셋된 직선이 생성된다.

26) 수정 – 트림/자르기 – 교차점 분할 메뉴를 차례로 선택 후 다음 그림의 P1, P2, P3을 차례로 지정을 하고 '선택완료' 버튼을 선택하면 각각의 교차점을 기준으로 등분된 형태의 직선들이 존재하게 된다.

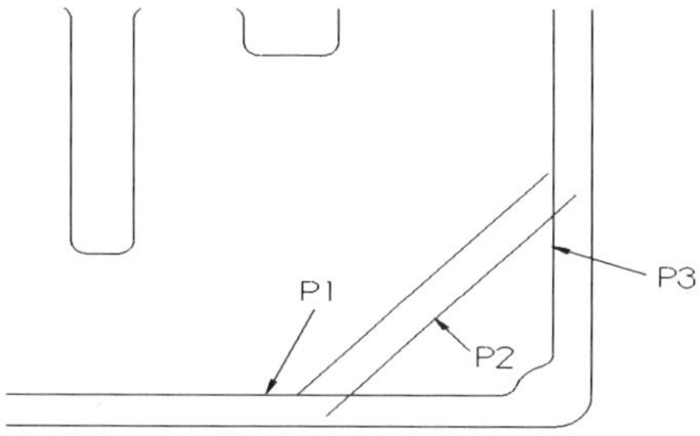

27) 수정 – 트림/자르기 – 두요소 메뉴를 선택 후 아래 그림의 Q1, Q2, Q3, Q4를 차례로 지정하면 트림이 된다.

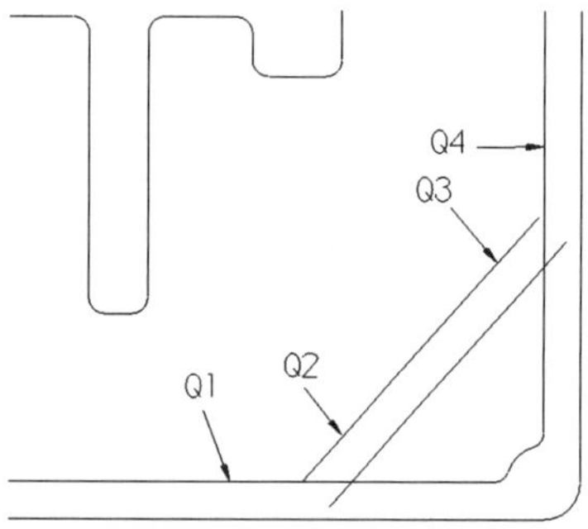

28) 그리기 – 필렛 – 필렛 요소 메뉴를 선택 후 필렛 반경 값 '2.5'를 입력하고 아래 <그림 1>의 S1 – S2, S3 – S4, S6 – S5, S5 – S7을 차례로 지정하면 R2.5의 필렛이 적용된다(<그림 2> 참조).

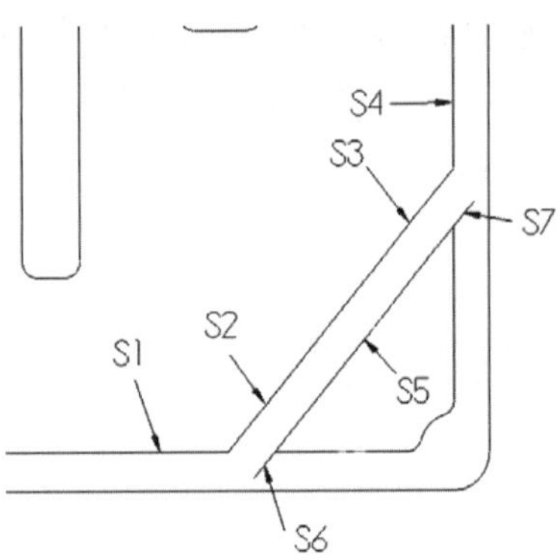

〈그림 1〉

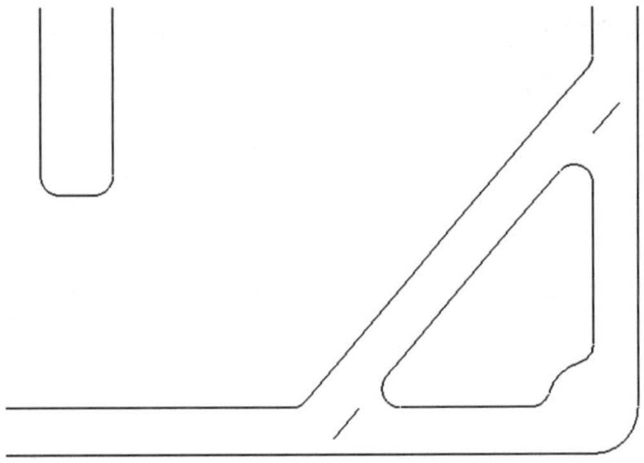

〈그림 2〉

불필요한 직선을 선택한 후 'Del'키를 이용해서 삭제한다.
아래와 같은 그림을 볼 수 있다.

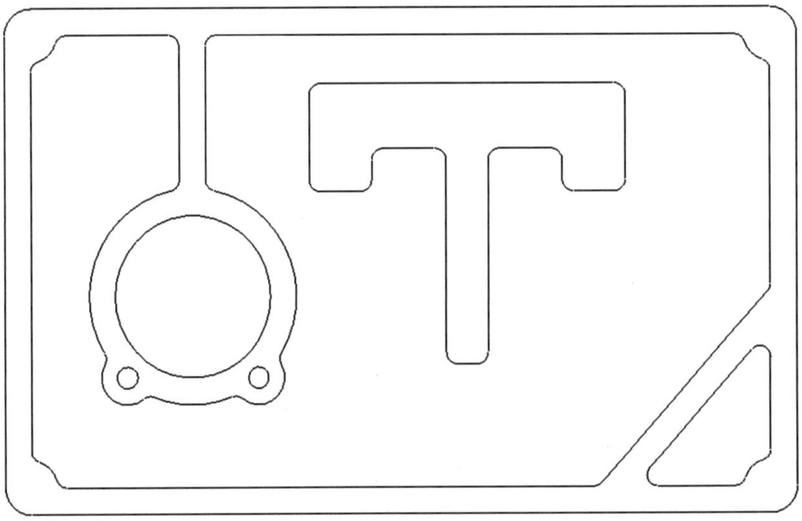

29) 그리기－원호－중심＋반지름, 지름원 메뉴를 선택 후 원호의 지름 값 '5'를 입력하고 좌표 값 입력하는 란에 '－88.16,－52.32'를 입력 후 Enter를 누르면 좌측하단 부분에 직경 5의 원호가 생성되는 것을 볼 수 있다.

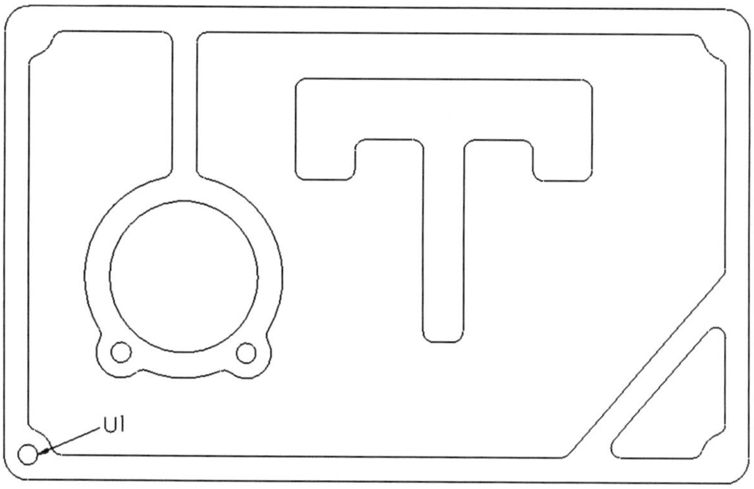

30) 이동－대칭이동 메뉴를 선택 후 U1(원호)을 선택하고 ‘선택완료’ 버튼을 누른다. 다음 대칭기준으로 ‘Y축’을 설정한다. 대칭이동 대화창이 나타나면 아래와 같이 설정한다.

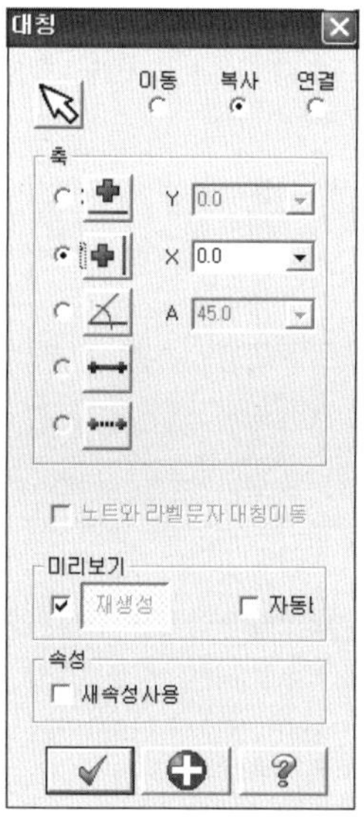

OK 버튼을 누르면 다음 그림과 같이 원호가 Y축을 기준으로 대칭이동된 도형이 생성된 것을 볼 수 있다.

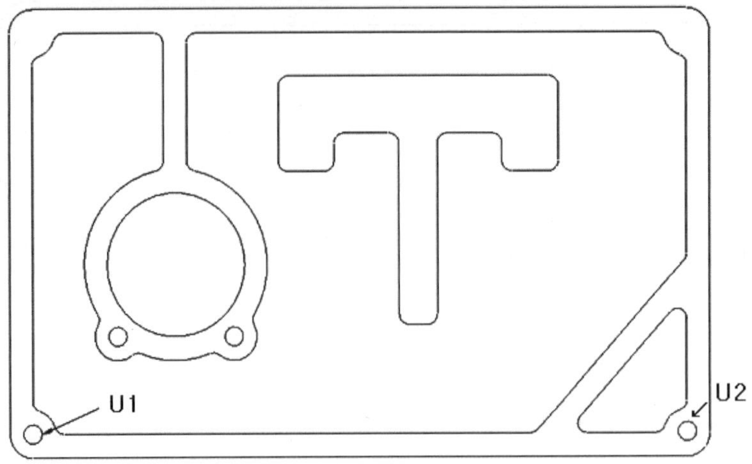

31) 현 상태(이동－대칭이동)에서 U1, U2를 선택한다. '선택완료' 버튼을 선택한 다음 대칭기준으로 'X축'을 설정한다. 대칭이동 대화창이 나타나면 아래와 같이 설정한다.

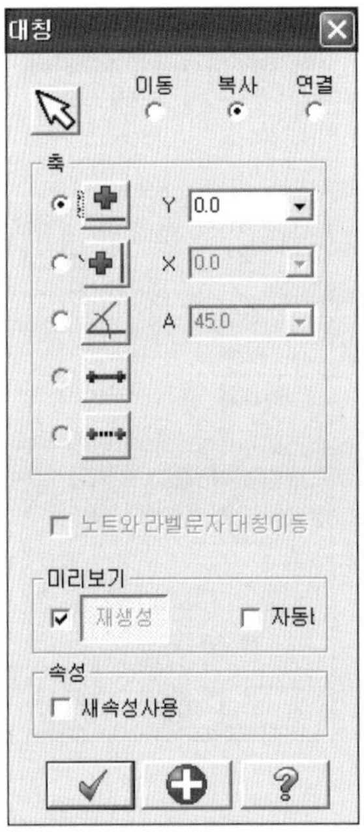

OK 버튼을 누르면 다음 그림과 같이 원호가 X축을 기준으로 대칭이동된 도형이 생성된 것을 볼 수 있다.

▸ 화면－색상복귀를 선택하면 도형생성이 완료된 것을 볼 수 있다.

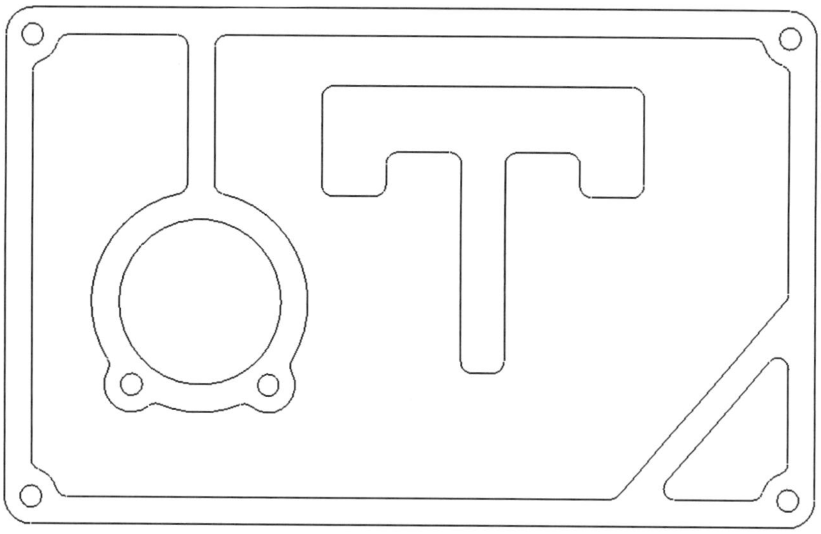

2 가공경로 생성하기

2-1 재료 설정

피삭재 크기설정은 이후 실행될 모의가공 과정에서도 설정할 수 있으며, 공구정의 또한 가공실행 과정 및 가공유틸－공구정의에서 설정할 수 있으나 이 매뉴얼 사용자들의 이해를 돕기 위해 사전 정의하는 과정으로 실행하였으므로 참고하기 바란다.

생성된 도형을 기준으로 하여

1) 그리기－사각형 메뉴를 선택한다.
   리본바에서 너비＝210, 높이＝135를 입력한 후 '중심점' 아이콘을 선택하여 사각형을 시스템 원점에 지정한다.

2) 이동－평행이동－일반적인 선택에서 윈도우로 사각형을 선택한다.
   선택하였으면 '선택완료' 버튼을 누른다. 증분 값을 입력하는 란에 'Z-40'을 입력 후 평행이동 대화창이 나타나면 아래와 같이 설정한다.

3) 그래픽뷰－입체(WCS)를 지정한다.

화면좌측에 설정된 작업관리자 창에서 미리 설정된 머신형태 속성을 더블 클릭 한 후 다시 한 번 재료설정을 클릭하면 다음 그림과 같이 P1, P2를 차례로 지정하게 되면 재료크기가 자동으로 지정된다.

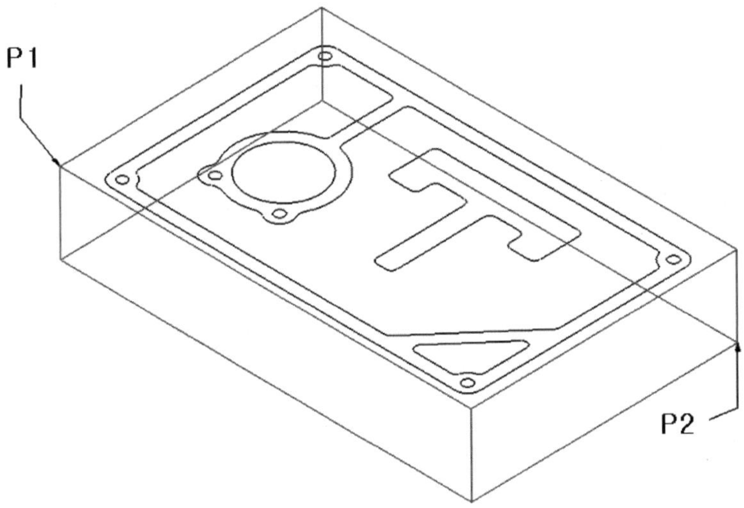

4) 재료설정 내용을 아래와 같이 지정 후 OK 버튼을 누른다.

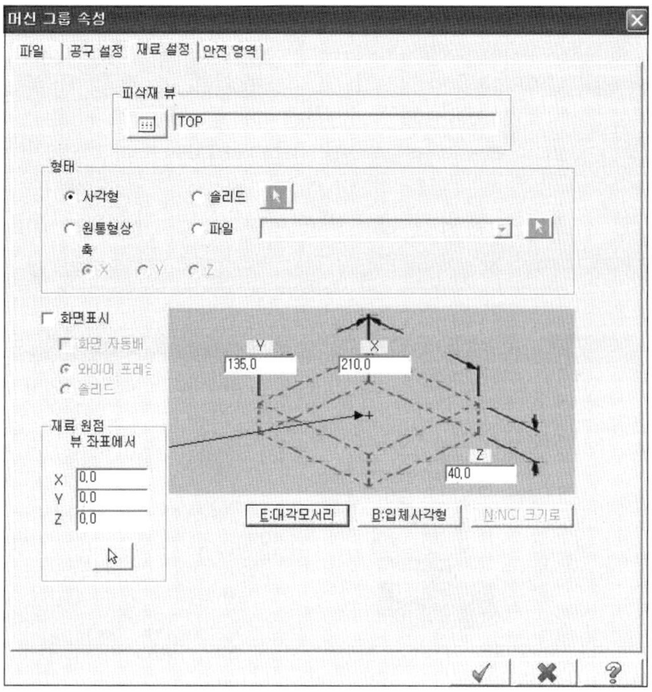

2-2 사용공구 사전정의

구 분	플레인커터 ∅50	평엔드밀 ∅30	평엔드밀 ∅10	평엔드밀 ∅5	센터드릴 ∅10	드 릴 ∅5
공구번호	2	3	4	5	6	7
공구지름	50	30	10	5	10	5
경보정번호	2	3	4	5	6	7
장보정번호	42	43	44	45	46	47
이송속도	150	250	400	500	500	600
Z축이송속도	100	150	250	300	-	-
복귀속도	1000	1000	1000	1000	1000	1000
주축회전수	1200	1500	1700	2000	1500	1500
절삭날의 수	4	4	4	4	4	4

※ 홀더높이, 오버롤 등 각종 공구관련 치수는 각 공구지름 크기에 비례하여 설정

1) 속성 - 파일 - 공구목록에서  를 선택

2) 화면표시 공구관리자 대화창의 흰색 영역에서 마우스 우측버튼 클릭

3) 새 공구 생성 선택

4) 플레인 커터 그림 항목 마우스 클릭

5) 공구 - 플레인 커터 화면을 <그림 1>과 같이 설정

6) 대화창의 상단 조건설정 항목 마우스 클릭

7) 조건설정 화면을 <그림 2>와 같이 설정하고 하단부 OK 버튼 선택

8) 기타 공구들은 위 표의 내용으로 위 3)~7)까지의 과정을 반복하여 정의

9) 공구관리자 대화창의 우측하단위치 OK 버튼 선택

10) 머신그룹 속성의 우측하단위치 OK 버튼 선택하면 가공에 사용될 공구 정의 완료됨.

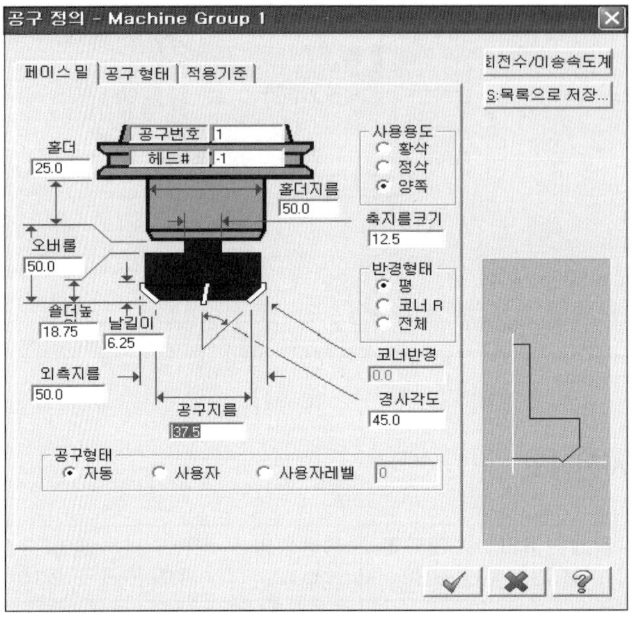

〈그림 1〉

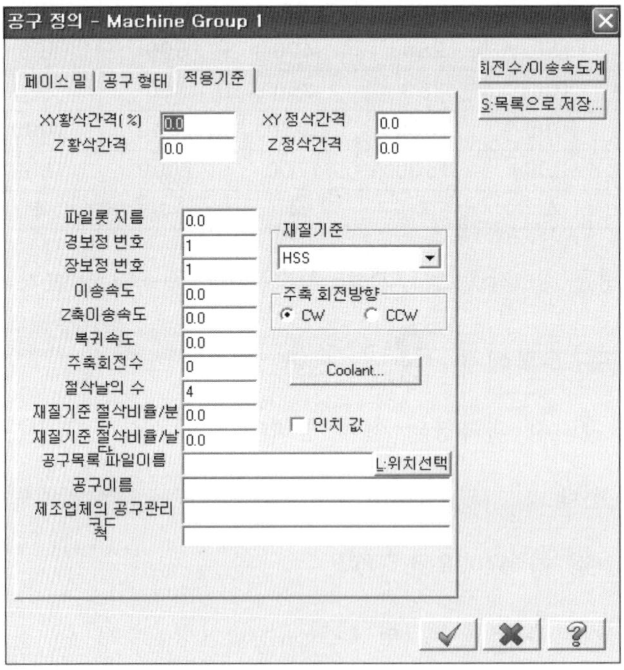

〈그림 2〉

2-3 작업/공구평면 지정

상태바에서 평면을 클릭 후 작업/공구 평면을 평면으로 선택한다.

2-4 표면가공 가공경로 생성

1) 가공경로－표면 가공경로－체인작업 메뉴지정 후 A1을 선택한다.

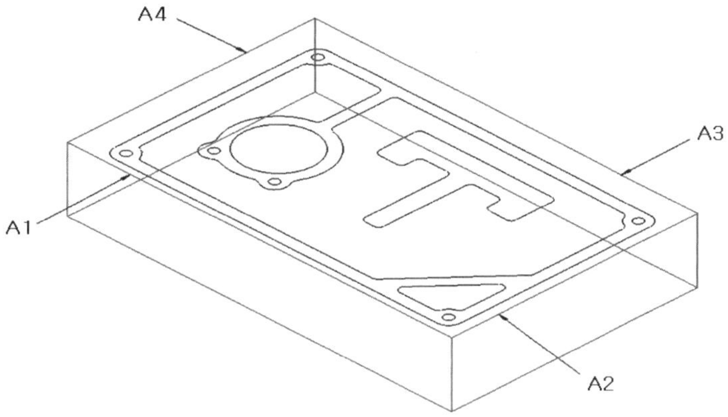

2) 체인 화살표가 나타나면 'OK' 버튼을 지정한다.

3) 공구조건설정 대화창의 상단 표시된 공구들 중 2번 공구 마우스 클릭

4) 대화창의 기타 항목들은 아래 그림과 같이 설정한다.

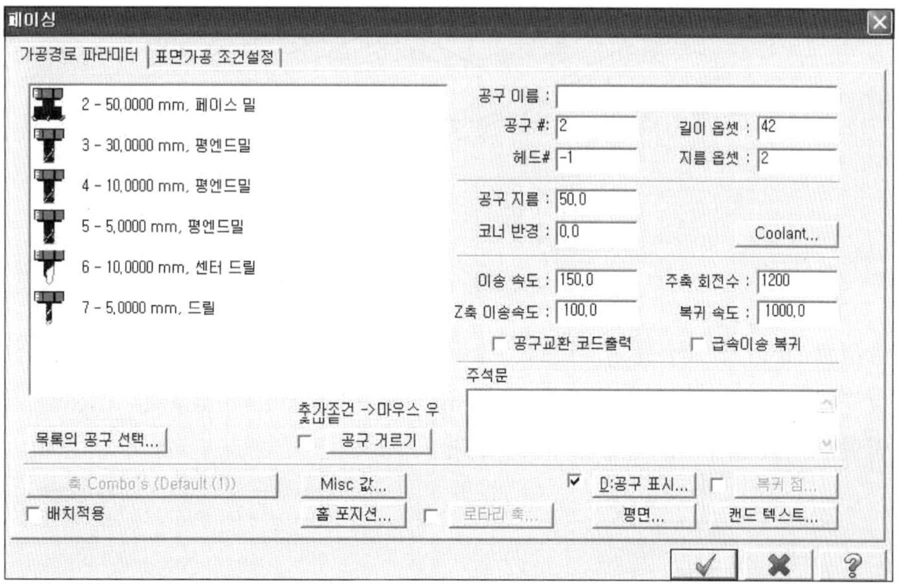

5) 대화창의 상단 표면가공 조건설정 항목을 마우스 클릭하고 아래와 같이 설정한다.

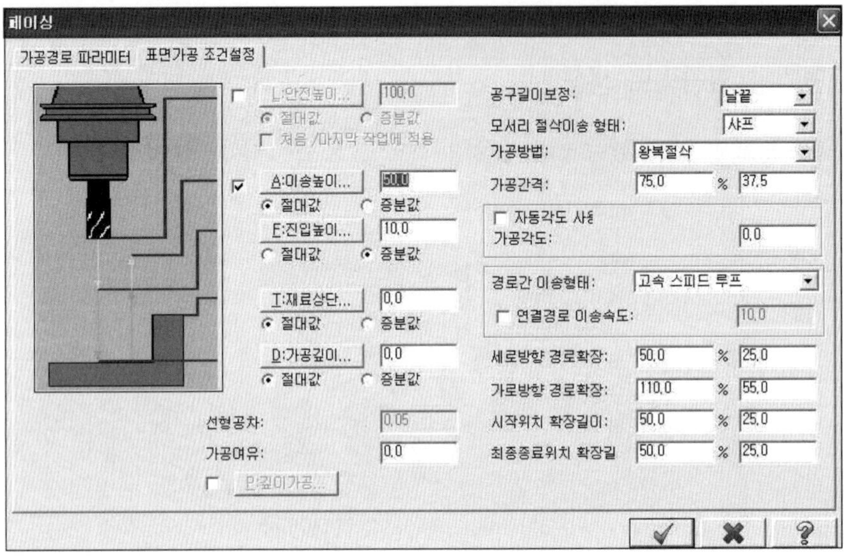

6) 모든 조건을 설정 후 'OK' 버튼을 클릭하면, 아래 그림과 같이 가공경로가 생성된 것을 볼 수 있다.

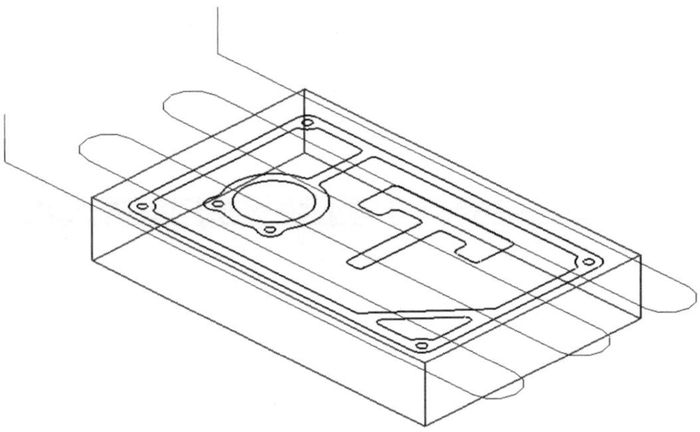

7) 가공경로 관리자에서 버튼을 눌러서 가공경로를 화면에서 감춘다. 위 과정에서 가공경로를 화면에서 감추는 이유는 다른 가공정의 경로를 생성할 때 쉽게 확인할 수 있도록 하기 위한 작업이다.

2-5 포켓가공 가공경로 생성

1) 가공경로－포켓 가공경로－체인 작업 메뉴지정 후 B1－B2－B3－B4를 차례로 선택한 후 'OK' 버튼을 지정한다.

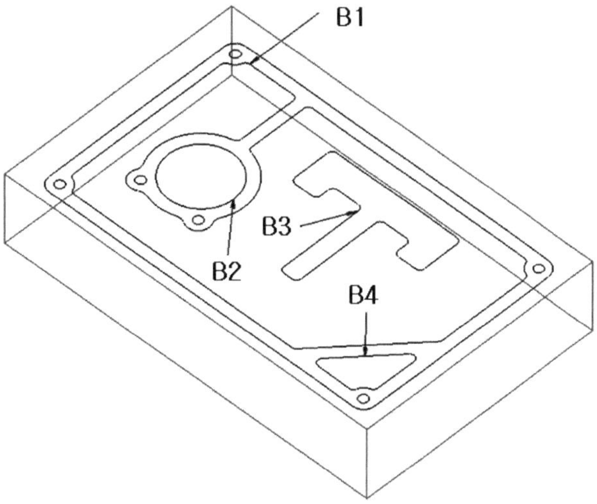

2) 공구조건설정 대화창의 상단 표시된 공구들 중 4번 공구 마우스 클릭

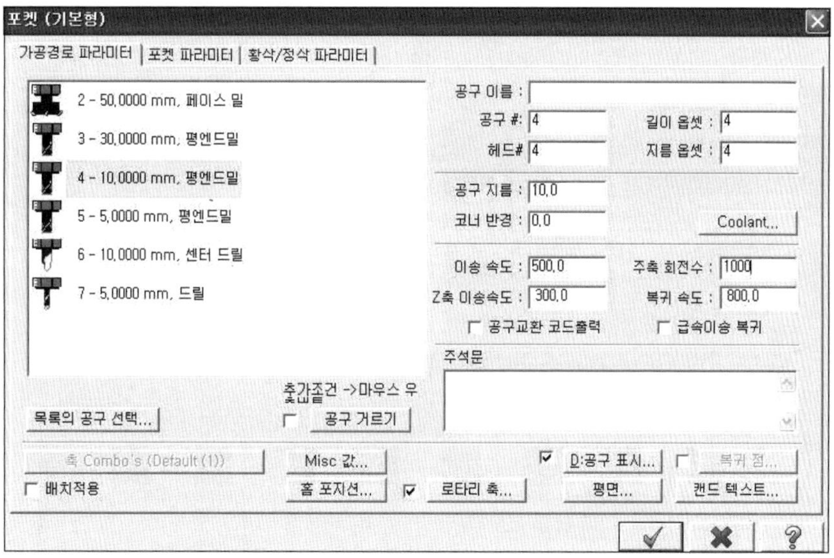

3) 대화창의 기타 항목들은 다음 그림과 같이 설정한다.

4) 대화창의 상단 포켓가공 조건설정 항목을 마우스 클릭하고 깊이가공 및 가공조건을 아래 <그림 1>, <그림 2>와 같이 설정한다.

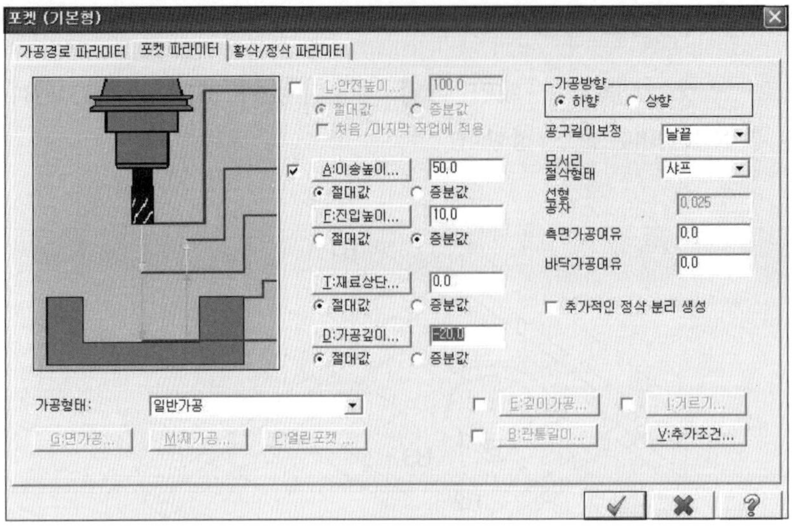

〈그림 1〉

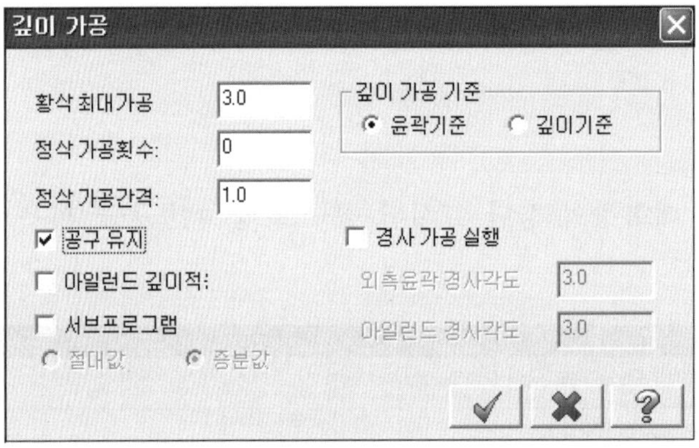

〈그림 2〉

5) 대화창의 황삭/정삭 가공조건 항목을 마우스 클릭하고 아래와 같이 설정한다.

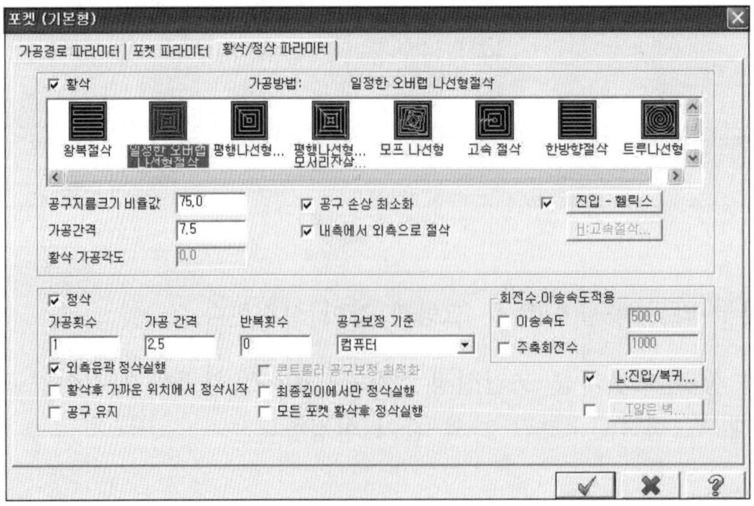

6) 대화창의 황삭/정삭 가공조건 중 '진입/헬릭스' 항목을 마우스로 클릭하고 아래와 같이 설정한다.

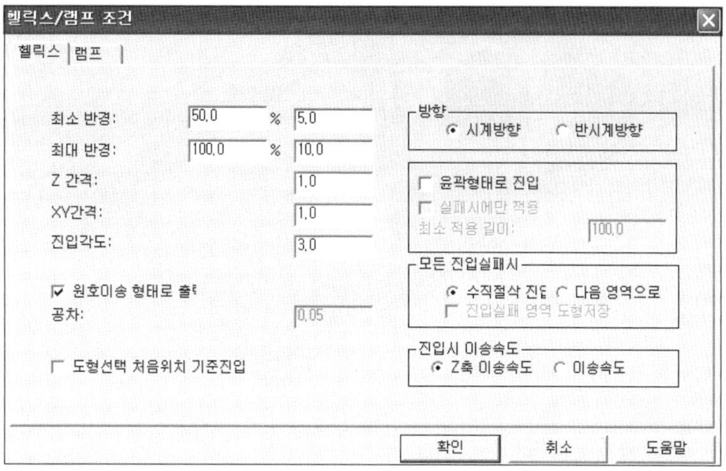

7) 대화창의 황삭/정삭 가공조건 중 '진입/복귀' 항목을 마우스로 클릭하고 아래와 같이 설정한다.

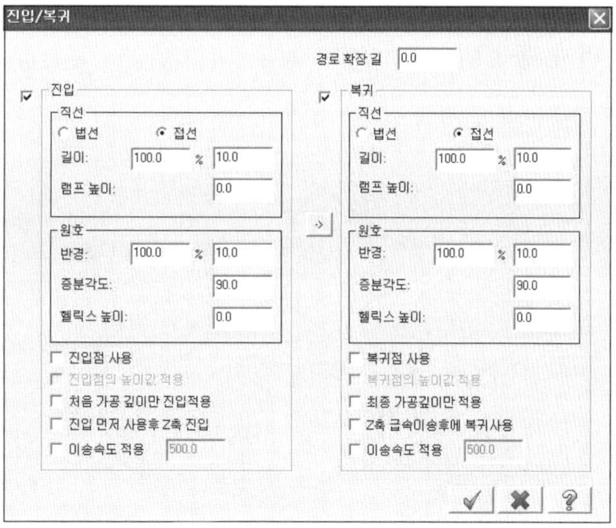

8) 모든 조건을 설정 후 'OK' 버튼을 클릭하면, 아래 그림과 같이 가공경로가 생성된 것을 볼 수 있다.

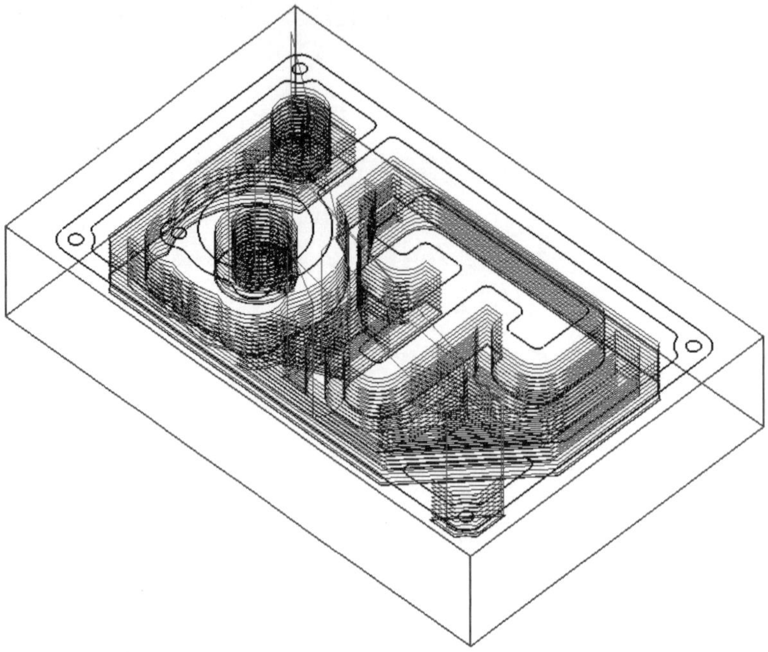

2-6 포켓가공 재가공 가공경로 생성

1) 가공경로－포켓 가공경로－체인 작업 메뉴지정 후 B1－B2－B3－B4를 차례로 선택한 후 'OK' 버튼을 지정한다.
[위의 2-5의 1)번과 동일]

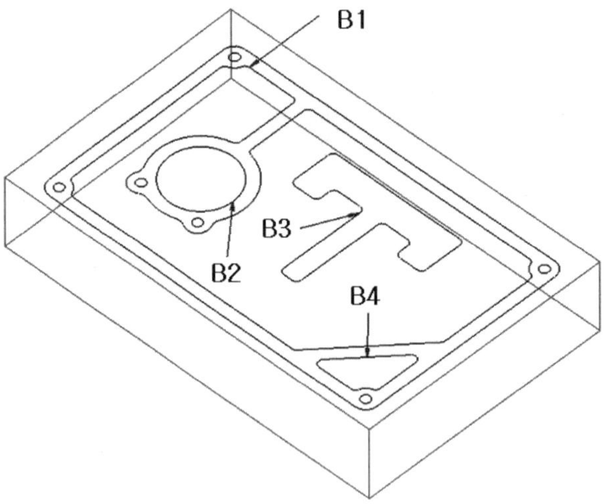

2) 공구조건설정 대화창의 상단 표시된 공구들 중 5번 공구 마우스 클릭

3) 대화창의 기타 항목들은 다음 그림과 같이 설정한다.

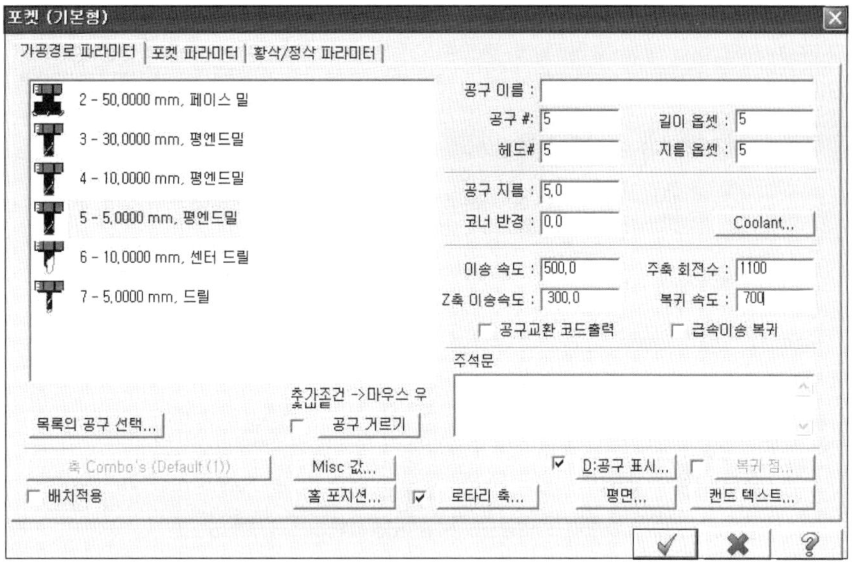

4) 대화창의 상단 포켓 파라미터 항목을 마우스 클릭하고 좌측 하단가공 형태를 '재가공'으로 지정한다.

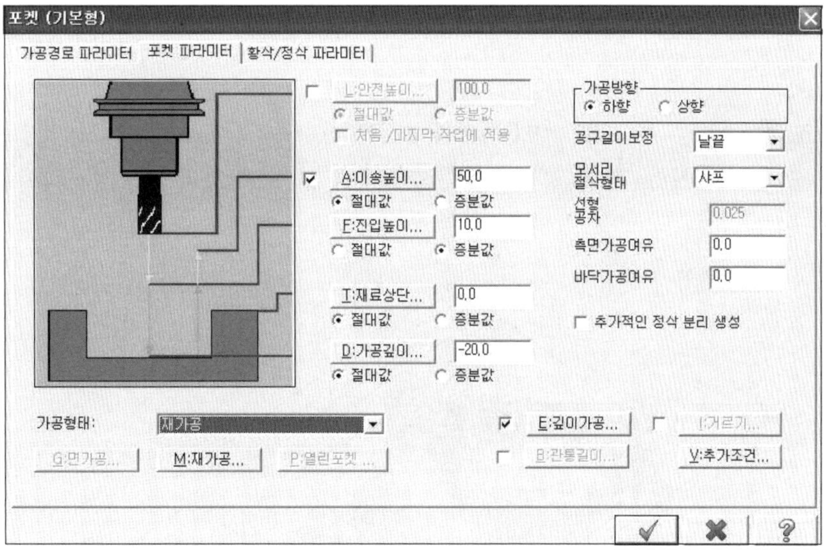

'재가공' 아이콘을 선택하여 <그림 1>과 같은 형태로 지정한다.

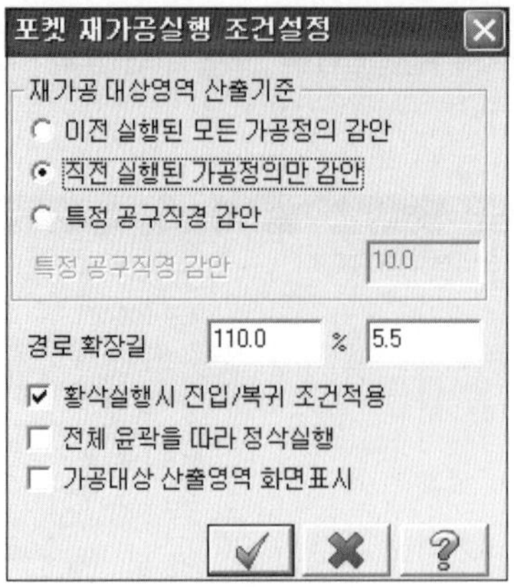

〈그림 1〉

'깊이가공' 아이콘을 선택하여 <그림 2>와 같은 형태로 지정한다.

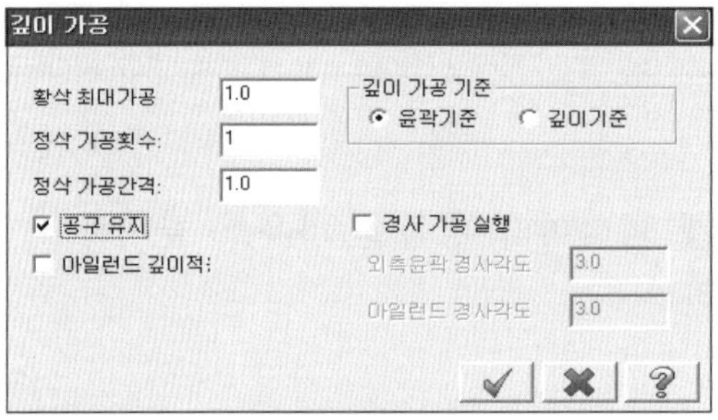

〈그림 2〉

5) 모든 조건을 설정 후 'OK' 버튼을 클릭하면, 아래 그림과 같이 가공경로가 생성된 것을 볼 수 있다.(황삭/정삭 가공조건은 이전 포켓가공 조건을 사용)

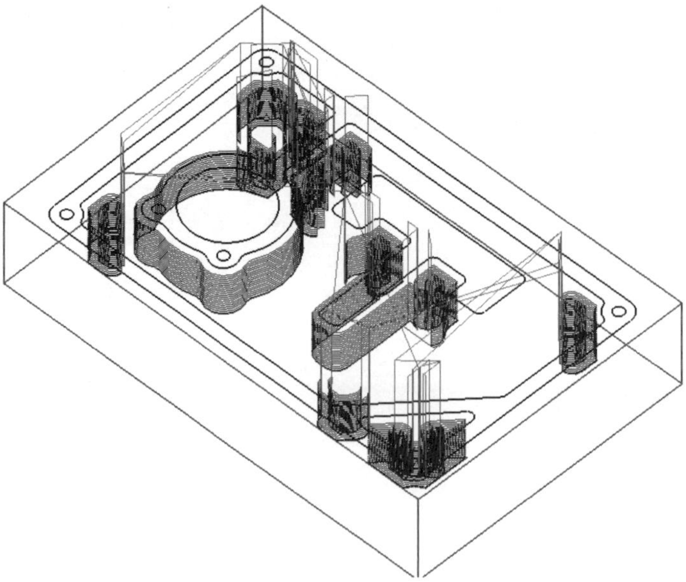

2-7 드릴 가공경로 생성

1) 가공경로－드릴 가공경로－도형요소 메뉴를 선택 후 T1, T2, T3, T4, T5, T6을 차례로 선택한다.

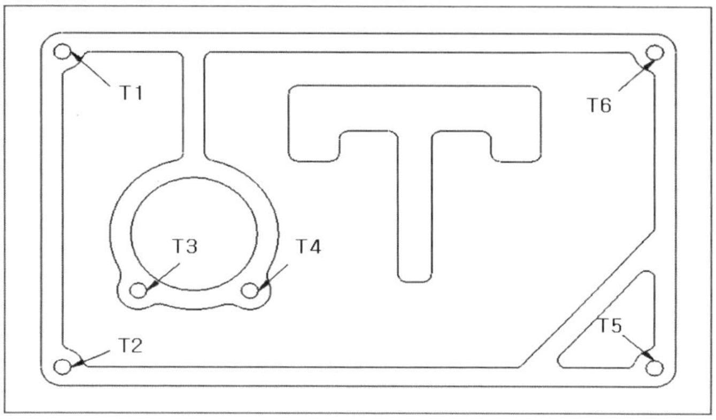

2) T1～T6까지 모두 선택 후 'OK' 버튼을 선택하면 아래 <그림 1>, <그림 2>와 같이 조건을 설정한다.

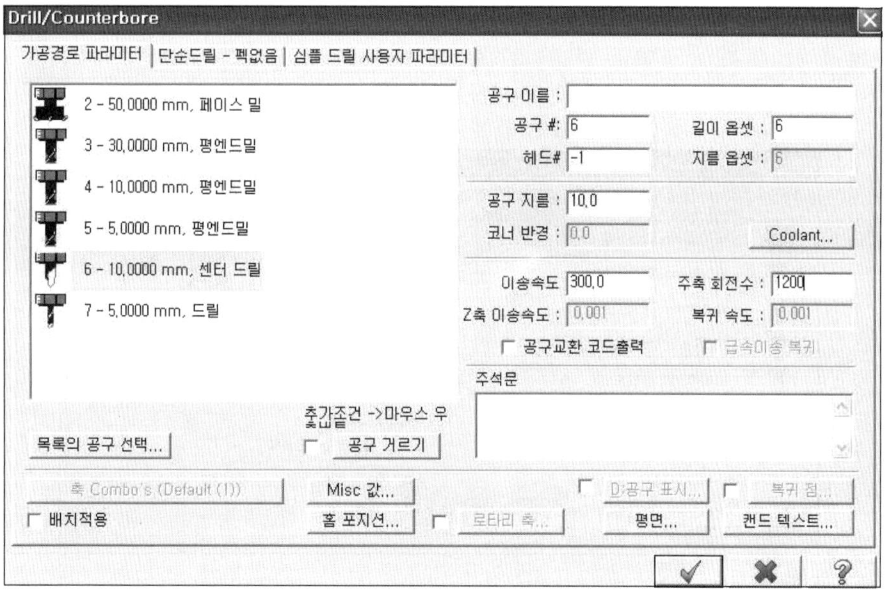

〈그림 1〉

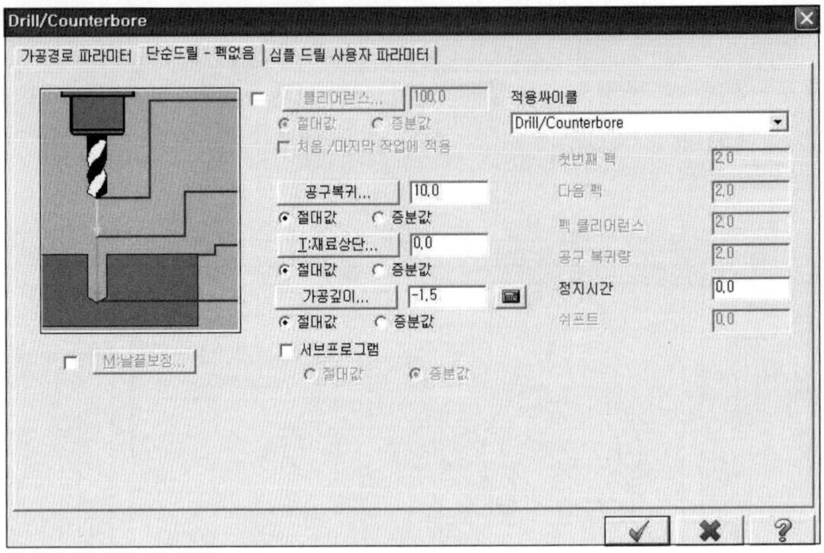

〈그림 2〉

3) 모두 설정하였으면 'OK' 버튼을 지정한다.

4) 가공정의 관리자 대화창을 닫은 후 '드릴가공－최종점'을 선택하면 이전 센터드릴 가공경로가 드릴 가공경로로 자동 지정되는 것을 볼 수 있다.

5) 'OK' 버튼을 지정한 후 아래 <그림 1>, <그림 2>와 같이 공구조건설정을 지정한다.

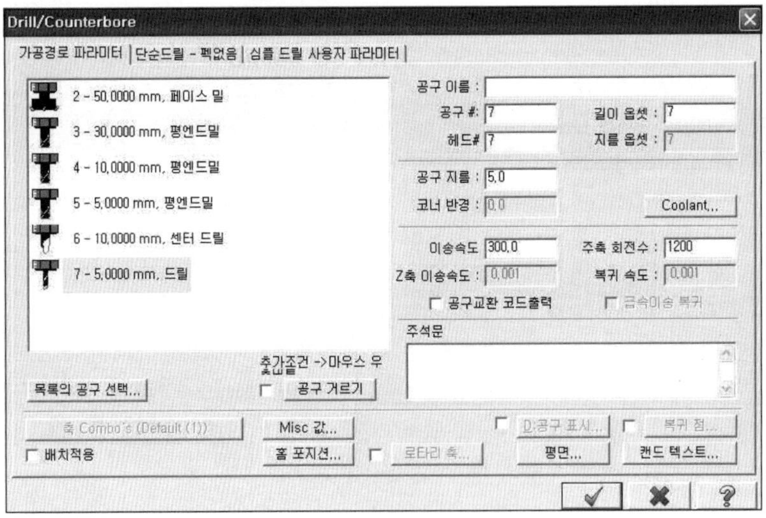

〈그림 1〉

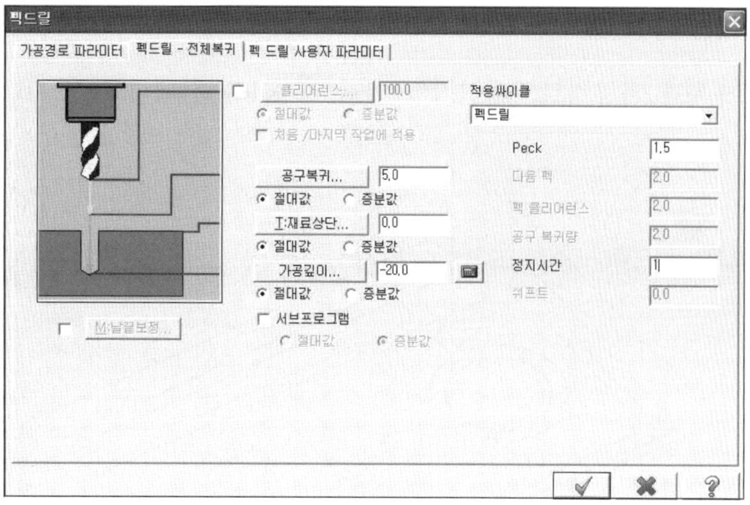

〈그림 2〉

6) 모두 설정하였으면 'OK' 버튼을 지정한다. 아래와 같이 드릴 가공경로가 생성되는 것을 볼 수 있다.

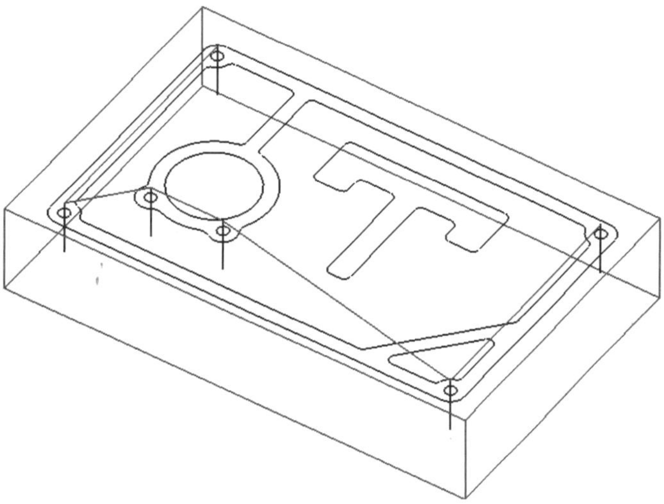

2-8 윤곽 가공경로 생성

1) 가공경로 – 윤곽 가공경로 – 체인작업 선택 후 K1을 선택한다.

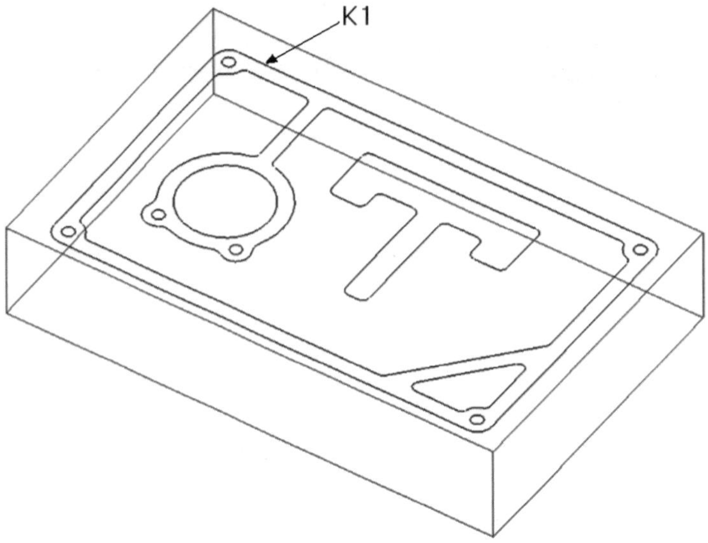

2) 선택 후 'OK' 버튼을 지정한 뒤 조건을 <그림 1>, <그림 2>와 같이 설정한다.

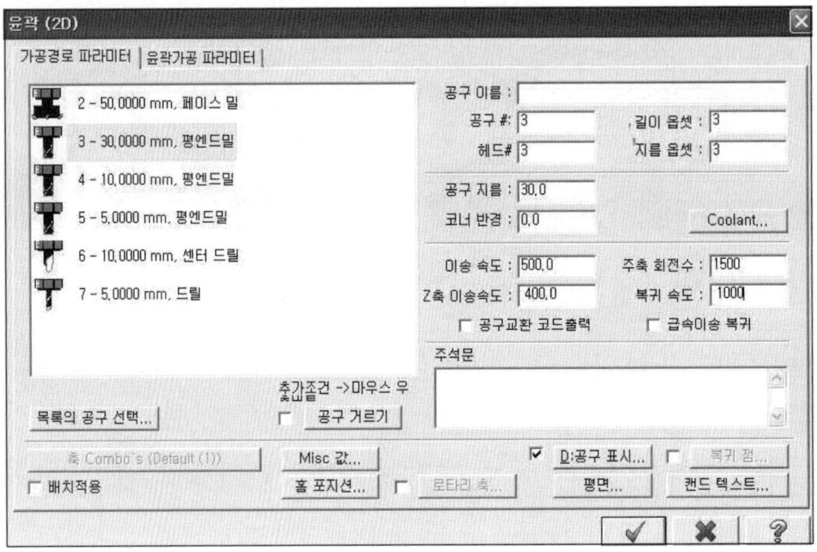

〈그림 1〉

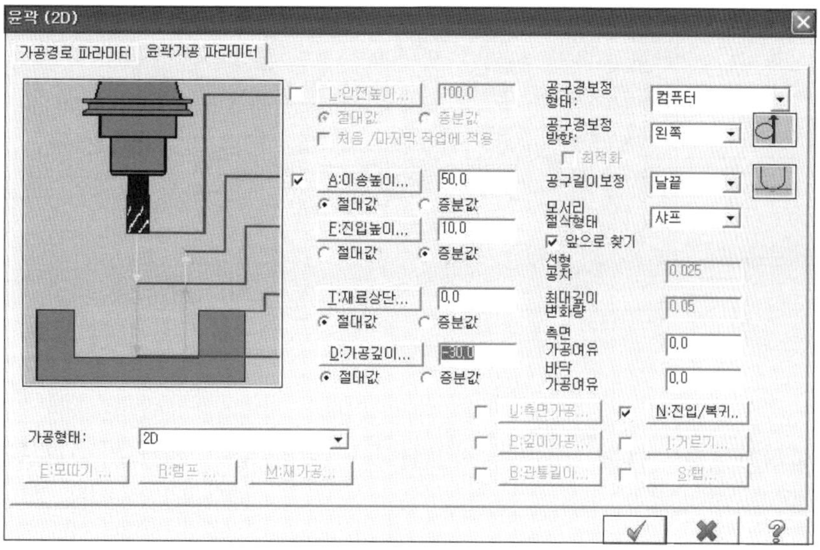

〈그림 2〉

3) 진입/복귀 <그림 1> 및 깊이가공 <그림 2>와 같이 설정한다.

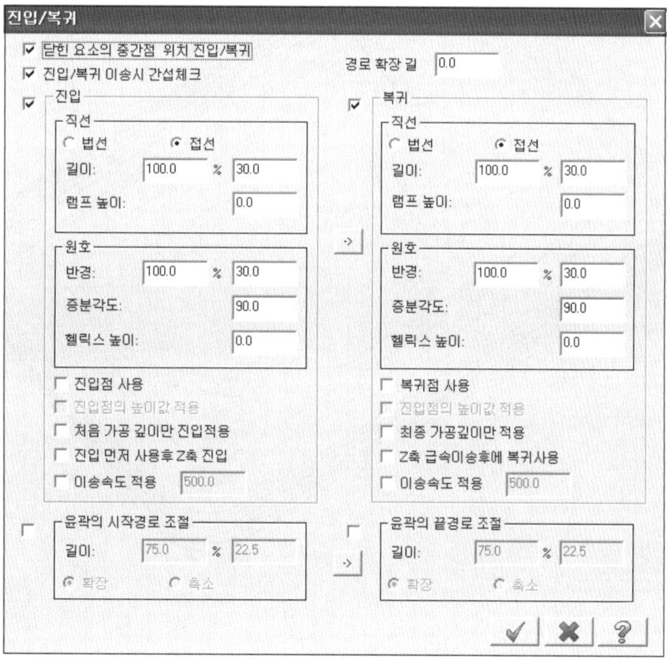

〈그림 1〉

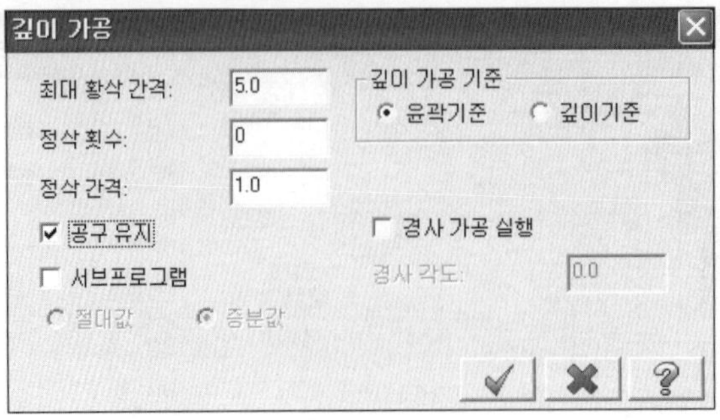

〈그림 2〉

4) 모두 설정하였으면 'OK' 버튼을 지정한다. 아래와 같이 윤곽 가공경로가 생성되는 것을 볼 수 있다.

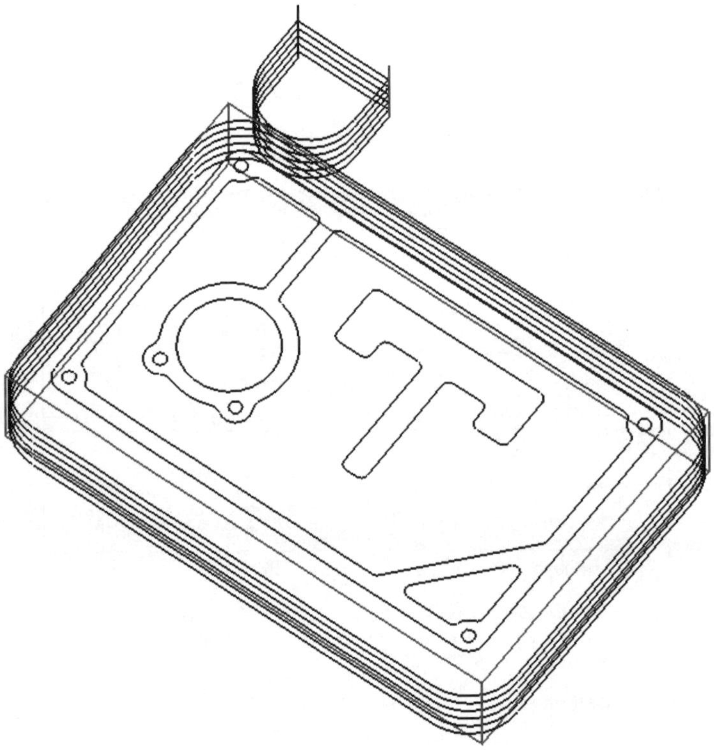

3 모의가공 실행

3-1 모의가공 조건설정

1) 가공관리자 – 전부선택 – 모의가공을 차례로 선택한다.

2) 아래 그림의 '조건설정' 버튼을 클릭한다.(사각영역)

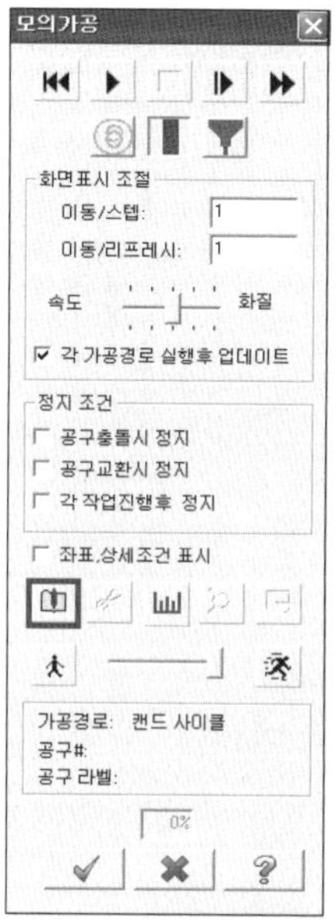

3) 모의가공 조건설정 창이 나타나면 피삭재의 형태는 '박스'로 지정하고, '재료설정의 값으로' 버튼을 선택하여 가상의 모의가공 재료를 설정한 후 나머지 조건들은 아래와 같이 지정한다.

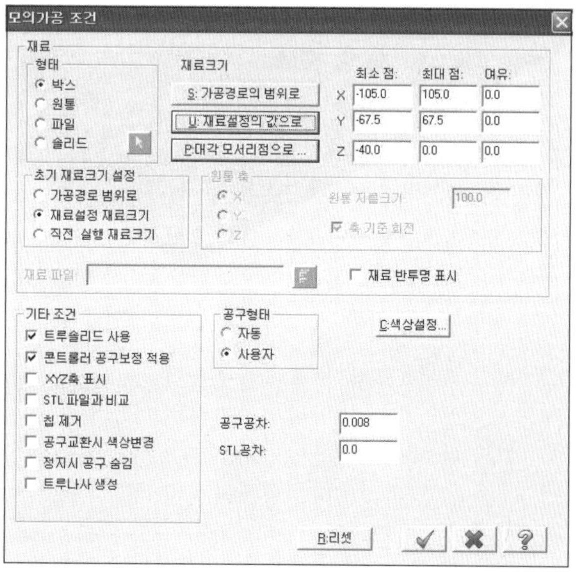

4) 모두 지정 후 OK 버튼을 선택한 다음 '시작'을 지정한다.(사각영역)

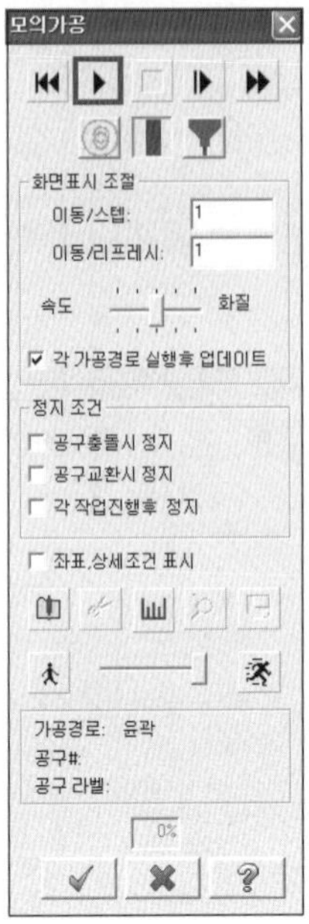

5) 모의가공이 완료된 것을 볼 수 있다.

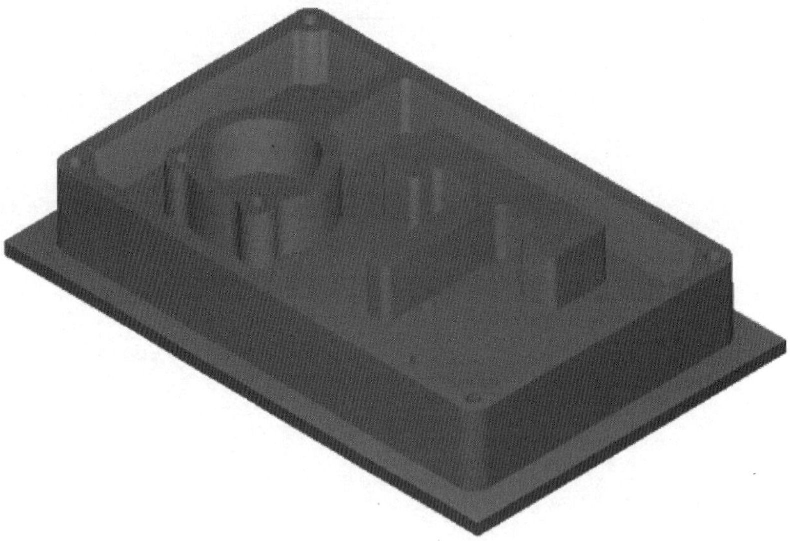

2.2.9 가공예제 3

< 가공예제 3 >

다음 도형을 생성하고, 가공조건을 고려하여 2D 가공(포켓)정의를 하시오.

① 도면 그리기

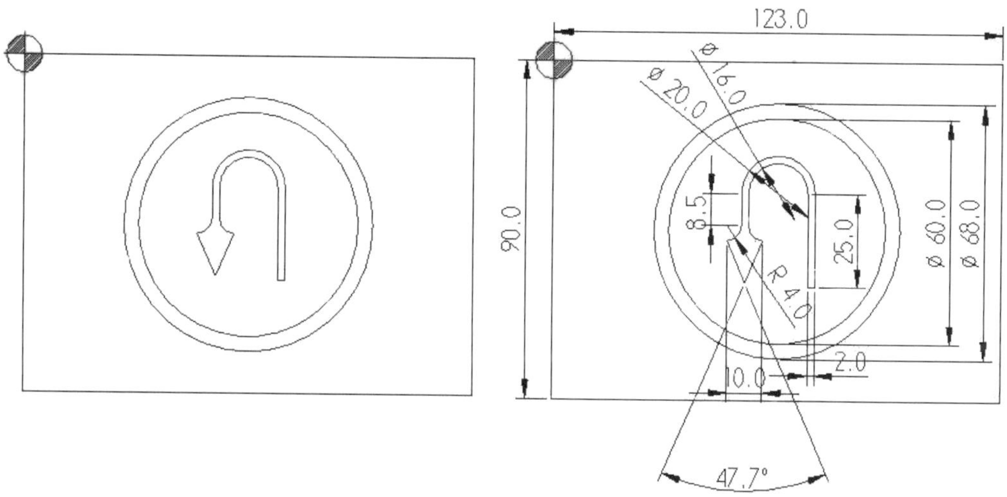

1) 가공경로－포켓가공에서 도형을 선택 후 OK를 지정하고 공구조건설정 대화창의 상단 표시된 공구들 중 3번 공구 마우스 클릭(공구사전 등록)

2) 대화창의 기타 항목들은 다음 그림과 같이 설정한다.

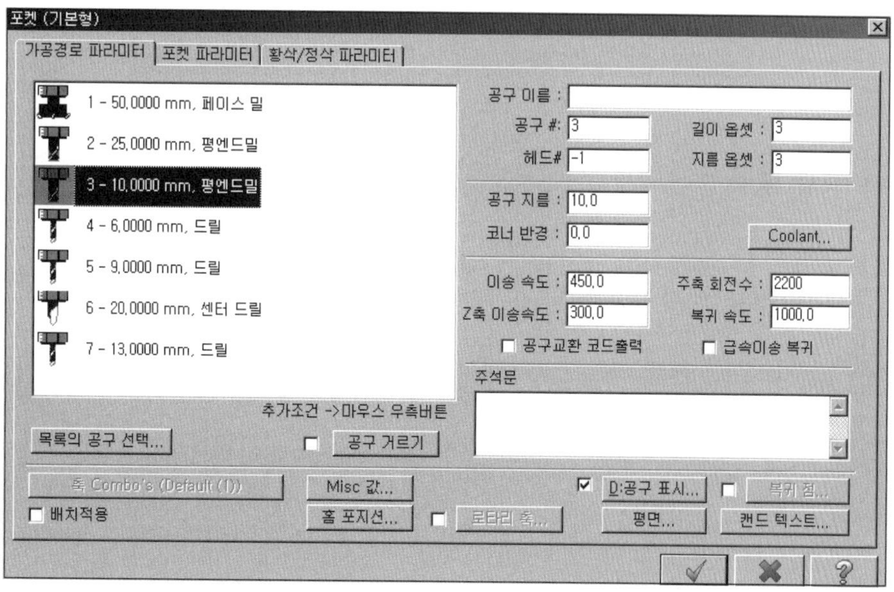

3) 대화창의 상단 포켓가공 조건설정 항목을 마우스 클릭하고 깊이가공 및 가공조건을 아래와 같이 설정한다.

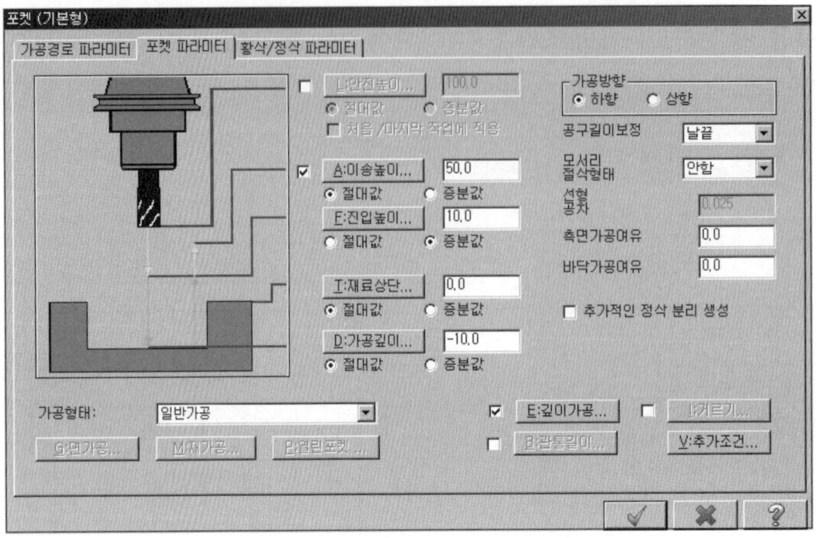

4) 깊이가공을 선택하여 아래와 같이 설정한다.

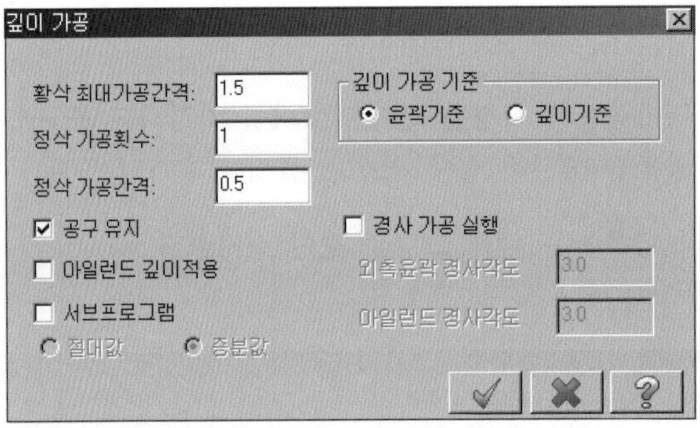

※ 황삭 실행 횟수

총 가공깊이 − 정삭가공간격 / 1회 가공깊이

10.0 mm − 0.5 mm / 1.5 mm = 6.3회 ⇨ 7회(실 가공횟수)

▷ 9.5 mm(실 가공깊이) / 7회 = 1.3571 mm(매 회 가공량)

5) 대화창의 황삭/정삭 파라미터 항목을 클릭하고 아래와 같이 설정한다.

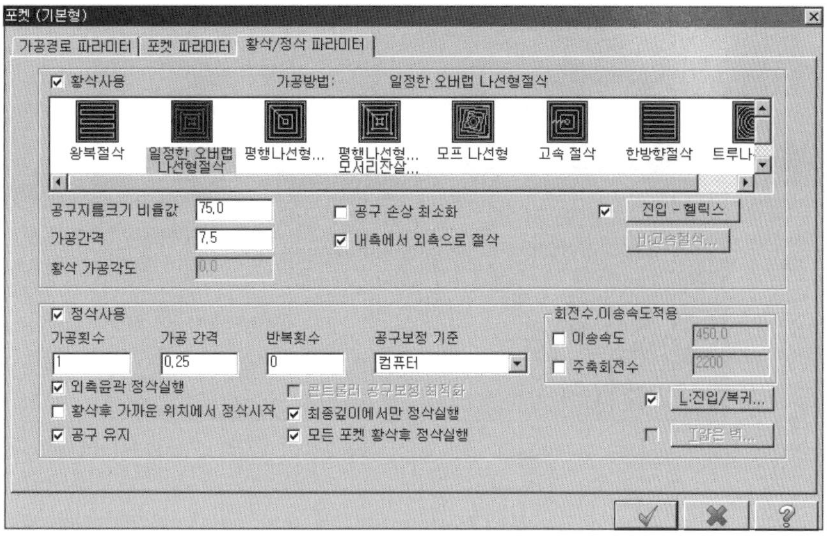

6) 대화창의 황삭/정삭 가공조건 중 진입/헬릭스 항목을 클릭하고 아래와 같이 설정한다.

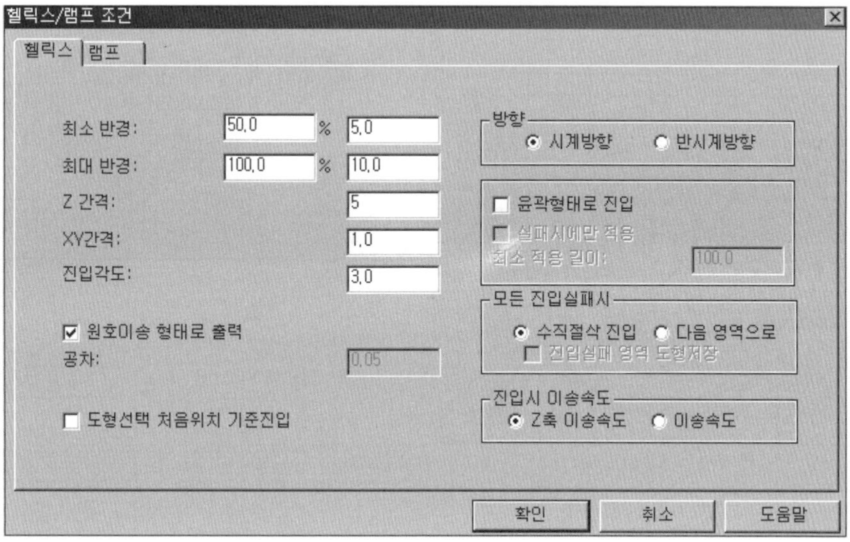

7) 대화창의 황삭/정삭 가공조건 중 진입/복귀 항목을 클릭하고 아래와 같이 설정한다.

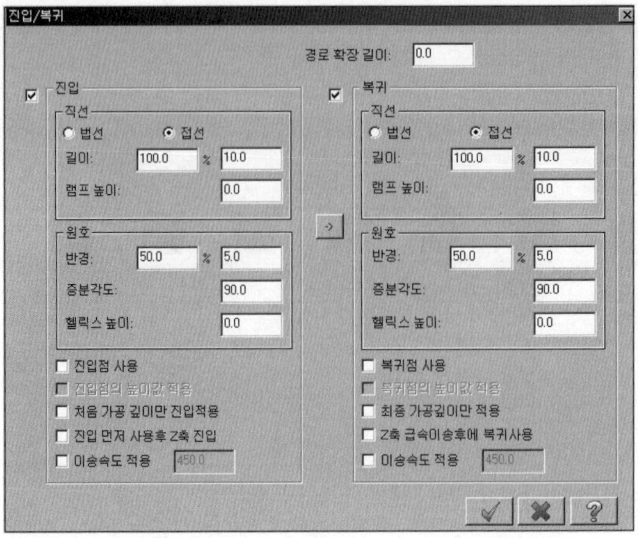

8) 모든 조건을 설정 후 OK를 클릭하면, 아래 그림과 같이 가공(포켓)경로가 생성된 것을 볼 수 있다.

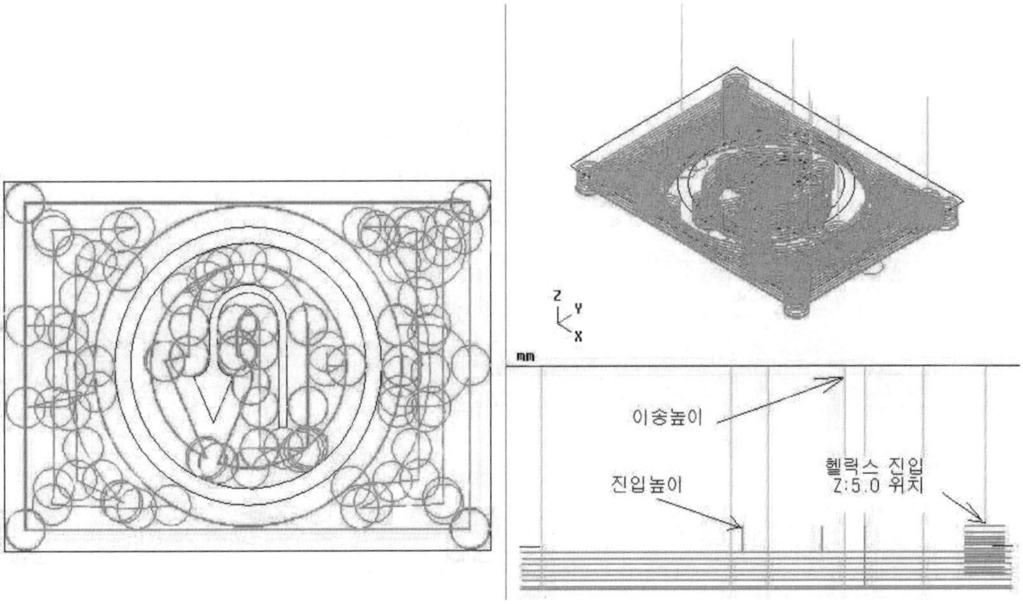

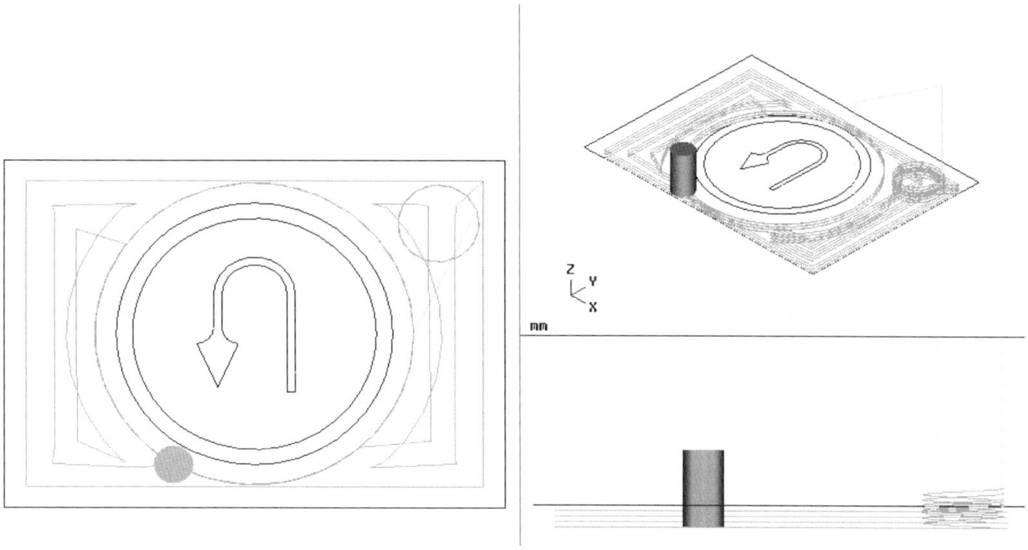

② 모의가공 실행

1) 가공경로 관리자에서 [버튼] 버튼을 선택한다.

2) 아래 그림의 '환경설정' 버튼을 클릭한다.(사각영역)

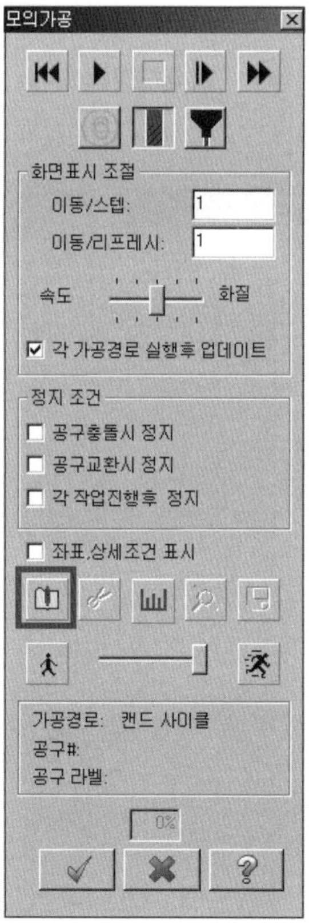

3) 모의가공 조건 창에서 재료의 형태는 '박스'로 지정하고, U:재료설정의 값으로 버튼을 선택하여 가상의 모의가공 재료를 설정한 후 나머지 조건들은 아래와 같이 지정한다.

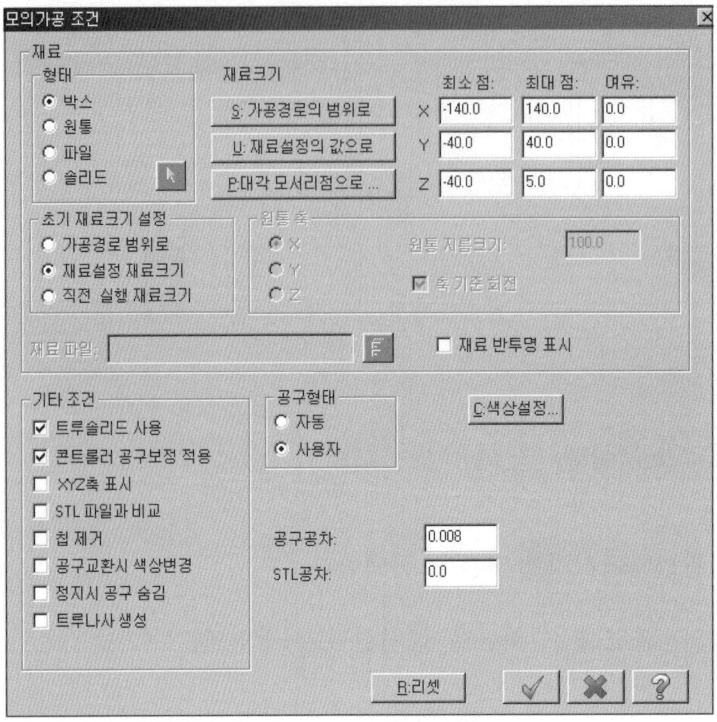

4) 모두 지정 후 OK 버튼을 선택한 다음 '실행'을 지정한다.(사각영역)

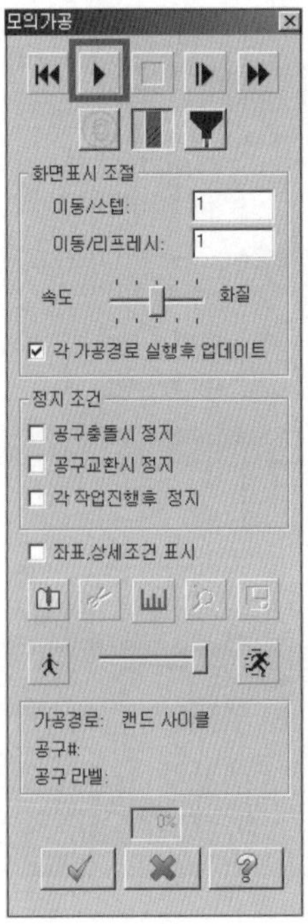

5) 모의가공이 완료된 것을 볼 수 있다.

3 NC 데이터 생성(POST-PROCESSOR)

공작기계의 제어기(Controller)에 따라 형식(Format)이 다르므로 후처리할 때는 주의하여 작성한다.

```
%
O1054
(PROGRAM NAME - 1234)
G0G40G49G80G90
(FLAT E/M TOOL - 3 DIA. OFF. - 3 LEN. - 3 DIA. - 10.)
T3M6
G54G90G0X116.147Y-12.829S2200M3
G43H3Z50.M8
Z5.
G2X97.354Y-19.671Z3.354I-9.397J-3.421F300.
X116.147Y-12.829Z1.707I9.397J3.421
X97.354Y-19.671Z.061I-9.397J-3.421
X113.821Y-9.179Z-1.357I9.397J3.421
G1X117.75Y-5.25F450.
Y-84.75
X5.25
```

```
Y-5.25
X117.75
X111.25Y-11.75
X110.75Y-15.75
Y-77.25
X111.25Y-78.75
X89.863Y-79.75
X93.355Y-78.25
X98.119Y-73.25
X103.079Y-65.25
X106.358Y-56.25
X107.715Y-46.75
X107.095Y-37.25
X104.608Y-28.25
X100.242Y-19.75

    ↧
    ↧

 중간 데이터 생략

    ↧
    ↧

G3X46.25Y-35.R15.25F450.
G1Y-42.397
X40.062Y-43.66
X50.447Y-67.145
G2X55.453Y-21.R24.75
G1X44.184Y-27.316
F300.
G3X50.893Y-24.393R10.F450.
G2X61.5Y-20.R15.
G3X50.95Y-67.665R25.
G1X40.416Y-43.843
X46.5Y-42.601
Y-35.
G2X50.893Y-24.393R15.
G3X52.737Y-21.853R10.
G0Z50.
G91G28Z0.M9
M30
%
```

④ 기계가공(Machining)

1) 모델링 형상을 가공하기 위한 공구를 CNC 메모리에 등록시킨다.
   사용공구는 플랫 엔드밀 10.0 mm이며, 공구 직경번호(D)는 3번에 등록하며, 공구 길이번호(H)도 3번에 등록시킨다.

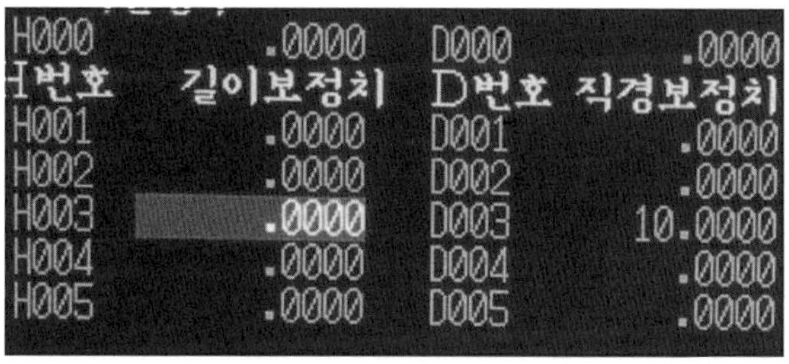

⑤ NC DATA 전송

1) NC 데이터를 전송 전에 이미 기계 가공준비가 완료되어 있어야 한다.

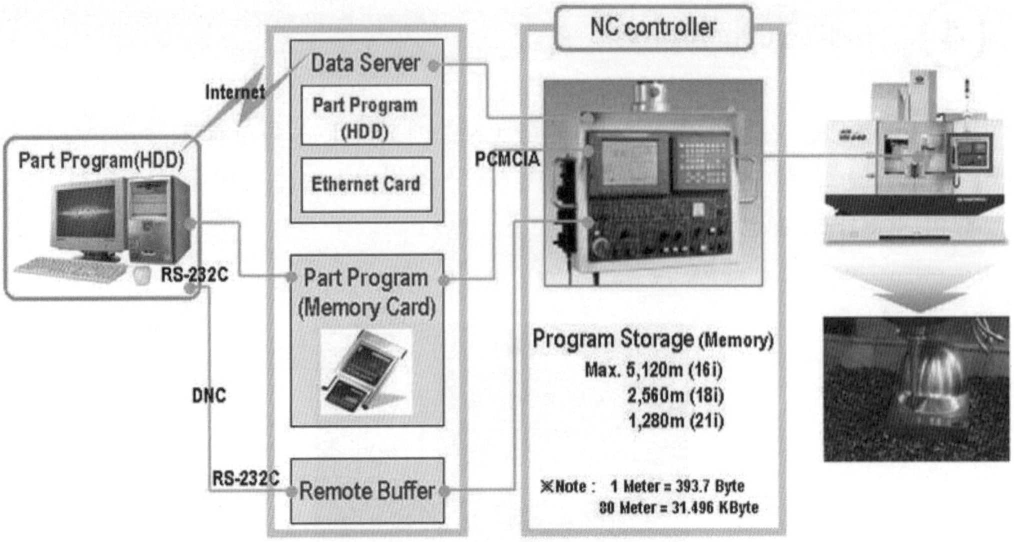

▲ DNC System

사용공구 셋팅 완료, 공작물 좌표계 설정완료 및 가공 제반사항 등 가공 준비가 완료된 상태에서 NC DATA 전송은 DNC 전용 프로그램이나 이더넷(Ethernet)을 이용하여 DATA 전송과 동시에 가공에 들어간다.

2) DNC SYSTEM을 이용하여 데이터 전송준비

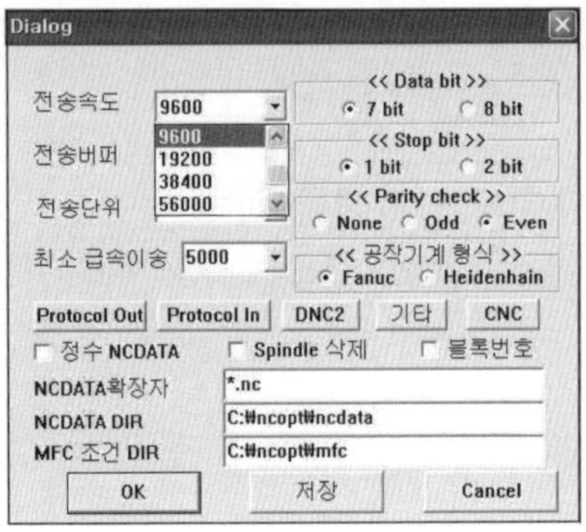

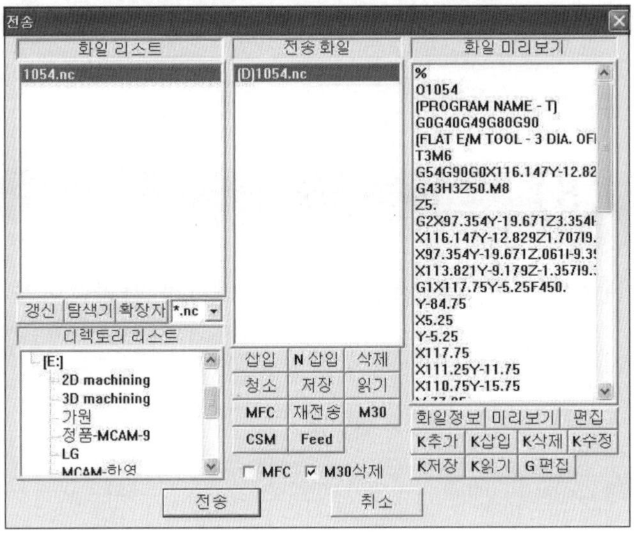

3) DNC SYSTEM을 이용하여 데이터 전송

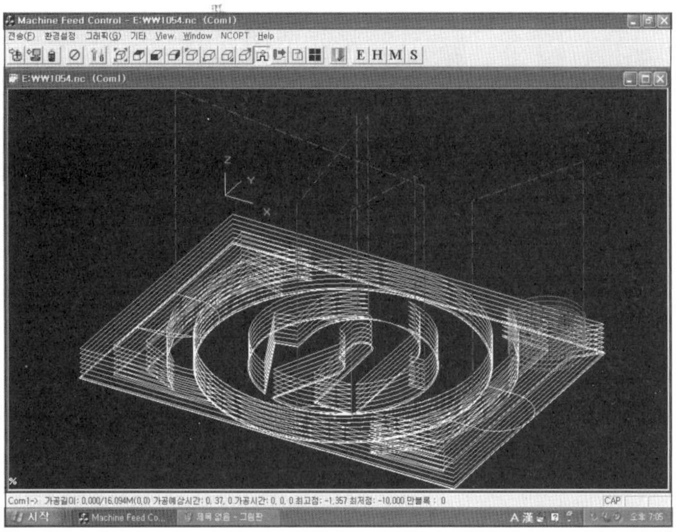

4) DNC SYSTEM을 이용하여 데이터 전송 완료

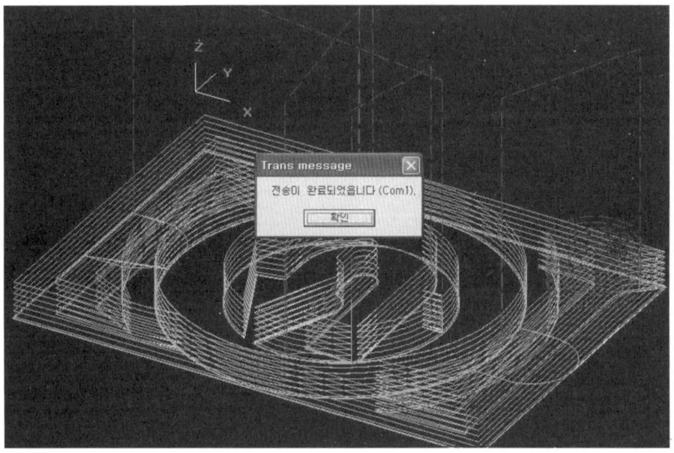

5) Cycle start(운전개시 버튼)를 눌러 공작물 가공시작

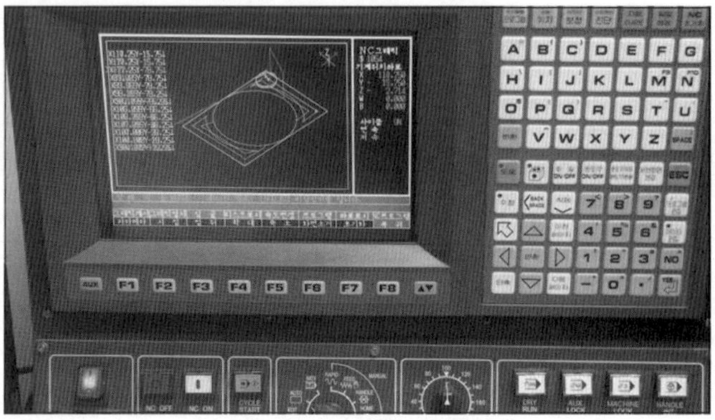

4) 공작물 가공시작과 최종형상

< 가공예제 4 >

다음 도형을 생성하고, 가공조건을 고려하여 2D 가공(포켓)정의를 하시오.

사용조건 사용 공구 : 플랫 엔드밀 10.0 mm
가공 형태 : 일반가공
최종 가공깊이 : Z-10.0 mm
최대 황삭 가공간격 : 6.0 mm
정삭 가공 횟수 : 1회
정삭 가공간격 : 0.5 mm

1 도면 그리기

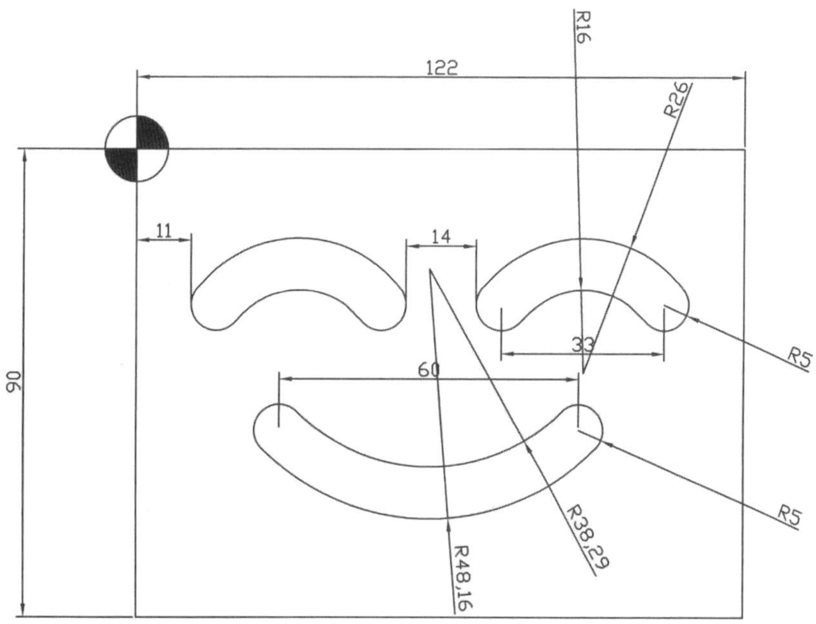

1) 모든 조건을 설정 후 OK를 클릭하면, 아래 그림과 같이 가공(포켓)경로가 생성된 것을 볼 수 있다.

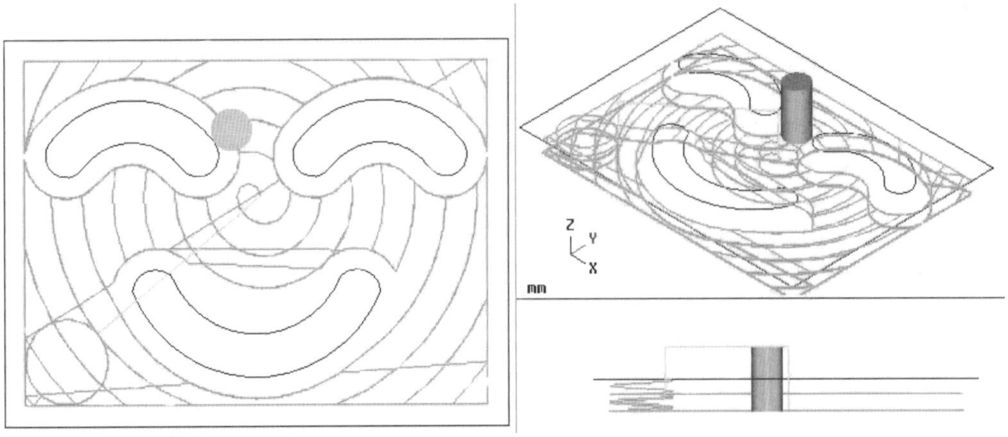

2 모의가공 실행

1) 모의가공이 완료된 것을 볼 수 있다.

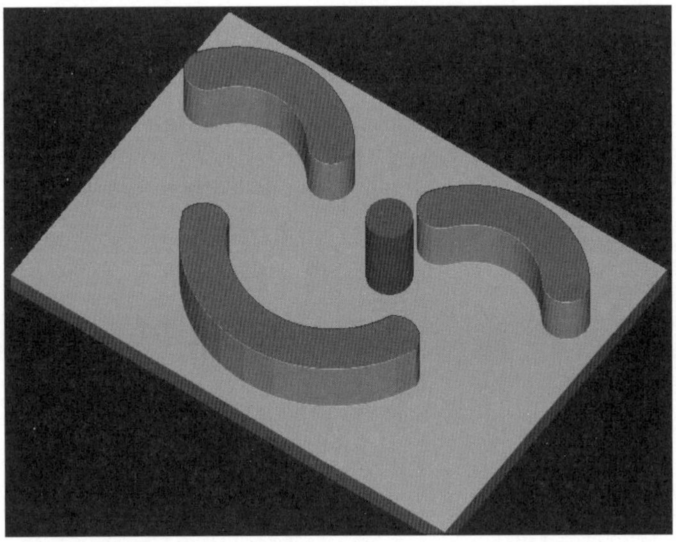

3 NC 데이터 생성

```
%
O0003
(PROGRAM NAME - FACE)
G0G40G49G80G90
(FLAT TOOL - 1 DIA. OFF. - 1 LEN. - 1 DIA. - 10.)
```

```
T1M6
G54G90G0X22.607Y-68.272S3000M3
G43H1Z10.M8
Z3.
G1Z.1F100.
G2X7.613Y-81.508Z-1.546I-7.497J-6.618F250.
X22.607Y-68.272Z-3.193I7.497J6.618
X8.844Y-82.684Z-4.75I-7.497J-6.618
G1X6.99Y-84.99
X5.01
Y-27.643
G3X23.008Y-33.017R10.01
G2X38.992R9.99
G3X55.008Y-21.005R10.01
X6.992R30.01
X5.01Y-26.378R10.01
G1Y-5.01
X116.99
Y-26.378
G3X115.008Y-21.005R10.01
X66.992R30.01
X83.008Y-33.017R10.01
G2X98.992R9.99
G3X116.99Y-27.643R10.01
G1Y-84.99
X6.99
G2X5.01Y-82.615R74.063
G1X44.908Y-79.954
G3X81.449Y-77.517R37.51
G1X116.99Y-75.146
G2X108.355Y-84.99R66.563
G1X17.395
    ↧
    ↧

  중간 데이터 생략

    ↧
    ↧
G1Y-85.
X117.
Y-27.011
```

```
G2X99.Y-33.011R10.
G3X83.R10.
G2X67.Y-21.011R10.
G3X73.159Y-36.84R10.
G1X78.609Y-50.85
F100.
G2X95.976Y-58.086R10.673F250.
X95.615Y-60.494R5.
X26.385R37.5
X26.024Y-58.086R5.
X43.391Y-50.85R10.673
X44.846Y-52.802R5.
G3X77.154R17.5
G2X78.609Y-50.85R5.
G0Z10.
G91G28Z0.M9
M30
%
```

4 DNC(Direct Numerical Control)

1) DNC 전송에 의한 직접 가공

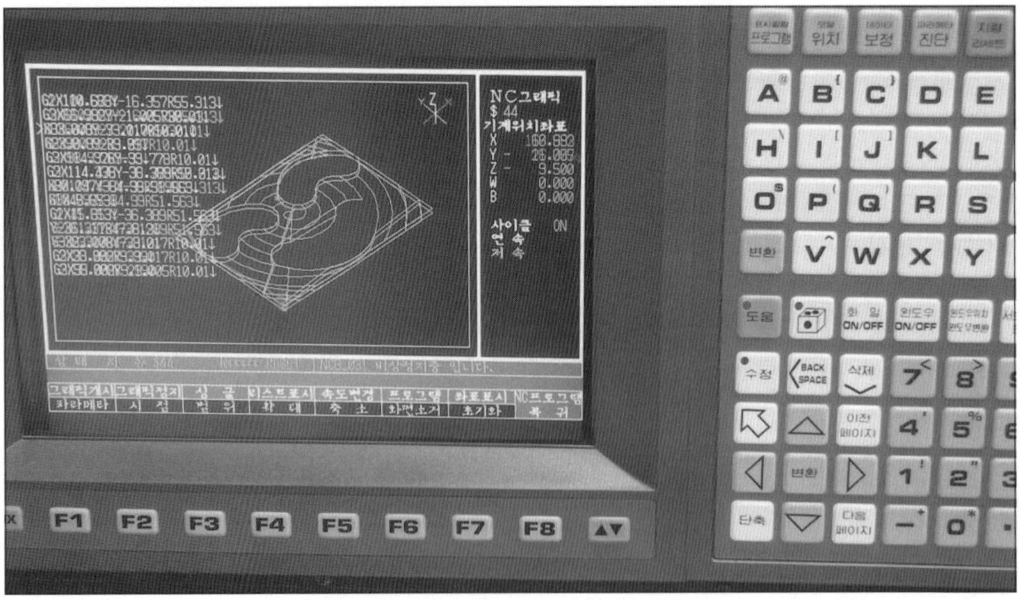

5 기계가공(Machining)

1) 공작물 가공시작

< 가공예제 5 >

다음 도형을 생성하고, 가공조건을 고려하여 2D 가공(포켓)정의를 하시오.

사용조건 사용 공구 : 플랫 엔드밀 10.0 mm
가공 형태 : 일반가공
최종 가공깊이 : Z-6.0 mm
최대 황삭 가공간격 : 2.75 mm
정삭 가공 횟수 : 1회
정삭 가공간격 : 0.5 mm

1 도면 그리기

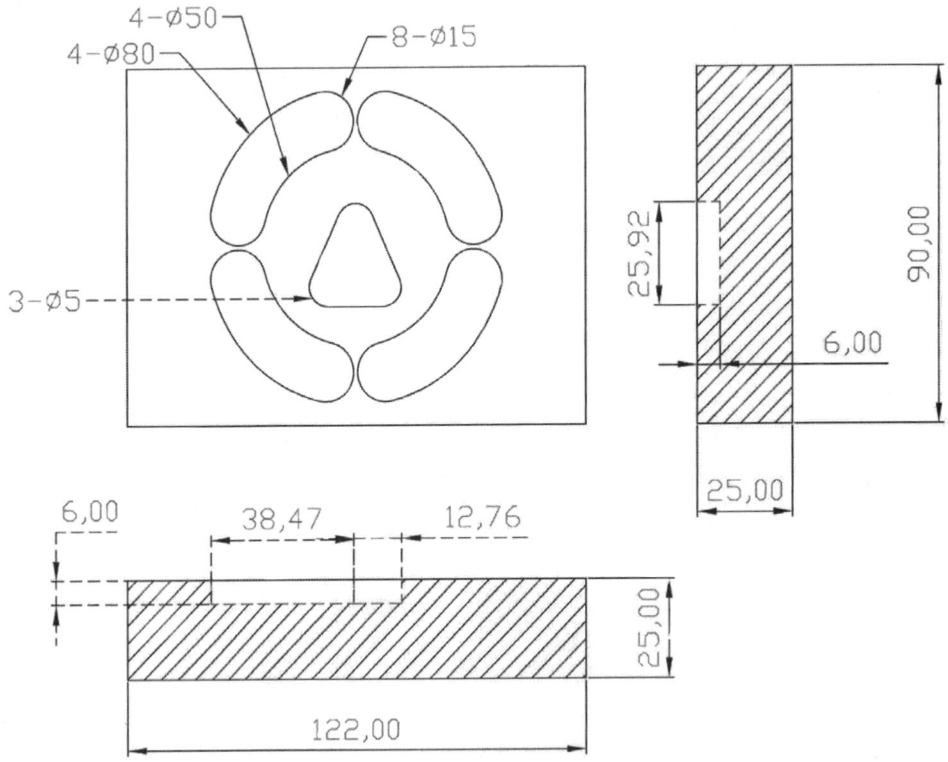

1) 모든 조건을 설정 후 OK를 클릭하면, 아래 그림과 같이 가공(포켓)경로가 생성된 것을 볼 수 있다.

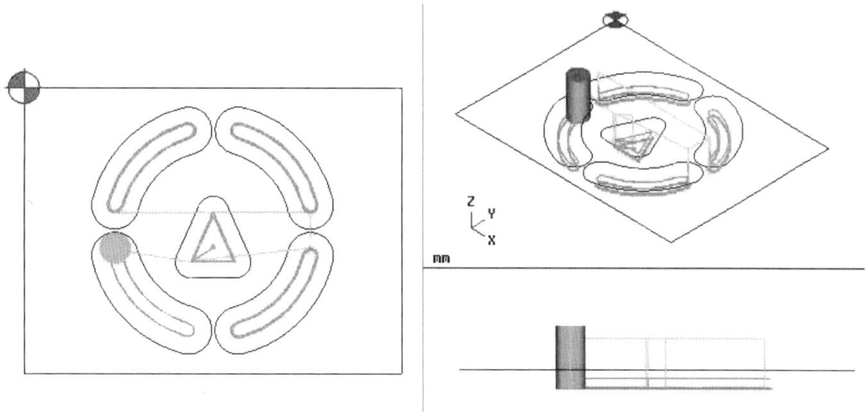

2) NC DATA 전송 전에 이미 기계 가공준비가 완료되어 있어야 한다.

```
%
O1040
(PROGRAM NAME - T)
G0G40G49G80G90
(FLAT E/M TOOL - 7 DIA. OFF. - 7 LEN. - 7 DIA. - 10.)
T7M6
G54G90G0X29.5Y-39.S3000M3
G43H7Z10.M8
Z3.
G1Z-2.75F100.
G2X27.5Y-37.R2.F300.
X27.562Y-36.508R2.
X52.508Y-11.562R34.5
X53.492Y-15.438R2.
G3X31.438Y-37.492R30.5
G2X29.5Y-39.R2.
G1Z-5.5F100.
G2X27.5Y-37.R2.F300.
X27.562Y-36.508R2.
X52.508Y-11.562R34.5
X53.492Y-15.438R2.
G3X31.438Y-37.492R30.5
G2X29.5Y-39.R2.
G1Z-6.F100.
G2X27.5Y-37.R2.F300.
X27.562Y-36.508R2.
```

```
X52.508Y-11.562R34.5
X53.492Y-15.438R2.
G3X31.438Y-37.492R30.5
G2X29.5Y-39.R2.
G1Y-39.5
F100.
G3X31.923Y-37.615R2.5F300.
G2X53.615Y-15.923R30.
G3X52.385Y-11.077R2.5
X27.077Y-36.385R35.
X27.Y-37.R2.5
X29.5Y-39.5R2.5
G0Z10.
X92.5Y-39.
Z3.
G1Z-2.75F100.
```

↧
↧

중간 데이터 생략

↧
↧

```
G1Z-2.75F100.
G1Z-5.5F100.
G2X31.438Y-52.508R2.F300.
G3X53.492Y-74.562R30.5
G2X52.508Y-78.438R2.
X27.562Y-53.492R34.5
X27.5Y-53.R2.
X29.5Y-51.R2.
G1Z-6.F100.
G2X31.438Y-52.508R2.F300.
G3X53.492Y-74.562R30.5
G2X52.508Y-78.438R2.
X27.562Y-53.492R34.5
X27.5Y-53.R2.
X29.5Y-51.R2.
G1Y-50.5
F100.
G3X27.Y-53.R2.5F300.
```

```
X27.077Y-53.615R2.5
X52.385Y-78.923R35.
X53.615Y-74.077R2.5
G2X31.923Y-52.385R30.
G3X29.5Y-50.5R2.5
G0Z10.
G91G28Z0.M9
M30
%
```

3) 사용공구 셋팅 완료, 공작물 좌표계 설정완료 및 가공 제반사항 등 가공 준비가 완료된 상태에서 NC DATA 전송은 DNC 전용 프로그램이나 이더넷(Ethernet)을 이용하여 DATA 전송과 동시에 가공에 들어간다.

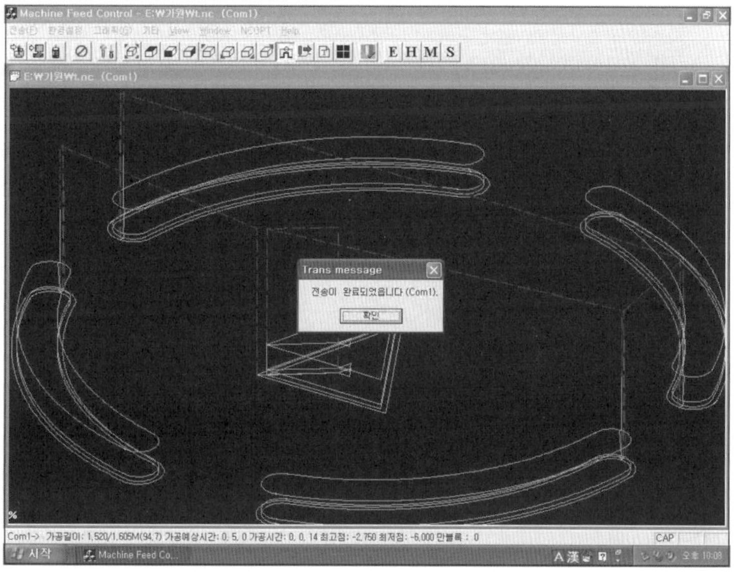

2 기계가공(Machining)

1) 공작물 가공시작(운전개시)

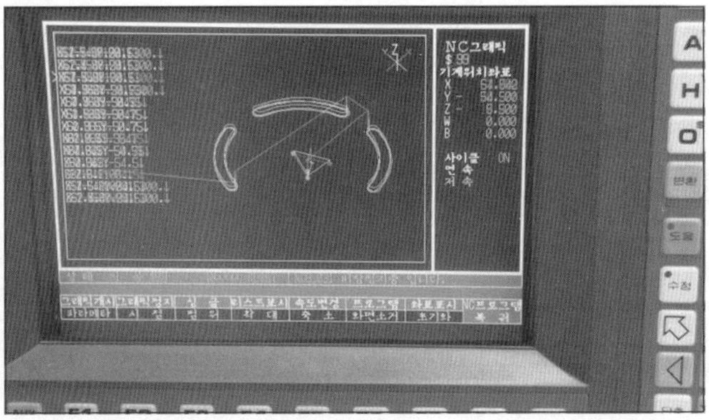

※ 가공 중에도 그래픽으로 확인 가능하다.

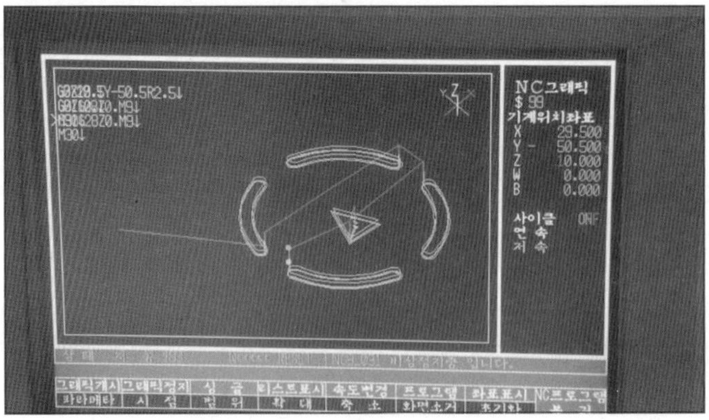

2.2.10 Postprocessor

Tool 경로를 직접 후처리(Postprocessor)[1]할 수 있는 방법에는 4종류가 있다.

(1) 점 데이터(Point Data)
(2) X · Y평면에서의 원호지령 데이터 (I, J) 또는 (R)
(3) Y · Z 또는 Z · X평면에서의 원호지령 데이터 (J, K 또는 K, I) 또는 (R)
(4) NURBS

① 점 데이터(Point Data)

일반적으로 해석한 데이터 즉 Point data라 일컬으며, 또한 Laser scan시 나오는 데이터 역시 Point data로 생성된다.

② X · Y평면에서의 원호지령 (I, J 또는 R)

X · Y평면(G17)에서 원호가공시 I, J값으로 출력하거나 R값으로 출력된다.
과거의 NC 공작기계들의 Controller는 원호가공시 I, J, K라는 어드레스를 이용하여 원호가공을 할 수가 없었다. (당시 원호가공시 R어드레스만 이용)

③ Y · Z 또는 Z · X평면에서의 원호지령 (J, K 또는 K, I) 또는 (R)

Y · Z평면(G18) 또는 Z · X(G19)평면에서 원호가공시 J, K값 또는 K, I 값으로 출력하거나 R값으로 출력된다.

④ NURBS

Spline data로 나온다.
고속가공기용 데이터로 사용된다.

---

1) 후처리(Postprocessor): 모델링된 부품 형상을 가공하여 만든 CL Data를 NC 공작기계가 이해할 수 있는 Code로 변환시키는 것.

※ 사용예제 모델링

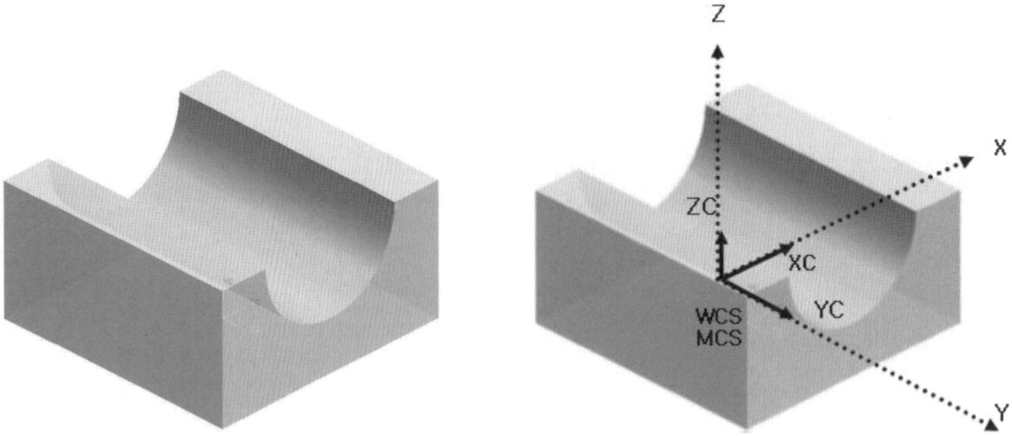

모델링(CAD)　　　　기계좌표계 설정(CAM)

▲ 모델링과 좌표계

① 점 데이터(Point Data)

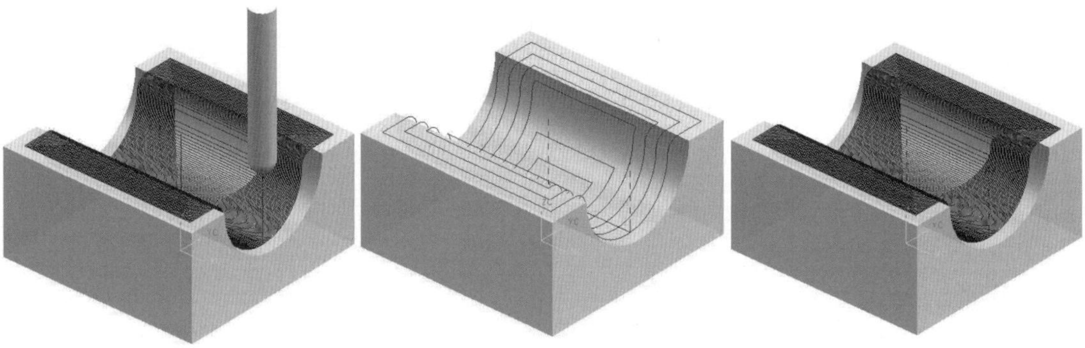

▲ 최종 Toolpaths용 모델링

```
%
O1234
G90G80G40G49
T05M06
G54
G00X44.Y1.999S2500
M03
G43G00Z53.H05
Z23.101M08
G01Z20.091F250.
Y.561Z20.015
Y-.874Z20.023
Y-2.311Z20.114
Y-3.749Z20.302
Y-5.187Z20.577
Y-6.624Z20.94
Y-8.062Z21.397
Y-9.5Z21.968
Y-10.937Z22.647
Y-12.375Z23.439
Y-13.813Z24.384
Y-15.25Z25.471
Y-16.688Z26.761
Y-18.125Z28.283
Y-19.563Z30.112
Y-20.282Z31.184
Y-21.001Z32.398
Y-21.72Z33.795
Y-22.438Z35.507
Y-23.157Z37.727
Y-23.515Z39.223
Y-23.876Z41.585
Y-23.965Z42.763
Y-24.054Z44.808
Y-24.234Z45.662
Y-24.595Z46.601
Y-24.953Z47.244
Y-25.314Z47.744
Y-26.032Z48.499
```

Y-26.749Z49.045
Y-27.468Z49.441
Y-28.186Z49.721
Y-28.905Z49.898
Y-29.624Z49.987
Y-32.499Z50.
Y-44.
X-44.
Y-30.249
Y-29.563Z49.985
Y-28.875Z49.893
Y-28.186Z49.721
Y-27.501Z49.454
Y-26.812Z49.083
Y-26.124Z48.58
Y-25.438Z47.897
Y-25.093Z47.455
Y-24.75Z46.904
Y-24.407Z46.17
Y-24.234Z45.662
Y-24.061Z44.864
Y-24.018Z44.483
Y-23.978Z42.984
Y-23.891Z41.755
Y-23.719Z40.366
Y-23.376Z38.595
Y-23.03Z37.275
Y-22.687Z36.195
Y-21.999Z34.43
Y-21.313Z32.982
Y-20.625Z31.735
Y-19.936Z30.645
Y-19.251Z29.672
Y-17.874Z27.993
Y-16.5Z26.584
Y-15.126Z25.372
Y-13.749Z24.341
Y-12.375Z23.439
Y-11.001Z22.677
Y-9.624Z22.024
Y-8.25Z21.468
Y-6.876Z21.011

Y-5.499Z20.648
Y-4.125Z20.366
Y-2.751Z20.168
Y-1.374Z20.046
Y0.Z20.003
Y1.374Z20.046
Y2.751Z20.168
Y4.125Z20.366
Y5.499Z20.648
Y6.876Z21.011
Y8.25Z21.468
Y9.624Z22.024
Y11.001Z22.677
Y12.375Z23.439
Y13.749Z24.341
Y15.126Z25.372
Y16.5Z26.584
Y17.874Z27.993
Y19.251Z29.672
Y19.936Z30.645
Y20.625Z31.735
Y21.313Z32.982
Y21.999Z34.43
Y22.687Z36.195
Y23.03Z37.275
Y23.376Z38.595
Y23.719Z40.366
Y23.891Z41.755
Y23.978Z42.984
Y24.018Z44.483
Y24.061Z44.864
Y24.234Z45.662
■
(중간 DATA 생략)
■
Y3.5Z20.259
Y1.999Z20.084
X11.001
Y.376Z20.003
Y-1.25Z20.036
Y-2.875Z20.173
Y-4.501Z20.427

Y-6.124Z20.795
Y1.374Z20.041
Y2.751Z20.157
Y4.125Z20.358
Y5.499Z20.638
Y6.876Z21.006
Y8.25Z21.463
Y.749Z20.013
Y-.5Z20.005
Y-1.75Z20.063
Y-3.Z20.188
Y-4.249Z20.378
Y-5.499Z20.638
Y-6.749Z20.968
Y-8.001Z21.372
X-8.001
Y-5.999Z20.762
Y-4.001Z20.335
Y-1.999Z20.084
Y0.Z20.003
Y1.999Z20.084
Y4.001Z20.335
Y5.999Z20.762
Y8.001Z21.372
X8.001
Y6.5Z20.897
Y5.001Z20.526
Y3.5Z20.259
Y1.999Z20.084
X5.001
Y.249Z20.003
Y-1.501Z20.046
Y-3.251Z20.221
Y-5.001Z20.526
X-5.001
Y-3.749Z20.295
Y-2.499Z20.135
Y-1.25Z20.036
Y0.Z20.003
Y1.25Z20.036
Y2.499Z20.135
Y3.749Z20.295

```
Y5.001Z20.526
X5.001
Y3.5Z20.259
Y1.999Z20.084
X1.999
Y0.Z20.003
Y-1.999Z20.084
X-1.999
Y0.Z20.003
Y1.999Z20.084
X1.999
G00Z23.094
Z53.M09
G91G28Z0
M30
%
```

② X · Y평면에서의 원호지령 데이터 (I, J) 또는 (R)

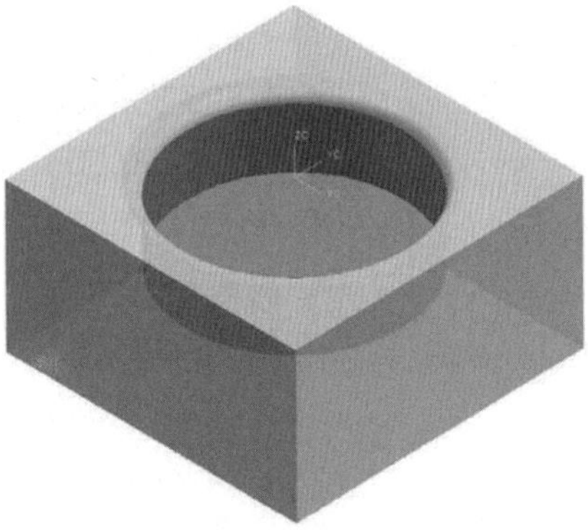

▲ CAD Modeling

▲ 최종 Toolpaths용 모델링

```
%
O1234
G90G40 G49 G80 G00
T05 M06
S2500M03
G54G00 G90 X-43.111 Y-44.
G43 Z5.H05
G01 Z0.0 F250. M08
X-44. Y-43.111
G00 Z5.
X-34.2083 Y-44.
G01 Z0.0
X-36.8803 Y-41.7857
X-39.4094 Y-39.4094
X-41.7857 Y-36.8803
X-44. Y-34.2083
G00 Z5.
X-23.4667 Y-44.
G01 Z0.0
G02 X-44. Y-23.4667 I23.4667 J44.
G00 Z5.
X0.0 Y-44.
G01 Z0.0
G02 X-44. Y0.0 I0.0
G00 Z5.
Y43.111
G01 Z0.0
X-43.111 Y44.
G00 Z5.
X-44. Y34.2083
G01 Z0.0
X-41.7857 Y36.8803
X-39.4094 Y39.4094
X-36.8803 Y41.7857
X-34.2083 Y44.
G00 Z5.
X-44. Y23.4667
G01 Z0.0
```

```
G02 X-23.4667 Y44. I44. J-23.4667
G00 Z5.
X-44. Y0.0
G01 Z0.0
G02 X0.0 Y44. J0.0
G00 Z5.
X43.111
        ■
(중간 DATA 생략)
        ■
G01 Z0.0
G02 X44. Y23.4667 I-23.4667 J-44.
G00 Z5.
X0.0 Y44.
G01 Z0.0
G02 X44. Y0.0 I0.0
G00 Z5.
Y-43.111
G01 Z0.0
X43.111 Y-44.
G00 Z5.
X44. Y-34.2083
G01 Z0.0
X41.7857 Y-36.8803
X39.4094 Y-39.4094
X36.8803 Y-41.7857
X34.2083 Y-44.
G00 Z5.
X44. Y-23.4667
G01 Z0.0
G02 X23.4667 Y-44. I-44. J23.4667
G00 Z5.
X44. Y0.0
G01 Z0.0
G02 X0.0 Y-44. J0.0
G01 Y-38.1333
G02 X2.9334 Y-38.0203 I0.0 J38.1333
G01 X0.0 Y-38.1333
Y-36.6667
Y-35.9333 Z-.0352
Y-35.2 Z-.1769
Y-34.4667 Z-.4365
Y-33.7333 Z-.8349
Y-33. Z-1.4306
Y-32.6333 Z-1.8278
Y-32.2667 Z-2.3459
X-2.7297 Y-32.151 Z-2.333
X-5.4399 Y-31.8048 Z-2.3298
X-8.111 Y-31.2306 Z-2.3365
X-10.724 Y-30.4324 Z-2.3402
X-13.2601 Y-29.4161 Z-2.3307
X-15.7011 Y-28.1889 Z-2.3311
X-18.0296 Y-26.7595 Z-2.3412
X-20.2287 Y-25.1383 Z-2.3357
X-22.2829 Y-23.3369 Z-2.3297
X-24.1773 Y-21.3681 Z-2.3336
X-25.8983 Y-19.2462 Z-2.3447
X-27.4337 Y-16.9862 Z-2.3324
X-28.7723 Y-14.6045 Z-2.33
        ■
(중간 DATA 생략)
        ■
Y-26.4
G02 X2.4648 Y-26.2847 J26.4
G01 X0.0 Y-26.4
Y-20.5333
G02 X2.0641 Y-20.4293 J20.5333
G01 X0.0 Y-20.5333
Y-14.6667
G02 X3.4578 Y-14.2532 J14.6667
G01 X1.7412 Y-14.5629
X0.0 Y-14.6667
Y-8.8
G02 X1.4335 Y-8.6825 J8.8
G01 X0.0 Y-8.8
Y-2.9333
G02 X1.4667 Y-2.5403 J2.9333
G01 X.7592 Y-2.8334
X0.0 Y-2.9333
G00 Z-20.
Z5.M09
G91G28Z0
M30
%
```

③ Y · Z 또는 Z · X평면에서의 원호지령 데이터 (J, K 또는 K, I) 또는 (R)

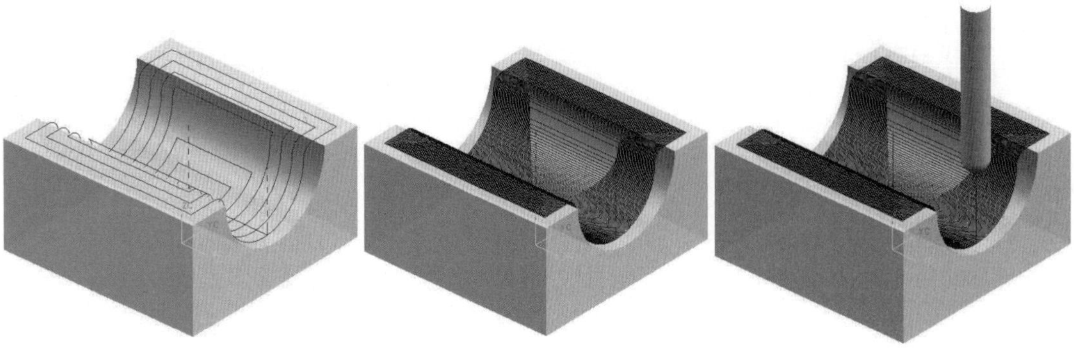

▲ 최종 Toolpaths용 모델링

```
%
O1234
G18 G40 G49G00 G90 G80
T05 M06
G54G00 G90 X44. Y2. S2500M03
G43 Z53.H05
Z23.1014
G01 Z20.0914 F250. M08
G02 Y-21. Z32.3969 J-2.0001 K23.9088
G01 Y-21.7188 Z33.795
G02 Y-23.9648 Z42.7622 J22.0086 K10.2776
G01 Y-24.0547 Z44.8082
G03 Y-29.625 Z49.9883 J-5.9453 K-.8082
G01 Y-32.5 Z50.
Y-44.
X-44.
Y-30.25
G02 Y-24.0195 Z44.4837 J.2408 K-6.0047
G03 Y-20.625 Z31.735 J24.5392 K-.2924
Y23.9766 Z42.9832 J20.6242 K12.2719
G01 Y24.0195 Z44.4837
G02 Y30.25 Z50. J5.9884 K-.487
G01 Y44.
X44.
Y30.875
Y29.5625 Z49.984
G03 Y24.0254 Z44.5514 J.4375 K-5.984
G02 Y23. Z37.1608 J-26.1614 K-.1368
G01 Y22.3438 Z35.263
```

```
Y21.6875 Z33.7263
G02 Y13.8125 Z24.3842 J-21.7474 K10.3418
Y2. Z20.0914 J-13.8187 K19.6264
G01 X41. Z20.0835
G02 Y-23.9512 Z42.4698 J-2. K23.9165
G01 Y-24.0352 Z44.6486
G03 Y-30.25 Z50. J-5.9743 K-.6538
G01 Y-41.
X-41.
Y-24.0156 Z44.4327 J18.9702 K14.9868
G03 Y-29.2188 Z49.9489 J-5.9844 K-.4327
G01 Y-30.375 Z50.
Y-35.
Y-29.5313 Z49.9817
G02 Y-24.0625 Z44.8638 J-.4687 K-5.9817
G01 Y-23.9941 Z43.5594
G03 Y-21.875 Z34.1266 J23.9473 K.4255
G01 Y-20.7813 Z31.9942
G03 Y14.2188 Z24.6654 J20.7813 K12.0058
Y23.9941 Z43.5594 J-14.2127 K19.3291
G01 Y24.0625 Z44.8638
G02 Y29.5313 Z49.9817 J5.9375 K-.8638
          ■
(중간 DATA 생략)
          ■
Y2. Z20.0835
X2.
Y0.0 Z20.0018
Y-2. Z20.0835
X-2.
Y0.0 Z20.0018
Y2. Z20.0835
X2.
G00 Z23.0939
Z53.M09
G91G28Z0
M30
%
```

④ **NURBS**

▲ 최종 Toolpaths용 모델링

```
%
O1234
G40 G80 G49 G90 G00
T05 M06
G5.1Q1       ⇨고속가공모드 ON
G54
S2500M03
G00 G90 X44. Y2. M03
G43 Z53.H05
Z23.1014
G01 Z20.0914 F250. M08
X-44. Y-44. Z50.
Y-30.25
Y44.
X44.
X41. Y2. Z20.0914
Y-41. Z50.
X-41.
X41. Y41.
Y30.0313
X38. Y2. Z20.0914
Y-38. Z50.
X-38.
X38. Y38.
Y30.125
Y4.25 Z20.388
Y2. Z20.0914
X35.
Y-4.9375 Z20.5203
X-35. Y-35. Z50.
X35. Y35.
X32. Y2. Z20.0914
X-32. Y-32. Z50.
X32. Y32.
X29. Y2. Z20.0914
X-29. Y-29. Z49.9161
X29. Y29.
X26. Y2. Z20.0914
X-26. Y-26. Z48.4721
X26. Y26.
X23. Y2. Z20.0914
X-23. Y-23. Z37.1608
X23. Y23.
X20. Y2. Z20.0914
X-20. Y-20. Z30.7403
X20. Y20.
Y4.25 Z20.388
Y2. Z20.0914
X17.
Y-.375 Z20.011
X-17. Y-17. Z27.063
X17. Y17.
X14. Y2. Z20.0914
X-14. Y-14. Z24.5162
X14. Y14.
X11. Y2. Z20.0914
```

```
X-11. Y-11. Z22.6781
X11. Y11.
Y4.25 Z20.388
Y2. Z20.0914
X8.
X-8. Y-8. Z21.3766
X8. Y8.
X5. Y2. Z20.0914
X-5. Y-5. Z20.5344
X5. Y5.
Y3.5 Z20.2589
Y2. Z20.0914
X2.
X-2. Y-2.
X2. Y2.
G00 Z23.1014
Z53.M09
G5.1Q0      ⇨고속가공모드 OFF
G91G28Z0
M30
%
```

Chapter 3

머시닝센터

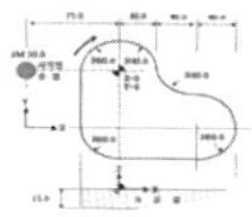

3.1 머시닝센터의 개요

3.2 머시닝센터의 프로그램 기초

3.3 머시닝센터의 프로그래밍

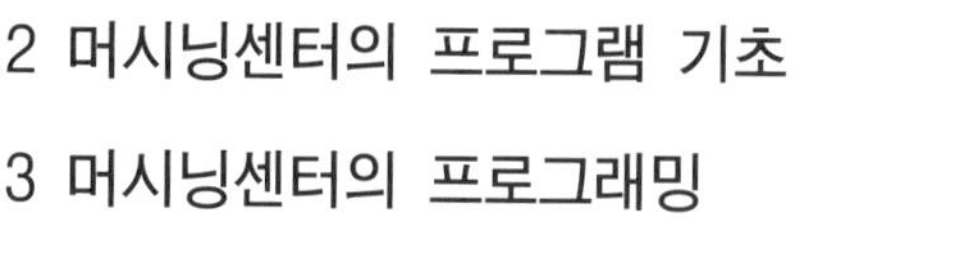

3.1 머시닝센터의 개요

자동공구 교환장치가 붙은 CNC 만능 공작기계가 머시닝센터 등장의 시초이다. 먼저 CNC 선반이나 CNC 밀링 등 범용 공작기계의 NC화에 성공했고, 실용화 단계를 지나, 요즈음 다기능 복합화 가공으로서 앞으로도 CNC 공작기계의 발전전망이 밝은 추세이다.

현재 머시닝센터는 컴퓨터나 기기, 장치 등과 함께 사용의 용이성 향상과 CNC 공작기계를 대표한다.

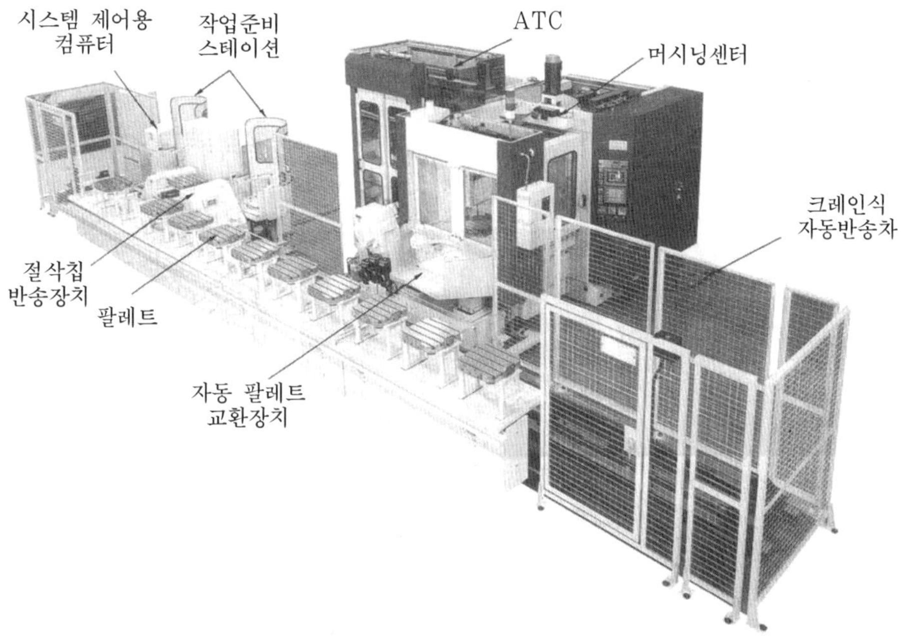

그림 3.1 머시닝센터와 생산 시스템

머시닝센터에 의한 생산에의 공헌을 특징적으로 보면 다음과 같다.

① 가공기능의 복합화
② 작업준비의 성력화
③ 생산의 시스템

3장에서는 위의 특징에 입각하여, 머시닝센터 및 그 주변기기·장치, 나아가 생산 시스템까지의 개요를 설명하기로 한다.

3.1.1 머시닝센터란?

머시닝센터는 공작물의 작업준비의 교체 없이, 공구를 자동적으로 교환하면서 밀링가공, 드릴링가공, 보링가공 등을 연속해서 할 수 있는 CNC 공작기계이다.
머시닝센터는 위에서 말한 것처럼 한 대의 공작기계에서 여러 종류의 가공을 할 수 있는 것을 말한다.
종래의 범용 공작기계와는 달리 새로운 가공개념을 가지고 등장한 CNC 공작기계이다.
머시닝센터의 등장에 의해, 밀링가공, 드릴링가공, 보링가공 등을 머시닝센터가 하게 되고, 단일 가공 기능의 CNC 밀링, CNC 보링머신, CNC 드릴링머신 등은 차제에 그 수가 감소추세에 있고 머시닝센터가 급속히 보급되어 가고 있다.

그림 3.2 머시닝센터의 작업광경

3차원 형상의 가공 하우징가공

그림 3.3 머시닝센터에 의한 가공

머시닝센터의 어원은 확실하지 않지만, 'Kearney & Trecker사'가 개발한 자동공구 교환장치(ATC)가 붙은 CNC 공작기계 'Milwaukee Matic', 1960년에 히다찌 제작소가 개발한 자동공구 교환장치가 붙은 'CNC 만능공작기계'가 머시닝센터의 원형으로 되어 있다.

앞에서 말한 것처럼 머시닝센터는 여러 종류의 CNC 공작기계가 하는 가공작업을 한 대의 공작기계에서 복합적으로 하는 CNC 공작기계이다.
이 때문에, CNC 선반이나 CNC 밀링 등에서처럼 기계의 구조나 가공종류 등의 분류로 머시닝센터를 특정하는 것은 곤란하다. 대개는 공작기계 메이커에서 명칭 분류를 하고 있지만, JIS 규격에서는 머시닝센터를 다음과 같이 정의하고 있다.

「공작물 작업준비의 교체 없이 2면 이상의 여러 종류의 가공을 할 수 있는 수치제어 공작기계로 공구의 자동 교환장치 또는 자동선택기능을 갖고 있는 것」

즉, 머시닝센터란

① 공작물의 분할기능을 갖추고, 다면가공을 할 수 있는 CNC 공작기계
② 밀링가공이나 드릴링가공 등 여러 종류의 가공을 할 수 있는 CNC 공작기계
③ 공구자동 교환장치(또는 공구자동 선택장치)를 갖추고, 가공의 종류에 맞는 공구를 자유롭게 선택할 수 있는 CNC 공작기계라고 말할 수 있다.

JIS의 정의대로라면 위의 3조건을 전부 갖춘 CNC 공작기계만이 머시닝센터라 할 수 있지만 실제로는 ②, ③만을 갖추어도 머시닝센터라고 부른다.

3.1.2 머시닝센터의 기본 구성

머시닝센터는 주축방향에 따라 수직형 머시닝센터와 수평형 머시닝센터로 크게 나눌 수 있다. 그림 3.5와 그림 3.6은 주축이 수직축인 수직형 머시닝센터와 주축이 수평축인 수평형 머시닝센터이다.
다음으로 그림의 머시닝센터를 참고하면서, 머시닝센터를 구성하고 있는 주요부에 대하여 설명한다.

그림 3.4 수직형 머시닝센터

그림 3.5 수직형 머시닝센터와 각 부 명칭

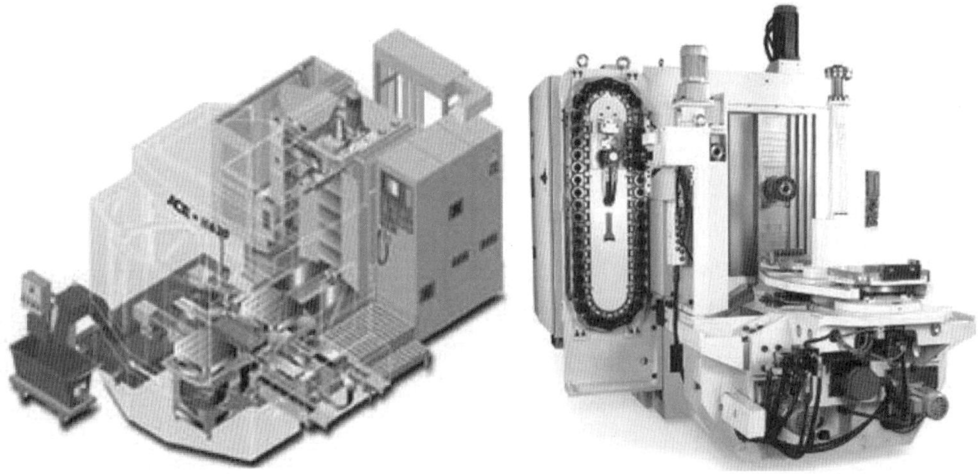

그림 3.6 수평형 머시닝센터

(1) 주 축

머시닝센터는 CNC 밀링이나 CNC 드릴링머신 등과 같이 주축에 부착한 공구가 주축과 함께 회전하여 공작물을 절삭한다.
주축의 회전은 CNC 장치로부터의 지령에 의해 주축 모터의 회전을 기어나 벨트 등을 이용하여 지령값의 회전수로 변속시킨다. 또, 주축끝은 테이퍼 형상(7/24 테이퍼)과 스트레이트 형상의 것이 있지만 거의 모든 머시닝센터 테이퍼 형상의 주축끝(주축단)을 사용하고 있다.

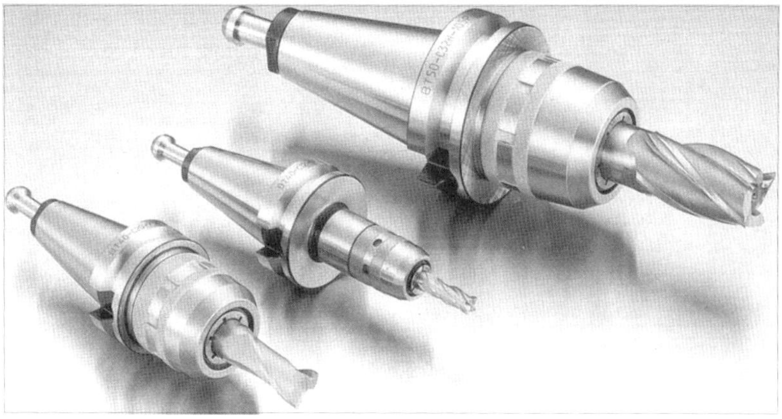

주축 테이퍼형상

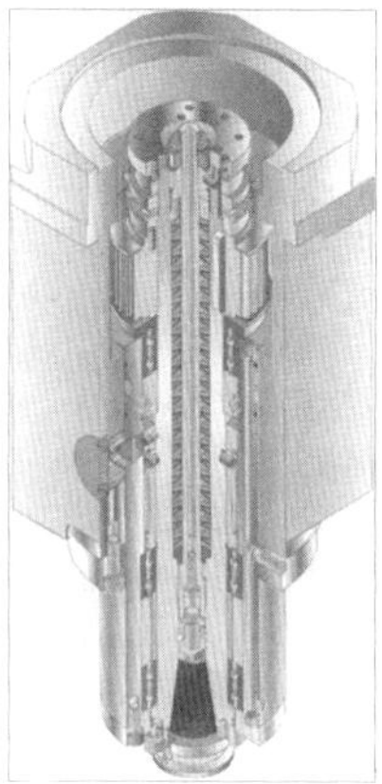

주축

그림 3.7 주축단의 형상

(2) 주축헤드(Head)

주축헤드는 주축을 베어링으로 지지해서 주축모터의 회전을 주축에 전달한다. 주축헤드는 서보모터에 의해 상하로 이동하고, 수직형 머시닝센터에서는 그림 3.8처럼 Z축(공구)을 구성하고, 수평형 머시닝센터에서는 그림 3.9처럼 Y축을 구성한다. 또 머시닝센터의 제어축은 주축헤드의 상하 이동축과 테이블의 좌우 이동축, 새들의 전후 이동축의 3축(X, Y, Z)제어로 되어 있다.

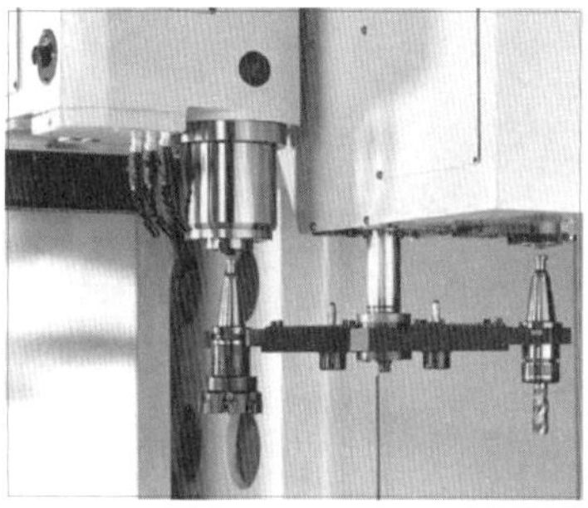

그림 3.8 수직형 머시닝센터

그림 3.9 수평형 머시닝센터

(3) 테이블(Table)

테이블은 지그·고정구 등을 이용해서 공작물을 부착하는 다이로 테이블면 위에는 T홈이나 탭구멍이 있고, 그것을 이용해서 공작물을 테이블에 고정한다.

그림 3.10 수직형 머시닝센터의 테이블

그림 3.11 수평형 머시닝센터의 팔레트

테이블은 좌우로 이동하고, 수직형 머시닝센터에는 테이블의 분할기능이 갖추어져 있다. 이 경우는, 그림 3.12처럼 테이블상의 팔레트라 부르는 다이에 공작물을 고정한다. 그래서 팔레트의 회전에 의해서 공작물의 다면가공을 할 수가 있다. 팔레트의 회전축은 일반적으로 B축을 구성한다.

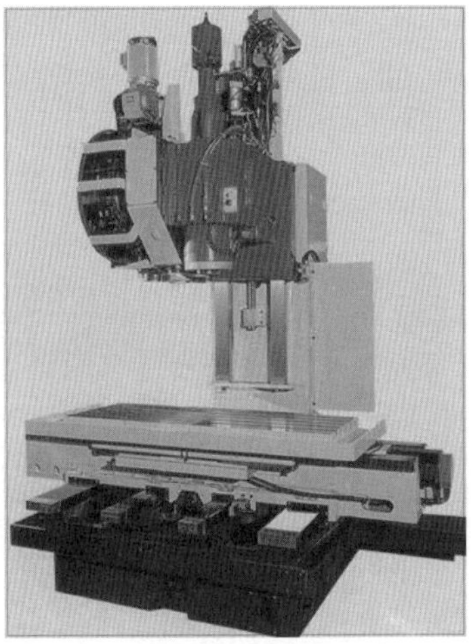

그림 3.12 수직형 머시닝센터의 테이블

그림 3.13 수평형 머시닝센터의 팔레트

(4) 새들(Saddle)

새들은 테이블을 지지하는 다이로 베드 위에서 전후 이동을 하고 수직형 머시닝센터에서는 Y축을 수평형 머시닝센터에서는 Z축을 구성한다.

그림 3.14 새들

(5) 베드(Bed)

베드는 칼럼이나 새들을 지지하는 다이로, 기계구성의 기초가 되는 부분이다.

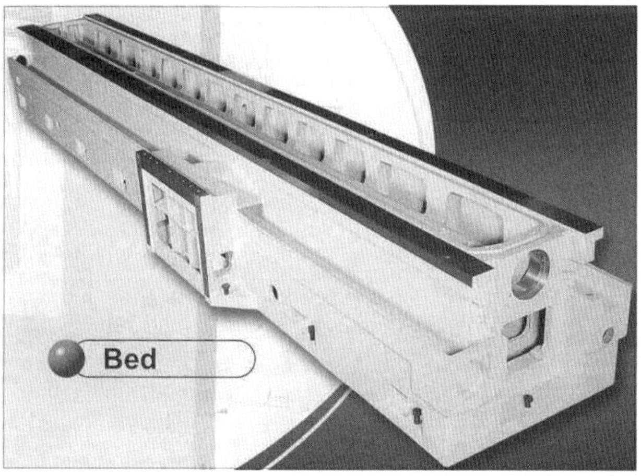

그림 3.15 베드

(6) 칼럼(Column)

칼럼은 주축헤드를 지지하는 기둥이며, 칼럼에는 베드에 고정된 고정형 칼럼(그림 3.17 참조)과 베드 위에서 이동할 수 있는 트라벨링형 칼럼(그림 3.18 참조)이 있다. 트라벨링형 칼럼의 경우는 칼럼의 이동에 따라 제어축을 구성한다. 그림 3.18에서는 칼럼이 전후 이동에서 Z축을 구성하고 있다.

그림 3.16 칼럼

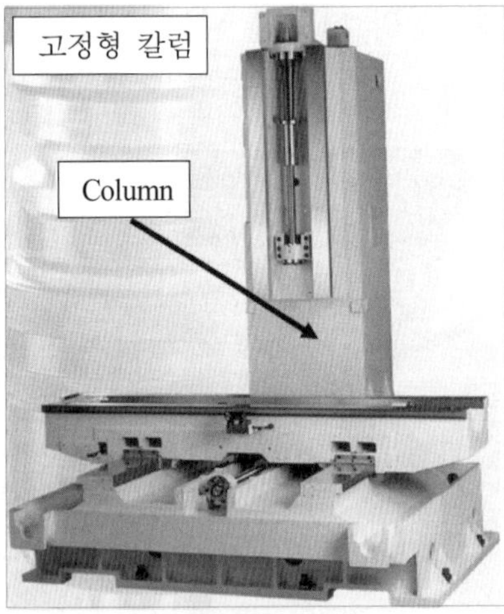

그림 3.17 고정형 칼럼

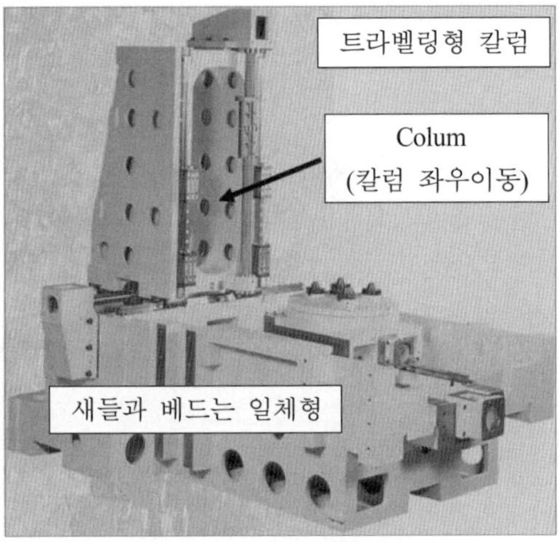

그림 3.18 트라벨링형 칼럼

(7) 자동공구 교환장치(ATC)

ATC는 Automatic Tool Changer의 약자로 주축에 고정되어 있는 공구와 다음 가공에 사용될 공구를 자동교환하는 장치이다.

ATC는 공구를 교환하는 ATC 암과 많은 공구가 격납되어 있는 ATC 매거진으로 구성되어 있다. 그림 3.19는 ATC와 그 동작을 나타낸 것이다. ATC에 있는 공구의 호출방법에는 시퀀셜 공구 선택 방식과 랜덤 선택 방식이 있다. 전자는 ATC 매거진에 배열되어 있는 순서대로 공구를 교환하는 방식이고, 후자는 모든 공구에 공구번호를 지정하여, 그 번호를 ATC 장치에 기억시킴으로써 ATC 매거진(Magazine)의 공구를 임의로 호출하여 교환하는 방식이다. 거의 모든 머시닝센터가 랜덤 공구 선택 방식으로 되어 있다.

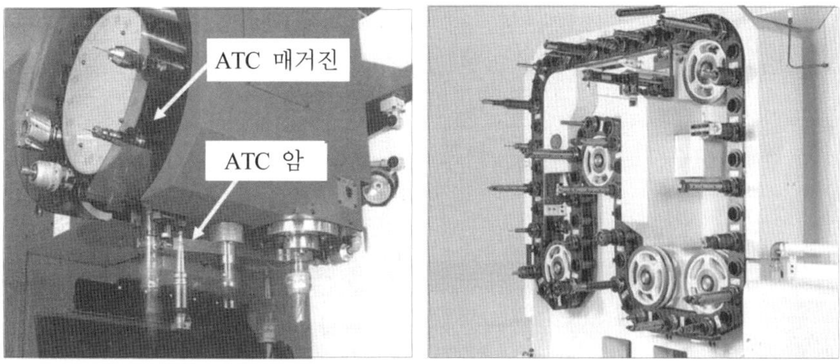

ATC 동작　　　　　　　　ATC 매거진

그림 3.19 ATC

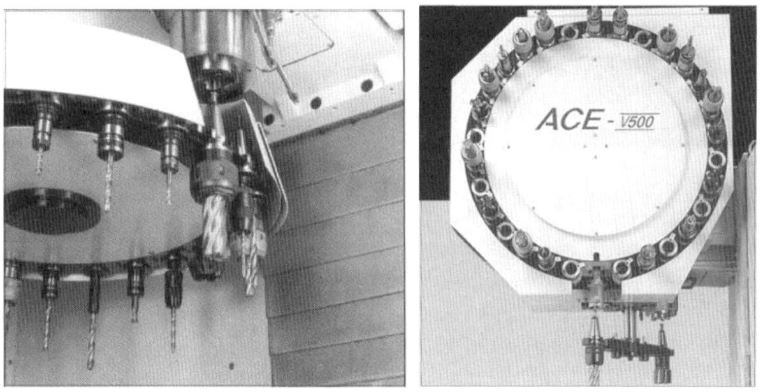

시퀀셜 공구 선택 방식　　　　　　랜덤 공구 선택 방식

그림 3.20 공구 선택 방식

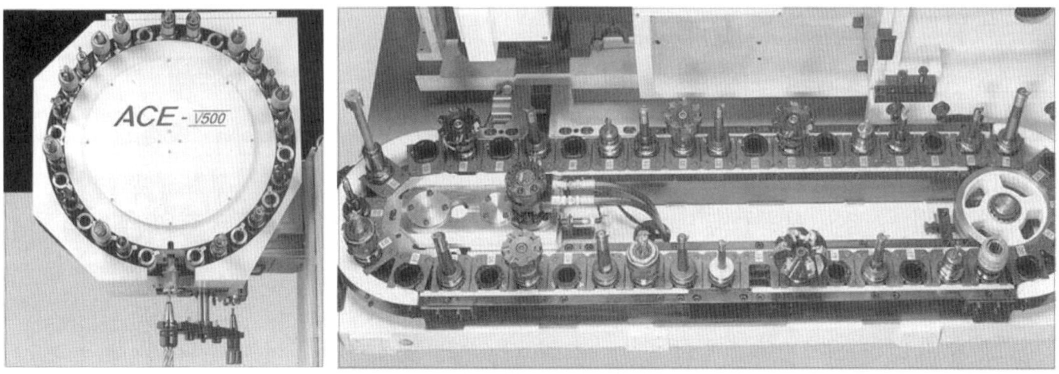

① 드럼형　　　　　　　　② 체인형

그림 3.21 ATC 매거진의 종류

(8) 이송 기구

이송기구는 그림 3.22처럼 서보모터, 볼나사, 볼너트 등으로 구성된다. NC 장치로부터의 지령에 의해 테이블, 새들, 주축헤드의 위치결정이나 절삭이송 등을 동작시키는 기구이다.

서보모터의 회전은 기어, 벨트, 커플링 등에 의해 볼나사에 전달되고, 볼너트에 직결되어 있는 테이블, 새들, 주축헤드를 직선운동시킨다. 요즈음에는 거의 AC 서보모터가 이용되고 있다.

그림 3.22 서보모터와 볼나사

(9) 절삭유제 공급장치

공구 또는 공작물에 절삭유제(Coolant)를 공급하고, 다시 회수하는 장치이다. 절삭유제는 수용성 절삭유제 또는 불수용성 절삭유제가 사용되며, 공구와 공작물의 절삭면에 윤활 및 냉각작용을 한다.

절삭유제의 공급방식에는 다음과 같은 것들이 있다.

① 노즐 쿨란트 방식

그림 3.23처럼 주축끝 부근에 고정시킨 노즐로 절삭유제를 공급하는 방법

② 스로 쿨란트 방식

그림 3.24처럼 주축의 내부(스핀들 스로) 및 공구의 내부(툴 스로)를 통하여 절삭유제를 공급하는 방법

③ 샤워 쿨란트 방식

공구나 공작물 전체에 절삭유제를 공급하는 방법

④ 미스트 쿨란트 방식

공기와 절삭유제를 혼합해서 분무식으로 공급하는 방법 또 기계나 공작물을 세척하기 위한 방식으로도 이용된다. 공급법의 선택, 쿨란트의 ON/OFF는 보조기능(M기능)으로 지령한다.

그림 3.23 노즐 쿨란트 방식

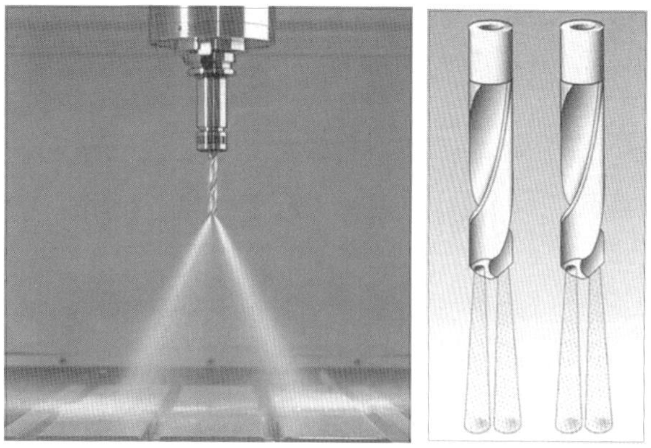

그림 3.24 스로 쿨란트 방식

오일 홀구멍 　　AIR, MIST 공급 　　콜렛의 틈새

그림 3.25 오일 홀과 미스트 공급방식

(10) 주축온도 조정장치

주축온도 조정장치는 고속으로 회전하는 주축, 베어링, 기어 등을 윤활·냉각하는 장치로, 기계의 열변위에 의한 가공정밀도 저하를 방지한다.

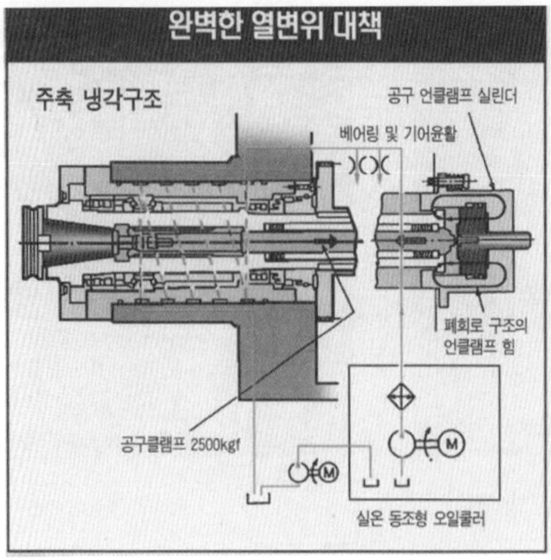

그림 3.26 주축온도 조정장치

(11) 유압장치

유압장치는 ATC의 공구 교환 동작이나 팔레트의 교환 동작 등의 구동원으로 이용되고 있다.

(12) 공압장치

공압장치는 기계 각 부로의 절삭칩이나 절삭유제의 침입방지, 공구교환시의 주축 구멍이나 툴 생크 등의 세척, 절삭유제와 공기를 혼합해서 미스트 쿨란트 등의 공압원으로서 이용되고 있다.

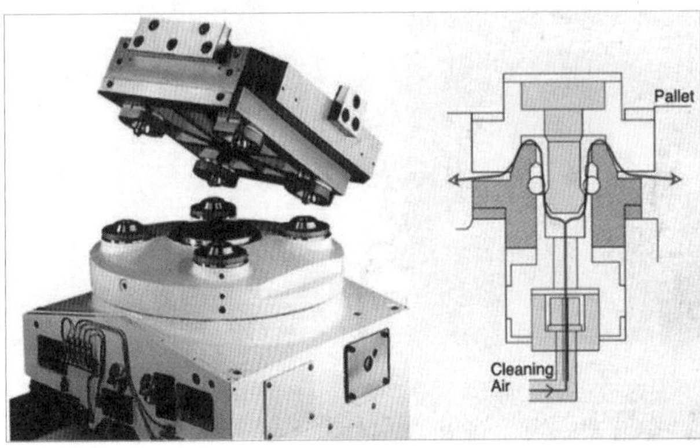

그림 3.27 팔레트 고정핀 세척

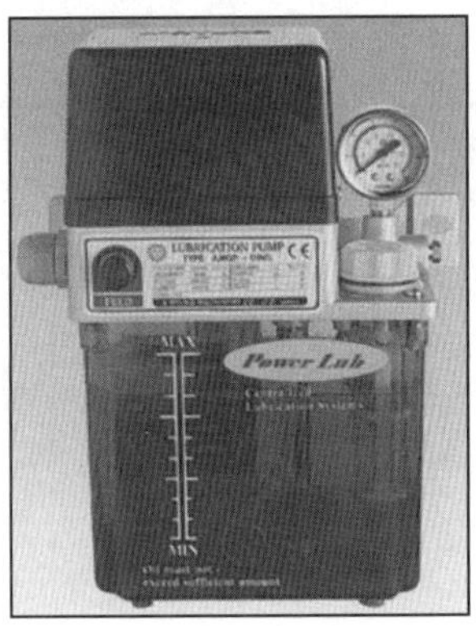

그림 3.28 윤활장치

(13) 습동면의 윤활장치

주축헤드, 테이블, 새들의 습동면에 윤활유를 공급하는 장치이다.

(14) CNC 장치와 주 조작반

최근의 CNC 장치는 CNC장치의 조작부를 기계본체와 일체형으로 된 기전 일체형이 많다.
주 조작반은 기계의 수동조작 등을 하기 위한 기계 조작반 및 프로그램의 MDI 입력(Manual Date Input : 수동 데이터 입력) 등을 하기 위한 CRT 조작반으로 구성되어 있다. 그림 3.29는 주 조작반의 예이다.

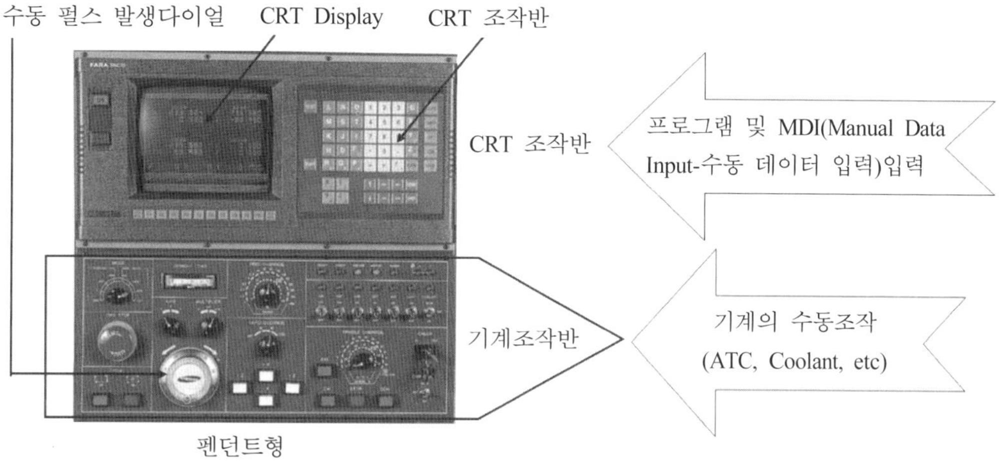

그림 3.29 주 조작반

(15) 기계본체 및 CNC 장치의 기본사양

표 3.1은 기계본체, 표 3.2는 CNC 장치의 기본적인 사양이다. 표의 사양은 CNC 공작기계나 CNC 장치의 메이커, 종류 등에 따라 다르다. 상세한 것은 각각의 취급설명서를 참조하기 바란다. 그러나 여기에서 취급한 머시닝센터의 사양은 표준적인 것이고, 다른 메이커의 사양과도 많이 공통되기 때문에 뒤에서 설명할 프로그래밍 또는 머시닝센터 작업도 표의 사양을 참고로 해서 설명하기로 한다.

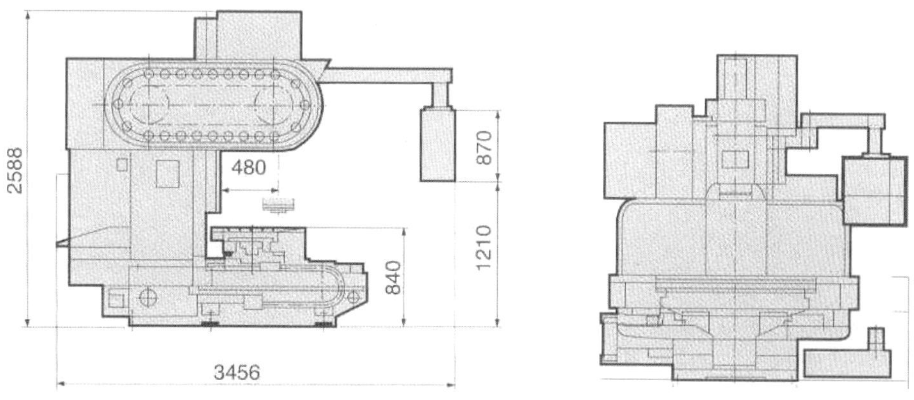

그림 3.30 기계본체

표 3.1 기계본체 사양(MAKINO 밀링 FNC86-30A의 경우)

항 목		크기 · 단위 · 규격 등
테이블	길이×폭	1200×600 mm
	T홈의 폭×갯수	18H7 mm×7개
운동범위	테이블 좌우의 이동(X축)	850 mm
	테이블 전후의 이동(Y축)	600 mm
	주축헤드 상하의 이동(Z축)	560 mm
	주축헤드부터 테이블 상면까지의 거리	225~785 mm
	주축중심부터 칼럼 전면까지의 거리	650 mm
주축헤드	주축단 형식	BT50
	주축 후론트 베어링경	ϕ105 mm
	주축속도(S4자리 직접지령)	10~3500 rpm
이송속도	주축 구동용 모터(30분 정격/연속)	AC11/7.5 kW
	절삭이송속도	0.1~4000 mm/min
	급속이송속도(X, Y축)	12000 mm/min
	급속이송속도(Z축)	12000 mm/min
ATC	공구 수납갯수	30개
	공구 선택방식	랜덤
	공구 생크	MAS403-BT50
	공구 풀 스터드	MAS407-I형 P50T
	공구 최대치수(경×길이)	ϕ145×400 mm
	공구 최대중량(생크포함)	15 kg
유압장치	최고 작동 압력	40 kg / cm^2
	탱크 용량	60 ℓ
	윤활 방식	강제 윤환급유 방식
절삭유장치	노즐수	4개
	펌프 토출량	18 ℓ /min
	탱크 용량	94 ℓ
공압원		5 kg/cm 이상
전원		28 kVA
중량	본체중량	8800 kg

표 3.2 CNC 장치의 사양(FANUC-11M 사양)

기 능	항 목	내 용
축 제 어	제어축 동시제어축수 최소설정단위 최대지령값 보간기능	3축 동시 3축 0.001 mm ± 8자리 직선보간 · 다상한 원호보간
이송기능	급속이송속도 이송속도지령 이송속도 오버라이드 급속이송 오버리이드 자동가감속 이그젝트 스톱 드웰	G00 (24 mm/min max) mm/min 직접지령 0 ~ 200% (10%씩) 1, 25, 50, 100% 급속이송 : 직선가감속, 절삭이송 : 지수가감속 G09, G61, G63, G64 G04
좌표계 설정	기계원점 복귀 기계 좌표계 설정 공작물 좌표계 설정 로칼 좌표계 설정	수동, 자동(G27, G28, G29) G53 6개(G54~G59) G52
지령치 입력	절대지령/증분지령 소수점 입력/전자계산형 소수점 입력	
주축기능	S 4자리 직접지령	
공구기능	T 2자리 지령	
보조기능	M 2자리 지령	
프로그램	프로그램 번호 시퀀스 번호 주 프로그램/보조 프로그램 테이프 코드 테이프 포맷 헬리컬절삭 고정 사이클 원호반지름 R지령	O 4자리 지령(프로그램 : 16) N 5자리 지령 보조 프로그램 : 4중까지 가능 EIA, ISO 자동판별 워드 어드레스 포맷 G02, G03 G73~G89
운전기능	자동운전 수동연결이송 머신록 보조기능록 드라이 런 싱글블록 수동 데이터 입력	사이클 스타트/피드 홀드 모든 축 또는 각 축 등 키보드에 의한 MDI 입력
공구보정기능	공구보정 갯수 공구위치 옵셋 공구경 보정 C 공구보정 메모리 A	99개 G45~G48 G41, G42, G40 ±6자리, 전공구보정에 공용, 32개
프로그램 편집	CRT 디스플레이 테이프 기억편집 백그라운드 편집 등록 프로그램 갯수	9인치 캘렉터 디스플레이 80 m 자동 운전 중의 편집가능 100개
그 외	백래시보정, 자기진단기능, 비상정지, 미러이메지, 옵셔널 블록 스킵 백래시, 프로그램 번호 서치, 시퀀스 번호, 서치, 탭핑모드(G63) 등	

3.1.3 머시닝센터의 특징 · 용도 · 종류

(1) 머시닝센터의 특징 · 용도

머시닝센터는 정면밀링, 엔드밀, 탭, 리머, 보링 바 등의 공구를 자동교환해 가면서, 각종 가공을 연속적으로 하는 CNC 공작기계이다.

서보모터나 볼나사에 의한 위치결정은 고속화, 착탈 등 작업준비의 성력화 등에 의해 생산성을 비약적으로 향상시킬 수 있다는 것이 특징이다.

머시닝센터는 트랜스퍼 머신이나 전용 공작기계 등과 비교하면, 대량 생산면에서는 뒤떨어지나 프로그램을 작성(또는 수정)하는 것만으로 신제품의 개발이나 제품의 설계 변경이 용이하다는 특징이 있고, 머시닝센터는 유연성이나 풍부한 생산체계를 구축하는 것이 가능하다.

일반적으로 머시닝센터는 중품종 중량생산에 적합한 CNC 공작기계라 한다. 그러나 최근에는 머시닝센터가 가진 고정밀도, 높은 수준의 자동화라는 특징부터 다품종 소량생산에서도 적극적으로 이용되고 있고, 부품가공에서는 기어박스, 엔진부품, 펌프, 컴퓨터나 통신기기의 부품, 항공기 부품, 고정도 가공 등 각각의 요구에 따라 다품종 소량생산을 하는 CNC 공작기계로서 이용되고 있다.

평면가공

측면가공

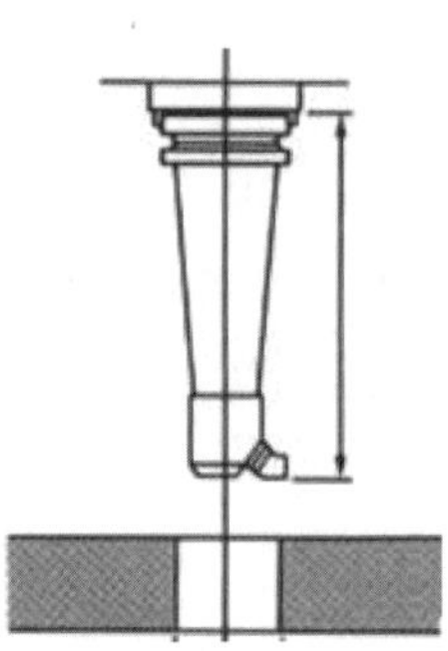

보링가공

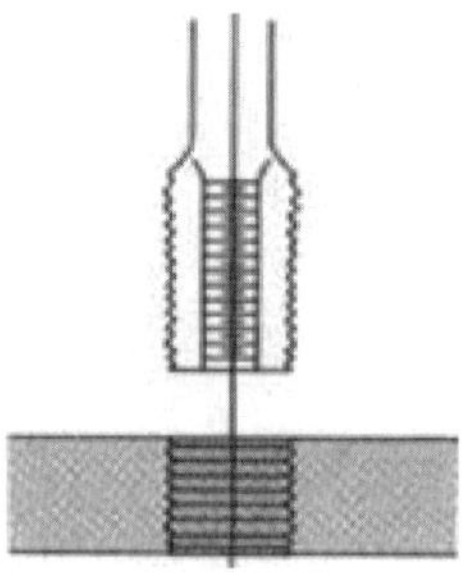

탭핑가공

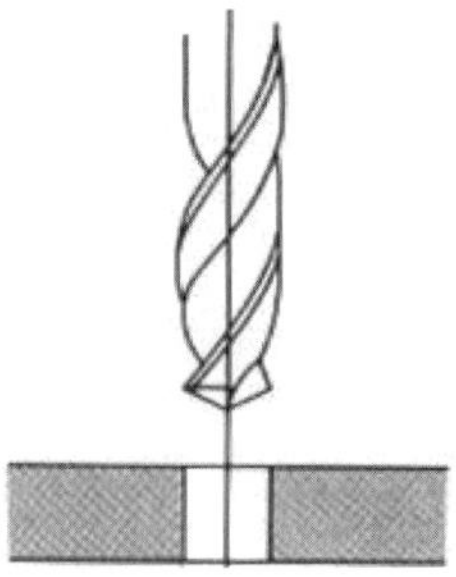

드릴링가공

그림 3.31 머시닝센터에서의 가공

더욱이 최근에는 머시닝센터의 기계적 강성을 높여서 파인 세라믹과 같은 고취성 재료를 다이아몬드도 연삭가공할 수 있는 머시닝센터로 등장하고 있다.

평면연삭 홈연삭 윤곽연삭

그림 3.32 머시닝센터에 의한 세라믹스 연삭가공(숫돌 : 주철화이버 본드 숫돌)

(2) 머시닝센터의 종류

머시닝센터는 용도에 따라 여러 종류가 있는데, 전항에서도 설명한 것처럼 일반적으로 주축의 방향에 따라 두 가지로 크게 구분할 수 있다.

수직형 머시닝센터는 테이블의 분할기능에 의해 기어박스 등과 같은 상자형 공작물의 같은 작업준비로 다면가공에 적합하다. 또, 칩 처리나 절삭유제의 배출성이 좋고, 팔레트의 자동교환화 등에 의해 성력화, 무인화가 용이하고, 보다 고도의 자동생산 시스템에 이용되는 것이 많다.

머시닝센터의 종류는 X, Y, Z 3축의 구성에 따라 표 3.3과 같이 세분할 수 있다.

표 3.3 축 구성에 따른 머시닝센터의 분류

주축방향에 따른 분류	축 구성에 의한 분류	피구동체 조합			구성도	비 고
		X축	Y축	Z축		
수평형 머시닝 센터	새들형	테이블	주축헤드	테이블	그림 7.25(a)	중·소형의 머시닝센터가 많다.
	트라벨링 칼럼형	칼럼	주축헤드	칼럼	그림 7.25(b)	테이블을 고정하고 공구를 X, Y, Z 3방향으로 이동시킨다. 라이화 등의 시스템머신 등에 적합하다.
		칼럼	주축헤드	주축헤드(램)	그림 7.25(c)	
		테이블	주축헤드	칼럼	그림 7.25(d)	X, Y, Z 각 축을 독립시킨 것으로 피구동체의 이동에 대하여 오버행(OVER HANG)이 없는 구조로 되고, 비교적 중·대형의 머시닝센터에 많은 타입이다.
		칼럼	주축헤드	테이블	그림 7.25(e)	
	램형	테이블	주축헤드	주축헤드(램)	그림 7.25(f)	
	니이형	테이블	니이	주축헤드(램)	그림 7.25(g)	머시닝센터로서는 수가 작고 소형에서나 볼 수 있다.
수직형 머시닝 센터	새들형	테이블	테이블	주축헤드	그림 7.27(a)	수직형 머시닝센터의 주류를 이루고 있고, 가장 전통적인 형이다.
	트라벨링 칼럼형	테이블	칼럼	주축헤드	그림 7.27(b)	각 축을 독립시킨 것으로, 피구동체의 이동에 대하여 오버 행이 없는 구조로 되고 비교적 중·대형의 머시닝센터에 많다.
		칼럼	칼럼	주축헤드	그림 7.27(c)	테이블을 고정하고 공구를 X, Y, Z 머시닝센터로서는 드물다.
	도어형	테이블	주축헤드	주축헤드(램)	그림 7.27(d)	프라노 밀리형의 머시닝센터로, 수직형 머시닝이지만, 일반적으로 도어형 머시닝센터로 구분된다.

일반적인 머시닝센터의 축 제어는 X, Y, Z 3축으로 구성되어 있지만 그림 3.33처럼 스크루나 터빈 날개의 가공은 5축 제어 머시닝센터로 하고 있다. 그림 3.34는 5축 제어 머시닝센터이다.

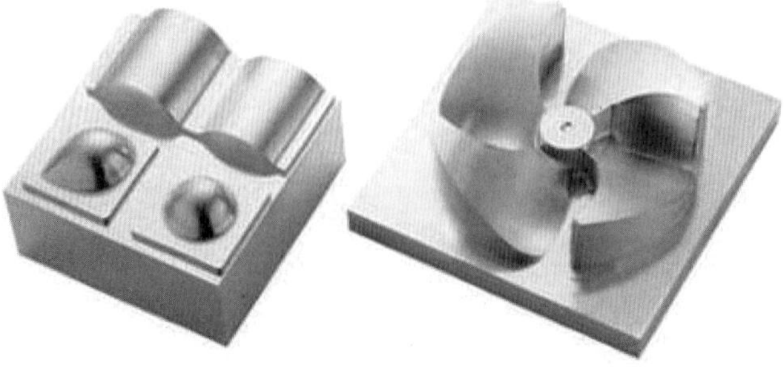

그림 3.33 5축 머시닝센터에 의한 가공 부품

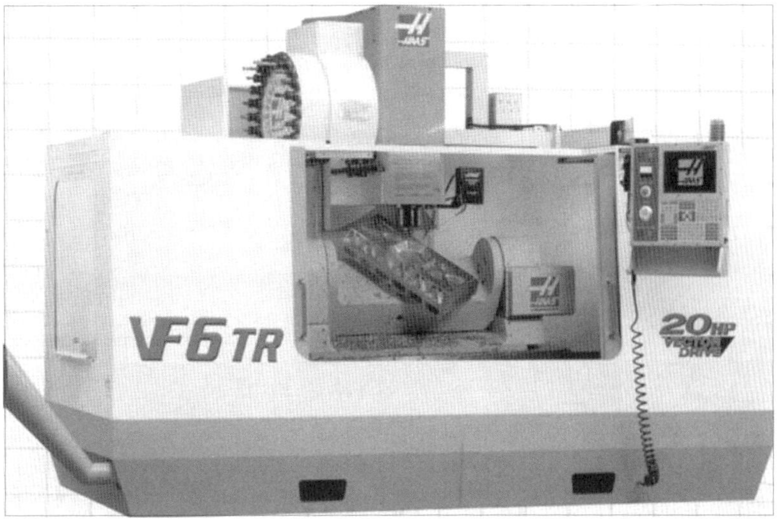

그림 3.34 5축 머시닝센터

3.1.4 머시닝센터의 주변기기 · 장치

머시닝센터의 작업을 효율적으로 하기 위해서는 풍부한 기능을 가지고, 조작성이 우수해야 하며, 자동화에 대하여 확장성도 필요하다.

최근에는 FMC(Flexible Manufacturing Cell)이나 FMS(Flexivble Manufacturing System) 등 CNC 공작기계를 기본으로 한 자동생산 시스템이 주목받고 있으며, 머시닝센터의 자동화 · 무인화를 추진하는 주변기기 장치가 여러 가지 개발되어 있다. 최근 머시닝센터는 충분한 작업량을 확보해 주기 위한 장치로 APC와 기계가공의 신뢰도를 높이기 위한 기능으로 ① 가공 감시기능, ② 자동계측 · 보정기능, ③ 적응제어(Adaptive Control : AC), ④ 고장 자기진단기능 등이 부가되어 기계가공과 가공 공정의 유연성을 증대시키는 자동화(FMS)의 구실을 한다. 여기에서는 머시닝센터의 주변기기 · 장치에 관하여 표준적인 것부터 자동화를 추진하는 것까지 현재 널리 사용되고 있는 여러 가지 기기 · 장치를 소개한다.

(1) 툴 생크와 풀 스터드

툴 생크는 공구를 지지하여 주축에 고정하기 위한 고정구이다. 주축단의 형상에 따라서, 그림처럼 생크부가 테이퍼형이나 스트레이트형이 있다. 또 풀 스터드는 툴 생크를 주축에 고정시키기 위한 툴 생크의 보조구이다.

툴 생크는 그림 3.35처럼 주축헤드의 크램프 기구에 의해 풀 스터드가 주축측에 당겨져, 테이퍼부가 주축구멍에 밀착되어 주축에 고정된다. MAS(일본공작기계 공업회)에서는 툴 생크 및 풀 스터드의 규격을 정하고 있다.

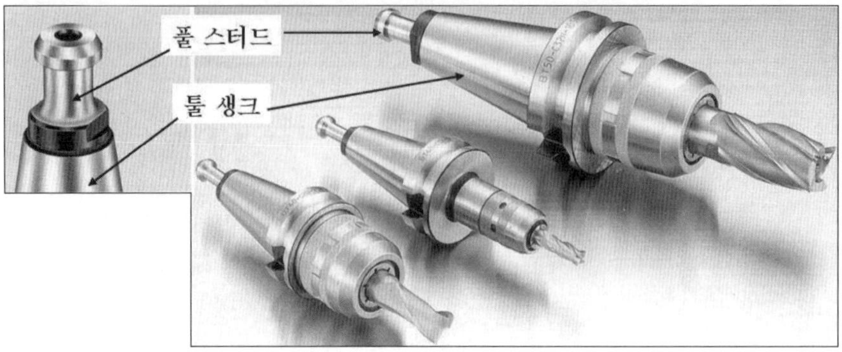

그림 3.35 툴 생크와 풀 스터드

그림 3.36에 MAS 규격(MAS403-1982)에서 정하고 있는 테이퍼형 툴 생크(BT50의 경우) 및 풀 스터드의 형상·치수를 나타내었다. 테이퍼 생크는 BT30부터 BT60이 규격화되어 있지만, BT40, BT45, BT50의 것이 많이 사용되고 있다. 툴 생크 및 풀 스터드(Pull Stud)는 주축에 공구를 고정시키기 위해 꼭 필요한 것이다. 기계의 사양에 따라 치수·형상이 다를 경우가 있기 때문에 기계에 맞는 적절한 것을 선택할 필요가 있다.

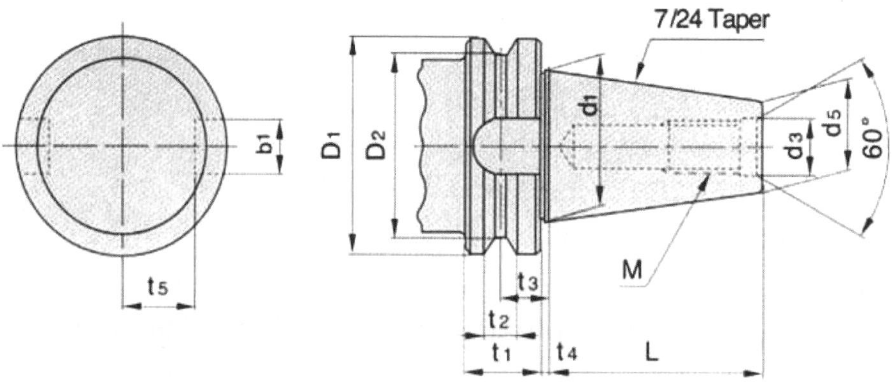

그림 3.36 툴 생크(BT40)와 풀 스터드

(2) 툴링(Tooling) 시스템

머시닝센터에서 사용한 공구는 전항에서 설명한 툴 생크를 가진 각종 툴 홀더를 이용해서 주축에 고정된다. 그림 3.38은 각종 공구의 고정 예이다. 또 그림 3.37의 툴 스탠드에는 많은 공구가 수납되어 있다. 이처럼 한 대의 머시닝센터에 수십 개의 공구가 필요하고, 이 때문에 공구구입에 상당한 액수의 돈이 필요하게 된다.

그래서 머시닝센터에서 사용하는 공구를 구입할 때는 머시닝센터 간에 툴 생크의 호환성 툴 홀더와 공구의 호환성 등 효율적인 공구의 운용을 위해 충분히 심사숙고해야 할 필요가 있다.

머시닝센터에서 사용하는 툴 홀더와 공구는 그것을 판매하는 메이커에 따라 여러 종류가 있다. 그래서 공구의 효율적인 운용을 하기 위해서는 미리 사용하는 툴 홀더나 공구를 체계화해서 그것에 따라 적절한 공구를 선택하는 것이 좋다. 툴 홀더나 공구의 체계화를 툴링 시스템이라 부른다.

툴링 시스템은 머시닝센터의 종류, 용도에 따라 그 형태가 다르지만 공작기계 메이커나 공구 메이커에서는 MAS 규격에 준한 툴링을 구성하고 있다. 그래서 일반적인 사용자도 MAS 규격을 참고로 한 툴링 시스템화를 도모하고 있다.

그림 3.37 툴 스탠드와 프리세트

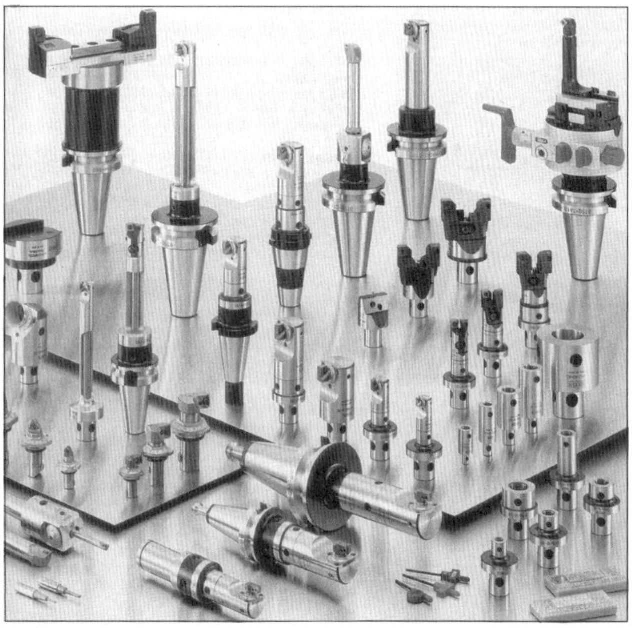

그림 3.38 각종 공구의 예

(3) 툴 프리세터

툴 프리세터(Tool pre-setter)는 아래의 그림처럼 공구길이나 공구경을 측정하는 장치이다. 공구날(Tip) 교환시 공구날 끝선 위치에 어긋남이나, 공구 보정량의 측정 등에 이용한다. 측정치를 읽는 방법에는 그림 3.40의 마이크로미터식, 그림 3.39의 다이얼 게이지식, 그림 3.41의 광학식 등이 있다. 최근에는 그림 3.40처럼 컴퓨터를 접속시켜, 공구길이나 공구경, 공구수명, 절삭조건, 사용실적 등 각종 공구 데이터 관리를 병용하는 툴 프리세터도 있다.

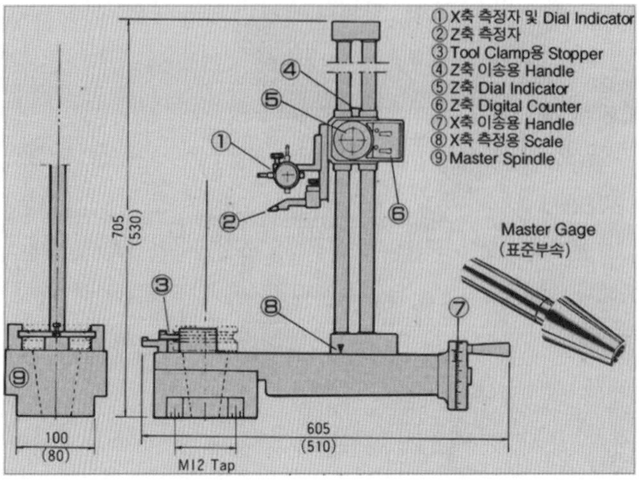

그림 3.39 다이얼 게이지식

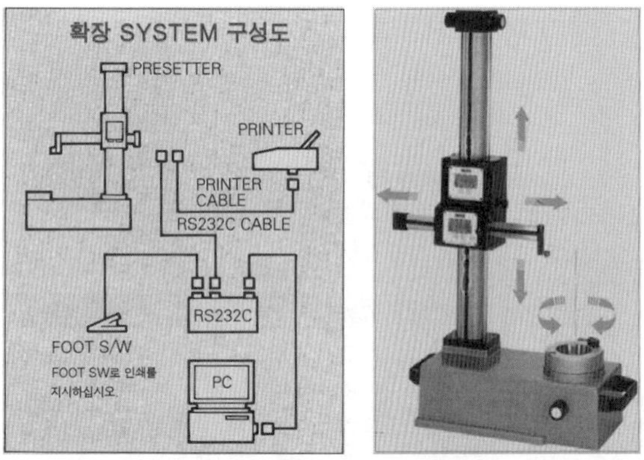

그림 3.40 마이크로미터식

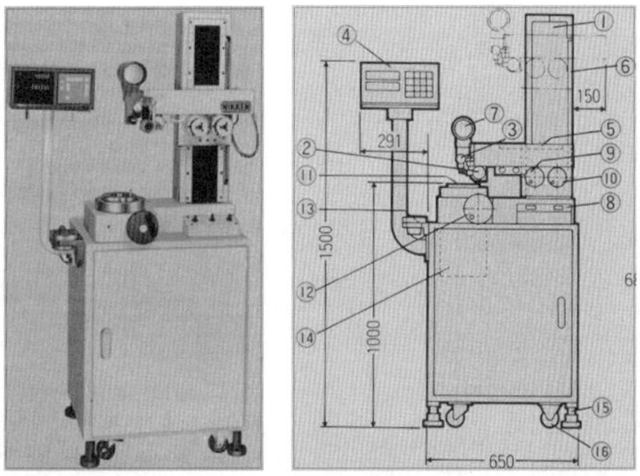

그림 3.41 광학식

(4) 공작물 고정구

공작물은 그림 3.42와 그림 3.43처럼 각종 고정구를 이용해서, 테이블에 고정한다. 공작물의 고정방법은 좋고 나쁜 상태에 따라, 가공정밀도나 가공능률에 커다란 영향을 미친다. 그래서 고정구는 공작물의 치수, 형상, 절삭 조건, 가공 방법 등을 고려해서 가장 적합한 것을 선택 또는 설계해야 한다.

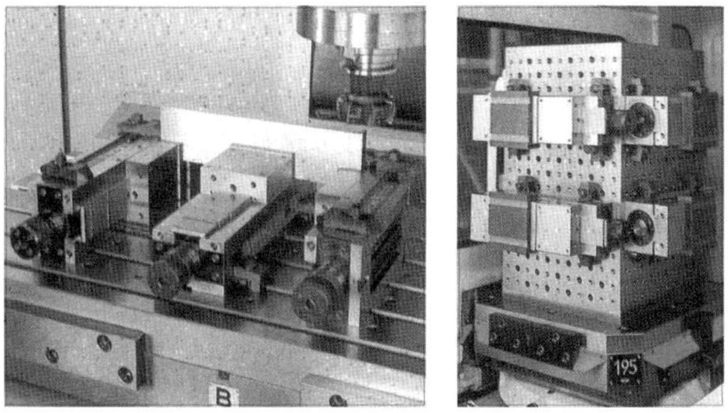

그림 3.42 머신 바이스 및 4면 고정구

그림 3.43 만능경사 테이블

고정구에서 중요한 것은 위치결정 정밀도나 반복 정밀도이다. 종래에는 지그(Jig) 등의 전용고정구가 이용되었지만, 머시닝센터처럼 공작물의 로트수가 적게 되면 고정구의 공유화를 기하기 위해 그림 3.44처럼 볼트·너트를 이용한 범용 고정구가 많이 이용되고 있다.

고정구가 구비해야 할 조건은 다음과 같다.

① 위치 결정이나 체결이 용이할 것.
② 공정에 숙련을 필요로 하지 않을 것.
③ 절삭력에 대하여 강성이 있을 것.
④ 절삭칩 배출이나 청소가 용이할 것.
⑤ 공구와 간섭을 일으키지 않을 것.
⑥ 공유화·표준화를 기할 것.

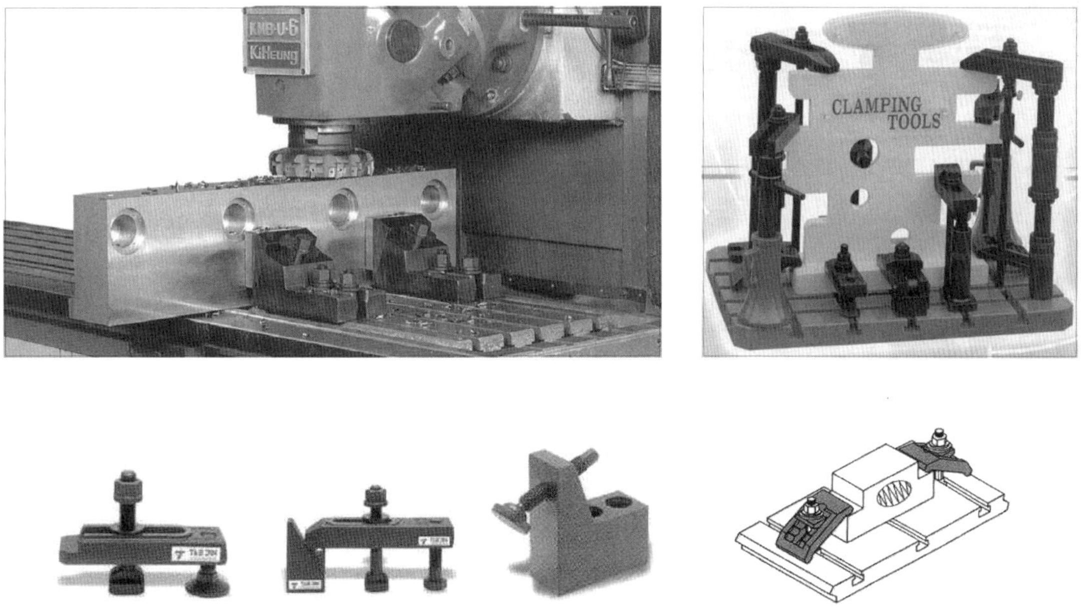

그림 3.44 각종 체결 공구

(5) APC(자동 팔레트 교환장치 또는 공작물 자동교환장치)

APC는 Automatic Pallet Changer의 약자로 팔레트를 자동교환하는 장치이다.
기계 내 팔레트에 고정된 공작물의 가공 중에 기계 밖의 팔레트에 공작물을 고정해 기계 내의 공작물이 가공을 완료하면, 즉시 팔레트를 자동교환시켜 다음 공작물을 가공할 수 있게 하여 기계의 가동률을 크게 향상시킬 수 있다. 팔레트의 교환방식에는 그림 3.45처럼 선회식 및 셔틀식 등이 있다. 또 머시닝센터의 장시간 운전, 무인 운전을 하기 위해 다연장의 팔레트 테이블을 갖춘 것도 있다. 그림 3.46은 다연장 팔레트 테이블의 예이다.

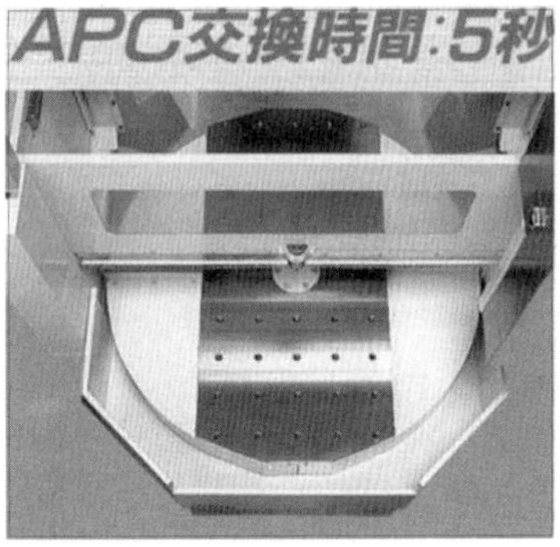

그림 3.45 선회식 팔레트

그림 3.46 다연장 팔레트 테이블

(6) 칩 컨베이어

칩 컨베이어는 절삭칩을 자동적으로 기계 밖으로 배출하는 장치이다. 그림 3.47은 칩 컨베이어의 예이다. 절삭칩을 스크루식의 컨베이어로 기계 밖으로 배출하고, 리프트로 칩통에 절삭칩을 회수한다.

스크루식

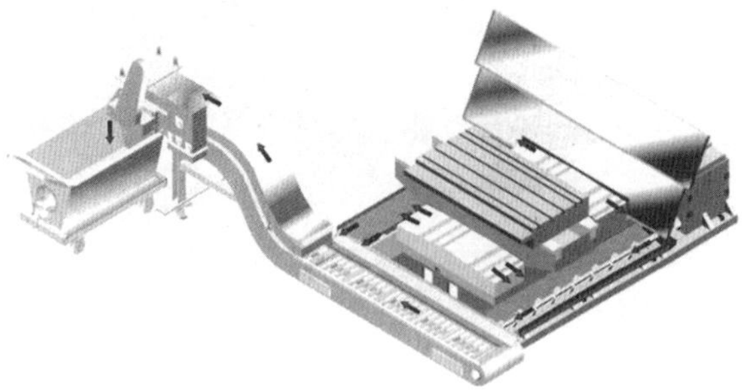

Lift Up식

그림 3.47 칩 컨베이어

(7) 스플래시 가드

스플래시 가드(Splash Guard)는 절삭칩이나 절삭유제 등이 기계 밖으로 비산하는 것을 방지하는 것이기 때문에 그림 3.48처럼 반폐식, 전폐식이 있다. 팔레트의 자동교환장치를 갖춘 머시닝센터에서는 자동개폐도어로 되어 있는 전폐식이 많다.

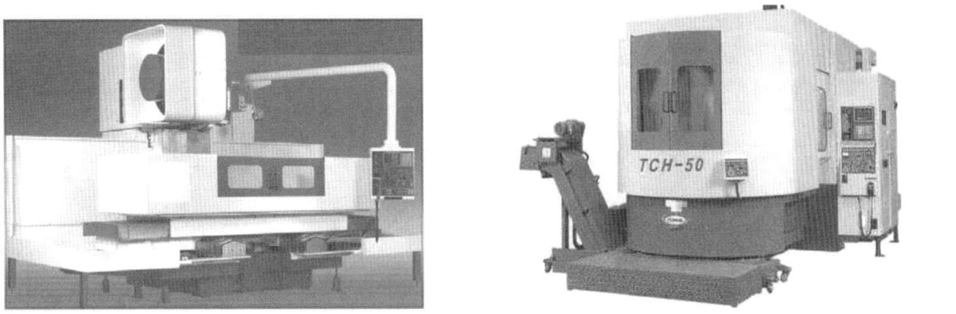

반폐식 전폐식

그림 3.48 스플래시 가드

(8) 공작물 자동계측장치

공작물 자동계측장치는 그림 3.49와 3.50처럼 터치센서를 주축에 장착하여, 측정자와 공작물과의 접촉위치로부터 공작물의 기준면 측정, 단차측정, 구멍지름, 구멍위치 측정 등을 하고, 프로그램 형상과의 오차량을 자동보정하는 장치이다.

공구길이 측정 공구경의 측정 공구보정 입력화면

그림 3.49 공구 자동계측장치

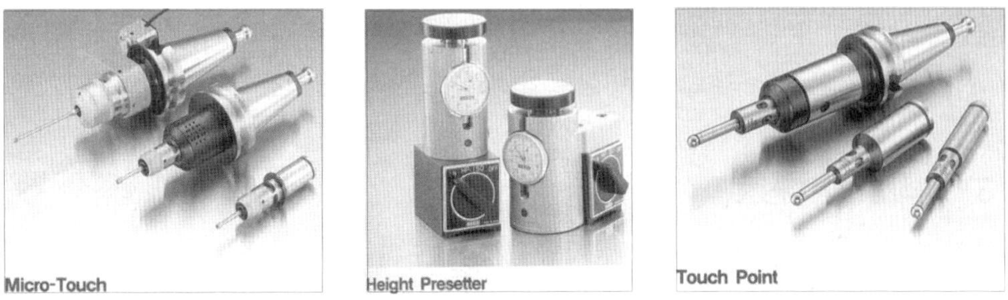

그림 3.50 터치센서와 하이트 프리세터

(9) 공구파손 검출장치

드릴이나 탭 등 소형공구의 파손 유무를 그림 3.51처럼 툴 세터(Tool-Setter)로 공구 인선의 접촉위치로 검출하고, 공구의 파손이 있다면 기계 운전이 중지되는 장치이다. 공구파손 검출장치로는 절삭시 AE(Acoustic Emission의 약자)파의 이상을 감지하는 AE 센서방식 등이 있다.

그림 3.51 공구파손 검출장치

(10) 이동속도의 적응제어

이송속도의 적응제어는 절입량의 변화에 따라 생기는 절삭의 변동을 주축모터의 부하의 크기로 검출하고, 미리 설정된 범위 내의 부하로 되어 자동적으로 이송속도를 오버라이드(Override : 가속)시키는 기능이다. 이와 같이 적응제어란, 항상 최적 가공상태로 되게 기계를 자동제어하는 기능으로 이송속도 외에 에어커트 시간단축을 위한 적응제어도 있다.

(11) 열변위 보정장치

열변위 보정장치는 실온변화, 절삭열, 베어링 발열 등에 의해 발생하는 기계의 열변위를 자동적으로 보정하는 장치이다.
센서에 의한 열변위 보정, 냉각유에 의한 열변위 보정 등의 방법이 있다.

(12) 로봇

로봇은 테이블이나 팔레트에 고정되어 있는 공작물의 자동교환 또는 파손이나 마모된 ATC 매거진의 공구와 그 예비공구의 자동교환 등에 이용되는 핸들링 장치이다.

(13) 대화형 NC 장치

대화형 NC 장치는 공작물의 형상, 가공순서, 사용하는 공구 등, 가공에 필요한 정보를 CNC 장치의 CRT 디스플레이 지시에 따라 입력하면 자동적으로 프로그래밍되는 기능이다. 대화형 CNC 기능은 복잡한 좌표치 계산을 간략화할 수 있고, 공구의 화면 궤적을 따라 프로그램 체크가 쉽고 프로그램의 경험이 적은 사람도 간단히 조작할 수 있는 특징이 있어 널리 보급되고 있다.

3.1.5 머시닝센터와 생산 시스템

머시닝센터는 한 대의 공작기계로 각종 가공을 할 수 있는 유연성과 전항에서 설명한 각종 주변기기·장치 등을 이용한 확장성, 단독운전에 의한 공작물 가공만이 아니라 FMS나 FMC 등처럼 고도의 성력화 무인화된 생산 시스템에 널리 이용되고 있다.

여기에서는 머시닝센터를 이용한 각종 생산 시스템의 개요를 설명한다.

(1) 스탠드 얼론 시스템(Stand-Alone System)

스탠드 얼론(또는 스탠딩 얼론)은 고정함 또는 독립해 있음 등의 의미를 가지고 있고 스탠드 얼론 시스템은 말 그대로, 머시닝센터의 단독운전에 의한 생산 시스템을 말한다. 스탠드 얼론 시스템에서는 공작물이나 공구의 착탈 프로그램이나 각종 보정량의 입력 등 모든 작업은 전문 작업자에 의해 행하여진다.

또한 머시닝센터의 운전은, 테이프 운전과 메모리 운전으로 크게 나눈다. 테이프 운전은 NC 테이프 리더로 읽어가면서 운전을 하기 때문에, NC 테이프의 소모, 읽어들임이나 시간이 걸리는 등 효율은 그다지 좋지 않다. 메모리 운전은 CNC 장치의 메모리에 기억시킨 프로그램을 실행시켜서 운전하는 방식이다. 테이프 운전과 같은 문제는 없다. 프로그램의 변경, 추가, 소거 등의 편집이 용이하기 때문에 일반적인 작업은 거의 메모리 운전을 하고 있다. 그러나 메모리 용량을 넘는 긴 프로그램의 운전은 테이프 운전 또는 다음에 설명하는 DNC 운전이 필요하게 된다.

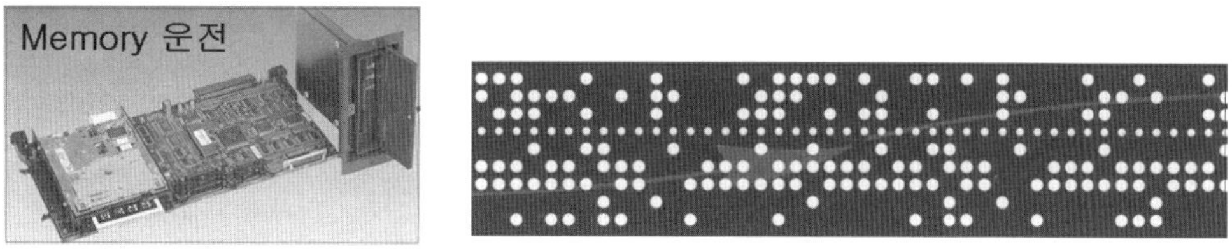

그림 3.52 메모리와 종이(천공)테이프

메모리에 프로그램을 입력시키는 방법에는 다음과 같은 방법이 있다.

① NC 테이프로부터 읽어들이는 방법
② MDI(수동 입력방법)에 의한 입력방법
③ 자동 프로그래밍 장치 등 외부기기로부터 입출력 인터페이스를 경유해서 읽어들이는 방법
④ 중앙 컴퓨터로부터 RBU(Remote Buffer Unit)를 경유해서 읽어들이는 방법

(2) DNC

DNC는 Directed Numerical Control의 약자로 CNC 공작기계의 군 관리(또는 군 제어)를 말한다. 이처럼 중앙컴퓨터 통신용 인터페이스 및 한 대에서 여러 대의 CNC 공작기계로 DNC 시스템이 구성되고 있다. 중앙컴퓨터에 의해서 CNC 공작기계로의 프로그램 전송(Down Load) 또는 CNC 공작기계로부터의 프로그램 읽어드림(Up Load) 등이 이루어지고, 머시닝센터는 물론 여러 대의 CNC 공작기계의 동시제어가 가능하다.

CNC 공작기계로의 프로그램 전송은 짧은 프로그램인 경우는 CNC 장치의 메모리에 직접 전송한다. 또 심야의 장시간 연속 운전을 해야 할 긴 프로그램의 가공을 할 경우에는 RBU(Remote Buffer Unit)라 부르는 증설 메모리에 중앙컴퓨터로부터 전송되어 온 프로그램을 일시적으로 저장해가면서 연속적으로 CNC 가공을 말한다.

※ 메모리 스틱(USB) 사용

그림 3.53 CNC 공작기계의 USB 메모리

· 파일 전송(FTP) : 인터넷에서 필요한 자료나 정보를 발견하게 되면 그 파일을 자신의 컴퓨터로 가져올 필요성이 있다. 파일전송(File Transfer Protocol : FTP)은 이러한 경우 파일을 가져오기 위한 방법 중의 하나이다. FTP는 본래 TCP/IP의 일부로서 파일의 전송과 관련된 통신규약이며, 인터넷에 접속되어 있는 컴퓨터 사이에 파일을 주고받기 위한 방법으로 사용된다.

CNC 공작기계의 컨트롤러와 이더넷(Ethernet) 시스템이 포함된 PC 간의 네트워크를 통해서 데이터를 전송하거나 저장할 수 있다.
프로그램 파일들을 쉽게 메모리 또는 하드 드라이브로 전송하며, 대용량 파일은 여러 대의 공작기계에 접속할 수 있으며, 초고속 데이터 전송은 1초당 1,000블록의 속도로 대용량 파일의 DNC를 쉽게 전송할 수 있다.
또한 USB 지원가능으로 유저가 플래쉬 메모리 장치를 사용할 수도 있다.
윈도우 XP, WINDOW NT 4.0 SERVER / WORKSTATION, WINDOWS 95, 98 MILLENNIUM 2000, SERVER / WORKSTATION, WINDOWS 2000 PRO/SERVER에서 사용할 수 있다.
IPX/SPX 또는 TCP/IP 프로토콜을 기계제어 화면에서 쉽게 조건을 설정할 수 있다.
또한, Parallel(병렬)포트의 인터페이스를 통해서 ZIP 드라이브를 사용할 수 있다.

아울러 이 드라이브는 표준 PC 플로피를 사용하여, 기계 가공용 프로그램을 쉽게 업로드(Up load)할 수 있으며, 다른 공작기계 또는 DNC 컴퓨터 등에 쉽게 저장할 수 있다.
이송속도를 빠르게 하기 위해서 DNC를 거치지 않고 큰 용량의 프로그램을 곧바로 기계 내부의 기억용량(1 MB ~ 16 MB)으로부터 불러들일 수 있다.
고속 S-RAM은 D-RAM보다 빠르며, 전원이 꺼졌을 때도 데이터가 유지된다.
메모리 잠금 스위치는 권한이 없는 사람이 프로그램을 임의로 편집할 수 없도록 메모리 잠금 기능을 사용하여 설정된 파라미터, 보정값, 매크로 변수 등을 잠글 수 있다.

원하는 가공 프로그램을 완성하였다면 CNC 공작기계로 프로그램을 전송하여 가공을 해야 한다.
이때 또 하나의 문제점이 있다. 일반적으로 3차원 가공을 할 경우 큰 용량의 가공데이터가 필요하게 된다. CNC 공작기계가 읽어들일 수 있는 Bubble Memory 용량은 매우 제한적이므로 가공 프로그램을 CNC Memory에 넣는다는 것은 생각할 수도 없다.
어떻게 하면 비싼 CNC의 Memory를 증설하지도 않고 간단히 큰 용량(가공물에 따라 10 MB 이상의 용량도 필요함)의 가공 프로그램을 저장하고 가공할 수 있을까라는 질문의 해답으로 DNC가 있다.

- 이더넷(Ethernet) : 가까운 거리의 컴퓨터를 네트워크로 집적 연결해 주는 작은 규모 및 근거리 네트워크. 전송속도는 초당 2.94 MB를 전송할 수 있다.(거리 1.6 km 이내), (초당 10 Gbyte 전송)
- 주소체계 : 인터넷상에서 상대와 통신을 하기 위해서는 주소를 알아야 하는데 이 주소를 IP address 또는 Internet Number라 부른다. IP 주소는 32비트의 숫자로 구성되어 있지만, 사용자가 기억하고 사용하기 쉽도록 165. 123. 41. 1과 같이 8비트씩 마침표로 연결된 4개의 숫자를 이용한다.

범용 PC를 CNC Controller와 연결하여 데이터 전송과 동시에 가공을 진행하면 모든 것이 해결되는 것이다.

① **DNC System**

아래의 그림 3.54, 3.55처럼 여러 대의 NC 공작기계를 한 대의 컴퓨터(PC)에 연결하여 NC Program의 관리, 편집 및 송·수신과 기계의 운전상태 감시, 생산계획에 따른 기계 운전조작 등을 컴퓨터에서 집중 관리하는 시스템이다.
작은 의미로는 NC Program을 관리하고 데이터의 편집과 송·수신을 수행하는 System을 DNC(Direct Numerical Control) System이라 한다.

다른 의미로의 DNC(Distribute Numerical Control)는 NC Program을 CNC Controller에 있는 Buffer Memory를 이용하지 않고 Computer를 이용하여 직접 전송함으로써 간편하게 가공할 수 있다는 이점이 있어서 많이 사용되고 있다.

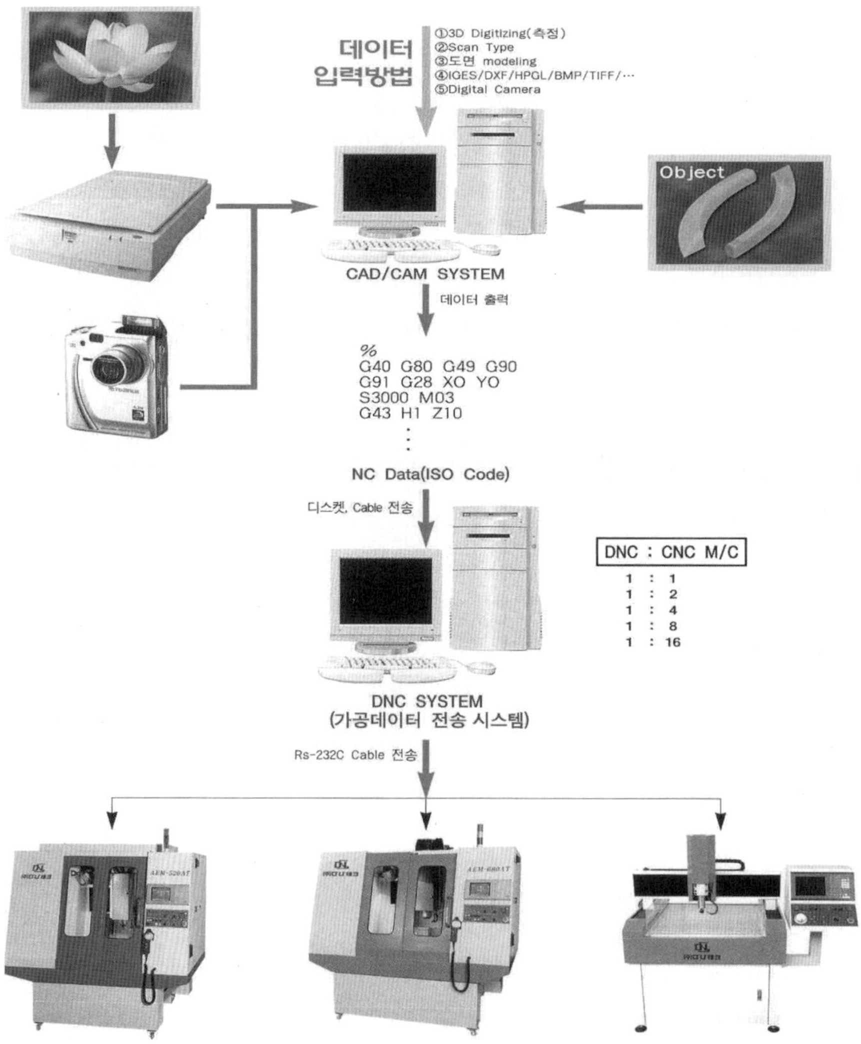

그림 3.54 DNC System의 구성

그러나 보다 나은 DNC라면 작업공정에 따라 한대의 DNC Host에서 여러 대의 CNC 공작기계를 동시 구동함으로써 반 무인화 가공을 실현하는 이점이 더 크다. 이것을 Distribute 개념의 DNC이다.

DNC System에 이용되는 전송방식은 메모리 방식, RS232C 전송방식, LAN 방식 등이 있다.

㉠ 메모리 방식은 기기에 부착된 PCMCIA Slot을 이용하는 무선방식으로 데이터를 전송한다. 설치도 용이하나 휴대하는 불편이 있기도 하다.

㉡ RS232C 전송방식은 PC와 직접 연결하여 실시간으로 전송하는 일반적인 가공 사용방법이나 짧은 통신거리와 노이즈에 취약하며, 전용 프로그램이 필요하다.

㉢ LAN 방식은 고속가공기 등에 많이 사용되며 거리에 제한이 없으며 PC 콘트롤러 기반에 UTP Network를 사용한다.

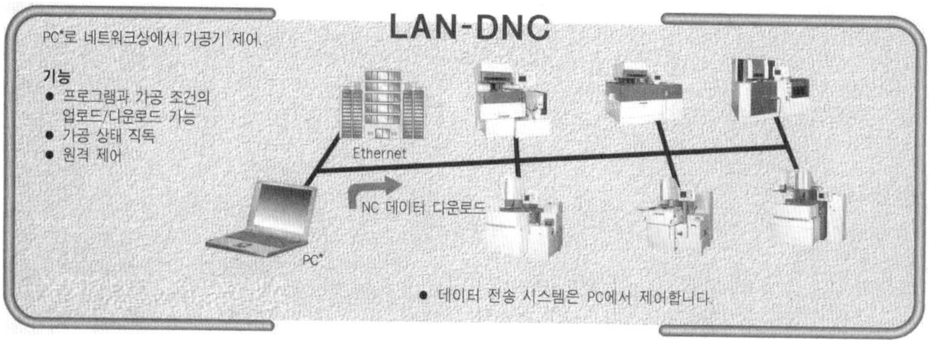

그림 3.55 네트워킹(Networking) System의 구성

DNC 기능으로 네트워크 지역에서 가공기의 조작을 원격 제어할 수 있다.

② DNC System의 장점

기계 메모리(Memory)를 무제한적으로 사용할 수 있으며, DNC 검증기능을 통한 불량률 최소화, Lan을 이용한 현장 작업 진행현황 모니터링, 재가공 및 스케줄 전송으로 기계가동 효율화, Data 보관 및 Data 편집 작업의 편의성, 한 대의 PC로 다수의 장비를 관리할 수 있으며, 나아가 생산 공정관리, 인건비 절감, 설비 가동률 증가를 가져온다.

DNC System은 메모리 증설이 필요 없으며, Controller와 직접 연결하여 데이터 전송과 동시에 가공이 이루어지므로 NC Tape가 필요치 않다.

DNC 가공시에는 가공물(피삭재)과 공구 및 원점 설정이 미리 세팅(Setting)되어 있어야 한다.

③ **통신용 Interface**

㉠ RS232C(Serial Cable)

CAD/CAM 주변장치들은 컴퓨터 시스템을 중심으로 서로 인접한 곳에 위치함으로 모뎀을 사용하지 않고 바로 각 장비와 직결(Serial)하여 사용한다.

데이터를 서로 주고받을 수 있는 방식으로 데이터가 직렬로 주고받으므로 시간은 걸리나 데이터의 손실은 적으므로 CAM에서 각 기기 간의 호환에 그림 3.56처럼 RS232C(Recommended Standard number 232 revision C) 통신케이블과 통신포트를 이용하여 CNC 공작기계와 직접 연결하여 이용하고 있다.

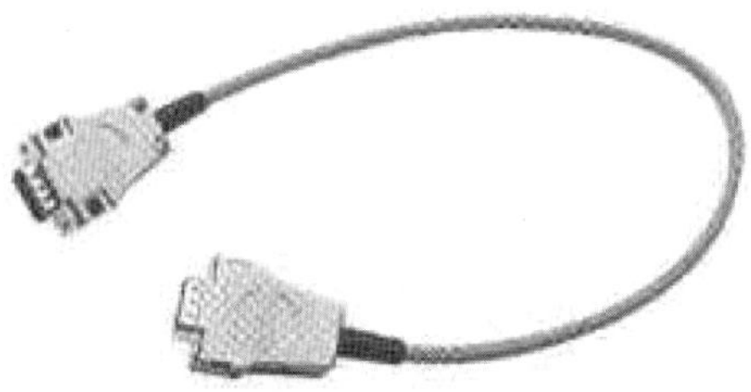

그림 3.56 RS232C 통신케이블

㉡ USB

USB(Universal Serial Bus)의 줄임말로 컴퓨터 본체와 컴퓨터 주변기기를 손쉽게 연결하기 위해 고안된 규격을 말한다.

이 규격을 택한 컴퓨터, 컴퓨터 본체(USB Port <단자>)에 주변기기의 USB를 꽂으면, 컴퓨터에서 해당 주변기기를 곧장 인식한다.

USB는 15년 전에 국제표준으로 지정돼 기업들이 앞 다퉈 기술개발에 매달리고 있으며, 프린터, TV, 모니터, DVD 등 주변기기를 컴퓨터와 주변기기를 연결하는 가장 간편한 직렬연결방식이다.

DNC용 통신케이블도 현재 RS232C에서 USB로 대체되고 있다.

현재 우리 주위에 USB 대신 40년 전에 나왔던 RS-232C(UART)를 가르치거나 사용하는 것은 외국과 비교하면 부끄러울 정도이다.

④ DNC 전송

통신조건 설정

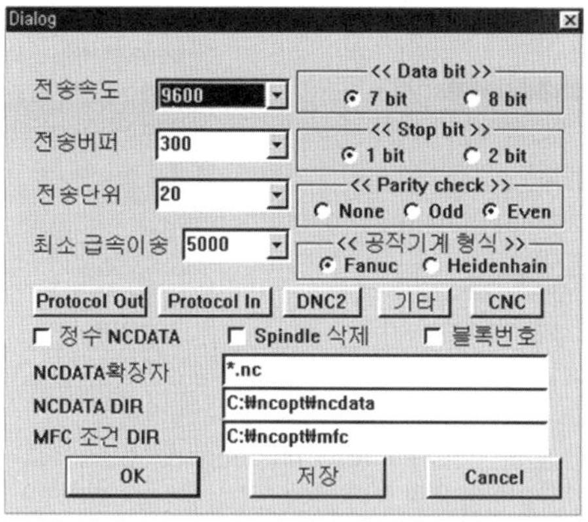

<설명> 기계와 컴퓨터 간의 통신프로토콜 및 Dir의 Setup용 파라미터

1. Protocol_IN_OUT: 통신 프로토콜
2. DNC2: FANUC DNC2 CARD
3. 기타: 초기설정
4. CNC:기계조건설정

그림 3.57 DNC 통신조건 설정

- 전송속도 : 1초에 전송 가능한 비트 수
  (일반 가공기 ⇨ 4800 ~ 19200, 고속 가공기 ⇨ 19200 ~ 52000)
- 전송버퍼 : 한 번에 보낼 수 있는 전송량
- 전송단위 : 한 번에 보낼 수 있는 문자수
- 최소급속이송 : 공작기계 고속이송 속도
- Data Bit : ASCII 문자 7비트 Binary 8
- Stop Bit : 데이터 끝을 알리는 기능
- Parity Check : 데이터가 정확히 보내졌는가(오류) 검사
- None : Parity를 무시
- Even : 8비트에서 1의 갯수가 짝수가 되도록 설정
- ODD : 8비트에서 1의 갯수가 홀수가 되도록 설정
- 공작기계형식 : 사용자의 Controller Type

- 근래의 CNC 공작기계의 전송속도(BPS) : 일반적으로 9600이다.

① 전송(Down Load)

컴퓨터에 있는 NC Data를 공작기계로 보내서 가공하는 기능

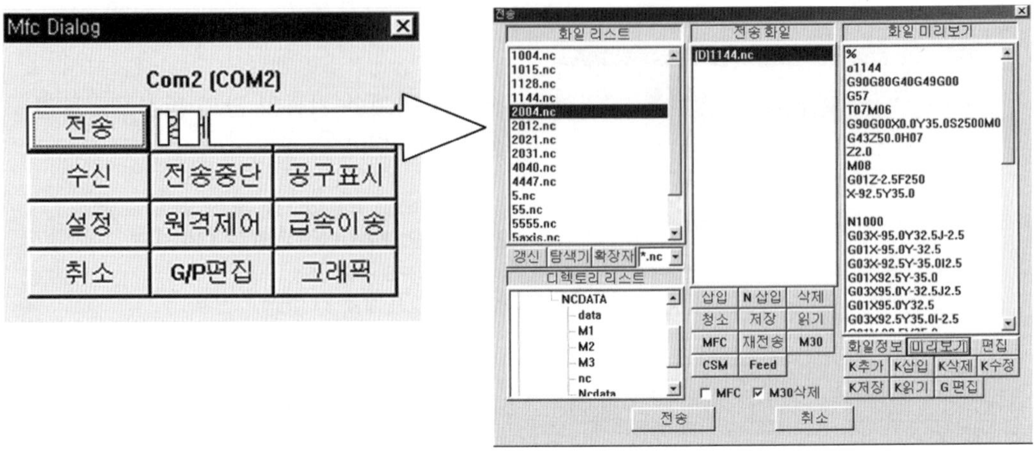

그림 3.58 NC 파일 전송(기계)

② 수신(Up Load)

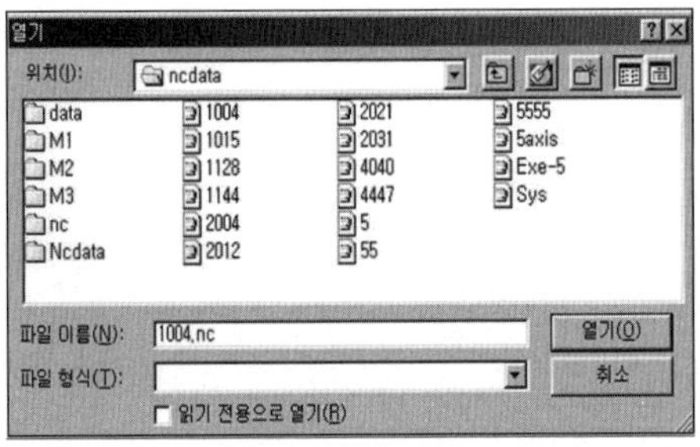

<설명> 기계로부터 컴퓨터의 데이터를 수신하는 기능

그림 3.59 NC 파일 수신(컴퓨터)

③ ①번에서 「전송」을 클릭하여 파일 전송

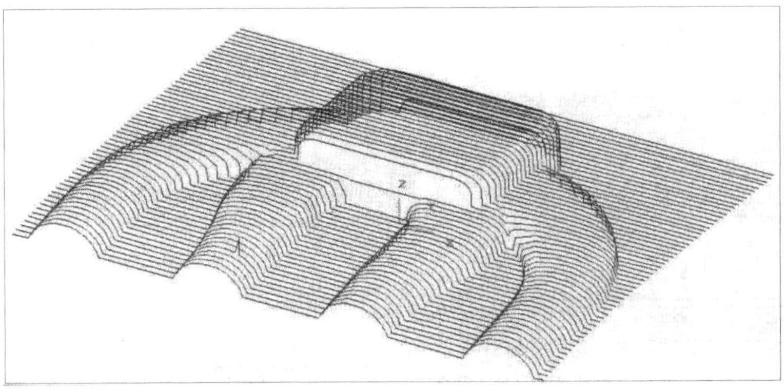

그림 3.60 전송 완료

④ 확인 후 공작기계에서 가공시작(Cycle start)

(3) FMS

FMS(Flexible Manufacturing System의 약자)는 유연성 있는 자동생산시스템을 말한다. FMS는 시스템 전체를 관리하는 컴퓨터, 공작물을 보관하는 자동 창고, 여러 대의 머시닝센터, 공작물의 작업 준비 스테이션, 교환용 공구 매거진이나 팔레트를 운반하는 AGV(자동반송차) 등으로 구성되어 있고, 다종다양한 공작물을 보다 적은 인원으로 자동적으로 그리고 필요할 때 가공할 수 있다는 특징이 있다.
소규모에서 대규모까지 목적에 맞게 여러 가지 규모의 FMS가 이용되고 있는데 공장레벨에서 FMS를 추구하는 것이 효율이 좋기 때문에, 비교적 대규모 FMS가 많다. FMS는 트랜스퍼 라인처럼 몇 종류의 부품가공에 한정된 대량생산형의 생산 시스템과는 달리 그 명칭과 같이 플렉시블한 자동생산 시스템이다. 생산의 유연성이 많은 대신 생산 효율을 떨어뜨리기도 하여 FMS 는 대량 생산에는 적합하지 않다. 일반적으로 다품종 중량 생산에 적합한 생산 시스템이다.

(4) FMC

FMC(Flexible Manufacturing Cell의 약자)는 그림 3.61처럼 머시닝센터 등 한 대에서 여러 대의 CNC 공작기계를 중심으로 하는 가공 셀을 FMS와 같이 컴퓨터, 자동창고, 반송장치 등으로 고도로 자동화한 생산 시스템을 말한다. FMC는 FMS와 비교하면 소규모 생산이지만, 시스템에는 확장성이 있고, 일반적으로는 FMS의 기본구성 모듈로서 자리 잡고 있다.

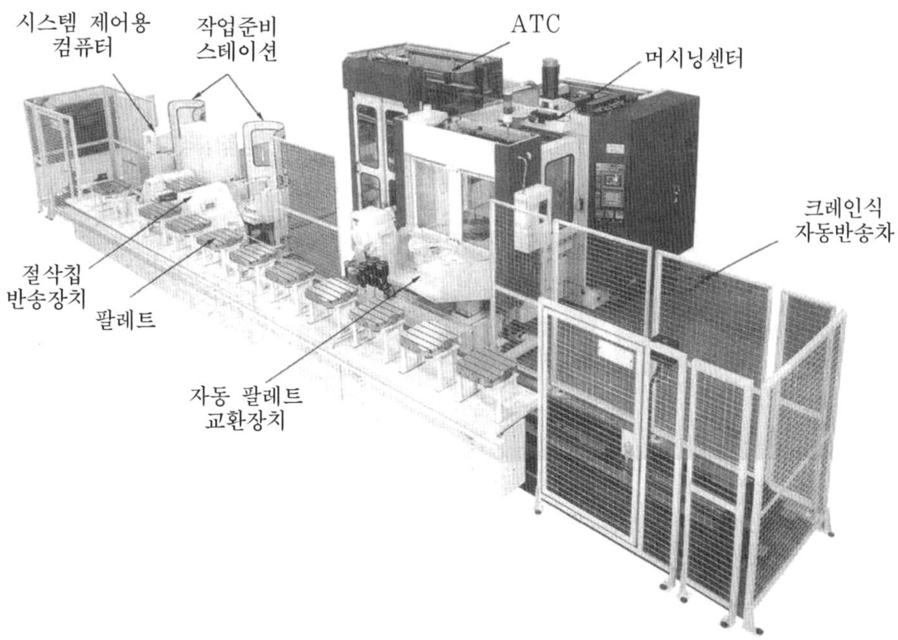

그림 3.61 FMC의 예

3.2 머시닝센터의 프로그램 기초

도면에서 얻은 가공정보를 CNC 장치가 이해할 수 있는 언어로 변환한 것을 프로그램이라 하고 이 프로그램을 작성하는 작업을 프로그래밍이라 한다. 프로그램을 CNC 장치에 읽어들여 실행시킴으로써 공작물이 가공되게 된다. 그림 3.62에 개요를 나타내었다. 이처럼 CNC 공작기계에서는 프로그램의 지령에 따라 공작물이 가공되기 때문에 프로그래밍이 매우 중요한 작업이 된다.

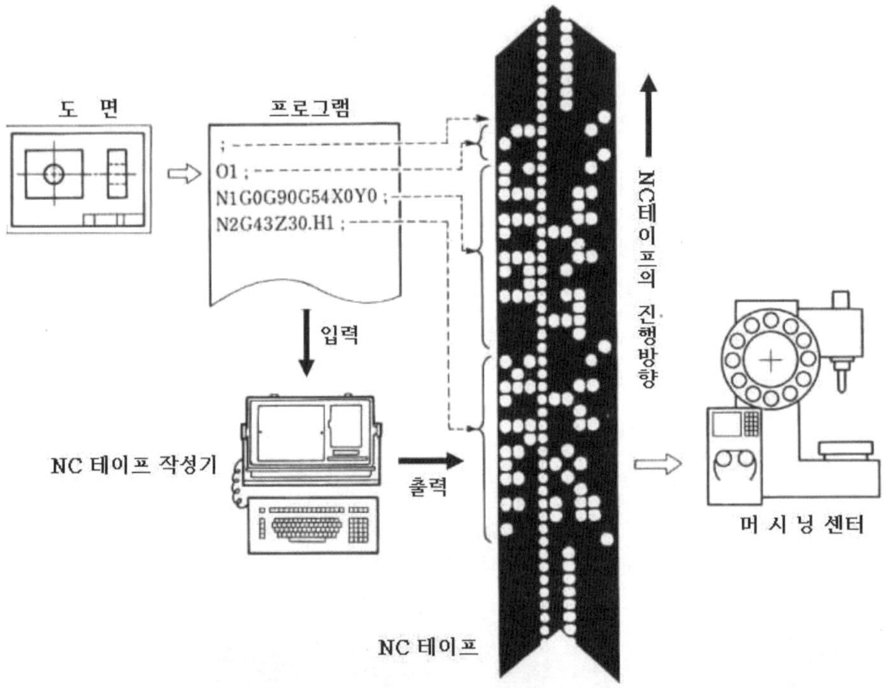

그림 3.62 프로그래밍의 순서

그러면 지금부터 머시닝센터의 프로그래밍에 관해서 설명하기로 한다. 프로그램의 작성에 필요한 각종 기능과 기계의 제어축, 지령방법, 프로그램 구성 등, 프로그램 전에 꼭 알아두어야 할 기본적인 지식에 관하여 설명한다. 특히 사용하는 기계본체 및 CNC 장치의 종류·사양에 따라 프로그램 내용은 각기 다르기 때문에 본장에서 설명하는 사항을 프로그래밍 이전에 충분히 파악할 필요가 있다.

또 프로그래밍 방법에는 자동 프로그래밍과 수동 프로그래밍 두 가지가 있는데 여기에서는 가공정보를 사람의 손으로 CNC 장치가 이해할 수 있는 언어로 번역하는 수동 프로그래밍에 관하여 설명한다.

3.2.1 기계의 움직임과 제어축

머시닝센터의 종류에는 수직형과 수평형이 있고, 축 구성에 따른 분류 등 여러 종류가 있다. 그러나 기본이 되는 제어축은 그림 3.63처럼 X, Y, Z의 3축이다. 그리고 3축은 오른손 직교좌표계에 기인하여 구성되어 있다.

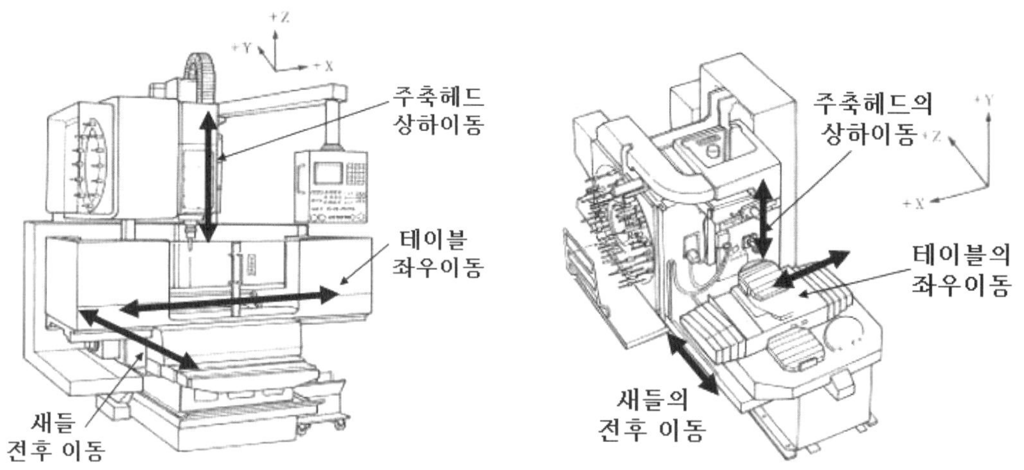

① 수직형 머시닝센터　　② 수평형 머시닝센터

그림 3.63 머시닝센터의 제어축

그런데 기계의 실제 움직임과 오른손 직교좌표계 각축의 (+)(−)방향을 비교하면 주축헤드 상하는 (+)(−)방향이 일치하지만, 그 외의 2축은 (+)(−)방향이 반대로 된다. 이것은 오른손 직교좌표계가 공구(주축헤드)의 이동방향을 기준으로 해서 좌표계를 설정한다. 즉, 가공은 공구와 공작물과의 상대운동에 의해 이루어지기 때문에, 예컨대 공작물이 (−)방향으로 이동하면, 공구는 공작물에 대해서 (+)방향으로 이동한 것과 같아지게 된다.

프로그램을 작성하는 경우는 오른손 직교좌표계에 기인하여 공작물을 고정하고 공구가 이동한다고 생각하여 좌표계를 형성한다. 이렇게 함으로써 X, Y, Z 3축의 (+)(−)방향은 일정하게 되고, 머시닝센터의 종류는 축 구성에 관계없이 프로그램을 작성할 수가 있게 된다.

3.2.2 증분지령 방식과 절대지령 방식

X, Y, Z 각 축에 이동지령을 하는 방식에는 증분(Incremental)지령 방식과 절대(Absolute)지령 방식 두 가지가 있다. 증분지령은 증분치 지령이라고도 하고 이동지령은 그림 3.64처럼 공구의 시작점부터 종점까지의 이동량과 이동방향을 지령한다. 이동 방향은 (+)방향 이동이라면 '+(생략가능)' 기호를 (−)방향 이동이라면 '−' 기호를 이동량 앞에 붙인다. 절대지령은 절대치 지령이라고도 하고, 그림 3.65처럼

미리 설정된 좌표계 내에서 종점의 좌표위치를 지령한다. 또 지령치는 지령위치가 좌표계의 원점을 기준으로 해서 정방향[(+)방향]의 위치라면 '+'를 (−)방향의 위치라면 '−'를 붙여서 지령한다.

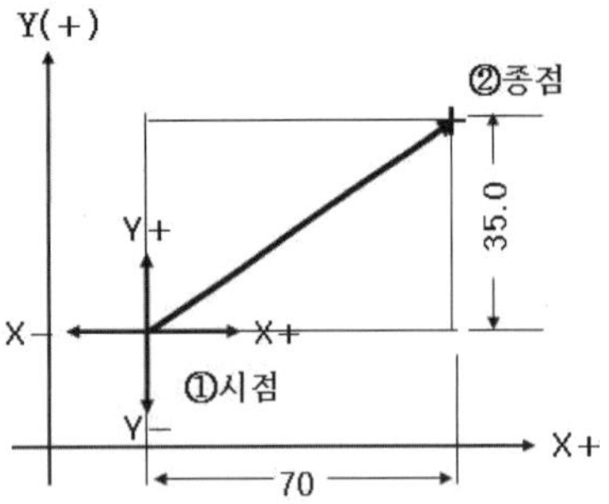

① ⇨ ② 이동지령 X70.0 Y35.0

그림 3.64 증분지령

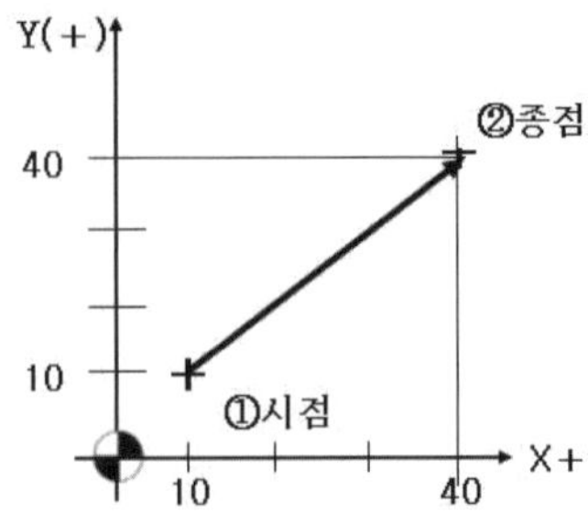

① ⇨ ② 이동지령 X40.0 Y40.0

그림 3.65 절대지령

자세한 것은 뒤에서 설명하겠지만, 증분지령은 준비기능의 G91을 지령하고 절대지령은 준비기능의 G90을 지령하여 각각의 방식에 따라서 지령치를 준다. 그림 3.66은 점 P1~P5까지의 공구경로 프로그램의 예이다.

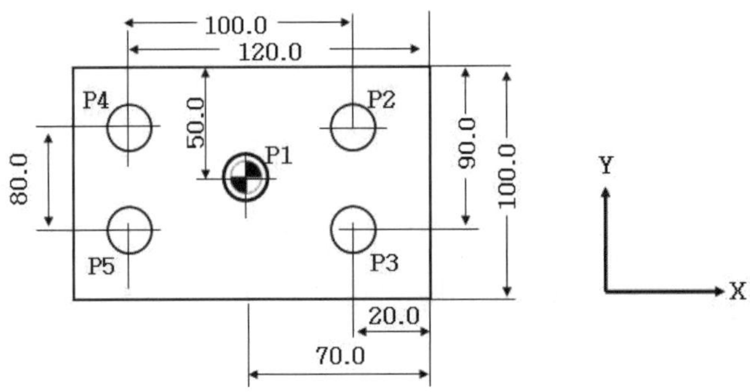

그림 3.66 공구경로

(G90) 절대지령	(G91)증분지령
P1 → P2 X50.0Y40.0;	P1 → P2 X50.0Y40.0;
P2 → P3 X50.0Y-40.0;	P2 → P3 X0.0Y-80.0;
P3 → P4 X-50.0Y40.0;	P3 → P4 X-50.0Y40.0;
P4 → P5 X-50.0Y-40.0;	P4 → P5 X0.0Y-80.0;
P5 → P1 X50.0Y40.0;	P5 → P1 X50.0Y40.0;

증분지령과 절대지령은 공작물 형상이나 프로그램을 쉽게 할 수 있는가에 따라 둘 중 하나를 선택한다. 일반적으로 왼쪽 그림의 경우는 절대지령이지만 오른쪽 그림의 경우는 증분지령이 편리하다.

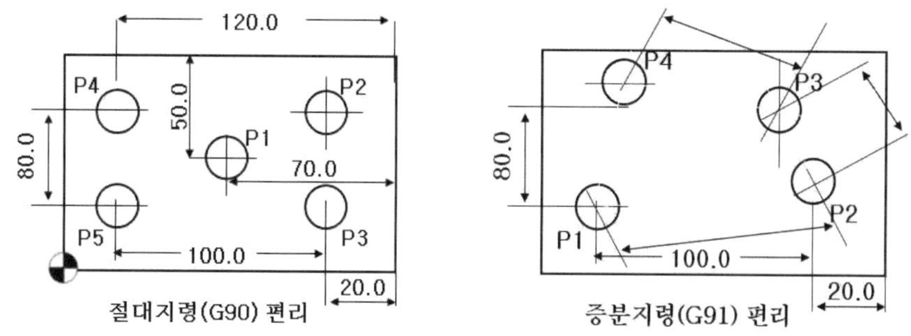

그림 3.67 지령방법의 선택

3.2.3 기계 좌표계와 공작물 좌표계

절대지령 방식으로 이동지령을 준 경우는 지령치의 기준이 되는 좌표계가 설정되어 있어야만 한다. 이 때문에 머시닝센터에서는 다음에 설명하는 기계 좌표계와 공작물 좌표계를 설정할 수 있게 되어 있다.

(1) 좌표계

공구가 도달하는 위치를 CNC에 가르쳐 줌으로써 CNC는 공구를 그 위치로 이동시킨다. 그 도달하는 위치를 어떤 좌표계에 대한 좌표치로 지령한다.
좌표계에는 다음의 3종류가 있다.

① 기계 좌표계(Machine Coordinate System)
② 공작물 좌표계(Work Coordinate System)
③ 로컬 좌표계(Local Coordinate System)

프로그램축이 X, Y, Z의 3축이면 좌표치를 다음과 같이 지정한다.

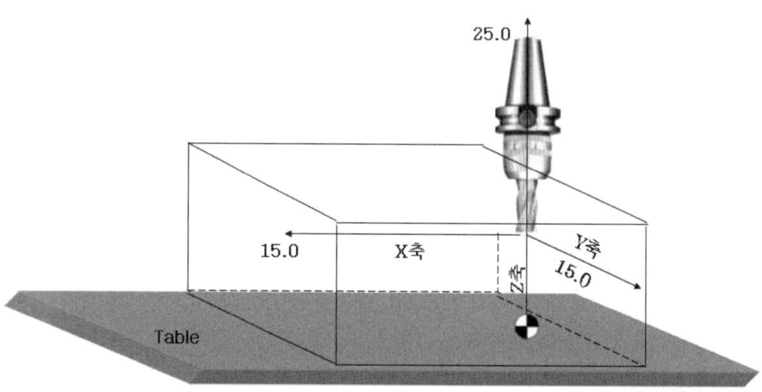

(좌표치 지령방법)
X15.0 Y15.0 Z25.0;

그림 3.68 좌표치 지정

① 기계 좌표계(Machine Coordinate System)

기계 좌표계는 머시닝센터 고유의 위치, 이것을 기계 기준점(기계원점)이라 하는데 이 기계 기준점을 원점으로 설정한 좌표계를 말한다. 기계 기준점의 위치는 머시닝센터의 종류에 따라 다르지만 수직형 머시닝센터의 경우 그림 3.69처럼 X, Y, Z 3축 각각 스트로크(+방향) 끝에 기계 기준점이 설정되어 있다. 또 수평형 머시닝센터에서는 X축의 기계 기준점이 스트로크 중심(즉, 테이블 중심)에 설정되어 있는 것이 많다.

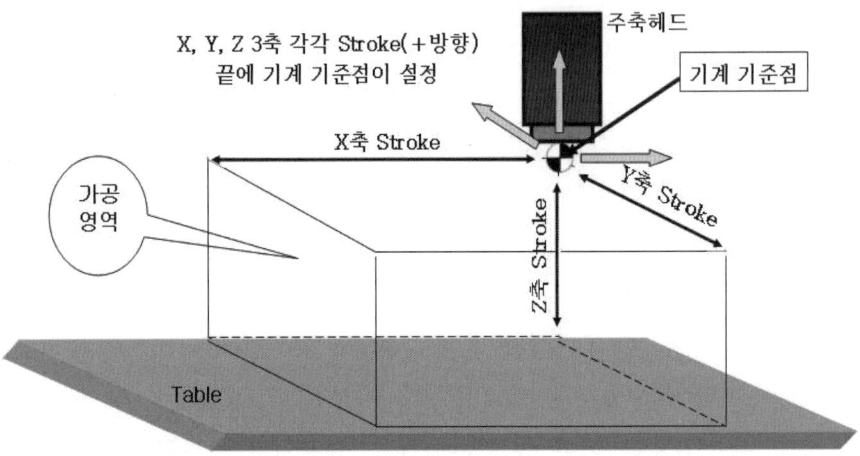

그림 3.69 기계 기준점과 기계 좌표계

일반적으로 기계 좌표계는 원점복귀(기계 고유의 위치로 각 축을 이동시키는 것으로 자세한 것은 뒤에서 설명한다)시킬 때 자동적으로 설정된다.
그래서 전원을 ON한 후 반드시 한 번은 원점복귀를 해야 한다. 또 이동지령을 기계 좌표계에서 주는 경우는 적고, 기계 좌표계는 공작물 좌표계 설정의 기준이나 자동 공구교환 등의 기계동작을 하는 기계 고유의 위치를 설정하는 경우의 좌표계로 이용된다.

② 공작물 좌표계(Work Coordinate System)

공작물 좌표계는 그림 3.70처럼 기계 좌표계 내의 점(예를 들어 공작물의 가공 기준점)이 원점으로 설정된 좌표계이다. 기계 기준점으로부터 공작물의 가공기준까지의 거리, 이것을 공작물 좌표계이 옵셋량(보정량)으로 이 옵셋량을 미리 CNC 장치에 입력해 놓음으로써 기계 좌표계 내에 복수(최대 6개)의 공작물 좌표계를 설정할 수 있다.

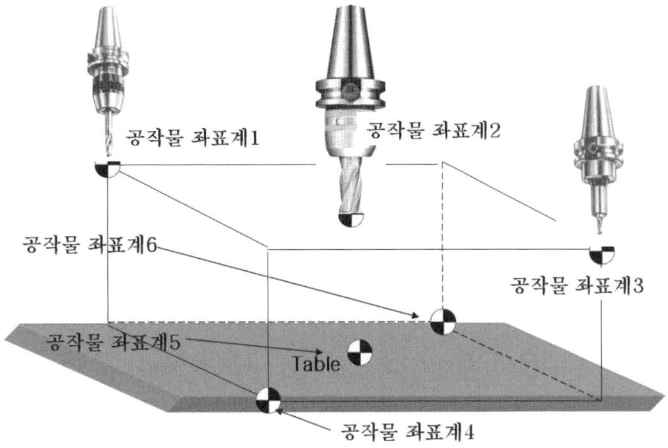

그림 3.70 공작물 좌표계

아래 그림에서는 이동지령은 설정된 공작물 좌표계 내에서 절대지령이 되어 있다. 공작물 좌표계를 이용하면, 한 개의 프로그램에서 공작물 좌표계를 바꿔가면서 여러 개의 동일형상 부품의 연속가공이나 가공 기준이 다른 이형 부품의 연속가공을 할 수 있게 되고, 프로그램의 간략화를 도모할 수가 있다.

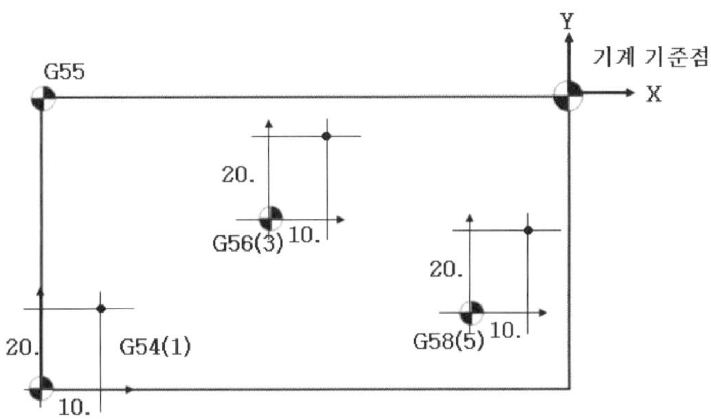

그림 3.71 공작물 좌표계 내에서의 좌표지령

⇨ G54,G56,G58의 공작물 좌표계의 지령치 모두 X10.0 Y20.0;로 된다.

공작물 좌표계의 Z축 옵셋량은 그림 3.72 원점 복귀했을 때의 주축 단면을 기준으로 해서 옵셋량을 구한다. 이 경우 사용하는 공구의 대소에 따라 인선 선단과 공작물과의 거리가 달라지는데 공구의 길이는 공구경 보정기능(이동지령을 공구의 길이만큼 자동 보정하는 기능으로 자세한 것은 뒤에서 설명)에 의해 자동적으로 보정되기 때문에 공작물 좌표계의 설정에는 영향이 없다.

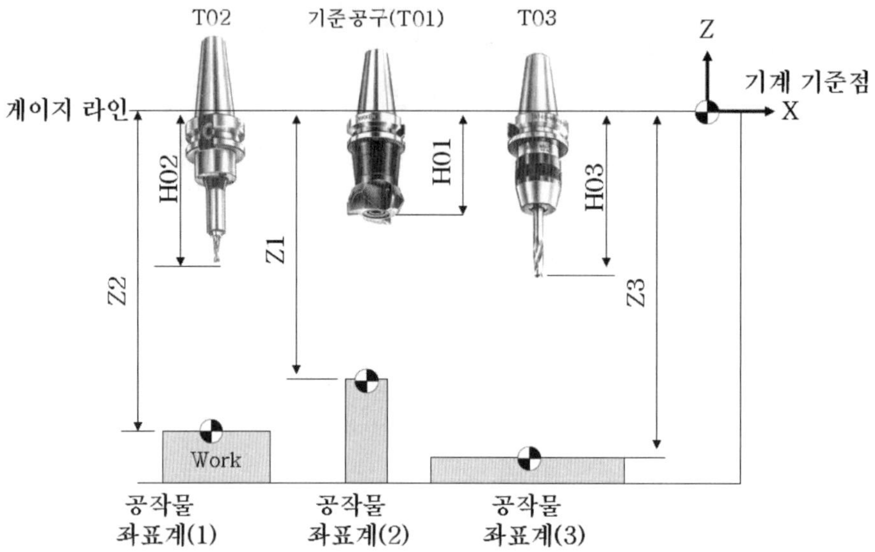

그림 3.72 공작물 좌표계의 Z축 옵셋

또 공작물 좌표계를 설정하는 데는 준비기능 G92를 지령해서 설정하는 방법과 G54~G59를 지령해서 설정하는 방법의 두 가지 종류가 있는데 위 그림은 G54~G59(자세한 설명은 뒤에서)를 이용하여 설정하는 방법이다.

이 책에서는 혼돈을 피하기 위해서 G92에 의한 설정방법의 설명은 그림 3.73을 참조하는 것으로만 하고 여기서는 생략한다. 공작물 좌표계에서 또 다른 좌표계를 설정할 수 있는데, 이것을 로컬 좌표계라 부른다. 그림 3.74은 그 예이다. 로컬 좌표계는 공작물 좌표계 내에 보조 좌표계를 설정함으로써 프로그램을 쉽게 하기 위해 이용된다.

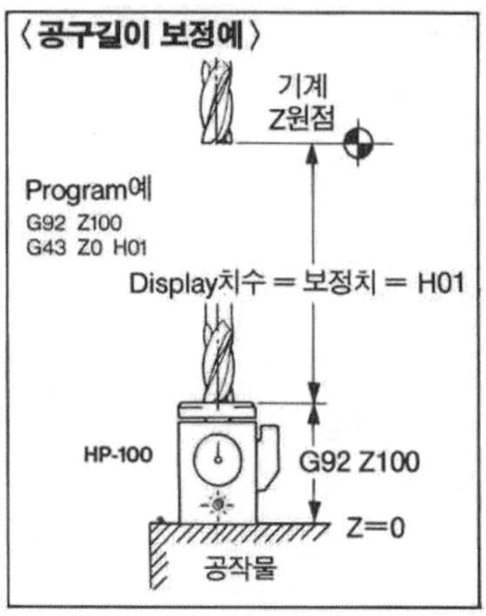

그림 3.73 공구길이 보정의 예

③ 로컬 좌표계(Local Coordinate System)

로컬 좌표계는 현재 가공 중인 어느 특정 부위에 대해 새로운 좌표계를 설정하여 가공을 쉽게 하고자 할 때 사용한다.

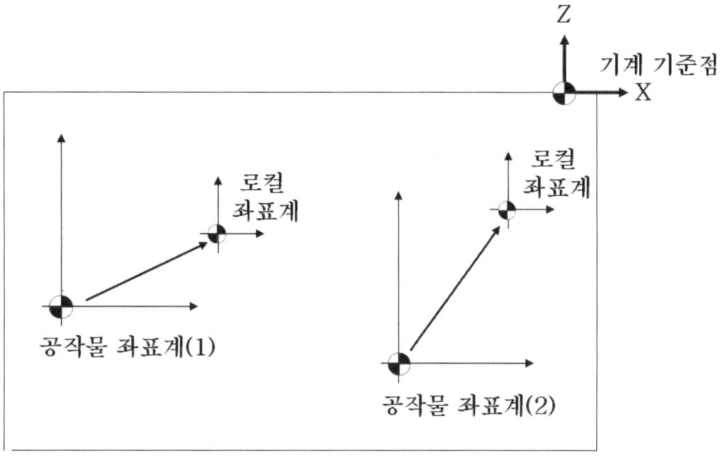

그림 3.74 로컬 좌표계

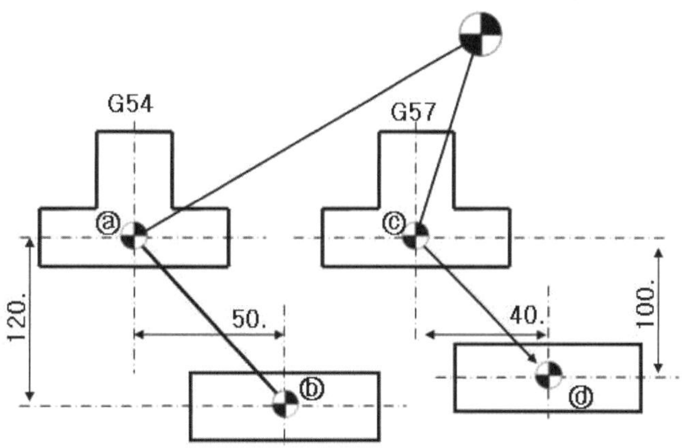

그림 3.75 로컬 좌표계 예

(G54의 경우)

(G90) G54X Y ;	→ ⓐ (G54) Work 좌표계(1)
G52X50.0Y-120.0;	→ ⓑ (G54) Work 좌표계(1)의 로컬 좌표계

(G57의 경우)

(G90) G57X Y ;	→ ⓐ (G57) Work 좌표계(4)
G57X40.0Y-100.0;	→ ⓑ (G57) Work 좌표계(4)의 로컬 좌표계

G52 X0Y0 ; → G52의 취소
(현재위치 → 모든 축에 대해 0의 값을 지령한다.)

3.2.4 프로그램의 구성

프로그램은 워드(Word), 어드레스(Address)에 의해 가변 블록 포맷으로 구성한다. 그림 3.76은 프로그램의 예이고, 그림 3.77은 블록 및 워드의 구성 예이다. 어드레스와 데이터에 의해 워드를 구성하고 하나로 묶는 복수의 워드를 조합시켜 블록을 구성한다. ‘ ; ’는 EOB(End Of Block)라 하고 프로그램의 종료를 의미한다. 이렇게 한 블록을 순서대로 배열해서 그림 3.76과 같은 프로그램이 구성된다.

O0001;	프로그램 번호
N10 T02;	2번 공구호출
G54G90G00X330.0Y0;	공작물 제1좌표계설정;
S500M03;	추축의 회전수(500 RPM)
G43Z30.0H01;	공구를 공작물에 가까이 접근시킨다.
Z0;	Z0까지 급속으로 위치 결정한다.
G01X-30.0F250M08;	냉각수와 함께 절삭속도 250 mm로 이송한다.
G00Z30.0.;	높이 30.0까지 위치결정.
M05;	공구회전 정지.
G91G28Z0;	현재 위치에서 원점복귀한다.
M30;	프로그램 종료.

그림 3.76 프로그램의 예

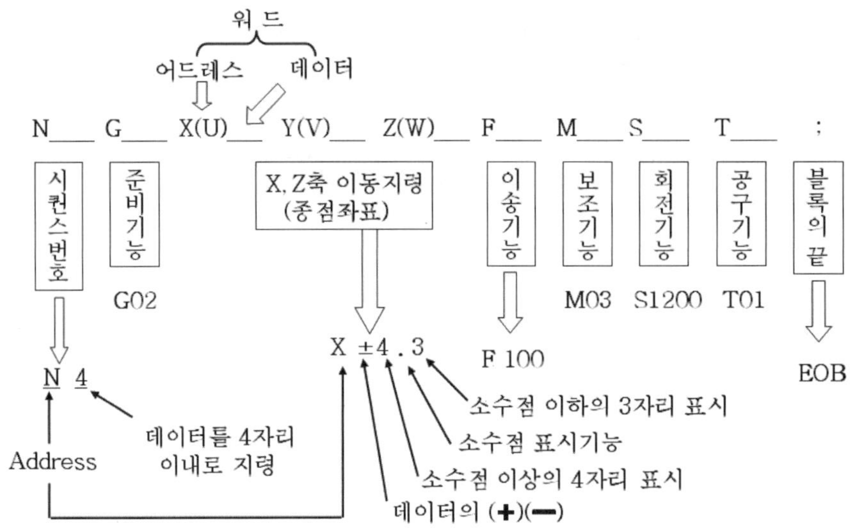

그림 3.77 포맷(Format)

프로그램은 미리 정해져 있는 포맷 사양에 맞추어 작성할 필요가 있다. 기계 본체나 CNC 장치의 종류에 따라서 포맷 사양이 다르지만 이 책에서는 그림 3.77의 포맷에 따라 어드레스의 테이터 표기, 배열된 항목에서 설명하는 어드레스의 종류에 따라 워드, 블록 및 프로그램을 구성한다.

어드레스의 데이터 표기는, 포맷에 맞춰 그림 3.78처럼 표기한다. 또 숫자의 합계가 지령 가능한 최대 자리수로 되고, 소수점 이하의 숫자가 최소 설정 단위(BLU : 0.001 mm)로 된다. X, Y, Z 등의 어드레스로 거리를 나타내는 데이터(혹은 어드레스로 시간이나 속도를 나타내는 데이터도 동일)는 그림 3.78처럼 소수점 입력이 가능하다. 소수점 입력에는 계산기 소수점 입력의 경우와 달리, 계산기 소수점 입력에서는 소수점을 생략할 수도 있다. 이 책에서는 혼란을 피하기 위해, 소수점 입력이 가능한 데이터는 다음과 같이 표기하기로 한다.

소수점 입력에서는 리딩 제로(Leading zeroes : 숫자의 머리가 제로) 및 트레이링 제로(Trailing zeroes : 소수점 이하의 끝이 제로)를 생략할 수도 있다. 또, N, G, M 등의 어드레스로 소수점 입력을 하지 않는 데이터의 경우도 리딩 제로는 생략할 수 있다. 그러나 이 책에서는 프로그램을 보기 쉽게 하기 위해 다음과 같이 두 자리 이상으로 표기한다.

어드레스의 데이터는 최대 자릿수 이상을 지령할 수 없다. 또 최대 자릿수 내에서 최소 설정단위 이하를 지령하면 최소 설정단위의 다음 자리가 반올림된다.

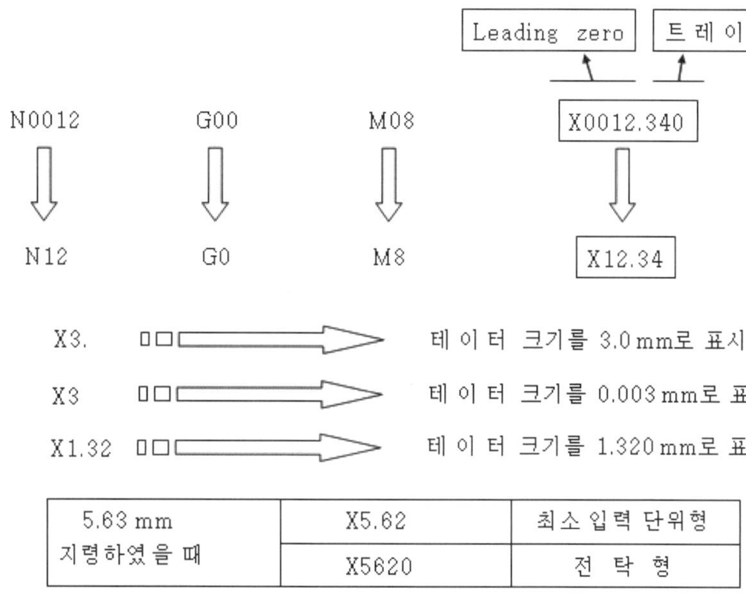

그림 3.78 리딩 제로와 트레이링 제로

3.2.5 어드레스의 종류와 의미

머시닝센터의 종류 · 용도에 따라 어드레스의 종류와 의미는 다르다. 이 책에서는 표 3.4에 있는 어드레스의 종류와 의미에 따라 프로그램을 구성한다. 어드레스의 용법에 관한 자세한 것은 표 3.3에서 설명하기로 하고 여기에서는 주요 어드레스의 기능만 간단히 설명한다.

표 3.4 어드레스의 종류와 의미

기 능	어드레스	의 미	지령범위
프로그램 번호	O	프로그램의 번호의 지령	1~9999
시퀀스 번호	N	시퀀스 번호의 지령	1~99999
준비기능	G	동작모드(직선원호 등)의 지령	0~99
Dimension Word	X, Y, Z	좌표축의 이동지령	±99999.999 mm
	A, B, C	부가축의 이동지령	
	U, V, W		
	R	원호의 반지름 지령	
	I, J, K	원호의 중심좌표 지령	
이송기능	F	이송속도의 지령	0.01~4000 m/min
주축기능	S	주축회전수의 지령	10~3500 rpm
공구기능	T	공구번호에서의 지령	01~99
보조기능	M	기계측 ON/OFF 제어지령	00~99
옵셋 번호	H, D	옵셋 번호의 지령	01~99
드웰	P, X	드웰 시간의 지령	0~99999.999 sec
프로그램 번호의 지정	P	보조 프로그램번호의 지령	1~9999
반복횟수	L	보조 프로그램의 반복횟수 지령 고정 사이클의 반복횟수 지령	0~9999
파라미터	P, Q, R	고정 사이클의 파라미터	0~99999.999 mm 또는 sec

(1) 프로그램 번호

프로그램 번호는 CNC 장치에 등록된 프로그램을 식별하기 위한 번호로, 프로그램의 선두에 어드레스 'O'에 이어서 4자리(1~9999, 단 0은 사용 불가능)이내의 수치로 지령한다.

(2) 시퀀스 번호(전개 번호)

그림 3.79처럼 시퀀스 번호는 프로그램 중의 블록 구분이나 식별을 위한 번호로, 블록의 선두에 어드레스 'N'에 이어서 4자리(1~9999, 단 0은 사용 불가능) 이내의 수치로 지령한다.

```
N1000 O0001        ← 프로그램 번호
N1001 G90G80G49G40G00 ;
N1002 T04M06 ;
N1003 G54G90G00X33.Y0 ;
N1004 S1300M03 ;
N1005 G43 Z30.H04 ;      시퀀스 번호
N1006 Z0 M08;
N1007 G01 X-33.0F200 ;
N1008 G00Z10.
N1009 M05 ;
N1010 G91G28Z0. ;
N1011 M30 ;
```

그림 3.79 프로그램 번호와 전개 번호

(3) 준비기능(G기능)

준비기능은 블록에 다음과 같은 의미를 주기 위해 어드레스 G에 이어서 2자리(00~99) 이내의 수치로 지령한다. 급속이송, 직선절삭, 원호절삭 등의 동작지령, X・Y평면(G17), Y・Z평면(G18), Z・X(G19)평면의 선택, 공구경, 공구길이 등 공구보정의 설정이나 공작물 좌표계의 선택, 드릴링이나 탭핑 등의 고정 사이클 선택 등을 지령한다.

(4) 좌표어(Dimension Word)

좌표어는 이동량과 좌표치를 설정하기 위한 워드로, 어드레스 'X, Y, Z'에 이어서 지령치(0~±9999.999 mm)를 지령하면 지령한 위치로 공구로 이동시킬 수 있다. 어드레스 'R'은 원호보간[1]에 있어 원호의 반지름을 지령한다. 또 어드레스 'I, J, K'는 원호보간에서 원호의 중심을 지령한다.

(5) 이송기능(F기능)

이송기능은 절삭을 하는 경우의 이송속도를 설정하는 기능으로 어드레스 'F'에 이어서 이송속도를 지령한다. 지령방법에는 F 직접지령과 F 한자리지령이 있는데, 이 책에서는 F 직접지령으로 지령하고, 이송속도를 어드레스 'F'에 이어서 지령한다.

1) 보간 : 공구는 가공 Work 상태를 구성하는 직선이나, 원호를 따라 움직이는 기능.

(6) 주축기능(S기능)

주축기능은 주축회전수를 설정하는 기능으로, 어드레스 S에 이어서 주축회전수를 직접 지령한다.

(7) 공구기능(T기능)

공구기능은 공구호출 지령기능으로 어드레스 'T'에 이어서 사용되는 공구의 공구번호(01~99 또는 00은 공구기능 취소)를 지령한다.

(8) 보조기능(M기능)

보조기능은 주축의 정·역회전 기동, 절삭유제 ON/OFF 등 기계측의 ON/OFF 제어를 지령하는 기능으로, 어드레스 'M'에 이어서 2자리(00~99) 이내의 수치로 지령한다.

3.2.6 NC 테이프

NC 테이프는 그림 3.80과 같이 1인치 폭의 검정 종이 테이프에 프로그램을 천공한 것으로 머시닝센터의 테이프 운전 또는 CNC 장치로의 프로그램 등록 등에 이용된다. CNC 장치의 메모리 용량이 커짐에 따라 메모리 운전을 하기 때문에 테이프 운전은 거의 사용하지 않는다.

그림 3.80 NC 테이프(천공 테이프)

다음은 NC 테이프가 어떻게 구성되어 있는가에 대해서 설명한다.
수치제어장치(NC)가 처음 개발될 당시에는 지금처럼 전자산업이 발달하지 못하여 HARDWARE 자원이 상당히 부족함에 따라 가공 프로그램 저장을 주로 종이 테이프에 저장하여 사용하였다.

그림 3.81은 EIA RS-227로 정해진 NC 테이프의 형상 · 치수를 나타낸 것이고, 캐릭터 라인(이하 라인 이라고 함)에는 8개의 구멍이 천공될 수 있게 되어 있는데 이 8열을 채널(또는 트랙)이라고 한다.

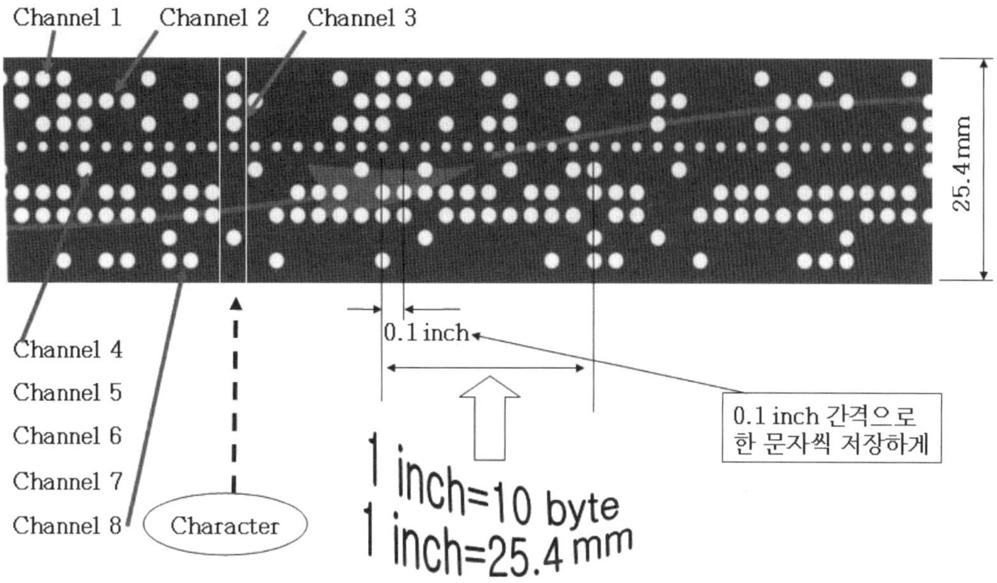

그림 3.81 NC 테이프(EIA RS-227)

NC 테이프에서는 라인상의 8채널에 천공된 구멍을 조합시킴으로써 여러 가지 캐릭터를 표현한다. 그래서 이 구멍의 조합방법을 테이프 코드라 하고, 테이프 코드 즉 NC DATA 형식에는 EIA 규격(미국)과 ISO 규격(국제)이 있다.

EIA는 폭 방향의 구멍이 항상 홀수이고 이를 맞추기 위해서 5채널을 Parity(오류검사)로 되어 있고, ISO는 폭 방향의 구멍이 항상 짝수이고 이를 맞추기 위해서 8채널을 Parity(오류검사)로 되어 있다.

종이 테이프(천공)의 규격이 0.1 inch 간격으로 한 문자씩 저장하게 되어 있어 초기 NC에서는 프로그램 저장용량[2)]을 Inch 또는 Meter로 표기하는 것이 합리적이었으나 현재의 NC에서는 이러한 표기가 불합리한 점이 많아 프로그램 저장 용량을 Tape 길이와 Byte로 병행 표기하는 추세이다.

2) 저장용량 : 근래에는 256 K에서 최대 16 MB까지 사용 가능

3.3 머시닝센터의 프로그래밍

프로그램은 미리 정해진 테이프 포맷(Format)으로 기술된 것이다. 그러나 테이프 포맷은 기술방법을 제한하고 있지만, 프로그램 구성까지 엄밀히 제한해 나눈 것은 아니다. 이 때문에, 같은 기계에서 같은 가공의 프로그램을 작성하면서도, 작성일시나 작성자(프로그래머)가 다르면 프로그램 구성이 크게 달라지게 된다. 이러한 프로그램 구성의 통일이 안 되어 있으므로 해서 실제로 작업을 할 때 잘못 읽힘이나 체크미스를 유발하고, 작업 트러블(Trouble)의 원인으로 된다.
프로그램의 작성은 언제, 어디서, 누가 작성해도 같은 형태로 구성해 프로그램이 작성되어야 할 필요가 있다. 그림 3.83은 프로그램 구성의 한 예이다. 이 예에서는 가공 상황에 따라 밑줄친 부분에 데이터를 써넣기만 하면 프로그램 작성이 가능하게 한, 프로그램 구성을 패턴화한 것이다.
3.3장에서는 프로그램에 필요한 여러 가지 기능 및 그것의 지령방법에 대해서 설명하는데 그림의 예처럼 프로그램 전체의 구성 중에 이것을 활용할 수 있게 할 필요가 있다.

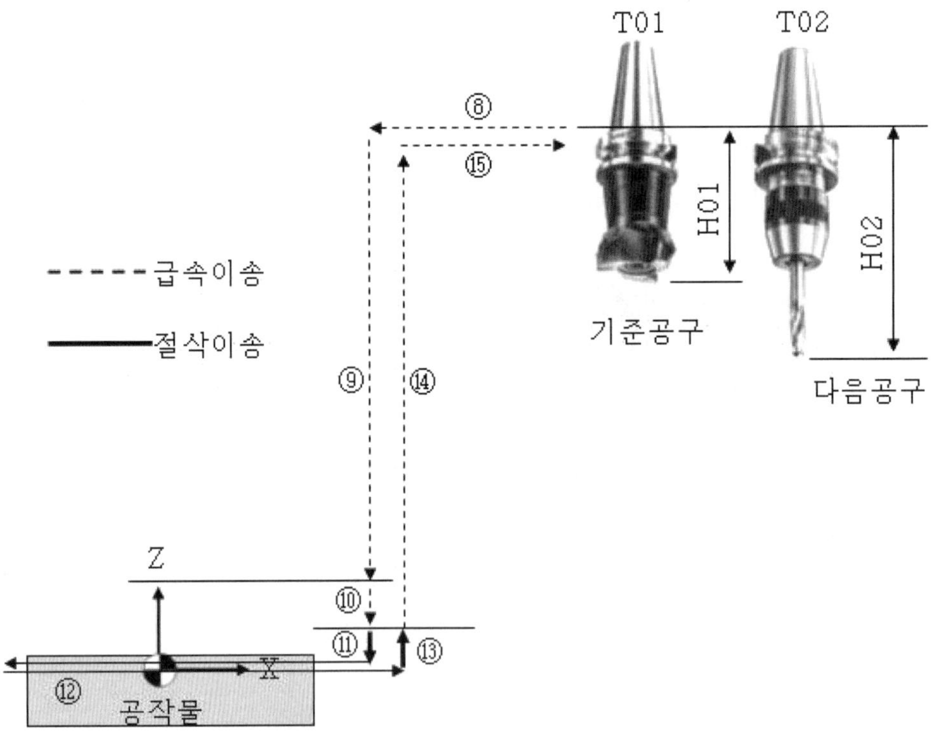

그림 3.82 공구경로(Tool-Path)

① O :	(프로그램 번호)
② N :	(전개 번호)
③ G90G40G80G00G49;	(초기 상태의 설정 : 기본값)
④ T01;	(공구 1번 호출)
⑤ M06;	(공구 자동 교환)
⑥ N ;	
⑦ T ;	
⑧ G90G54G00X Y Z S M03;	(공작물 좌표계 설정값으로 회전하면서 위치결정)
⑨ G43Z H ;	(공구길이 보정값으로 높이 위치결정)
⑩ Z M08;	(절삭유 ON과 Z방향 높이 위치결정)
⑪ G01Z F ;	(사용자 정의 절삭속도로 깊이가공)
⑫ X Y Z :	
⋮	(가공 프로그램)
⑬ G00Z M09:	(Z방향 높이로 위치결정과 절삭유 OFF)
⑭ G91G28Z0M05;	(원점복귀와 회전정지)
⑮ M30:	(프로그램 정지)

그림 3.83 공구경로(Tool-Path)에 대한 프로그램 구성

3.3.1 프로그램(Program) 번호(O)

CNC 장치에 등록된 프로그램을 쉽게 식별할 수 있게 프로그램 선두에 프로그램 번호를 지령한다. 프로그램 번호는 그림 3.84처럼 어드레스 'O'에 이어서 4자리 이내의 수치[단, 0(영)은 사용할 수 없다]로 단독 블록으로 지령한다.

프로그램 번호 지령에 이어서, 프로그램명을 소괄호 ( )로 지령할 수도 있다.

프로그램 번호를 지령하지 않은 경우는, 프로그램 최초의 시퀀스 번호가 프로그램 번호로서 대응된다. 프로그램은 아래의 예처럼 프로그램 번호를 시작으로 프로그램 끝(End of Program : M02 또는 M30)으로 종료된다.

서브 프로그램에는 반드시 프로그램 번호가 필요하다.

```
O1234 (TEST PROG F/M16.0);
G90G80G40G49G00G80;
T06M06;
G55;
G90G00X120.0Y50.0S1500M03;
G43Z50.0H06;
Z3.0;
G01Z-5.0M08F250;
X0;
Y0;
X120.0;
Y50.0;
G00Z3.0M09;
Z50.0;
G91G28Z0;
M30;
```

프로그램명
(16자 이내)
기호나 수치

프로그램 번호
Address 'O'에 이어서
4자리(1~9999) 이내의
수치로 지령
[0(영)은 사용할 수 없다]

프로그램
끝

그림 3.84 프로그램 번호의 지령방법

3.3.2 시퀀스(Sequence) 번호(N)

블록의 구분이나 식별을 블록의 선두에 시퀀스 번호를 지령한다. 시퀀스 번호는 그림 3.85처럼 어드레스 N에 이어서 4자리 이내의 수치 1~9999(단, 0은 사용 불가능)로 지령한다. 시퀀스 번호는 1블록마다 지령할 수도 있지만, 특정 블록만 지령할 수도 있다. 또 그림 3.86처럼 프로그램 번호는 같은 방식으로 시퀀스 번호에 이어서 공정 명을 (주석문)으로 지령할 수 있다.

N ■■■■

전개 번호　　4자리 수 이내

그림 3.85 시퀀스 번호의 지령방법

(프로그램 예 ①)

```
N0001  O1234 (TEST PROG F/M16.0);
N0002  G90G80G40G49G00G80;
N0003  T06M06;
```

```
N0004  G55;
N0005  G90G00X120.0Y50.0S1500M03;
N0006  G43Z50.0H06;
N0007    Z3.0;
N1000  G01Z-5.0M08F250;
N1001    X0;
N1002    Y0;
N1003    X120.0;
N1005    Y50.0;
N3000  G00Z3.0M09;
N3001    Z50.0;
N3002  G91Z28Z0;
N3003  M30;
```

(프로그램 예 ②)

O555 (TEST PROG B/M-10.0);	→ 프로그램 번호
N0100 (☐); ☐ ☐ ☐ ☐	초기설정
N0200 (FACE MILL); ☐ ☐ ☐ ☐ ☐ ☐	정면밀링가공
N0300 (END MILL 6.0); ☐ ☐ ☐ ☐ ☐	엔드밀가공

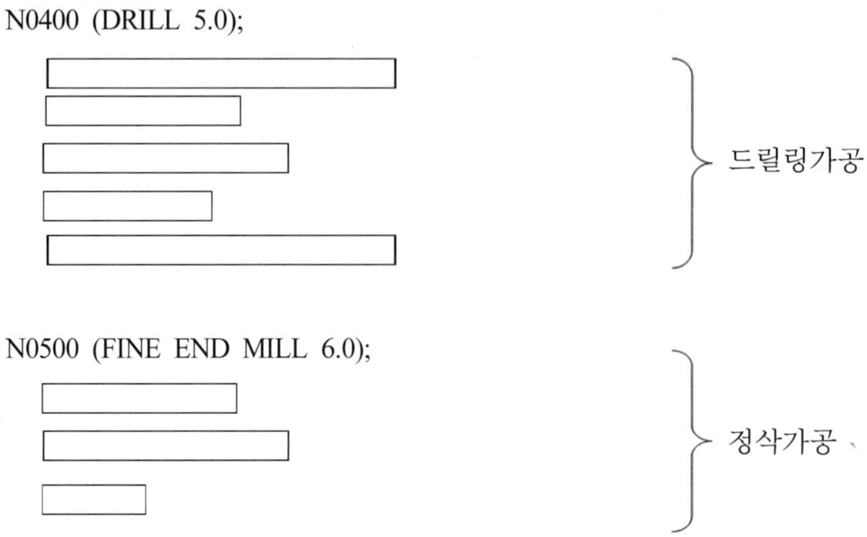

그림 3.86 시퀀스 번호의 지령방법

3.3.3 준비기능(G Code)

준비기능은 G기능이라고도 부르고 표 3.5처럼 직선이나 원호의 보간기능, 공구길이나 공구경의 보정기능, 고정 사이클 기능 등을 어드레스 'G'에 이어서 2자리의 수치로 지령한다.

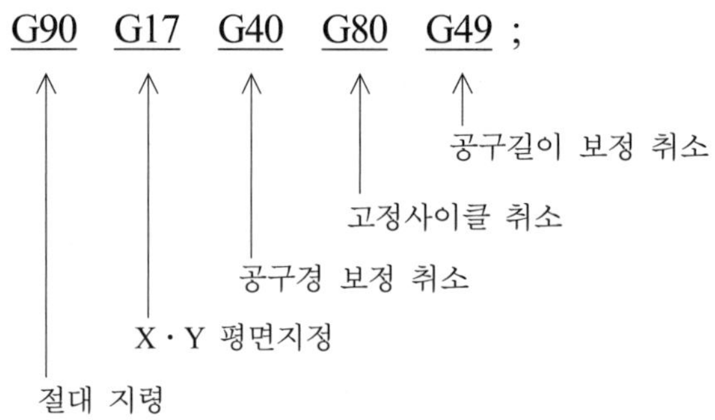

그림 3.87 초기상태의 설정

프로그램 실행시에 그림 3.87처럼 프로그램상에 미리 CNC 장치의 초기상태를 설정하기 위한 것이다.
준비기능은 그 기능에 따라, 다음 2자리로 분류할 수 있다.

① 1회 유효 G기능(One shot G기능)

지령된 블록에 한하여 G Code가 의미를 갖는 것.

② 모달 G기능(Modal G기능)

동일 그룹의 다른 G Code가 나타날 때까지 그 G Code가 유효한 것.

표 3.5에서 00그룹 G기능이 1회 유효 G기능이고, 00그룹 이외가 모달 G기능이다. 모달 G기능을 지령하면, 동일 그룹 외의 G기능이 지령될 때까지 블록마다의 G기능은 그 지령을 생략할 수 있다. 또 그림 3.87처럼 다른 그룹이라면 동일 그룹 내에 복수의 G기능을 지령할 수 있다. 혹시 동일 그룹의 G기능을 동일 블록 내에 여러 개 지령한 경우는 위에서 지령한 G기능이 유효하게 된다. 또 표 3.5는 주요 G기능(FANUC-11M)을 간추린 것이다.
표 이외에도 많은 G기능이 있지만, 다른 G기능에 대해서는 CNC 장치 취급 설명서를 참조하기 바란다.

표 3.5 G기능의 종류와 의미

코 드	그룹	의 미	용 도
■ G00	01	위치결정	공구의 급속이송
■ G01		직선보간	절삭이송에 의한 직선절삭
G02		원호보간 CW	시계방향 회전의 원호절삭
G03		원호보간 CCW	반시계방향 회전의 원호절삭
G04	00	드웰	다음 블록 실행의 일시 정지
G10		데이터 설정	공구 보정량의 변경
■ G17	02	XY 평면	XY 평면지정
G18		ZX 평면	ZX 평면지정
G19		YZ 평면	YZ 평면지정
G27	00	자동원점(reference점) 복귀 체크	기계 기준점으로의 복귀 체크
G28		자동원점 복귀	기계 기준점으로의 복귀
G29		자동원점으로부터의 복귀	기계 기준점으로부터의 복귀
■ G40	07	공구경 보정 취소	공구경 보정모드를 해제
G41		공구경 보정 좌	공구 진행방향에 대해 좌측으로 옵셋
G42		공구경 보정 우	공구 진행 방행에 대해 우측으로 옵셋
G43	08	공구길이 보정	Z축 이동의 (+)옵셋
G44		공구장 길이보정 옵셋	Z축 이동의 (−)옵셋
G45	00	공구위치 옵셋 신장	이동지령을 보정량만큼 신장
G46		공구위치 옵셋 축소	이동지령을 보정량만큼 축소
G47		공구위치 옵셋 두 배 신장	이동지령을 보정량의 2배 신장
G48		공구위치 옵셋 두 배 취소	이동지령을 보정량의 2배 축소

표 3.5 (계 속)

코 드	그룹	의 미	용 도
■ G49	08	공구길이 보정 옵셋취소	공구길이 보정모드를 취소
G52	00	Local 좌표계 설정	공작물 좌표계 내에서 좌표계를 설정
G53		기계 좌표계 설정	기계 기준점을 원점으로 한 좌표계 설정
■ G54	12	공작물 좌표계 1선택	공작물의 기준 위치를 원점으로 한 좌표계 설정
G55		공작물 좌표계 2선택	
G56		공작물 좌표계 3선택	
G57		공작물 좌표계 4선택	
G58		공작물 좌표계 5선택	
G59		공작물 좌표계 6선택	
G73		펙 드릴링 사이클	고속 깊은 구멍작업의 고정 사이클
G74		역 탭핑 사이클	역 탭핑 고정 사이클
G76	09	정밀 보링 사이클	구멍 바닥에서 공구 시프트를 하는 고정 사이클
■ G80		고정 사이클 취소	고정 사이클 해제
G81		드릴 사이클	구멍가공의 고정 사이클
G82		드릴 사이클	구멍 바닥에서 드웰을 하는 구멍가공의 고정 사이클
G83		팩 드릴링 사이클	깊은 구멍가공 고정 사이클
G84		탭핑 사이클	탭핑 고정 사이클
G85		보링 사이클	왕복 절삭이송 사이클
G86		보링 사이클	구멍 보링 고정 사이클
G87		백 보링 사이클	백 보링 고정 사이클
G88		보링 사이클	수동이송이 가능한 보링 고정 사이클
G89		보링 사이클	구멍 바닥에서 가능한 보링 고정 사이클
■ G90	03	절대지령	절대지령 방식 선택
G91		증분지령	증분지령 방식 선택
G92	00	공작물 좌표계의 설정	프로그램상에서 공작물 좌표계 설정
■ G98	10	고정 사이클 시작점 복귀	고정 사이클 종료 후에 시작점 복귀
G99		고정 사이클 R점 복귀	고정 사이클 종료 후에 R점 복귀

※ 표에서 ■의 기호가 붙은 G기능은 전원 투입시 또는 리셋된 후 그 G기능 상태로 되는 것을 나타내기 때문에, 이 상태가 CNC 장치의 초기 상태이다.

3.3.4 보조기능(M Code)

보조기능은 M기능이라고 하고 표 3.6처럼 주축회전의 기동, 정지, 절삭유제의 ON/OFF 또는 프로그램 제어 등의 어드레스 'M'에 이어서 2자리 수치로 지령한다.

M기능은 그 기능에 따라 다음 3가지로 분류할 수 있다.

① 블록 내의 축 이동과 동시에 M기능이 동작하는 것. (표에서 W)
　(예) M03 ⇨ 축 이동과 동시에 주축이 정회전한다.
② 블록 내의 축 이동이 완료된 후에 M기능이 동작하는 것. (표에서 A)
　(예) M05 ⇨ 축 이동 후에 주축 회전이 정지한다.
③ 블록에 단독으로 지령하는 것. (표에서 S)
　(예) M57 ⇨ 공구의 등록 모드를 설정한다.
　M02, 또는 M30으로 등록 모드가 취소될 때까지 M57이 유효.

프로그램 중의 M기능은 일반적으로 그림 3.88과 같은 구성으로 지령한다.
M기능은 1블럭에 한 개밖에 지령할 수 없다. 두 개 이상 지령한 경우에는 마지막에 지령한 M기능이 유효하게 된다.

(프로그램 예)

```
N2001 G00X0Y0S1200M03;        (정회전)
N2002 G01Z-15.9F300M08;       (절삭유 ON)
      ↓
      ↓
      ↓
N2120 M00;                    (프로그램 정지)
      ↓
      ↓
N2250 G00Z50.0M09;            (절삭유 OFF)
N2251 Z200.0M05;              (주축 정지)
N2252 G91G28Z0;
N2253 M30;                    (프로그램 정지)
```

그림 3.88 M기능의 지령

표 3.6은 주요한 M기능을 간추려 나타낸 것이다. 표 이외에도 많은 M기능이 있지만, 다른 M기능에 대해서는 기계 또는 CNC 장치 취급설명서를 참조하기 바란다.

표 3.6 M기능의 종류와 의미

M코드	의 미	기 능	
M00	프로그램 정지 (Program stop)	프로그램 실행을 일시적으로 정지시키는 기능. M00 블록을 실행하면, 주축 회전을 정지, 절삭유제 OFF 및 프로그램 읽음을 정지한다. 그러나 모달 정보는 보존되어 있기 때문에 기동 스위치를 눌러 다시 시작이 가능하다.	A
M01	선택적 정지 (Optional stop)	기계 조작반의 선택적 정지 스위치가 ON되어 있으면 M00과 마찬가지로 프로그램 실행을 일시적으로 정지한다. 선택적 정지 스위치가 OFF되어 있으면 M01은 무시된다.	A
M02	프로그램 끝 (End of program)	프로그램 종료를 나타낸다. 모든 동작이 정지되고 NC 장치는 리셋 상태로 된다.	A
M30	프로그램 끝 (End of program)	M02와 마찬가지로 프로그램 종료를 나타낸다. M30을 실행하면 자동운전 정지와 함께 프로그램의 되감기(프로그램의 선두로 되돌림)가 이루어진다.	A
M03	주축 정회전	주축을 정회전(시계방향) 기동시킨다.	W
M04	주축 역회전	주축을 역회전(반시계방향) 기동시킨다.	W
M05	주축 정지	주축회전을 정지시킨다.	A
M06	공구 교환	주축 공구를 ATC 매거진 공구교환 위치에 있는 공구와 자동 교환한다.	W
M08	절삭유제 ON	절삭유제를 분출시킨다.	W
M09	절삭유제 OFF	절삭유제 분출을 정지시킨다.	A
M19	주축 오리엔테이션	주축을 정각도 위치에 정지시킨다.	A
M21	X축 미러 이미지	X축 이동지령의 부호를 '+'는 '−'로, '−'는 '+'로 변경해 프로그램 지령과 역방향으로 이동시킨다.	S
M22	Y축 미러 이미지	Y축 이동지령의 부호를 '+'는 '−'로, '−'는 '+'로 변경해 프로그램 지령과 역방향으로 이동시킨다.	S
M23	미러 이미지 취소	M21, M22 기능을 취소한다.	S
M48	M49 취소	M49 기능을 취소한다.	A
M49	이송속도 오버라이드 취소	기계 조작반의 이송속도 오버라이드 기능을 무시하고, 프로그램으로 지령된 이송속도로 한다.	W
M57	공구번호 등록 모드	ATC 매거진 포드에 장착되어 공구에 공구번호 등에 모드를 설정한다.	S
M98	보조 프로그램 호출	보조 프로그램을 호출해 실행시킨다.	A
M99	보조 프로그램 끝 (End of sub program)	보조 프로그램을 종료하고 주 프로그램으로 되돌아간다.	A

3.3.5 평면지정(G17, G18, G19)

평면지정은 가공평면을 선택하는 기능으로 원호보간, 구멍가공, 공구경 보정 등을 행할 때 X・Y 평면, Z・X 평면, Y・Z 평면으로 구성된 평면 중에서 하나의 평면을 선택할 필요가 있다. 그림 3.89처럼 평면설정은 아래의 G기능의 G17, G18, G19 중에 한 개를 지령해서 가공평면을 선택한다.

① X・Y 평면은 Z축의 '+'축으로부터 본 평면,
② Z・X 평면은 Y축의 '+'측으로부터 본 평면,
③ Y・Z 평면은 X축의 '+'축으로부터 본 평면이다.

Z・X 평면의 경우 공작물의 착탈이나 기계 조작을 Y축의 '−'측에서 할 경우가 많기 때문에 (+)(−)방향을 틀리지 않게 해야 한다.

① G17 평면 : X・Y 평면지정 (그림 ⓐ)
② G18 평면 : Z・X 평면지정 (그림 ⓑ)
③ G19 평면 : Y・Z 평면지정 (그림 ⓒ)

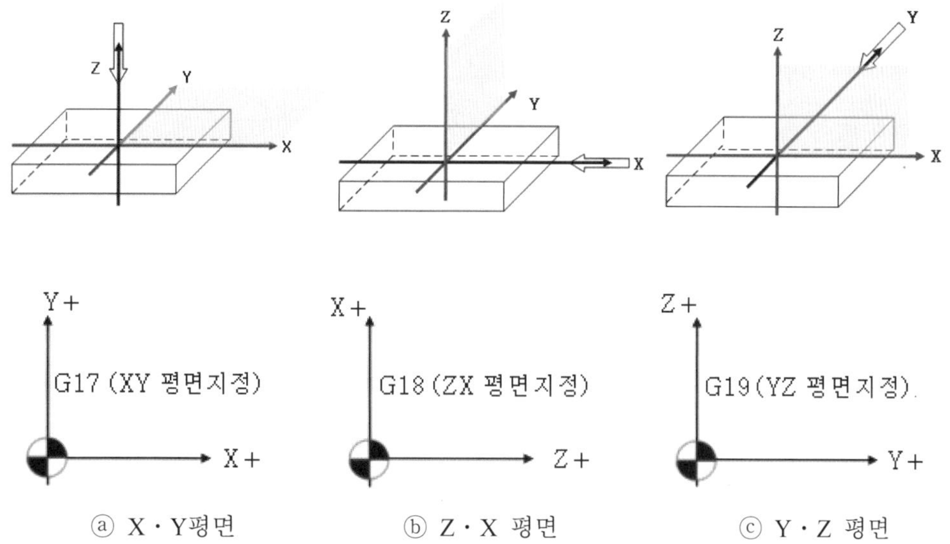

그림 3.89 작업(가공)평면의 구성

3.3.6 증분지령(G91)과 절대지령(G90) (Incremental & Absolute)

3.2.2절에서 설명한 것처럼 이동지령의 지령방법에는 증분지령과 절대지령 2가지 방법이 있다. 증분지령은 그림 3.90처럼 G91에 이어서 시작점(공구의 현재위치)부터 종점(지령위치)까지의 이동량과 이동방향을 지령한다. 절대지령은 미리 설정된 좌표계에 따라 종점(지령위치)의 좌표치를 지령한다.

① G90 (G01) X____ Y____ Z____ ; (절대지령)

종점의 좌표치를 지정.

② G91 (G01) X____ Y____ Z____ ; (증분지령)

시점에서 종점까지 이동량과 방향지정.

그림 3.90 절대지령과 증분지령

그림 3.91 및 3.92은는 각각의 지령방식에 따른 프로그램 예이다. 프로그램 예에서처럼, G91, G90에 의한 이동지령의 지령방법을 자유롭게 선택할 수 있지만, 공구경로의 변경 등에 따라 프로그램의 수정은 증분지령에 비해 절대지령 쪽이 편리하다. 그래서 주된 이동지령은 절대지령으로 하고, 필요에 따라서 증분지령으로 바꾸는 경우도 있다. 그림은 G90, G91의 프로그램상의 구성 예이다.

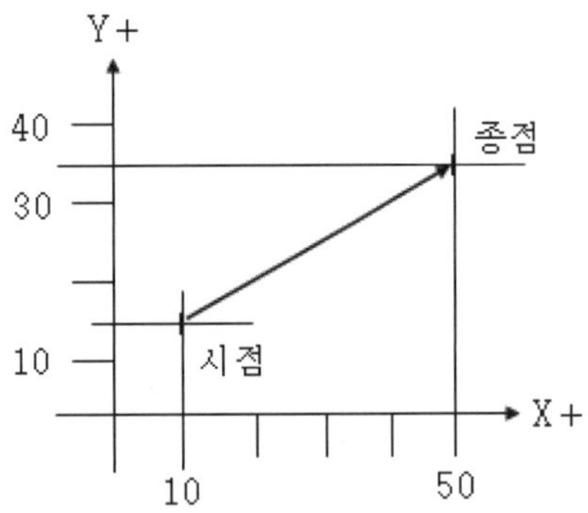

G90(G01)X50.0Y35.0F250;

그림 3.91 G90 프로그램의 예

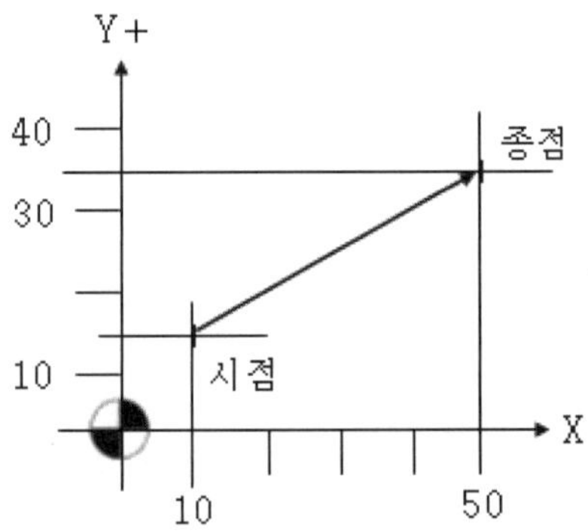

G91(G01)X40.0Y20.0F250;

그림 3.92 G91 프로그램의 예

3.3.7 공작물 좌표계의 설정(G54~G59)

공작물 좌표계는 공작물 가공기준을 원점으로 하여 설정된 좌표계로 G54~G59 지령에 의해 최대 6개의 좌표계를 설정할 수 있다.

① G54 : 공작물 좌표계 1
② G55 : 공작물 좌표계 2
③ G56 : 공작물 좌표계 3
④ G57 : 공작물 좌표계 4
⑤ G58 : 공작물 좌표계 5
⑥ G59 : 공작물 좌표계 6

일반적으로 그림 3.94처럼 G54를 지령해 공작물 좌표계를 설정한다. 공작물 좌표계의 설정 후에는 그림 3.93과 같이 선택한 공작물 좌표계 내에, 절대지령(G90)으로 이동지령을 지령한다. 여러 개의 부품을 가공하는 프로그램에서는 그림 3.95처럼 필요에 따라 공작물 좌표계를 선택해서 지령한다. 또, 공작물 좌표계의 원점을 앞장에서 설명한 것처럼 기계 기준점으로부터 공작물 좌표계의 옵셋량을 미리 CNC 장치에 입력해 놓는다.

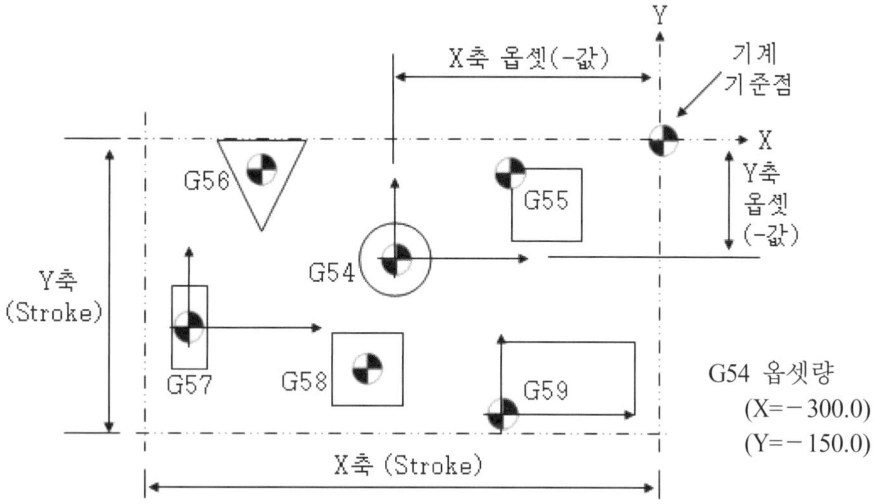

그림 3.93 공작물 좌표계 설정

공작물 좌표계는 그림 3.93처럼 G54~G59로 6개의 좌표계 중에 어느 것이든 선택할 수 있다.

(프로그램 예)

(O→A) G90G54G00X10.0Y10.0;
(A→B) G01X80.0Y60.0F300;

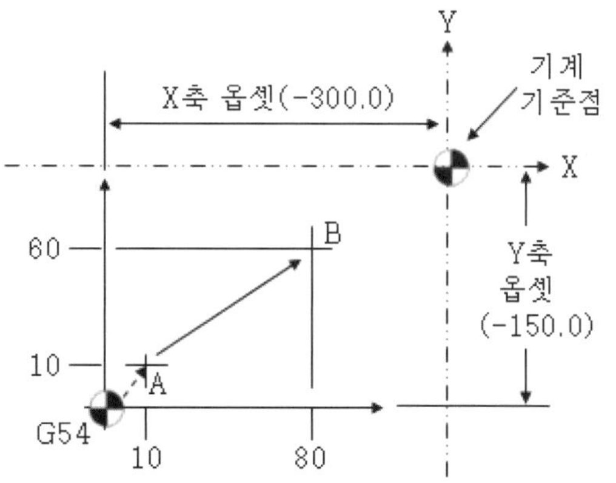

그림 3.94 공작물 좌표계(G54) 설정

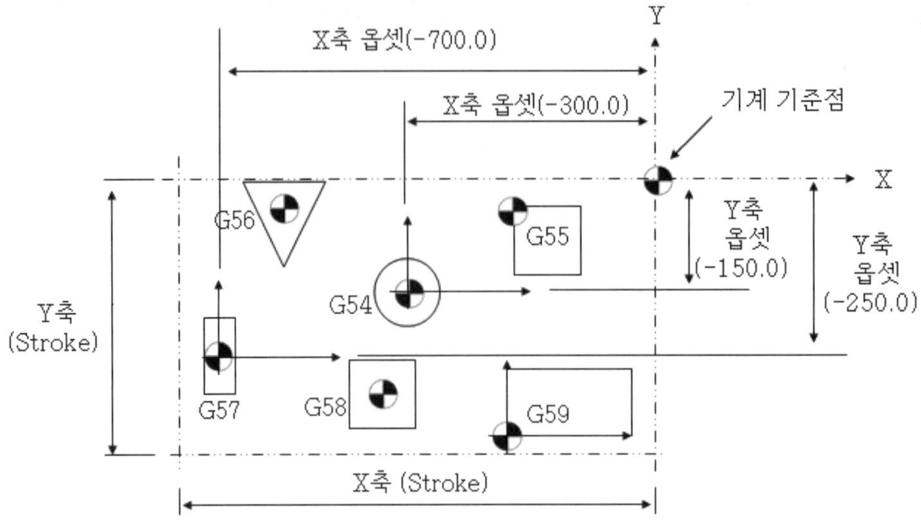

그림 3.95 여러 개의 공작물 좌표계로 설정

G54 옵셋량　　　　G57 옵셋량
(X=－300.0)　　　(X=－700.0)
(Y=－150.0)　　　(Y=－250.0)

위의 옵셋량을 기계 기준점으로부터 공작물 좌표계의 옵셋량을 가공에 들어가기 전에 미리 CNC 장치(메모리)에 입력해 놓는다.

3.3.8 공구기능(T Code)

공구기능은 T기능이라고도 하고(이후 T기능이라 부른다) 공구를 ATC 매거진의 공구 교환위치로 호출하는 기능으로, T기능은 그림 3.96처럼 어드레스 T에 이어서 두 자리의 수치로 지령한다. 어드레스 'T'에 이어서 두 자리수 수치는 공구번호로 불려지기도 하기 때문에 공구번호는 01~99까지 사용할 수 있다.
공구번호는 일반적으로 공구 사용 순서에 따라 01부터 순번대로 지령한다.
아래의 프로그램 예는 T기능의 지령을 예로 든 것이다. 또 00은 공구기능을 취소하는 경우에 지령한다. T기능에 의한 공구 호출동작은 공구가 장착되어있는 ATC 매거진(Magazine) 포트(Port)번호에 맞추어서 공구번호를 CNC 장치에 등록시킴으로써 이루어진다.

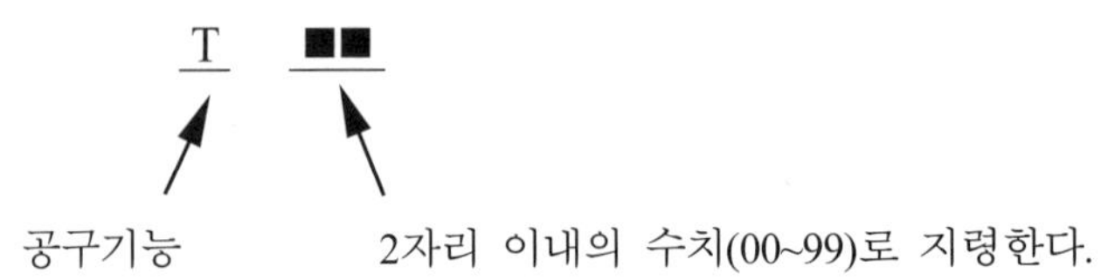

그림 3.96 공구기능의 지령방법

(프로그램 예)

```
N100 O0001;
N101 G90G80G40G49G00;
N102 T05M06;                      ⇨ 5번 공구 호출하여 자동교환
N103 T02;                         ⇨ 다음 공정을 위해 미리 대기포트에
                                     위치
N104 G54G90G00X-100.0Y50.0S1000M03;
N105 G43Z50.0H05;
  ↓
  ↓
N307 G91G28Z0;                    ⇨ ATC 원점복귀지령
N308 M06;                         ⇨ 공구 교환(T02)
  ↓
  ↓
N409 M30;
```

3.3.9 주축기능(S Code)

주축기능은 S기능이라고도 하고(이후 S기능이라고 부른다) 주축의 회전수(rpm)를 설정하는 기능이다. S기능은 그림 3.97처럼 어드레스 S에 이어서 네 자리 이내의 수치로 주축회전수를 직접 지령한다.

S기능으로 지령 가능한 주축회전수(최고 · 최저)는 기계에 따라 다르다.

이 책에서는 10~8,000 rpm을 설정 가능한 주축회전수로 한다. 또 일반적으로 주축회전수에는 저속영역과 고속영역이 있는데, 변속영역의 변경은 기계에 따라 자동적으로 이루어진다. 이 경우 주축회전 중에 있어 다른 변속 영역에서의 주축회전수는 주축회전이 일단 정지한 후 변속영역으로 바뀌고 새로운 주축회전수가 설정된다.

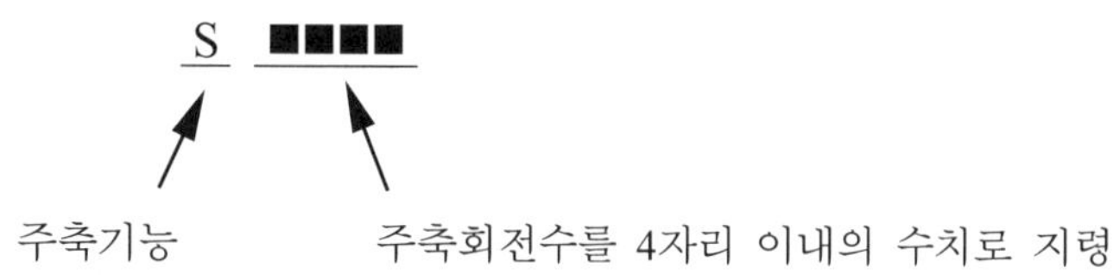

그림 3.97 공구기능의 지령방법

주축회전수(rpm)는 공작물을 절삭하는 경우 공구의 절삭속도(m/min)로부터 다음 계산식에 의해 구할 수 있다.

$$N = \frac{1000\,V}{\pi D}$$

단, N : 주축회전수 (rpm)
V : 절삭속도 (m/min)
π : 원주율 (3.14)
D : 공구의 직경 (mm)

[계산 예]

지름이 125 mm인 정면 밀링 커터로 공작물을 절삭속도 90 m/min로 절삭하는 경우 주축회전수를 구하면?

$$N = \frac{1000 \times 90}{\pi \times 125} \fallingdotseq 230\ (\text{rpm})$$

위의 계산식의 주축회전수는 230 rpm, S기능 지령은 S230으로 된다. 절삭속도는 공작물의 재질, 공구의 종류, 가공정밀도 등에 따라 그 값이 달라진다.

(프로그램 예)

```
N100 O0001;
N101 G90G80G40G49G00;
N102 T05M06;
N103 T02;
N104 G54G90G00X-100.0Y50.0 S230 M03;
N105 G43Z50.0H05;      ↑ 주축회전수   ↑ 주축회전을 동일 블록에 지령
  ↓
  ↓
N307 G91G28Z0;
N308 M06;
  ↓
  ↓
N355 S1500 ;  ⇨ 이전부터 주축이 회전하고 있는 경우는 S 지령만으로도 가능

N409 M30;
```

주축속도는 주축 오버라이드 스위치에 의해 오버라이드될 수 있는데 50~150%까지 속도 변경이 가능하며(메이커에 따라 다름) 이때 실제속도는 지령 속도와는 별도로 표시된다.

3.3.10 이송기능(F기능)

이송기능은 F기능이라고도 하고(F기능이라고 부른다) 공작물을 절삭하는 경우 테이블, 새들, 주축헤드의 이송속도를 설정하는 기능이다. F기능은 그림 3.98처럼, 어드레스 'F'에 이어서 이송속도를 지령한다.

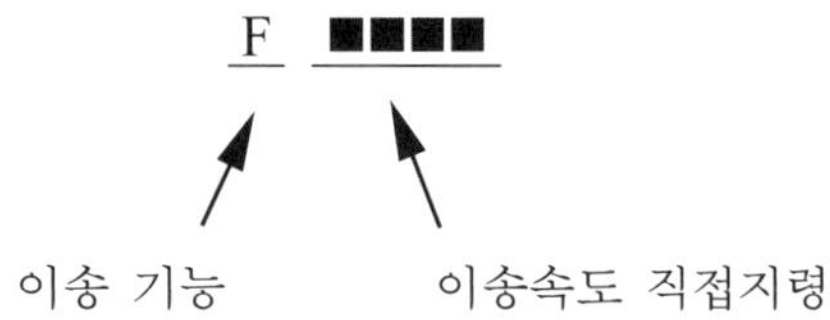

그림 3.98 F기능의 지령방법

F기능에는 위와 같이 이송속도를 직접 지령하는 F직접 지령 외에 F 한 자리 지령이 있다. F 한 자리 지령에서는 'F'에 이어서 1~9까지의 한 자리 수치를 직접 지령하면, 그 번호에 해당하는 설정된 이송속도를 선택할 수 있다.
프로그램 작성시에 사용 공구나 공작물의 재질 등을 모르거나 이송속도를 특별히 지정하지 않을 경우에 F 한 자리 지령이 이용된다.
F기능에서 이송속도의 소수점 입력은 인치 단위에서의 지령이나 나사절삭의 리드 지령 등에서 필요한데, 통상 절삭이송에서는 소수점 이하의 수치는 필요하지 않다. 이 때문에 F기능은 프로그램 예처럼 소수점을 생략해서 지령해도 된다.

이송속도(m/min)는 공구의 1날당 이송속도(mm/날)로 다음 계산식에 의해 구분할 수 있다.

$$F = f \cdot N \cdot Z$$

단, F : 이송속도 (mm/min)
f : 1날당 이송 (mm/날)
N : 주축회전수 (rpm)
Z : 공구의 날수 (날수)

[계산 예]
날수 8개의 정면 밀링 커터에서 공작물을 1날당 0.25 mm로 이송하여 절삭하는 경우 이송속도를 구하시오. 단, 주축회전수는 300 rpm으로 한다.

$$F = 0.25 \times 300 \times 8 = 600 \text{ mm/min}$$

그래서 이송속도는 600 mm/min 이송기능 지령은 F600으로 된다. 1날당 이송은 공작물의 재질, 공구의 종류, 가공정밀도 등에 따라 그 크기가 다르다.

3.3.11 위치결정(G00)에 의한 급속이송

위치결정(G00)은 공구를 현재 위치(시작점)부터 지령위치(종점)까지 급속이송시키는 기능이다. 위치결정 지령은 그림 3.99처럼 G00에 이어서 어드레스 'X, Y, Z'로 각축의 이동지령을 지정한다.

이동지령은 그림 3.100의 ③과 같이 동시에 3축까지 지령이 가능하다. 또 지령치는 그림 3.101 프로그램 예처럼 증분지령에서는 현재 위치부터 지령 위치까지의 이동량을 지령하고 절대지령에서는 선택한 공작물 좌표계 내의 좌표치를 지령한다. 또, G00은 모달(Modal) G기능이고 계속해서 위치결정 지령을 하는 경우 G00지령을 생략할 수 있다.

(지령형식) G00 X____ Y____ Z____ ;

종점의 좌표치를 지정

그림 3.99 G00의 지령방법

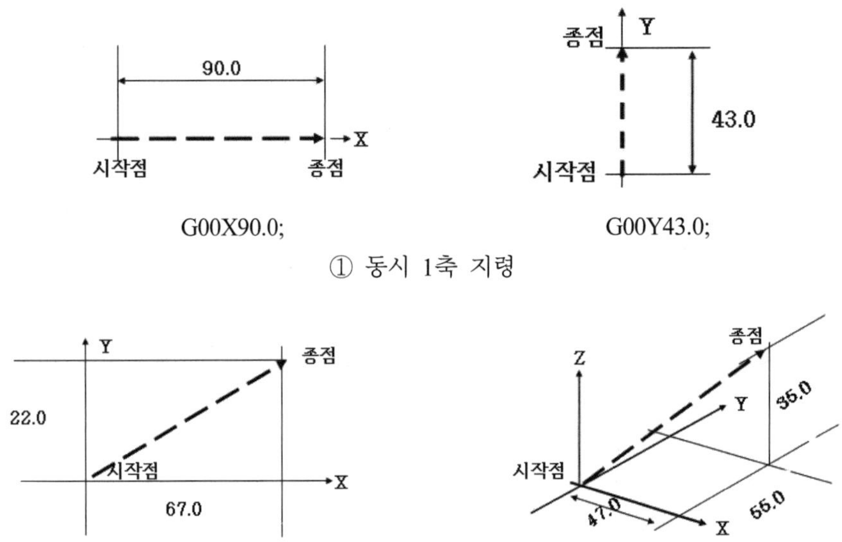

G00X90.0; G00Y43.0;

① 동시 1축 지령

G00X67.0Y22.0; G00X55.0Y47.0Z35.0;

② 동시 2축 지령 ③ 동시 3축 지령

그림 3.100 G00 지령

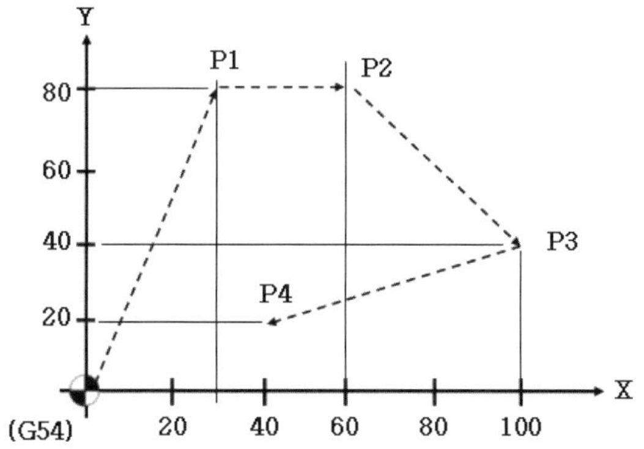

① 증분지령(G90G54)

→ P1 G00X30.0Y80.0;
P1 → P2 X30.0Y0.0;
P2 → P3 X40.0Y-40.0;
P3 → P4 X-600.0Y-20.0;

② 절대지령(G90G54)

→ P1 G00X30.0Y80.0;
P1 → P2 X60.0Y80.0;
P2 → P3 X100.0Y40.0;
P3 → P4 X40.0Y20.0;

그림 3.101 프로그램 예

G00 블록을 실행하면 기계에 미리 설정되어 있는 급속 이송속도로 공구를 이동시킨다. 이 경우의 공구 경로는 그림 3.102와 같이 비직선 보간형 위치결정과 직선 보간형 위치 결정 2가지가 있다.

CNC 장치의 설정에 따라 양쪽의 공구 경로를 선택할 수 있지만, 일반적으로 비직선 보간형 위치결정을 설정하는 경우가 많다.

비직선 보간형 위치결정은 X와 Y의 비율이 같게 움직인 후 남은 축방향의 잔여량(1축)만 위치결정을 한다.

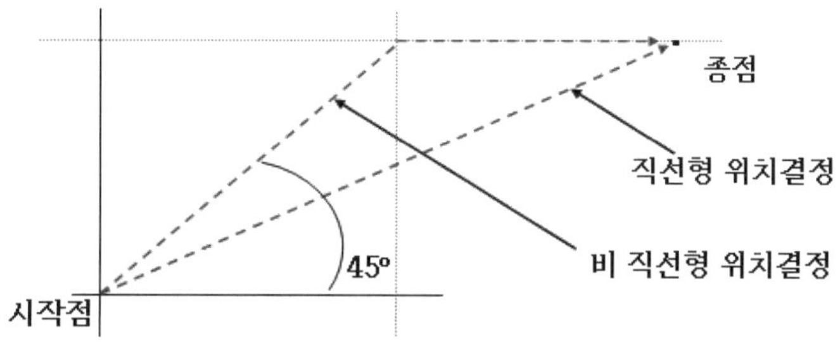

그림 3.102 G00 지령에 의한 공구경로

3.3.12 직선보간(G01)에 의한 직선절삭

직선보간(G01)은 현재 위치부터 지령위치까지 직선으로 공구를 절삭이송시키는 기능이다.

직선보간 지령은 그림 3.103처럼 G01에 이어서 어드레스 'X, Y, Z'로 각축의 이동지령을 하고, 어드레스 'F'로 이송속도(mm/min)를 지령한다.

(지령형식) G01 X____ Y____ Z____ F____ ;

종점의 좌표치를 지정 (X, Y, Z) 이송속도 (F)

그림 3.103 G01의 지령방법

그림 3.104는 직선보간 프로그램의 예이다.
직선보간에서는 프로그램 예에서처럼 1축 이동지령으로 이동축에 평행한 직선절삭을, 2축 이동지령으로 경사진 직선절삭을 할 수도 있다.
G01 및 F기능은 모달(Modal)이기 때문에, 계속해서 직선절삭을 지령할 경우는 G01, F기능의 지령을 생략할 수 있다. 또 자유곡면 등 3차원 형상의 공작물을 가공하는 경우는, 동시 3축 이동지령을 지령하기도 하는데 일반적인 작업에서는 X, Y의 2축 이동지령으로 공작물의 형상을 가공한다.
Z축 이동지령으로 드릴 등에 의한 구멍가공을 한다.

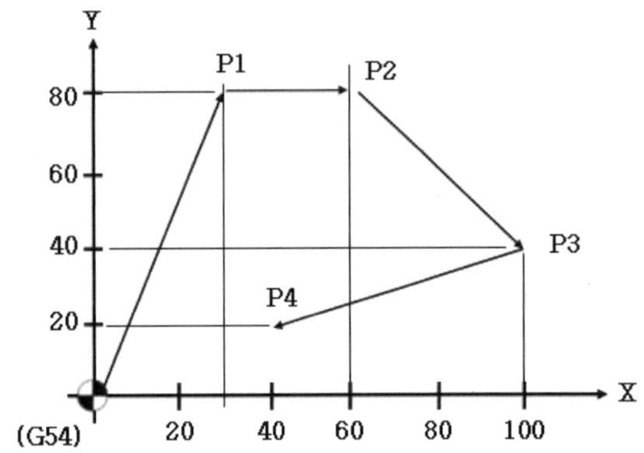

① 증분지령(G90G54)
→ P1 G01X30.0Y80.0F200;
P1 → P2 X30.0Y0.0;
P2 → P3 X40.0Y-40.0;
P2 → P3 X-600.0Y-20.0;
② 절대지령(G90G54)
→ P1 G00X30.0Y80.0F200;
P1 → P2 X60.0Y80.0;
P2 → P3 X100.0Y40.0;
P2 → P3 X500.0Y20.0;

그림 3.104 프로그램 예

[연습문제]
그림 3.105와 106의 공구경로를 G00 및 G01을 이용해서 프로그래밍하여라. 그림 중에서 ……은 급속이송, ——는 절삭이송이다.
공작물 좌표계를 G54로 하며, 이송속도는 150 mm/min으로 한다.

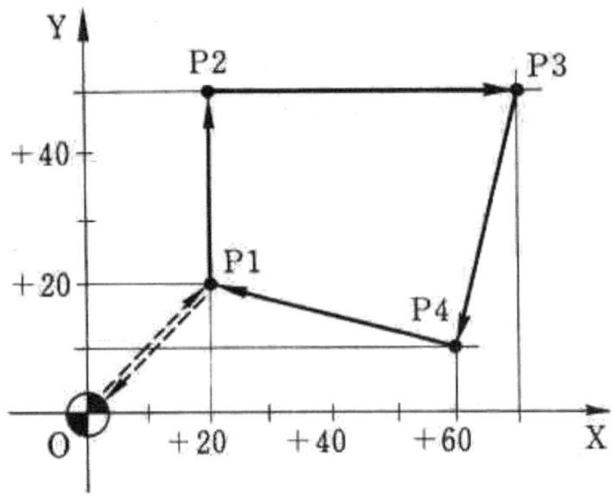

그림 3.105 공구경로

	절 대 지 령(G90)	증 분 지 령(G91)
→ O	G90G54G00X0Y0S400;	G90G54G00X0Y0S400;
O → P1		
P1 → P2		
P2 → P3		
P3 → P4		
P4 → P1		
P1 → O		

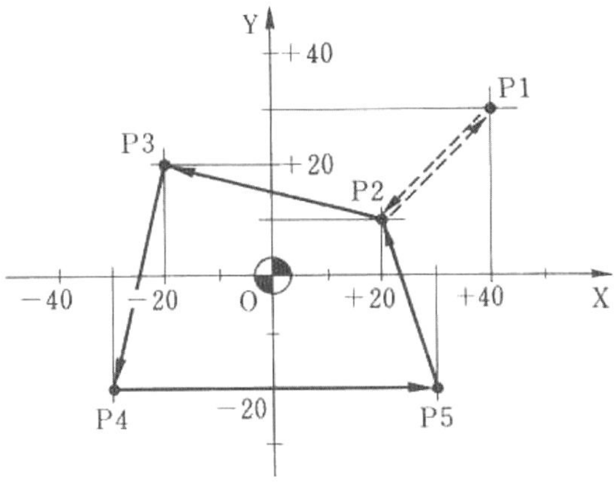

그림 3.106 공구경로

	절 대 지 령(G90)	증 분 지 령(G91)
O → P1	G90G54G00X40.0Y30.S400;	G90G54G00X40.0Y30.S400;
P1 → P2		
P2 → P3		
P3 → P4		
P4 → P5		
P5 → P2		
P2 → O		

[연습문제]

그림 3.107의 공구경로 프로그램을 (　　) 내에 필요사항을 기입해서 완성시킨다.

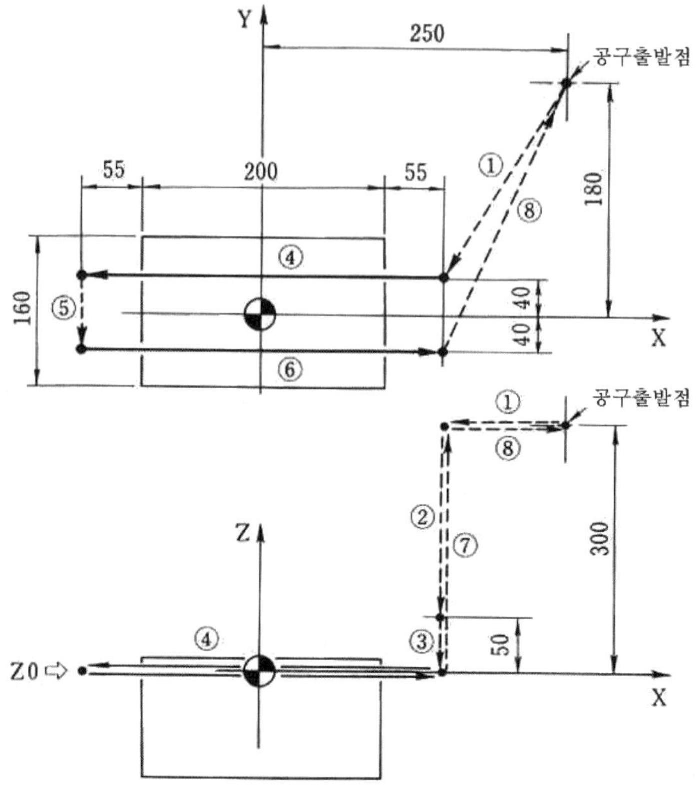

그림 3.107 공구경로

(프로그램 예)

① G90G54G00(　　　　　　　　　　)Y40.0S300;

② G00Z50.0M03;

③ (　　　　)

④ (　　　　　　　　　　) F200;

⑤ (　　　　　　　　　　)

⑥ (　　　　　　　　　　)

⑦ G00Z300.0M05;

⑧ (　　　　　　　　　　)

3.3.13 원호보간(G02, G03)에 의한 원호절삭

원호보간은 현재 위치부터 지령위치까지 공구를 원호에 따라 절삭이송시키는 기능이다. G02는 시계방향 원호절삭을, G03은 반시계방향 원호절삭을 지령할 수 있다. 원호보간은 지정한 평면 내에서 이루어진다.

ⓐ G17(X・Y 평면)에서는 어드레스 'X', 'Y' 및 'I', 'J'로 지령치를 지령.
ⓑ G18(Z・X 평면)에서는 어드레스 'X', 'Z' 및 'I', 'K'로 지령치를 지령.
ⓒ G19(Y・Z 평면)에서는 어드레스 'Y', 'Z' 및 'J', 'K'로 지령치를 지령.

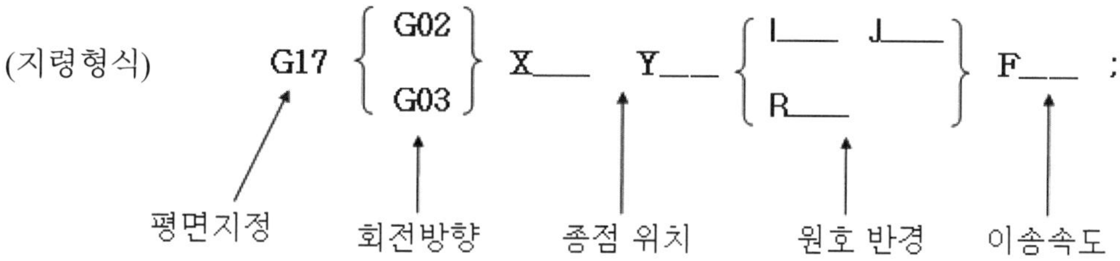

그림 3.108 원호지령방법 ①

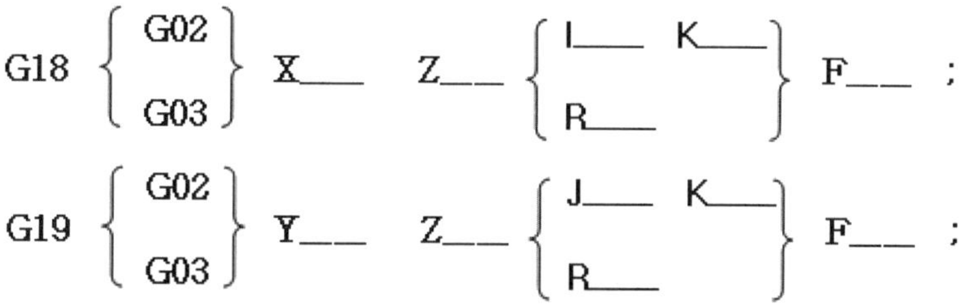

그림 3.109 원호지령방법 ②

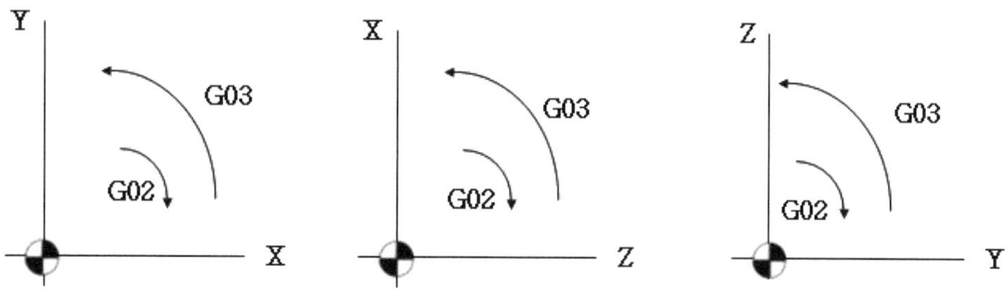

① G17평면 원호가공 ② G18평면 원호가공 ③ G19평면 원호가공

그림 3.110 원호지령에서의 원호보간

원호보간의 원호중심은, 어드레스 'I, J, K'로 원호의 시작점부터 중심까지의 거리를 지령하는 방법과 어드레스 'R'로 원호의 반지름을 지령하는 방법으로 2가지가 있다. 그림 3.111의 예처럼 I · J · K 지령은 필히 증분지령치로 지령한다.

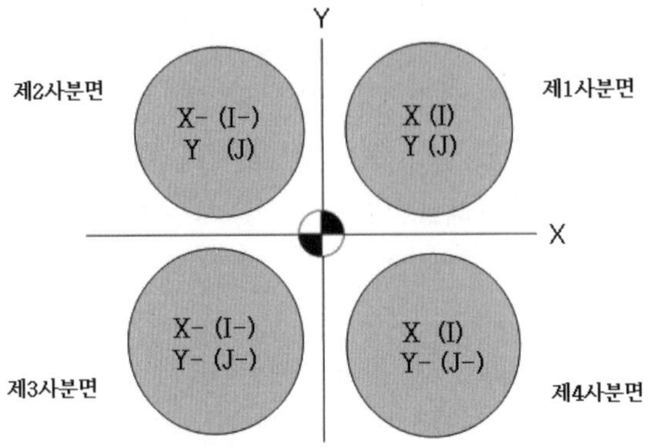

그림 3.111 원호보간에서의 I · J · K 지령방법 ①

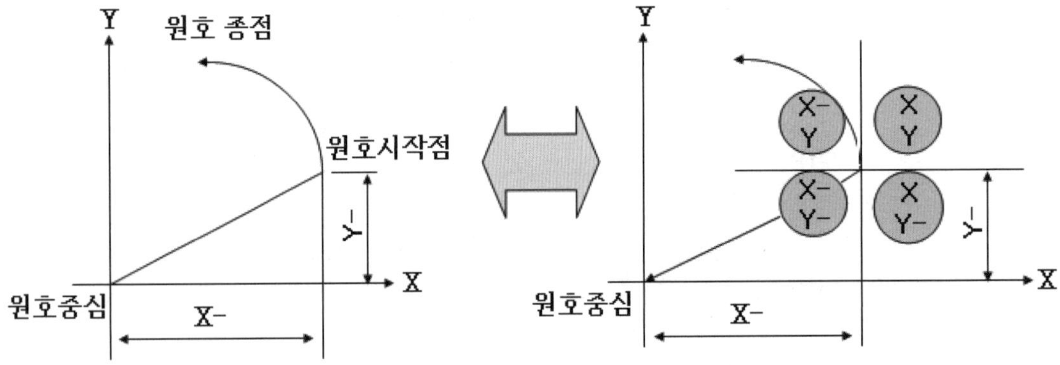

ⓐ G03X Y I- J- F ;

그림 3.112 원호보간에서의 I · J · K 지령방법 ②

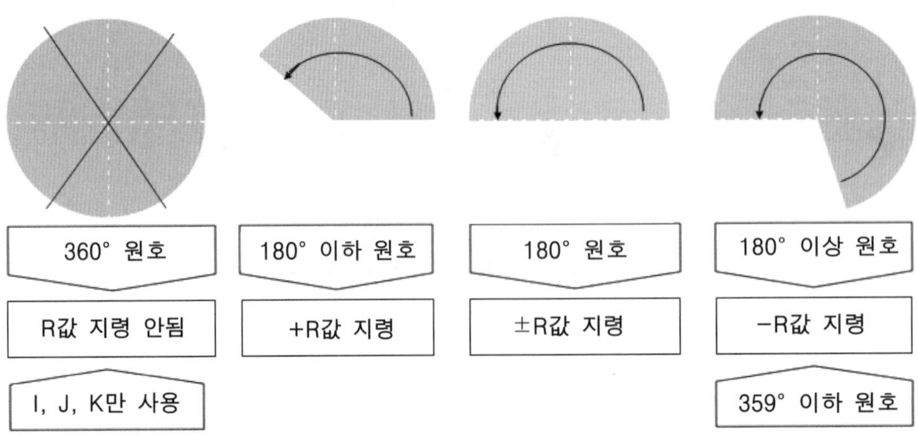

그림 3.113 원호보간에서의 R과 I · J · K 지령방법 ③

또 R지령에 의한 원호보간에서는 그림 3.113과 같이 원호의 각도가 180° 이상되는 경우는 R지령의 원호반지름에 (−)부호를 붙여서 지령한다.
원호보간에서 종점의 좌표치를 생략하면, 공구의 현재 위치를 종점으로 하는 전원가공의 지령이 가능하다. 그림 3.114는 전원가공의 방법의 예이다. 또, R지령으로는 전원가공을 지령할 수 없다.

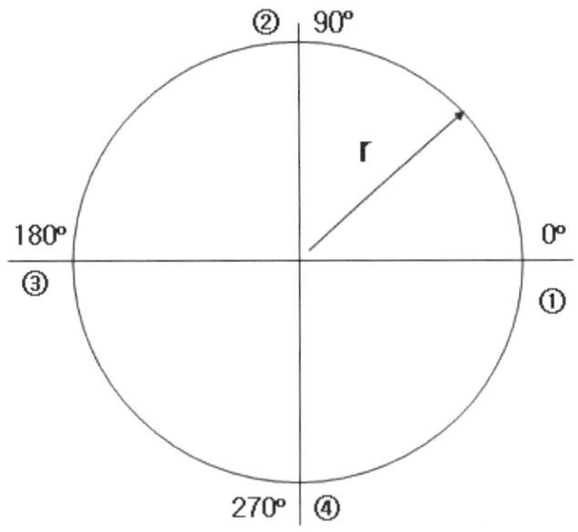

원호 시작점의 위치와 I, J, K 의 관계 (360 가공 시)			
1	원호의 시작점이 0 ° 일 때 (0° → 0°)	I − r, J 0	※ 사용 편리하다. ※ 정해진 규칙 ※ I, J 변화 없다
2	원호의 시작점이 90 ° 일 때 (90° → 90°)	I 0, J − r	
3	원호의 시작점이 180 ° 일 때 (180° → 180°)	I r J 0	
3	원호의 시작점이 270 ° 일 때 (270° → 270°)	I 0 J r	

그림 3.114 원호보간에서의 I · J · K 지령방법

그림 3.115는 원호보간 프로그램의 예이다.

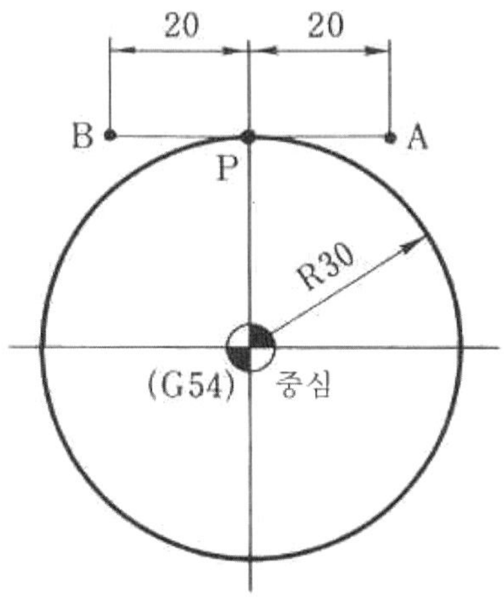

① 절대지령
(G17G90G54)
A → P G01 X0 Y30.0 F200;
전원가공(반시계가공)
G03 I0 J-30.0;
P → B G01 X-20.0;
⇣
⇣
이하생략

그림 3.115 원호보간

[연습문제]

그림 3.116의 그림들을 공구경로(종점위치)를 G02 및 G03을 이용해서 프로그래밍 하시오. 그림 중에서 ——은 절삭이송이다. 또 공작물 좌표계를 G54, 이송속도는 150 mm/min로 한다.

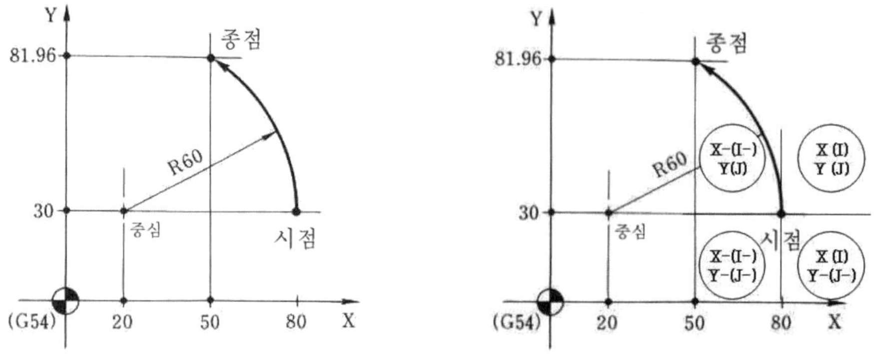

그림 3.116 원호보간의 공구경로

① 절대지령(R지령)
(G17G90G54)
① ______

② 증분지령(R지령)
(G17G91G54)
① ______

① 절대지령(I・J지령)
(G17G90G54)
② ______

② 증분지령(I・J지령)
(G17G91G54)
② ______

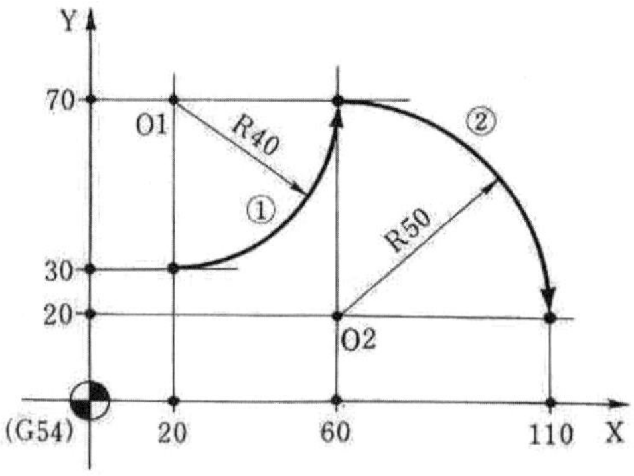

그림 3.117 원호보간의 공구경로

① 절대지령(I・J지령)
(G17G90G54)
① ______
② ______

② 증분지령(I・J지령)
(G17G91G54)
① ______
② ______

[연습문제]

그림 3.118의 공구경로 프로그램을 (　　　) 내에 필요 사항을 기입해서 완성하라.

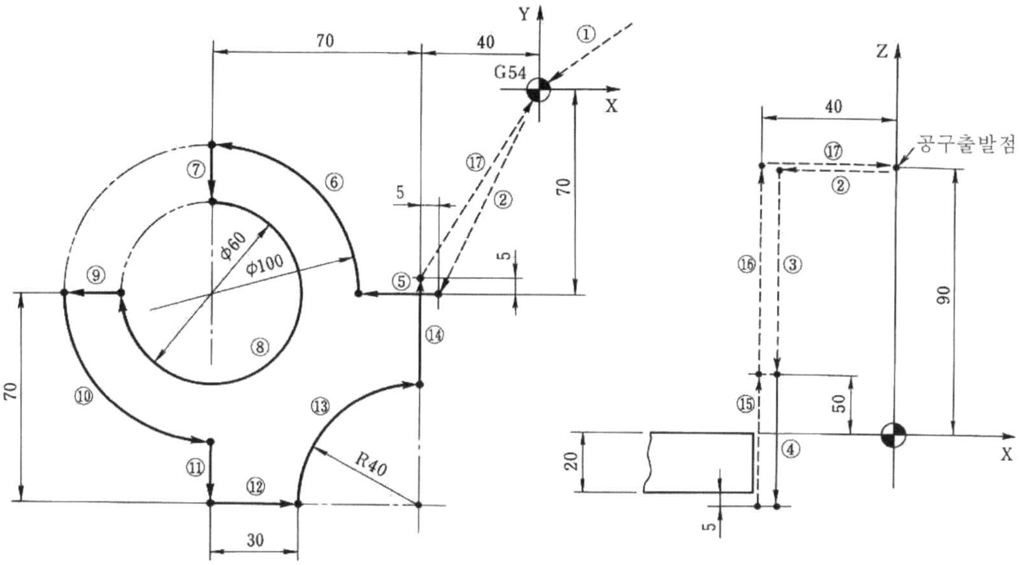

① G17G90G54G00X0Y0;
② (　　　　　　　　　　)S400;
③ (　　　　　　　)M03;
④ (　　　　　　　)F1000M08;
⑤ (　　　　　)F200;
⑥ (　　　　　　　　　　　　　　　　　　　)
⑦ (　　　　　　　　　　　　　)
⑧ (　　　　　　　　　　　　　　　　　　　)
⑨ (　　　　　　　　　　　　　)
⑩ (　　　　　　　　　　　　　　　　　　　)
⑪ (　　　　　　　　　　　　　)
⑫ (　　　　　　　　　　)
⑬ (　　　　　　　　　　　　　　　　　　　)
⑭ (　　　　　　　　　　)
⑮ (　　　　　　　　　　　) M09;
⑯ (　　　　　　　　　　　) M05;
⑰ (　　　　　　　　)
⑱ M30;

그림 3.118 원호보간의 공구경로

3.3.14 드웰(G04)

드웰(Dwell)은 다음 블록의 실행을 지정하는 시간만큼 쉬는 기능이다.
드웰지령은 그림 3.119처럼 G04에 이어서 어드레스 'P(또는 X)' 드웰 시간(sec : 초)을 지령한다.

(지령형식) G04 X___ ;
G04 P ___ ;

그림 3.119 G04의 지령방법

구멍가공, 카운터보링, 면취 등에 있어서, 구멍 바닥에서 공구이동을 일시 정지시키거나, 정삭면을 가공하는 경우에 이용된다.
X축은 이동지령과 구별하기 위해 일반적으로는 그다지 사용하지 않는다.
어드레스 'P'로 드웰시간을 지령한다. 단, 어드레스 'P'에서는 소수점 입력을 사용할 수 없기 때문에 드웰시간은 1/1000 sec로 환산(예 : 1 sec의 드웰시간도 P1000)해서 지령한다.

[예] 주축회전이 300 rpm 경우의 드웰시간
(계산식) 드웰시간 = 60 (sec)/300(회전) = 0.2(sec) 이상의 드웰

드웰시간을 5 sec로 하면 드웰은 다음과 같이 지령한다.
G04 P5000 ; (G04 X5.0;) ⇨ 소수점 의미 없음.
G04 X5.0 ; ⇨ 소수점 사용(5초)

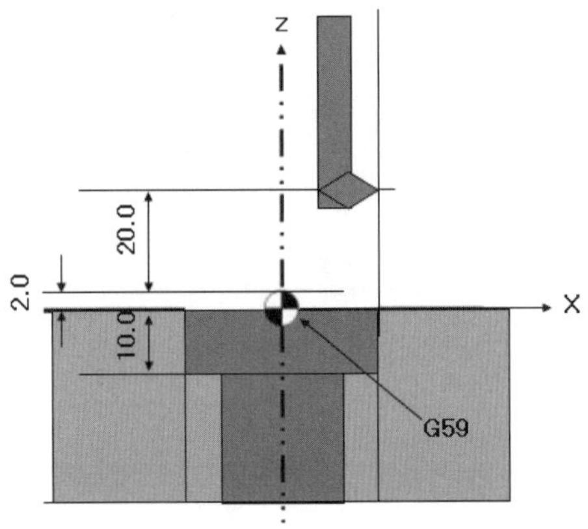

(프로그램 예)
① 절대지령
(G90G59);
G00Z2.0;
G01Z-10.0F200;
G04P1000;
G00Z22.0;
↓

그림 3.120 G04의 프로그램 예

3.3.15 자동원점복귀(G28)

공구를 현재 위치부터 기계 기준점으로 복귀시키는 것을 원점복귀라 한다.
자동원점복귀는 그림 3.121처럼 G28에 이어서 중간점을 지령한다.
G28 블록을 실행하면 공구는 현재 위치로부터 중간점을 경유해서 급속으로 기계 기준점으로 원점복귀한다.

G28 X____ Y____ Z____ ;

중간점 이동지령

그림 3.121 절대지령과 증분지령

중간점의 지령치는 그림 3.122처럼 절대지령과 증분지령이 다르다.
증분지령으로 공구의 현재 위치를 중간점으로 지령하면, 공구는 직접 기계 기준점으로 자동 복귀한다. 기계 기준점은 기계에 설정된 기계 고유의 위치이고, 일반적으로 이 위치에서 공구를 교환한다. 그래서 공구 교환 지령 전에 필히 공구의 원점 복귀를 지령해야 한다.

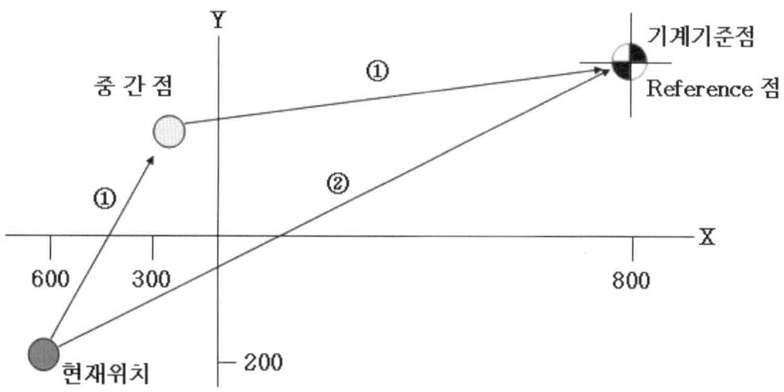

그림 3.122 절대지령과 증분지령

(절대지령 ⇨ ①과 ②의 경우)	(증분지령 ⇨ ①과 ②의 경우)
① G90G28X-300.0Y200.0;	① G91G28X300.0Y400.0;
② G90G28X-600.0Y-200.0;	② G91G28X0Y0;

일반적으로 프로그램 간소화를 위해 G91G28X0Y0;의 지령이 잘 사용된다.
CNC 장치가 설정하는 기계 고유의 위치를 Reference Point라고도 부른다. 통상 기계 기준점을 Reference point와 같은 위치에 설정되어 있어 기계 기준점과 Reference

Point는 같은 것으로 보아도 괜찮다.
그래서 원점복귀는 Reference Point(RP) 복귀라 불러도 된다. 이 책에서는 원점복귀라 부른다.

자동원점복귀에는 두 가지로 구분할 수 있다.
자동, 반자동 운전에서 G28G91X0Y0Z0:를 지령하면 전원 투입 후 원점복귀를 했는지 하지 않았는지에 따라서 원점복귀 방법이 달라진다.

❶ 전원 투입 부 원점복귀를 하지 않는 경우
수동 원점복귀 방법과 같이 급속으로 이동하다가 원점 스위치를 터치(Touch : ON)하면 감속한다. 계속 감속속도로 이동하다가 원점 스위치의 신호가 떨어지면(OFF) 서보모터의 엔코더(Encoder)의 원점이 나올 때까지 이동하고 엔코더의 원점신호가 입력되면 기계원점복귀가 완료된다.

❷ 전원 투입 후 원점복귀를 했을 때
수동 원점복귀 방법과는 다르게 먼저 원점복귀를 했기 때문에 기계원점(RP)을 NC가 알고 있으므로 급속으로 기계원점의 위치로 감속을 하지 않고 복귀한다. 이 방법은 프로그램에 지령된 G28 기능의 자동 원점복귀 시간을 절약할 수 있게 되어 있다.

3.3.16 공구경 보정[G40, G41[3], G42[4]]

공작물을 윤곽가공을 하는 경우 그림 3.123과 같이 공구를 반지름만큼 옵셋시킨 공구 경로로 해야 한다. 이 옵셋을 자동적으로 하는 기능을 공구경 보정이라 부른다. 다음에 공구경 보정을 이용하는 프로그래밍에 대하여 설명하기로 한다.

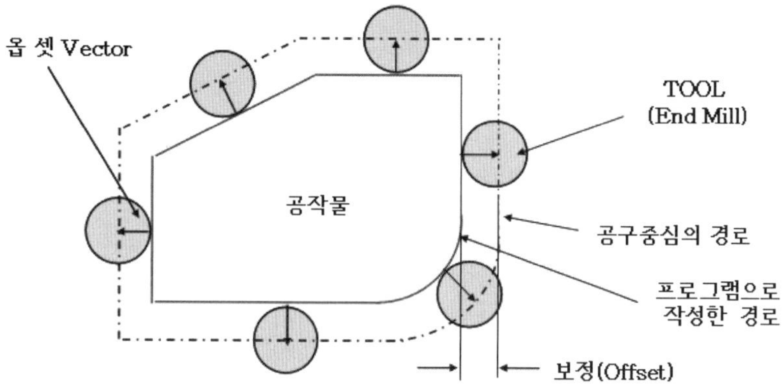

그림 3.123 옵셋된 공구경로

ⓐ 공구경 보정의 지령방법

공구옵셋은 선택된 평면 내에서 옵셋벡터(옵셋방향과 크기)가 계산된다. 그림 3.124와 그림 3.125는 공구경 보정의 지령형식이며, 이것은 위치결정(G00)지령과 절삭이송의 공구 이동 중에 공구옵셋이 이루어진다.
원호보간(G02, G03)에서는 공구경 보정을 지령할 수 없다.

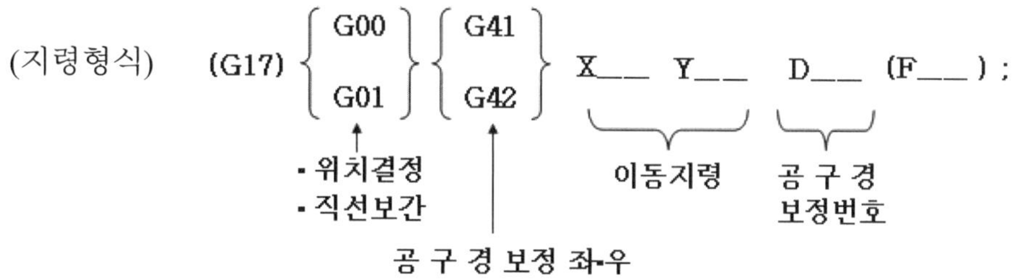

그림 3.124 G41, G42 지령방법

3) G41(좌측경 보정) ⇨ 공구의 진행방향에서 보았을 때, 공구가 공작물의 좌측에 위치한다.
4) G42(우측경 보정) ⇨ 공구의 진행방향에서 보았을 때, 공구가 공작물의 우측에 위치한다.

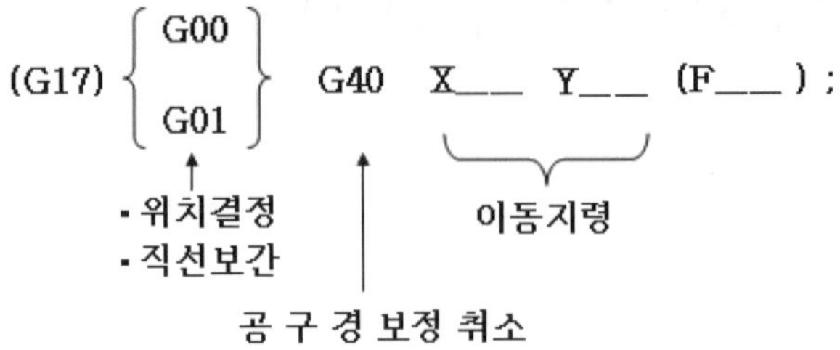

그림 3.125 G40의 지령방법

그림 3.126처럼 공구경 보정 좌측(G41)지령으로, 공구 진행방향에 대해 좌측으로 공구를 옵셋한다. 이 경우 절삭은 하향절삭으로 된다.
그림 3.127처럼 공구경 보정 우측(G42)지령으로 공구 진행방향에 대해 우측으로 공구를 옵셋한다. 이 경우 절삭은 상향절삭으로 된다.

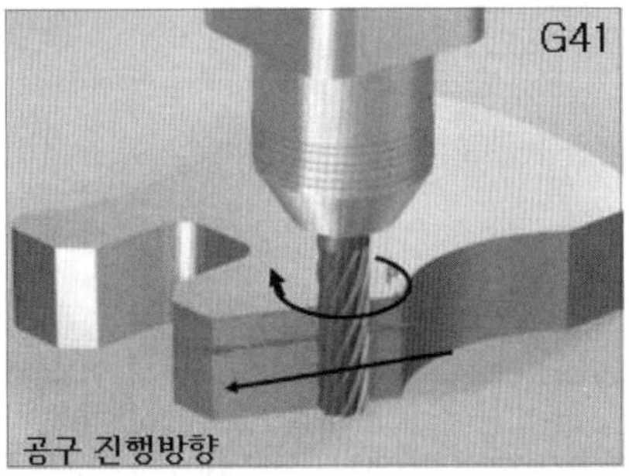

그림 3.126 G41의 공구경로

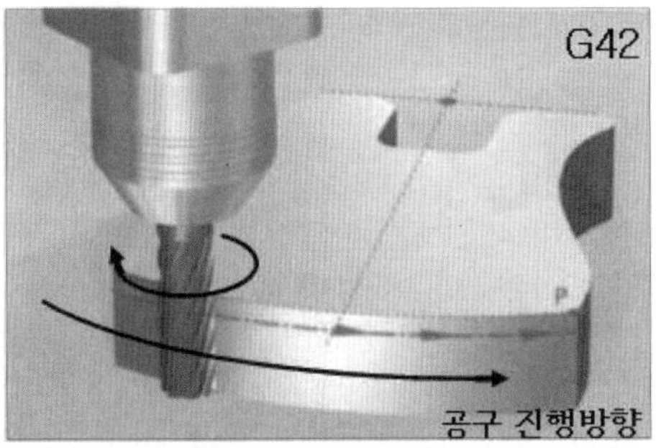

그림 3.127 G42의 공구경로

어드레스 'D'에 이이서 공구경 보정 번호를 두 자리 이내의 수치(01~99, 또는 00은 보정량이 0이다)로 지령한다. 여기에서 지령하는 보정 번호에 해당되는 보정량(보정 번호 메모리에 설정되어 있는 보정량)만큼 공구가 옵셋된다.

G40 지령으로 G41 또는 G42 옵셋을 취소한다(그림 3.124 참조).
G41, G42가 지령됨으로써 G40이 지령될 때까지를 옵셋모드라 부른다.

그림 3.128은 공구경 보정을 이용한 프로그램 예이다. 공구경 보정은 보정량을 임의로 바꾸어 넣을 수 있으므로 공구경 보정을 이용하면 공구 지름의 대소에 관계가 없고, 공작물의 형상에 따라 프로그램 작성이 가능하다.

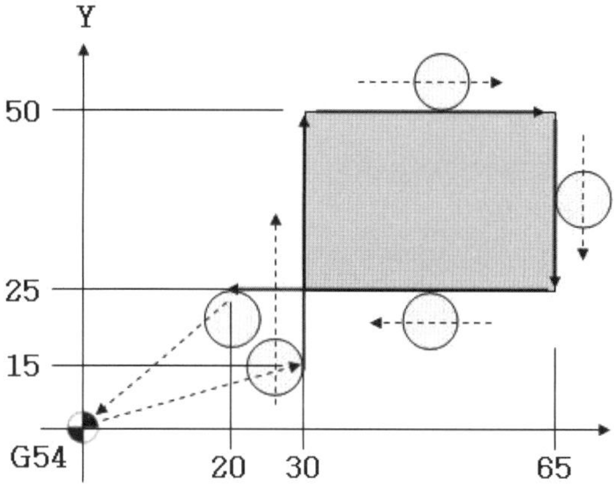

(프로그램 예)

→ O G90G54X0Y0S500;
O → P1 G41G00X30.0Y15.0D01M03;
P1 → P2 G01Y50.0F150M08;
P2 → P3 X65.0;
P3 → P4 X25.0;
P4 → P1 X20.0;
P1 → 0 G40G00X0Y0M05;

그림 3.128 공구경 보정 프로그램 예

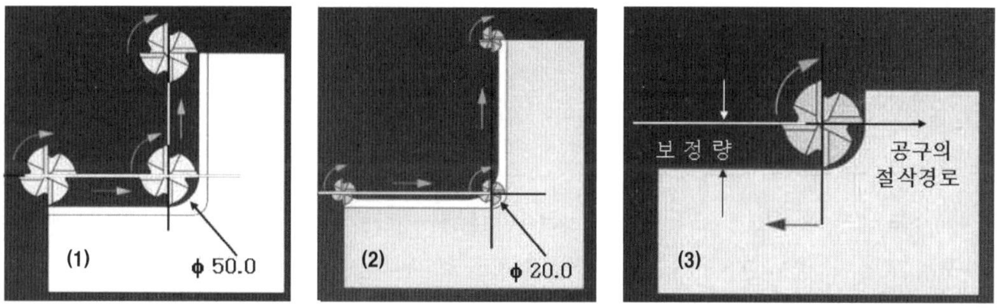

그림 3.129 공구경 보정의 이용

또 보정량의 조정에 의해 임의의 크기로 정삭 여유치를 설정해 황삭의 반복이나 정삭을 한 개의 프로그램으로 작성할 수 있는 등의 이점이 있다.

그림 3.129처럼 공구경 보정을 하지 않고 작성된 프로그램을 실행하여 가공된 공작물을 측정한 결과 공차치수보다 큰 경우나 작은 경우는 프로그램의 좌표를 수정하여 가공을 해야 한다. 그러나 공구경 보정 기능을 사용한 프로그램은 공구반지름의 보정값만 바꾸어 주면 된다.이 방법을 이용하여 정삭여유를 남겨 두고 황삭가공의 프로그램을 쉽게 작성할 수 있다.
결과적으로 NC 기계는 눈이 없기 때문에 앤드밀의 지름이 얼마인지 모른다.
가상으로 작은 지름을 크게 보정값을 입력하면 측면에 정삭여류를 남길 수 있다.
반대로 정삭가공할 때 보정값을 공구반지름값보다 작게 지령하면 그 크기만큼 많이 절삭한다.

ⓑ **공구경 보정에서의 공구 동작**

공구경 보정에는, 그림 3.130처럼 취소 모드 ⇨ 스타트 업 ⇨ 옵셋모드 ⇨ 옵셋취소의 순으로 동작한다.

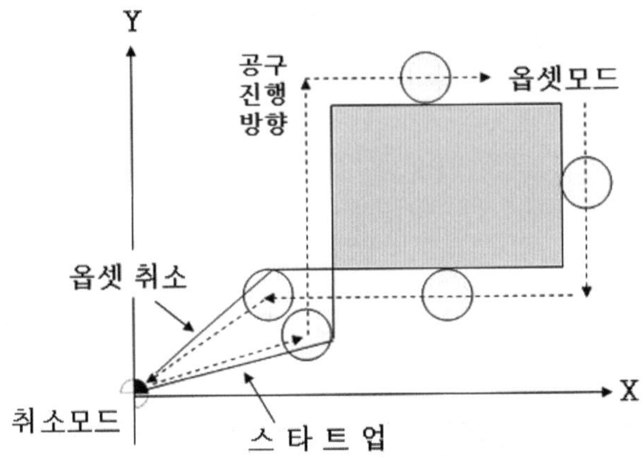

그림 3.130 공구경 보정에서의 공구동작

(a) 취소모드(Cancel Mode)

전원을 투입한 후 또는 조작반의 Reset Button을 누른 후, 또는 M02, M30 실행에 의해 프로그램이 종료한 후에는, 옵셋취소모드로 된다.
취소모드에서는 옵셋의 벡터의 크기는 항상 0이고, 공구 중심은 프로그램 된 경로와 일치한다.
프로그램의 최후는 취소모드로 종료시켜야만 된다.
옵셋모드 상태로 프로그램을 종료시키면 공구는 보정량 만큼 옵셋된 위치에서 정지한다.

(b) 스타트 업(Start Up)

취소모드로부터 옵셋모드로 바뀔 때의 공구 움직임을 스타트 업이라 한다.

스타트 업은 다음 조건을 모두 만족하는 블록이 실행되었을 때 이루어진다.

(i) G41 또는 G42가 지령되어 있다.
(ii) 00 이외의 옵셋 번호가 지령되어 있다.
(iii) G00 또는 G01에 의해 이동지령이 지령되어 있다.

스타트 업 모드에서는 두 블록 앞을 미리 읽어 실행하고, 그림 3.131처럼 스타트 업 종점위치로 공구의 진행에 대하여 직각인 옵셋벡터로 되고, 옵셋벡터 선단에 공구 중심이 위치결정된다.

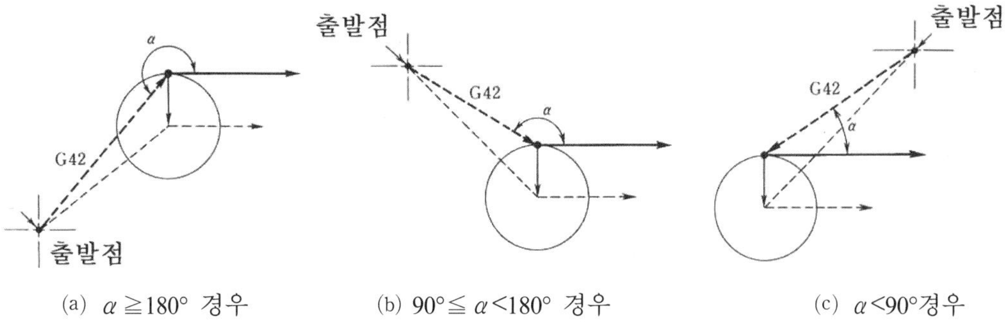

그림 3.131 옵셋모드에서의 공구중심의 경로

(c) 옵셋모드(Offset Mode)

스타트 업에 의해, 이후의 블록에서 공구경로는 보정량만큼 옵셋된 경로로 된다. 이것을 옵셋모드라 부른다. 옵셋모드 중에는 그림 3.132처럼 G00, G01에 의한 이동지령은 물론 G02, G03에 의한 옵셋도 가능하다.

옵셋모드에서는 두 블록을 미리 읽어 들이고, 옵셋된 두 개의 경로의 교점을 찾아 공구중심이 이동된다. 또 N6부터 N7로의 공구경로는 그림과 같다.

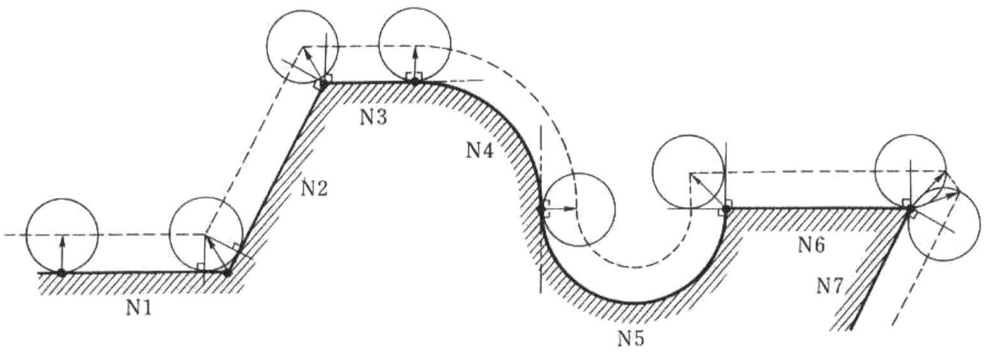

그림 3.132 옵셋모드에서의 공구중심의 경로

(d) 옵셋취소(Offset Cancel)

옵셋모드에서 옵셋취소모드로 바뀔 때의 공구 움직임을 옵셋취소라 한다. 옵셋취소를 지령하면 G41, G42 옵셋모드는 취소되고 프로그램에서 지령한 위치로 공구 중심이 위치 결정된다.

옵셋취소는 다음 조건 중 1개라도 만족하는 블록이 실행되면 이루어진다.

(i) G40이 지령되어 있다.
(ii) 공구번호 00이 지령되어 있다.

옵셋취소는 G00 또는 G01에 의한 이동지령 블록으로 지령한다.

※ 공구 보정에 관한 주의사항

① 보정량의 변경

옵셋모드 중에 보정량을 변경하면, 블록 종점에 있어 옵셋벡터는 그 블록에서 지정된 보정량으로 계산되어 그림 3.133과 같이 공구가 동작한다.

② 보정량의 '+, −'

일반적으로 공구경의 보정량은 (+)값으로 CNC 장치의 공구 메모리에 입력하는데, (−)값으로 입력하면 공구는 G41과 G42가 바뀌면서 같은 동작으로 된다. 그림 3.132(오른쪽)는 원 절삭의 예이다.

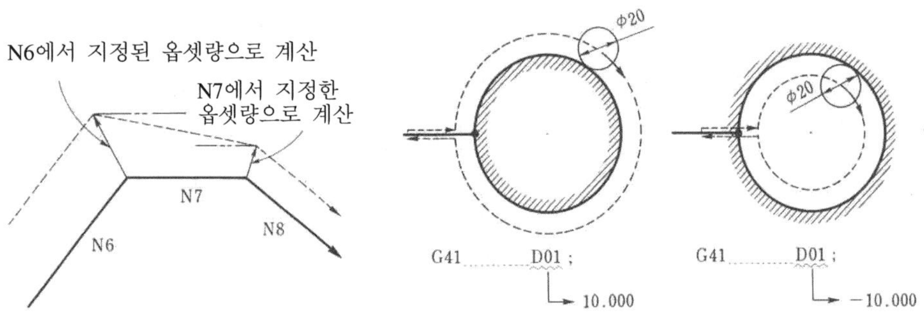

그림 3.133 옵셋모드에서의 공구중심의 경로

③ 이동이 없는 블록

스타트 업에 이어서 또는 옵셋모드 중에 있어서 이동을 하지 않는 블록을 두 개 이상 연속해 지령하면 공구경로의 교점 계산이 되지 않기 때문에 옵셋이 되지 않고 과대 절삭(또는 과소 절삭)이 생길 수 있다.

④ 옵셋모드의 전환

G41, G42 옵셋모드의 전환은 통상 G40을 지령한 후 행한다.
스타트 업 블록과 다음 블록 사이에서 옵셋방향을 바꾸는 것은 불가능하다.

⑤ 공구경 보정에 의한 과대 절삭

공구반지름보다 작은 원호 내측을 가공하는 경우, 공구반지름보다 작은 홈을 가공하는 경우는, 공구경 보정에 의해 과대 절삭이 일어난다.
이 때문에 직전 블록의 실행 직후 CNC 장치는 알람이 발생하고 정지한다.

[연습문제]

아래의 그림 3.134를 공구경로 프로그램하여 작성하시오.

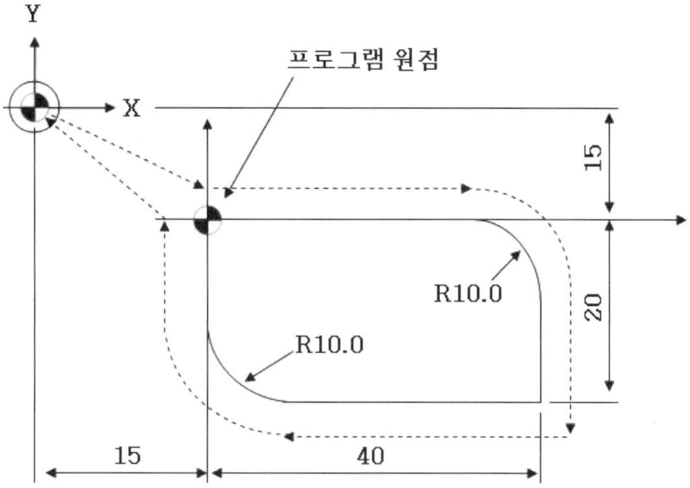

그림 3.134 도면

(프로그램 예)

```
O1234;
G90G80G40G49G00;
T03M06;
G54G90G00X-15.0Y15.0S2500M03;
G43Z50.0H03;
Z3.0 M08;
G01Z-10.0F200;
G41G01X0Y0D03F250;                → 스타트 업
  X30.0;
G02X40.0Y-10.0R10.0;
G01Y-20.0;                        D01로 지정된 양만큼
  X10.0;                          옵셋되어 진행된다.
G02X0Y-10.0R10.0;
G01Y0;
G40X-15.0Y10.0;                   → 옵셋취소
.      ↓
       ↓
 (이하생략)
```

[연습문제]

아래의 그림 3.135를 공구경로 프로그램하여 작성하시오.

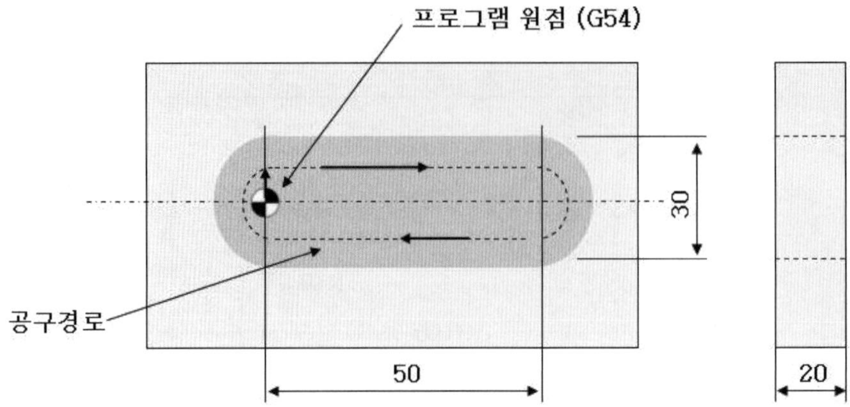

그림 3.135 도면

(프로그램 예)

```
O0005;
G90G80G40G00G49;
T07M06;
G54G90G00X0Y0S3000M03;
G43Z50.0H07;
Z3.0;
G01Z-25.0F200M08;
G42Y15.0D10;                → 스타트 업
  X50.0;                    ┐
G02Y-15.0R15.0;             │ 옵셋
G01X0;                      │ 모드
G02Y15.0R15.0;              ┘
G40G01Y0M08;                → 옵셋취소
G00Z50.0M05;
G91G28Z0;
M30;
```

[연습문제]

아래의 그림 3.136을 공구경로 프로그램을 표 3.7의 지시 사항란에 따라 작성하시오.

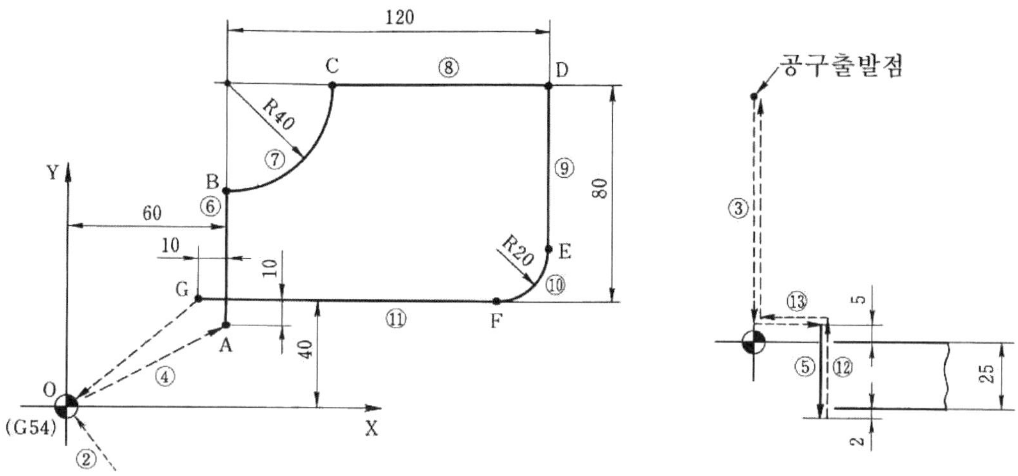

그림 3.136 도면

표 3.7

No.	지 시 사 항	프로그램 기입란
①	시퀀스 번호(402)	
②	XY 평면, 절대지령, 공작물 좌표계(G54) 원점위치결정, 주축회전수(500rpm)	
③	공작물 윗면 5 mm까지 위치결정, 주축 정회전	
④	공구경 보정 좌측, A점 위치 결정, 옵셋번호(01)	
⑤	공작물 밑면 2 mm까지 절삭이송, 이송속도, (200 mm/min), 절삭유제 ON	
⑥	직선절삭(A→B),이송(120 mm/min)	
⑦	원호절삭(B→C)	
⑧	직선절삭(C→D)	
⑨	직선절삭(D→E)	
⑩	원호절삭(E→F)	
⑪	직선절삭(F→G)	
⑫	공작물 윗면 5 mm까지 위치결정, 공작물 절삭유제 ON	
⑬	공구경 보정 취소, 원점 위치결정(G→O), 주축 정지	
⑭	Z축 자동 원점 복귀	
⑮	프로그램 끝	

[연습문제]

그림 3.137의 공구경로 프로그램을 표 3.8의 지시 사항란에 따라 작성하라.

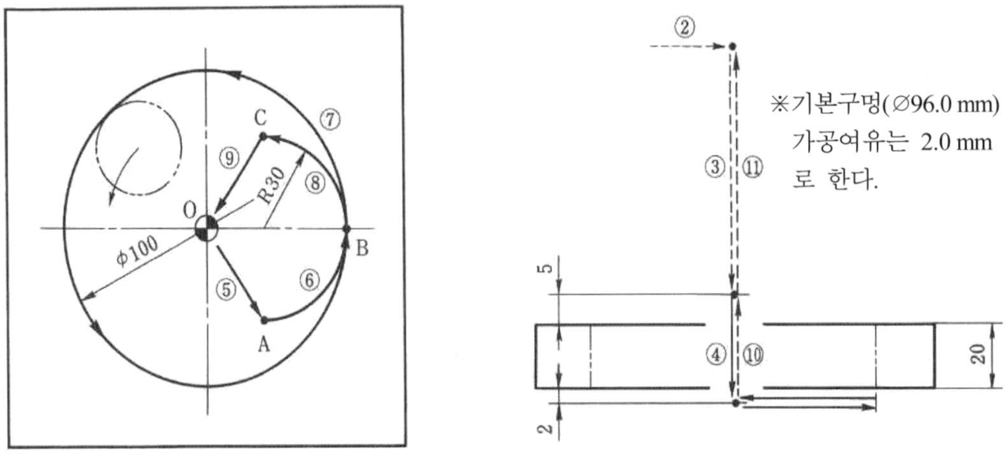

그림 3.137 도면

표 3.8

No.	지 시 사 항	프로그램 기입란
①	시퀀스 번호(403)	
②	XY 평면, 절대지령, 공작물 좌표계(G54), 원점위치결정, 주축회전수(300 rpm)	
③	공작물 윗면 5 mm까지 위치결정, 주축 정회전	
④	공작물 밑면 2 mm까지 절삭이송, 이송속도 (200 mm/min), 절삭유제 ON	
⑤	공구경 보정 좌측, 절삭이송(O→A) 옵셋번호(01), 이송속도(180 mm/min)	
⑥	원호절삭(A→B, 좌회전)	
⑦	원호절삭(전원, 좌회전)	
⑧	원호절삭(B→C, 좌회전)	
⑨	공구경 보정 취소, 구멍 중심(C→O)으로 절삭이송, 절삭유제 OFF	
⑩	공작물 윗면 5 mm까지 위치결정, 주축 정지	
⑪	Z축 자동 원점 복귀	
⑫	프로그램 끝	

3.3.17 공구위치 옵셋(G45, G46, G47, G48)

공구경 보정(G41, G42)기능이 없을 때 개발된 기능으로 공구경 보정을 One Shot 코드로 지령해야 한다. 하지만 지금은 사용되지 않고 옛날 방식으로(공구위치 보정기능)작성된 프로그램을 수정하지 않고 그대로 사용할 수 있도록 준비되어 있으면 공구위치 옵셋은 프로그램으로 지령한 이동지령에 대해, 공구 보정 메모리에 설정된 보정량만큼 이동량을 신장 또는 축소시키는 기능이다.
공구위치 옵셋은 1회 유효 지령 G코드이며, G45~G48로 지령하고 각각의 기능은 다음과 같다.

① G45 : 공구위치 옵셋(신장)
② G46 : 공구위치 옵셋(축소)
③ G47 : 공구위치 옵셋(두 배 신장)
④ G48 ; 공구위치 옵셋(두 배 축소)

공구위치 옵셋에 있어 공구의 동작 예는 그림 3.138과 3.139와 같다. 그림 중에서 보정량의 설정은 공구경 보정과 마찬가지로 어드레스 'D'에 이어서 2자리 수치로 보정번호를 지령한다.
공구위치 옵셋을 이용한 프로그램 예를 아래에 들었다. 공구위치 옵셋은 Z축 방향에서의 공구길이 접근 동작(축소)이나, 프로그램 예에서처럼 공구경 방향의 신장·축소 등에 이용되는데, 공구경 보정이나 공구길이 보정 등의 새로운 보정기능이 추가되어 있어, 공구위치 옵셋으로 프로그래밍하는 것은 적어지게 된다.

그림 3.138 공구위치 옵셋

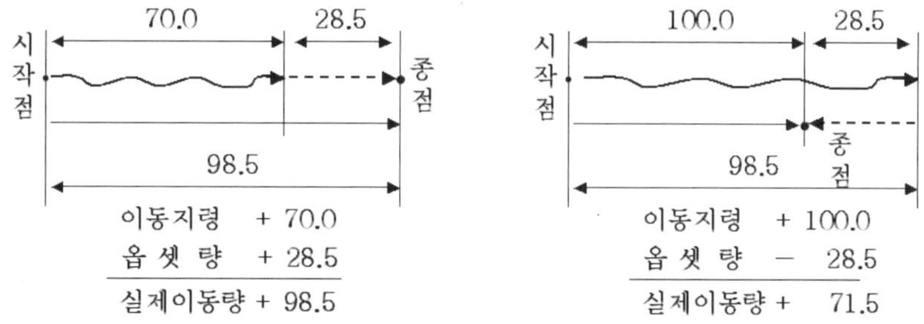

공구위치 옵셋(신장) 공구위치 옵셋(축소)

그림 3.139 공구위치 보정

3.3.18 공구길이 보정(G43, G44, G49)

Z축 방향의 공구이동을 CNC 장치에 설정한 공구량만큼 옵셋시키는 기능을 공구길이 보정이라 한다. 일반적으로 프로그램을 작성할 때는 공구길이를 생각하지 않고 프로그램을 작성하고 나서 각 공구에 대한 공구길이 보정을 이용하면 길이가 다른 여러 개의 공구를 사용할 경우의 프로그램 작성에 있어서, 공구길이 관계 없이 프로그램을 작성할 수 있다는 이점이 있다.

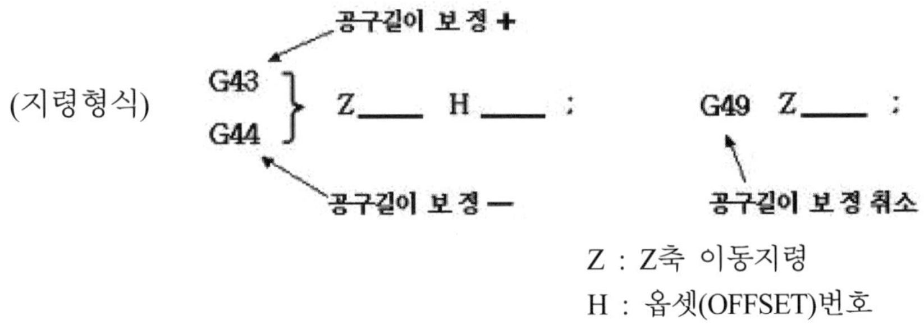

그림 3.140 공구길이 지령과 취소

다음은 공구길이 보정을 이용한 프로그램에 대하여 설명한다.
공구길이 보정+(G43)지령으로, 그림 3.141처럼 Z축 이동지령에 대해, 보정량을 +측(가산)으로 옵셋한다. 또, 공구길이 보정−(G44)지령으로 그림 3.142처럼 Z축 이동지령에 대해 보정량을 −측(감산)으로 옵셋한다. 어드레스 'H'에 이어서 공구길이의 보정번호를 두 자리 이내의 수치(01~99, 또 00은 보정량 0에 해당한다)로 지령한다. 여기에서 지령하는 보정번호에 대응하는 보정량(CNC 장치의 공구보정 메모리에 설정된 보정량)만큼 공구가 옵셋된다. 또 보정번호는 전항에서 설명한 공구길이 보정의 옵셋번호 및 공구위치 옵셋을 합쳐서 99개까지 사용할 수 있다.
G43의 기능은 길이가 서로 다른 공구를 사용하더라도 모두 같은 위치(Z방향)에 지령하기 위해 사용된다.

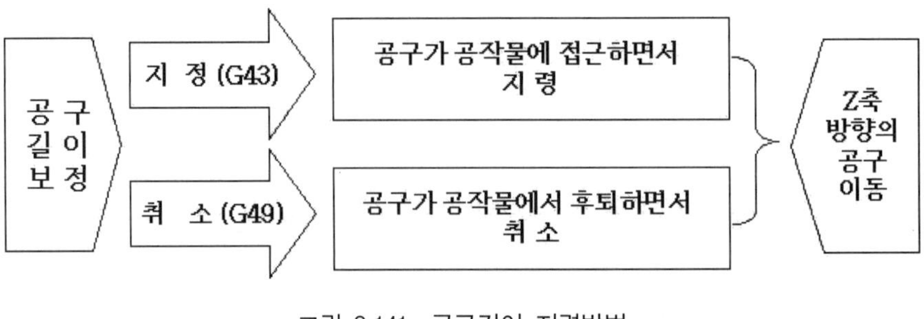

그림 3.141 공구길이 지령방법

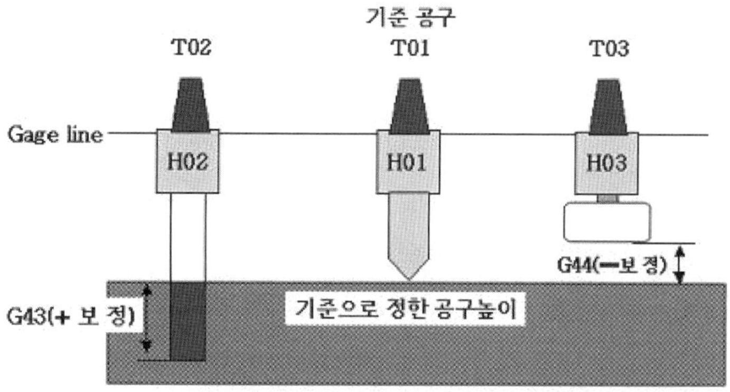

NUMBER	OFFSET량	NUMBER	OFFSET량
01	0.000		
02	20.000		
03	-13.000		
04			
05			

그림 3.142 공구길이 메모리 등록

G49 지령으로 G43 또는 G44의 공구길이 보정을 취소한다.
보정번호 H00 지령에 의해서도 G49와 같이 공구길이 보정을 취소시킬 수 있다. 또 G28 지령으로 공구가 원점 복귀할 때, 공구길이 보정이 취소되게 한다. 이 경우는 G49 지령을 생략해도 된다.

※ 절대지령에 있어서의 공구길이 보정

앞에서 설명한 것처럼 절대지령은 설정된 공작물 좌표계 내에서 이동지령을 준다. 이 때문에 절대지령에 있어서의 공구길이 보정은 공작물 좌표계에서 Z축 원점과 공구길이 보정으로 설정하는 보정량과의 관계로부터 아래 그림과 같은 공구길이 보정의 설정 3가지 방법으로 얻어진다.

① 모든 공구의 길이를 미리 측정해서 그 측정치를 보정량(+값)으로 하는 방법이 있다. (그림 3.143)
② 인선 선단으로부터 공작물 기준면까지의 거리를 보정량(−값으로 한다)으로 하는 방법으로, 이 경우 공작물 좌표계의 Z축 원점을 기계 기준점에 일치시킨다.
③ 기준공구를 지정하고 다른 공구와 기준공구와의 길이차를 보정량으로 설정하는 방법이다. (그림 3.144)

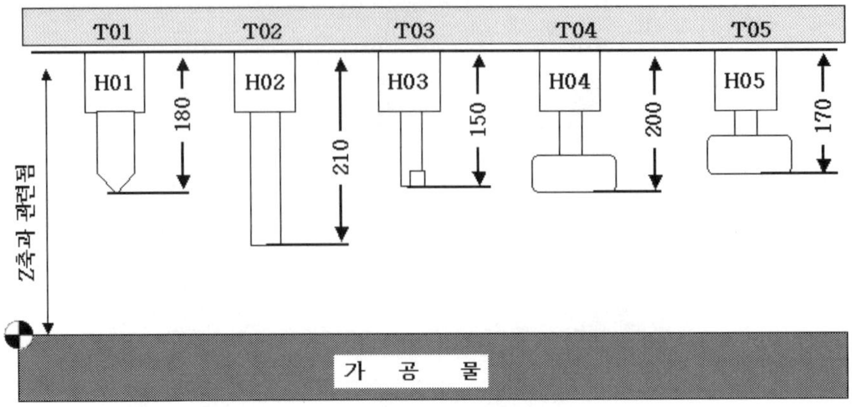

그림 3.143 공구길이를 보정량으로 하는 경우

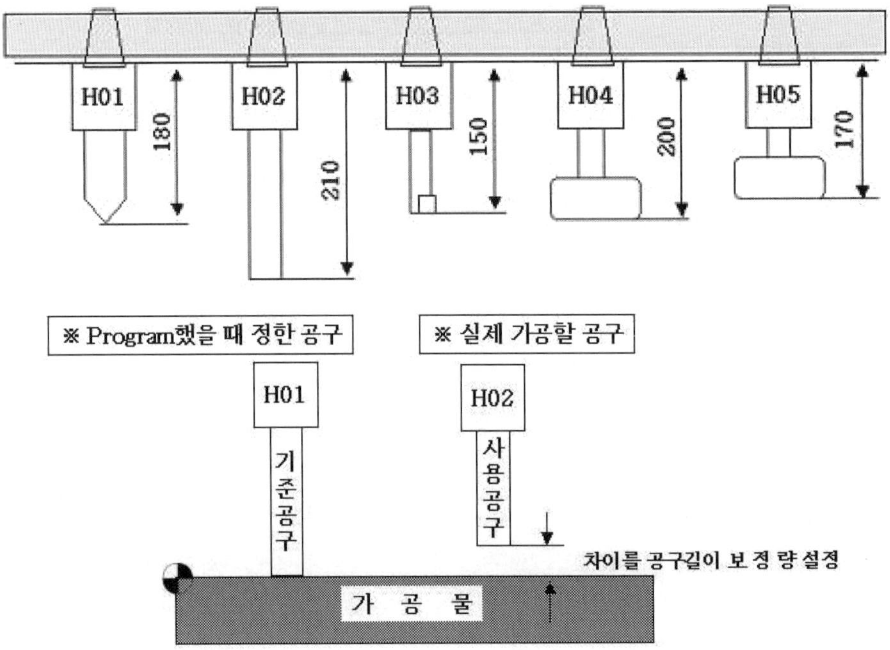

그림 3.144 기준공구와 다른 공구와의 길이차를 보정량으로 하는 경우

이 경우 기준공구의 인선 선단과 공작물 표준면까지의 거리를 측정하여 이것을 공작물 좌표계의 Z축 보정량으로 한다. 또, 기준공구의 보정량은 0을 설정한다.

[연습문제]

그림 3.145의 공구경로 프로그램을 지시 사항에 따라 프로그램하여라.

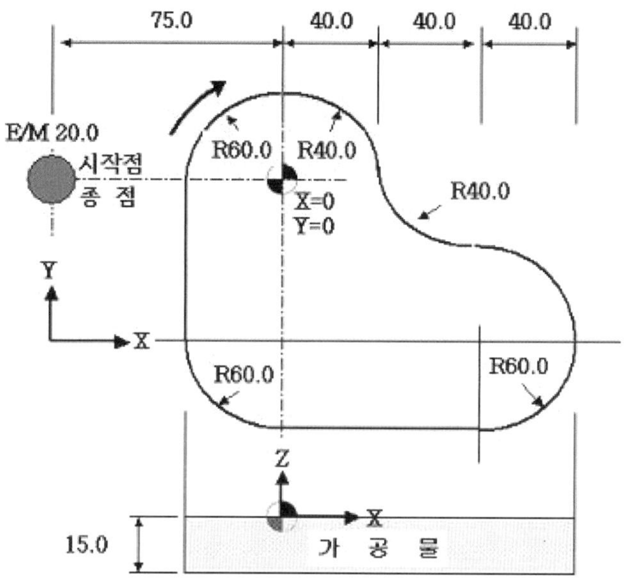

※ 공구경 보정번호 D12로 한다.

※ 이송속도 250 mm/min로 한다.

※ 공구번호 T12로 한다.

※ 공구길이 보정번호 H12로 한다.

그림 3.145 도면

(프로그램 예)

```
O0005;
G90G80G40G00G49;
T12M06;
G54G90G00X-75.0Y0S3000M03;
G43Z50.0H12;                    → 공구길이 보정(공구접근)
  Z3.0;
  Z-17.0M08;
G42G01X-60.0Y0F250D22;
G02X0Y60.0I60.0J0;
  X40.0Y20.0I0J-40.0;
G03X80.0Y-20.0I40.0J0;
G02X120.0Y-60.0I0J-40.0;
  X60.0Y-120.0I-60.0J0;
G01X0(Y-120.0);
G02X-60.0Y-60.0I0J60.0;
G01X-60.0Y0;
G40G00X-75.0Y0M09;
G49Z200.0; (또는 G00Z200.0H00)    → 후퇴하면서 공구길이 보정 취소
M30;
```

[연습문제]

그림 3.146의 공구경로 프로그램을 지시 사항에 따라 프로그램 하여라.

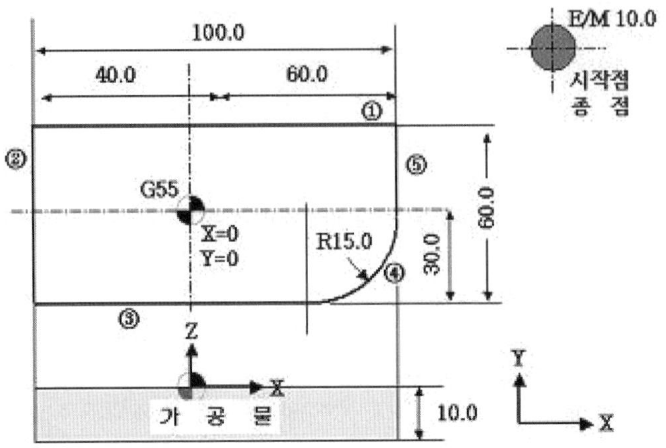

※ 공구경 보정번호 D08한다.

※ 이송속도 300 mm/min로 한다.

※ 공구번호 T08로 한다.

※ 공구길이 보정번호 H08로 한다.

그림 3.146 도면

(프로그램 예 ⇨ ①의 경우)

```
O0005;
G90G80G40G00G49;
T08M06;
G55G90X75.0Y45.0S3000M03;
G43Z50.0H08;                    ··→ 공구길이 보정(공구접근)
   Z3.0;
   Z-12.0;
G42G01X65.0Y30.0F300D08;        ··→ 공구경 우측 보정(공구접근)
   X-40.0;
   Y-30.0;
   X30.0;
G03X60.0Y-15.0I0J15.0;
G01X60.0Y35.0;
G40G01X75.0Y45.0M09;
G49Z200.0; (또는 G00Z200.0H00)  ··→ 후퇴하면서 공구길이 보정 취소
M30;
```

(프로그램 예 ⇨ ②의 경우)

```
O0005;
G90G80G40G00G49;
T08M06;
G55G90X75.0Y45.0S3000M03;
G43Z50.0H08;                 ⋯→ 공구길이 보정(공구접근)
  Z3.0;
  Z-12.0;
G42G01X65.0Y30.0F300D08;     ⋯→ 공구경 우측 보정(공구접근)
  X-40.0;
  Y-30.0;
    ↓
    ↓
    ↓
G40G01X75.0Y45.0M09;
G91G28Z0;                    ⋯→ G28 기능에는 공구길이 보정 취소가 있다.
M30;
```

3.3.19 고정 사이클

드릴에 의한 구멍가공(Drilling), 탭에 의한 나사가공(Tapping), 보링 바에 의한 보링가공(Boring) 등 일반적으로 여러 개의 블록으로 구성된 일련의 가공동작을 한 개의 블록으로 지령할 수 있게 한 기능을 고정 사이클이라고 한다. 고정 사이클은 일반적으로 구멍가공기능이라고도 부르고 있다.
다음은 고정 사이클의 프로그래밍에 관하여 설명하기로 한다.

① 고정 사이클의 종류

표 3.9는 고정 사이클의 일람표 예이다. 고정 사이클의 G코드는 모두 모달 코드이고, 표의 G코드를 실행하면 고정 사이클 모드로 된다. 또 고정 사이클 모드는 고정 사이클 취소의 G80을 지령해서 해제시킨다. 고정 사이클은 필히 G80을 지령해서 종료시켜야 한다.

표 3.9 고정 사이클의 종류

G코드	고정 사이클	용 도
G73	팩 드릴링 사이클	고속으로 깊은 구멍가공의 고정 사이클
G74	역 탭핑 사이클	역 탭핑 고정 사이클
G76	파인 보링 사이클	구멍 바닥에서 공구 시프트를 하는 고정 사이클
G81	드릴 사이클	드릴작업 고정 사이클
G82	드릴 사이클	구멍 바닥에서 드웰을 주는 드릴작업 고정 사이클
G83	팩 드릴링 사이클	깊은 구멍 드릴작업의 고정 사이클
G84	탭핑 사이클	탭핑의 고정 사이클
G85	보링 사이클	왕복 절삭이송의 고정 사이클
G86	보링 사이클	보링작업의 고정 사이클
G87	백 보링 사이클	뒷쪽 자리내기 보링작업 고정 사이클
G88	보링 사이클	수동 이동이 가능한 보링작업 고정 사이클
G89	보링 사이클	구멍 바닥에서 드웰을 주는 보링작업 고정 사이클
G80	고정 사이클 취소	고정 사이클 모드를 취소

② 고정 사이클의 동작

일반적으로 고정 사이클은 그림 3.147에서 보는 것처럼 6개의 동작으로 구성되어 있다. 시작점은 구멍위치의 바로 위 위치결정점으로 고정 사이클의 스타트점을 나타낸다. R점은 공구가 시작점으로부터 급속이송으로 공작물에 접근하는 점으로 구멍가공의 개시 위치를 나타낸다. 또 Z점은 구멍가공의 완료 위치이다.

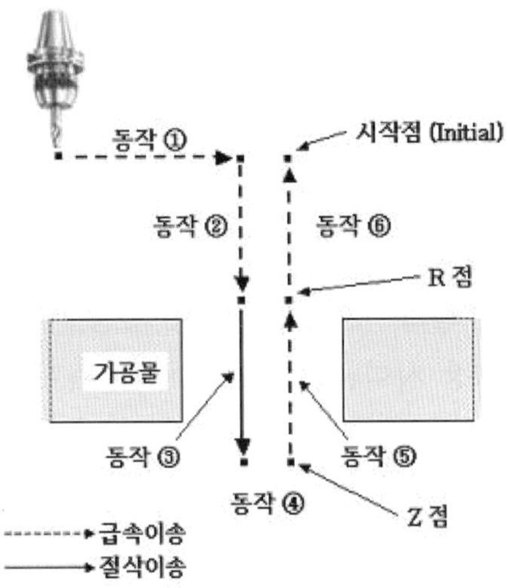

동작 ① X, Y축의 위치결정
동작 ② R점까지 급속이송
동작 ③ 구멍가공
동작 ④ 구멍 바닥 위치(Z)에서의 동작
동작 ⑤ R점까지 나오는 동작
동작 ⑥ 시작점까지 급속이송

그림 3.147 고정 사이클의 동작

절대지령과 증분지령에서의 R점 및 Z점의 지령은 그림 3.148처럼 달라진다. 구멍가공 종료 후의 공구복귀 위치지령에는 G98에 의한 시작점 복귀와 G99에 의한 R점 복귀의 2가지가 있다.

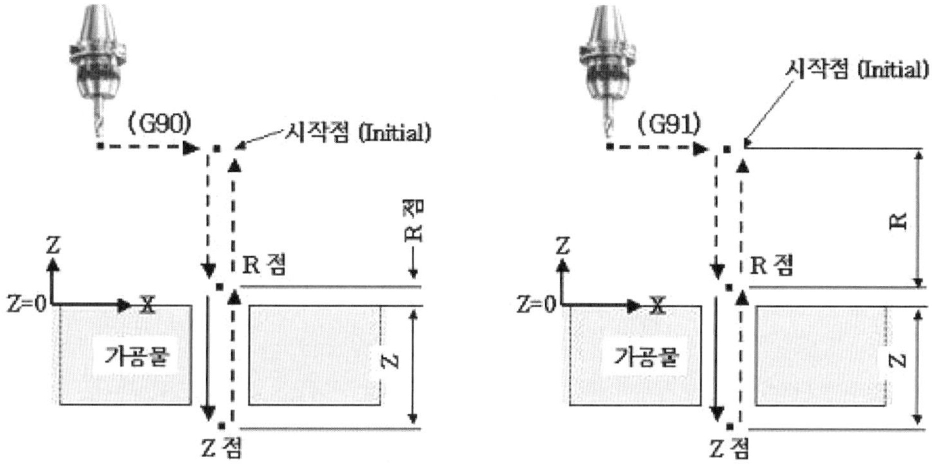

절대지령의 경우 증분지령의 경우

그림 3.148 R점과 Z점의 지령

그림 3.149처럼 G98 모드로 고정 사이클을 지령하면 구멍가공 후 공구는 시작점까지 복귀한다. 또 G99 모드로 고정 사이클을 지령하면, 구멍가공 후 공구는 R점으로 복귀한다.

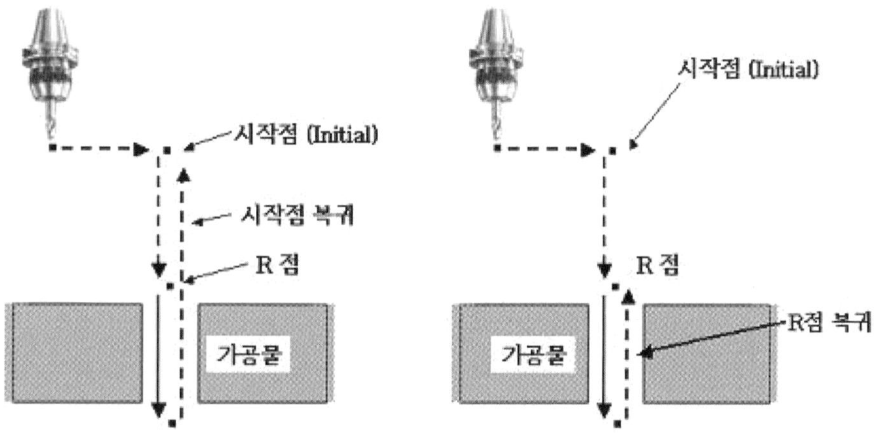

시작점 복귀(G98) R점 복귀(G99)

그림 3.149 공구복귀 위치지령

③ 고정 사이클의 지령 형식

고정 사이클의 지령은 데이터 형식, 복귀점 레벨, 구멍가공 모드 등 세 개의 모달 G 코드 지령에 이어서, 필요한 구멍위치 데이터, 구멍가공 데이터 및 고정 사이클의 반복횟수를 지령한다.

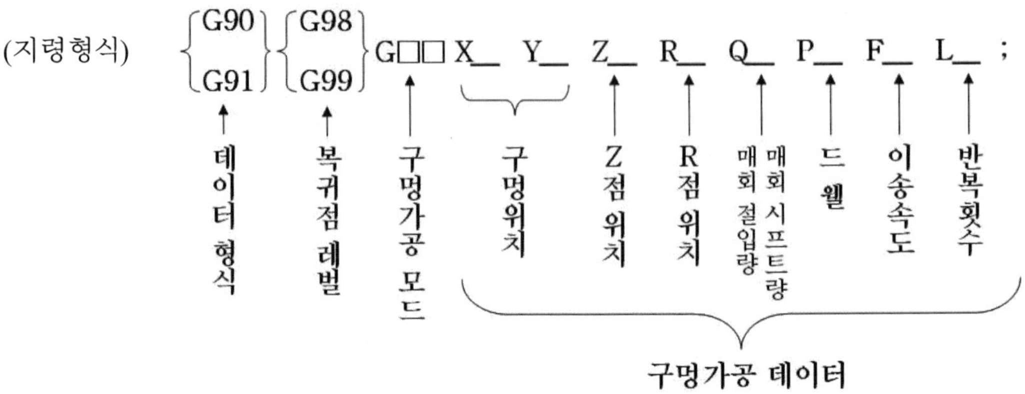

그림 3.150 고정 사이클의 지령방법

ⓐ 데이터 형식 : 증분지령(G91) 또는 절대지령(G90)을 선택한다.
ⓑ 복귀점 레벨 : 시작점 복귀(G98) 또는 R점 복귀(G99)를 선택한다.
ⓒ 구멍가공 모드 : G73, G74, G76, G81~G89 중의 고정 사이클을 선택한다.
ⓓ 구멍위치 : 어드레스 'X, Y'에 이어서 구멍위치를 지령한다.
ⓔ Z점 위치 : 어드레스 'Z'에 이어서 Z점 위치를 지령한다.
ⓕ R점 위치 : 어드레스 'R'에 이어서 R점 위치를 지령한다.
ⓖ 매회 절입량 또는 시프트량 : 어드레스 'Q'에 이어서 그림 3.150처럼 매회 절입량 또는 시프트량을 지령한다. 지령치는 필히 (+)값의 증분치로 지령한다.
ⓗ 드웰 : 어드레스 'P'에 이어서 드웰 시간을 지령한다.
ⓘ 이송속도 : 어드레스 'F'에 이어서 이송속도를 지령한다.
ⓙ 반복횟수 : 어드레스 'L'에 이어서 고정 사이클의 반복횟수(최대 9999회)를 지령한다. 단, 등피치 반복횟수로, 구멍피치를 증분치로 지령할 경우 반복횟수를 지령하지 않으면 고정 사이클을 1회로 한다.
L값을 0(영)을 지령하면 구멍가공은 하지 않지만, 구멍가공 데이터를 기억한다.

④ 고정 사이클의 취소

G80을 지령함으로써 이송속도를 제외한 고정 사이클의 데이터를 취소할 수 있다. 또, 고정 사이클 모드로 01그룹의 G코드(G00, G01, G02, G03)를 지령해도 고정 사이클은 취소된다.

⑤ 구멍가공모드와 데이터 형식

프로그램에 잘 사용된다. 주요한 고정 사이클의 구멍모드와 그 데이터 형식을 아래에서 설명한다.

ⓐ G73(Back Drilling Cycle : 고속으로 깊은 구멍작업 고정 사이클)

그림 3.151처럼 일정량의 절입을 반복하면서 고속으로 깊은 구멍의 드릴가공을 하는 고정 사이클이다. 1회 절입량은 2~3 mm를 증분치로 지령한다.
또 그림 중의 d는 기계측에 설정된 일정량의 후퇴량(통상 1.0 mm)이다.

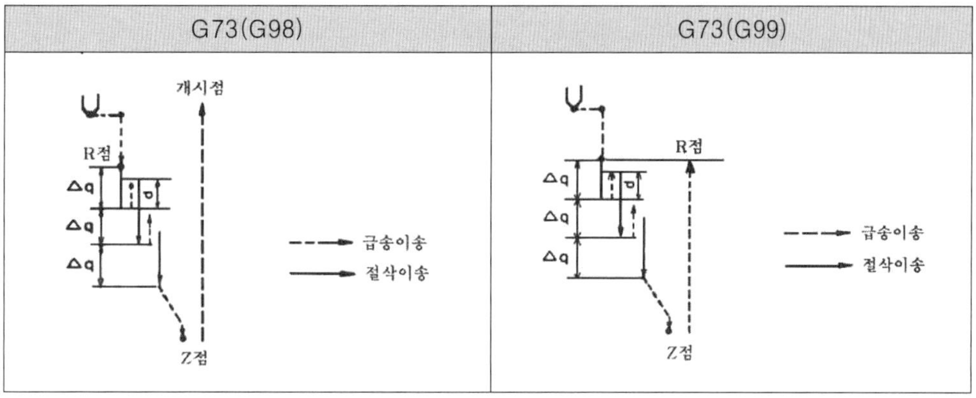

그림 3.151 G73 사이클 동작

(지령형식) G73 X___ Y___ Z___ R___ Q___ P___ F___ ;

Q : 1회 절입량(증분값)

[연습문제]

그림 3.152의 고정 사이클 기능을 이용하여 프로그램하여라.

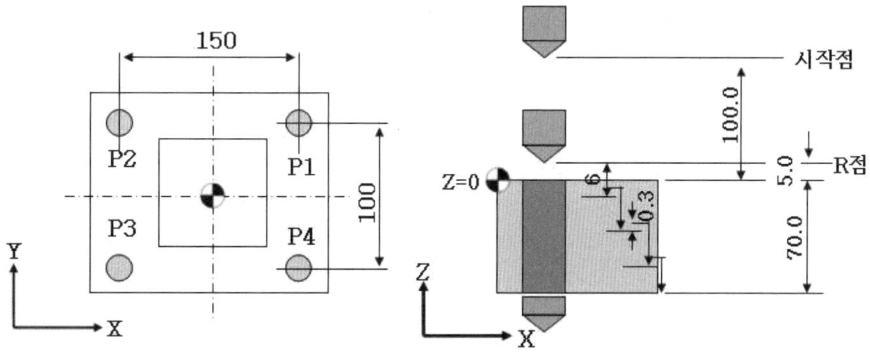

그림 3.152 고정 사이클 G73 예제

(프로그램 예)

```
O1111;
G90G80G40G49G00;
T08M06;
G54G90X0Y0S500M03;
G43Z200.0H08;
  Z100.0;
G90G99G73X75.0Y50.0Z-80.0R5.0Q6.0F100;
  X-75.0;
  Y-50.0;
  X75.0;
  Y50.0;
G80G00Z200.0M05;
M30;
```

ⓑ G76(Fine Boring Cycle : 정밀 보링 사이클)

그림 3.153과 같이 구멍가공 후, 공구를 일정량 시프트(후퇴)시켜 복귀시키는 고정 사이클로, 보링 바에 의해 보링작업의 정삭 등에 이용된다. 그림에서 Q가 공구의 시프트량으로, 주축이 정각도 위치에 정지[주축 정각도 위치정지 또는 M19(Spindle Orientation Stop)]라고 했을 때 공구 인선에 대하여, 반대축으로 공구를 시프트(Shift) 한다.

또 P는 드웰을 나타낸다.

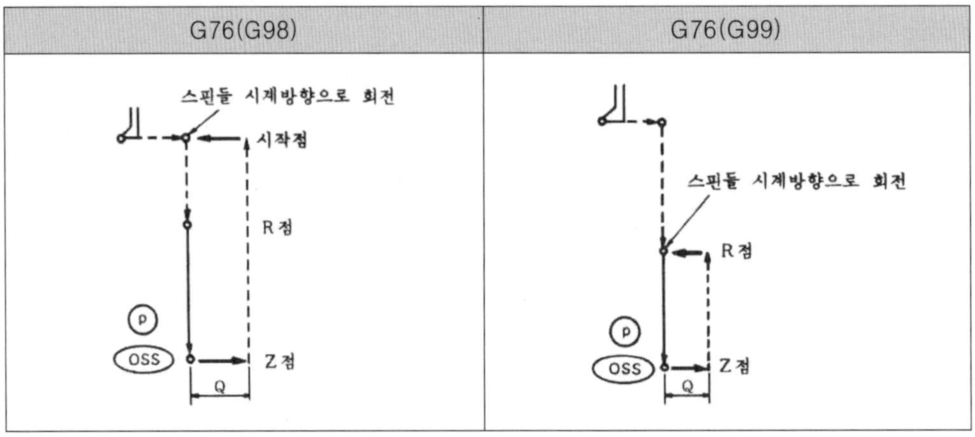

그림 3.153 G74 사이클 동작

(지령형식)　　G74 X__ Y__ Z__ R__ Q__ P__ F__ ;

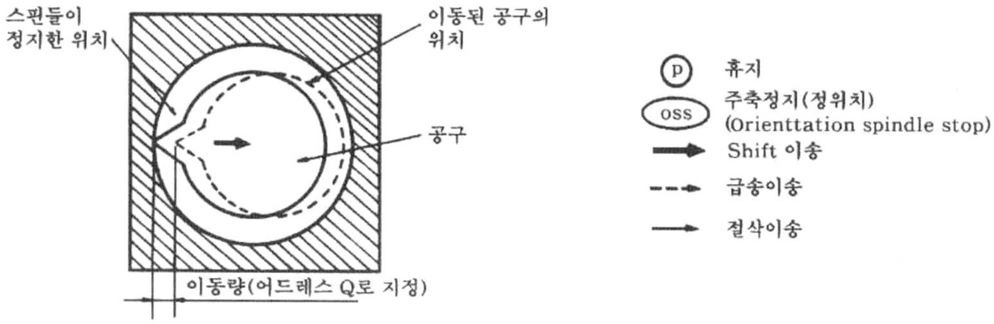

그림 3.154 정밀 보링 사이클의 동작 및 공구의 이동

ⓒ G81(Drill Cycle : Spot Boring)

드릴가공의 가장 대표적인 고정 사이클로 스포트 보링이라고도 한다.

드릴가공이나 센터드릴 가공으로 칩(Chip) 배출이 용이한 공작물의 드릴(구멍)가공 후, 공구는 회전하면서 급속이송으로 시작점 또는 R점으로 복귀한다. 드릴이나 보링 바에 의한 구멍의 황삭가공 등에 이용된다.

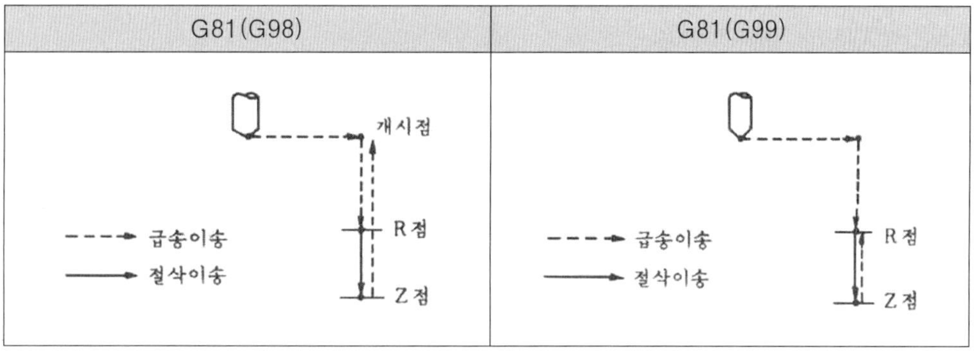

그림 3.155 G81 사이클 동작

(지령형식)　　G81 X__ Y__ Z__ R__ F__ ;

[연습문제]

그림 3.156의 고정 사이클 기능을 이용하여 프로그램하여라.

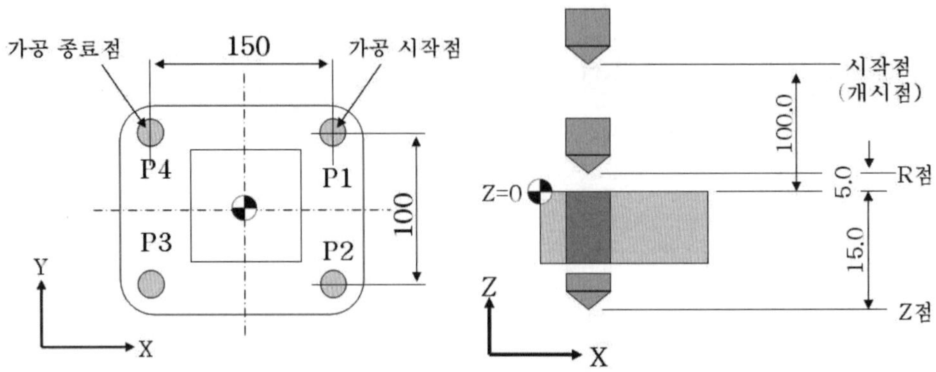

그림 3.156 고정 사이클 G81 예제

(프로그램 예)

```
O2222;
G90G80G40G49G00;
T04M06;
G54G90X75.0Y50.0S500M03;
G43Z200.0H04;
  Z100.0M08;
G90G99G81Z-15.0R5.0F100;
  Y-50.0;
  X-75.0;
  Y50.0;
G80G00Z100.0M09;
Z200.0M05:
M30;
```

ⓓ G82 (Counter Boring Cycle)

그림 3.157과 같이 구멍 바닥에서 드웰이 있는 고정 사이클로 카운터 보링이라고도 부른다. 자리내기나 면취 등 구멍 바닥면을 다듬을 필요가 있을 경우에 이 고정 사이클이 이용된다.

G82(G98)	G82(G99)
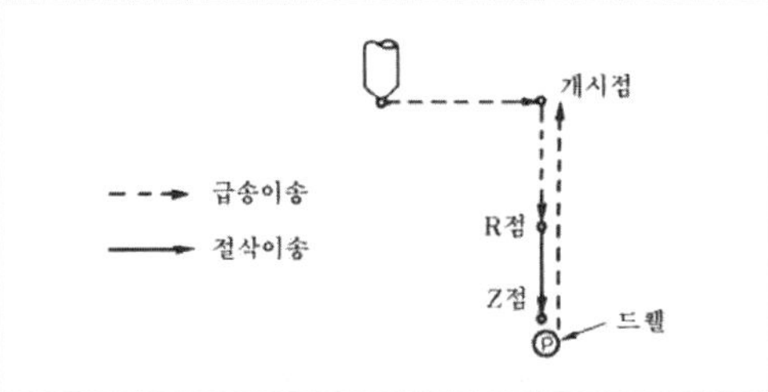	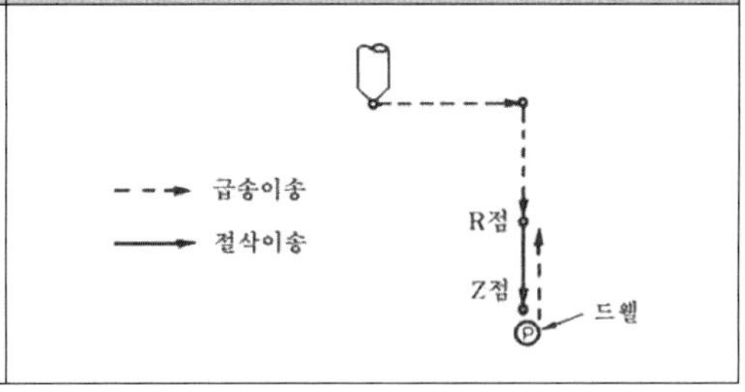

그림 3.157 G82 사이클 동작

(지령형식) G82 X___ Y___ Z___ R___ P___ F___ ;

[연습문제]

그림 3.158의 고정 사이클 기능을 이용하여 프로그램하여라.

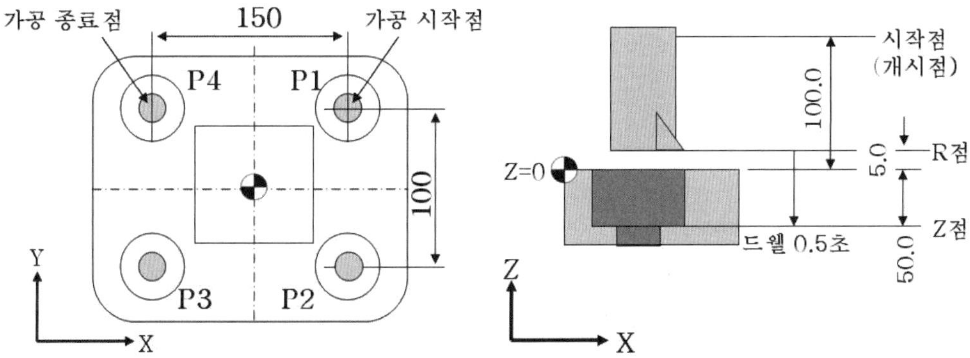

그림 3.158 G82 드릴 사이클 예제

(프로그램 예)

```
O1111;
G90G80G40G49G00;
T11M06;
G54G90X75.0Y50.0S800M03;
G43Z200.0H11;
  Z100.0;
G90G99G82Z-50.0R5.0P500F100;
  Y-50.0;
  X-75.0;
  Y50.0;
```

G80G00Z200.0M05; (G91G28Z0;)
M30;

ⓔ G83(Back Drilling Cycle : 깊은 구멍가공 사이클)

그림 3.159와 같이 일정량의 절입과 R점 복귀 동작을 반복하는 고정 사이클이다. 드릴에 의한 깊은 구멍가공 등에서 절삭칩 제거와 공작물의 냉각이 필요한 경우에 이용된다. 특히 작고 깊은 드릴가공이나 난삭재가공에 좋은 기능이다. 매회 절입량 △q는 증분치를 지령한다.

(지령형식)　　G83 X___ Y___ Z___ R___ Q___ F___ ;

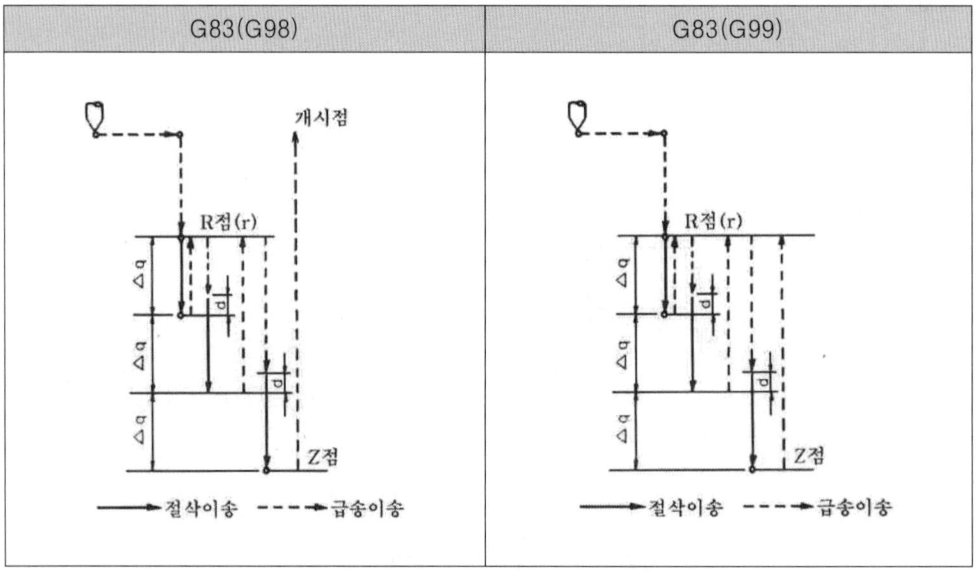

그림 3.159　G83 사이클 동작

ⓕ G84(Tapping Cycle : 오른나사가공)

탭에 의한 나사절삭을 하는 고정 사이클이다. 그림 3.160처럼 나사 피치에 해당하는 이송속도로 주축 정회전으로 절삭이송과 주축 역회전으로 복귀 동작이 이루어진다. 또 탭핑을 하는 고정 사이클에서는 R점 위치를 공작물 윗면 7.0 mm 이상으로 설정한다.

※ **Rigid Tapping**

탭가공의 이송은 탭이 회전하면 회전수(rpm)×피치(pitch)만큼 이동한다. 머시닝센터에서 탭가공을 하면 먼저 주축이 회전하고 회전수와 탭의 피치를 환산한 이송속도로 탭가공을 하고, 탭가공이 끝나는 지점에 축이송이 완료되면 주축이 정지하지만 관성에 의해서 주축이 정확하게 축이송이 끝나는 지점과 같아질 수 없다.

이와 같은 문제점을 해결하기 위하여 탭 홀더(Tap Holder)를 사용하여 탭가공을 하게 된다. 탭 홀더는 홀더 본체부와 콜렛 부분이 움직일 수 있도록 고안된 특수 공구이다.

이송속도(F)는 다음 계산식으로 구해진다.

F(mm/min) = 주축회전수(rpm) × 피치(mm)

※ 탭가공의 이송속도 계산 예

M10×P1.5의 탭가공을 회전수(rpm) 400으로 가공할 때 이송속도는 다음과 같다.

F = 400 × 1.5 = 600

프로그램은

G84G90G99X20.0Y0Z-30.0R5.0F600 ;이 된다.

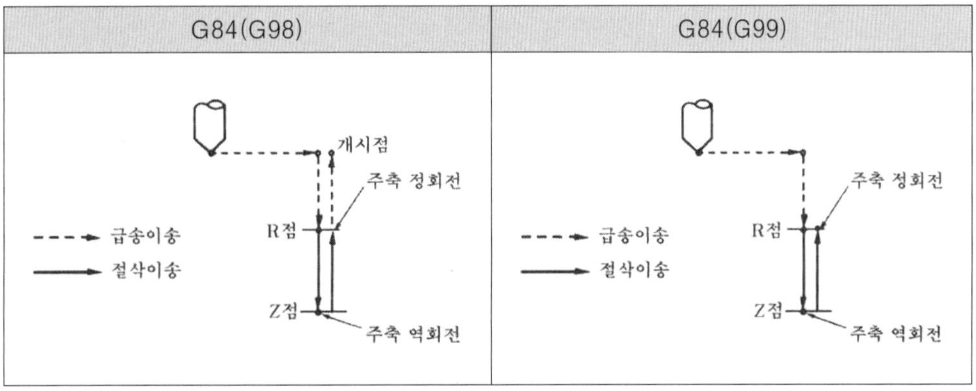

그림 3.160 G84 사이클 동작

(지령형식) G84 X___ Y___ Z___ R___ F___ ;

X, Y : 탭가공의 최종위치
Z : 탭가공 깊이
R : R(복귀점)의 좌표치 지령
F : 탭가공 이송속도

[연습문제]

그림 3.161의 고정 사이클 기능을 이용하여 프로그램하여라.

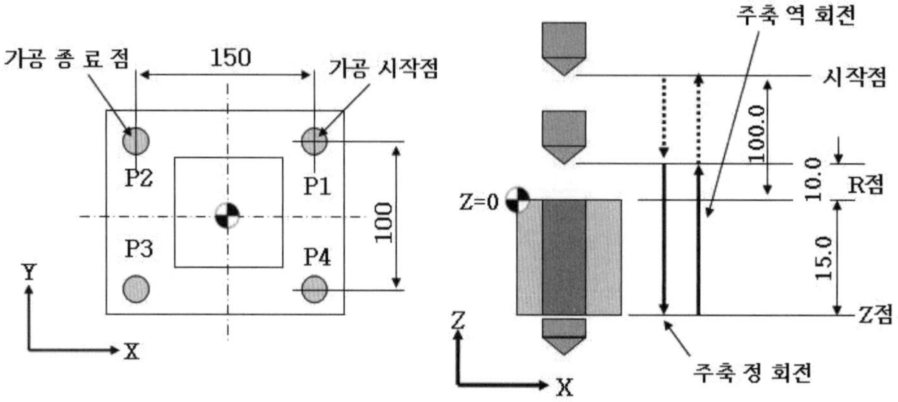

그림 3.161 G84 나사 사이클 예제

(프로그램 예)

```
O0044;
G90G80G40G49G00;
T13M06;
G54;
S640M03;
G90G99G84X75.0Y50.0Z-15.0R10.0F640M08; → 일반 탭핑
Y-50.0;
X-75.0;
G98Y50.0;
G80G00Z200.0M09;
(G91G28Z0;)
M30;
```

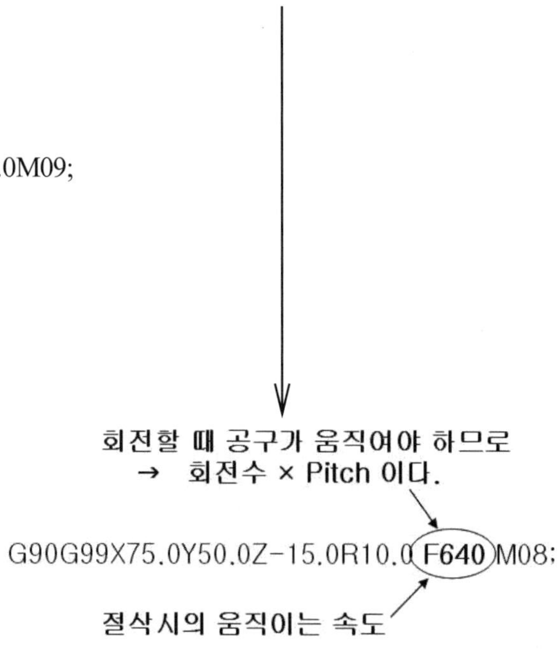

ⓖ G85(Boring Cycle)

그림 3.162처럼 공구의 복귀동작도 주축 정회전에 의해 진입과 복귀할 때 절삭이송하는 고정 사이클이다.
리머(Reamer) 등에 의한 구멍의 다듬질(Fine)가공에 이용된다.

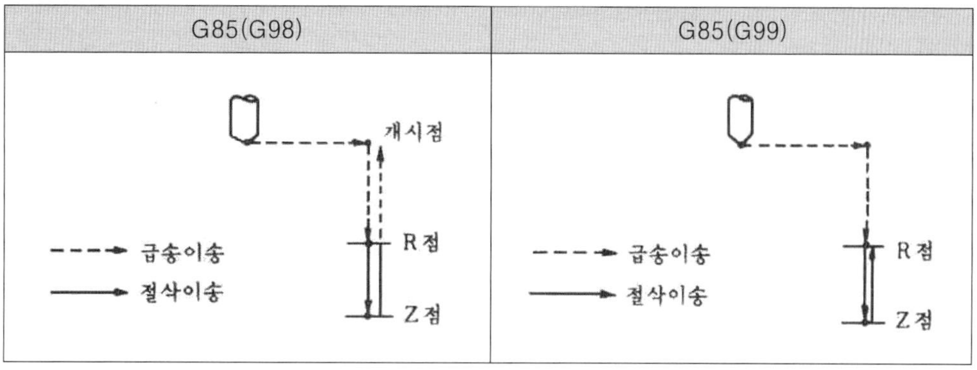

그림 3.162 G85 사이클 동작

(지령형식) G85 X___ Y___ Z___ R___ F___ ;

ⓗ G86(Boring Cycle)

그림 3.163과 같이 주축정지 후, 급속이송으로 공구의 복귀동작이 이루어지는 고정 사이클이다. 보링 바 등으로 보링작업할 때 이용된다.

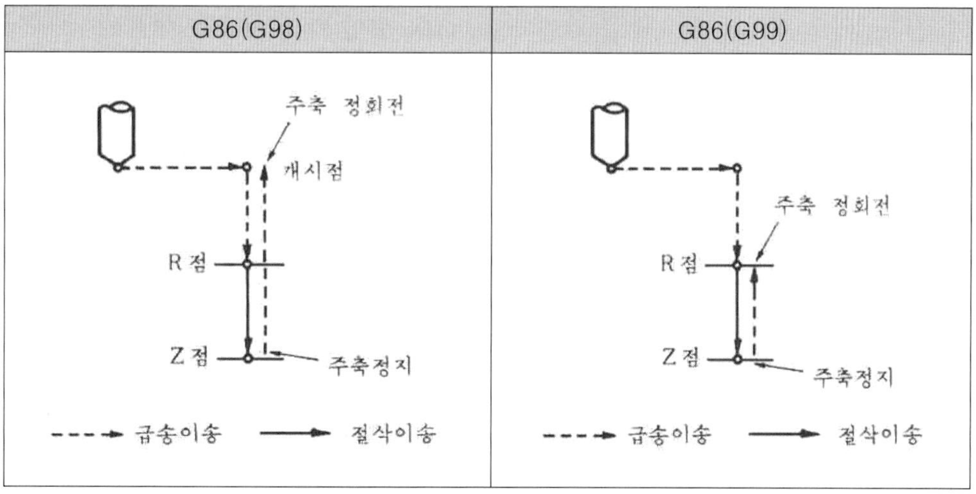

그림 3.163 G86 사이클 동작

(지령형식) G86 X___ Y___ Z___ R___ F___ ;

ⓘ G87(Back Boring Cycle)

그림 3.164와 같이 공작물을 뒤집어 가공이 어려운 카운터 보링시 사용하는 사이클로 주축이 정지 후, Q량만큼 날 반대방향으로 Shift시킨 후에 R점까지 급속이송한다.

Z점에서 회전하면서 상승되며 가공이 이루어진다.

이 공정은 반드시 초기점(Initial Point)을 사용하여야 하며, 이 기능은 R점과 Z점의 위치가 바뀌어져 있다.

	G87(G98)
	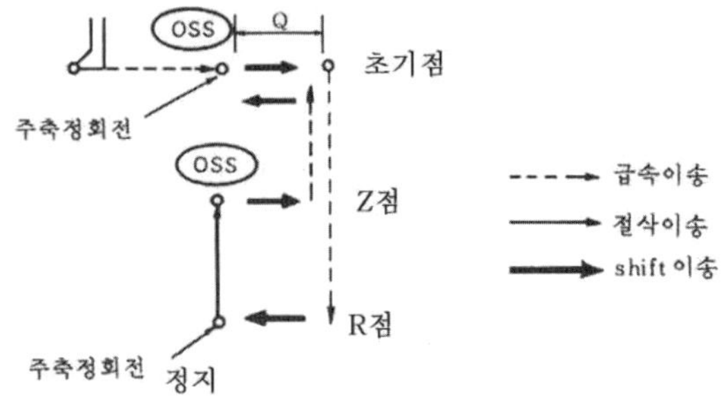

그림 3.164 G87 사이클 동작

(지령형식) G87 X___ Y___ Z___ R___ Q___ F___ ;

Q : G17 평면(I, J 사용 가능)
G18 평면(K, I 사용 가능)
G19 평면(J, K 사용 가능)

ⓙ G88(Boring Cycle)

그림 3.165와 같이 구멍 바닥에서 일정시간 휴지(Dwell)한 후 주축이 정지하여 구멍을 빠져 나오는 기능이다.

주축(공구)을 핸들(수동)로서 이동시킬 수 있으며, 대형기계에서 절삭상태 확인할 때 주로 이용된다.

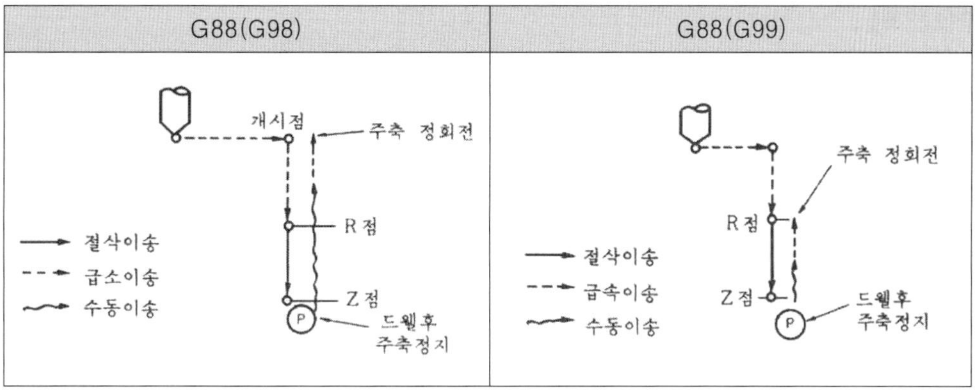

그림 3.165 G88 사이클 동작

(지령형식) G88 X___ Y___ Z___ R___ P___ F___ ;

ⓚ G89(Boring Cycle)

그림 3.166은 G85의 기능과 같지만 구멍 바닥에서의 드웰이 추가된 기능이다.

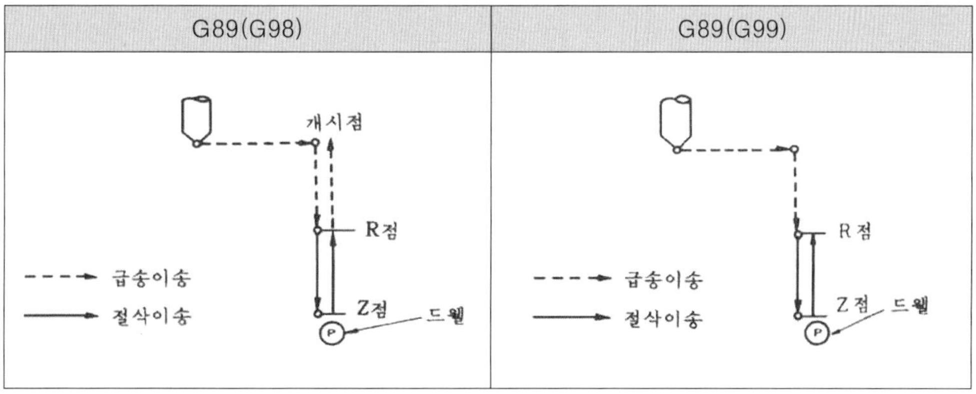

그림 3.166 G89 사이클 동작

(지령형식) G89 X___ Y___ Z___ R___ P___ F___ ;

[연습문제]

그림 3.167의 고정 사이클, 공구길이 보정 기능을 이용하여 프로그램하여라.
단, ∅60.0 mm의 보링가공은 이미 ∅59.5 mm로 가공되어 있다.

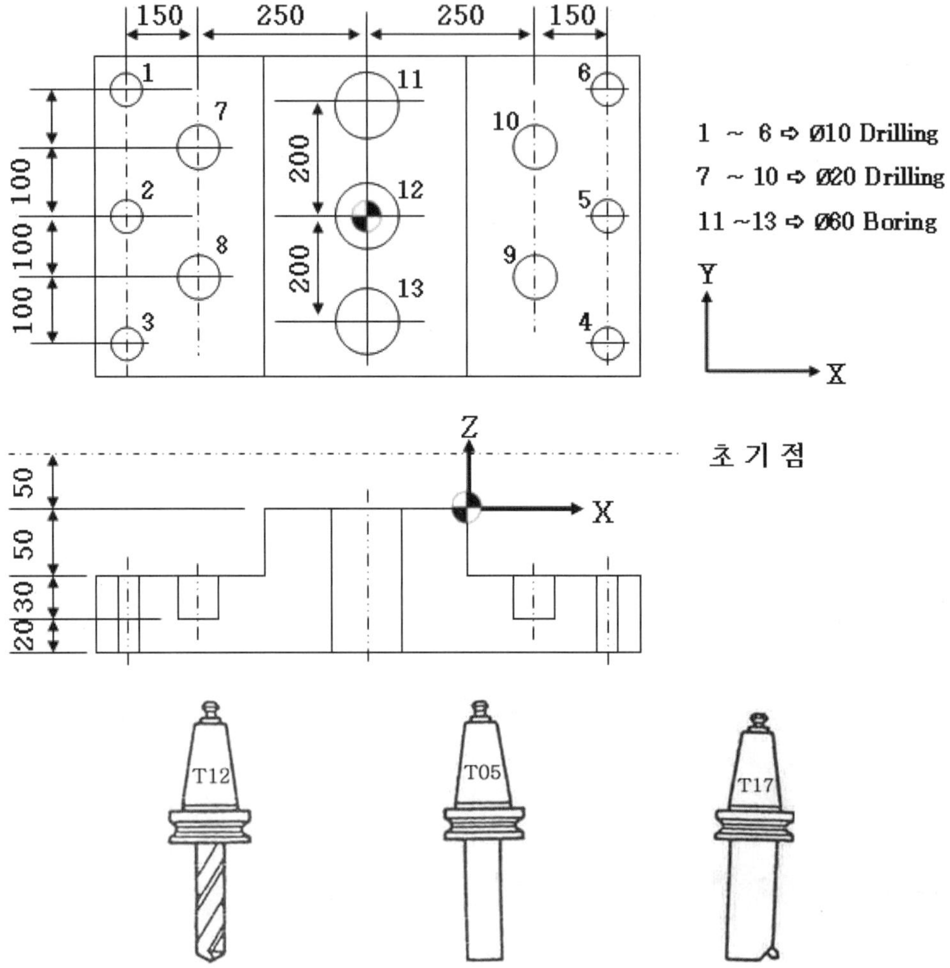

그림 3.167 프로그램 예제

(프로그램 예)

```
O0044;
G90G80G40G49G00;
N10(T12:D10.0 D/R);
T12M06;
G54G90G00X-400.0Y200.0S1000M03;
G43Z50.0H12M08;
G99G83Z-103.0R-47.0Q10.0J20.0F120;        → Z=0에서 40 mm 내려온 위치임.
    Y0;
```

```
G98Y-200.0;                    → 가공 후 초기점 복귀
G99X400.0;                     → R점 가공으로 복귀
  Y0;
  Y200.0;
G80G00Z200.0M09;
M01;

N20(T05:D20.0  C/B);
T05M06;
G54;
G90G00X-250.0Y100.0S1000M03;
G43Z50.0H05M08;
G99G82Z-80.0R-47.0P2000F80;    → 2초 간 휴지
G98Y-100.0;
G99X250.0;
        Y100.0;
G80G00Z200.0M09;
M01;

N30(T17:D60.0  F/B);
T17M06;
G54G90G00X0Y200.0S800M03;
G43Z50.0H17M08;
G99G76Z-102.0R3.0Q-0.5F100;
G91Y-200.0K2;                  → 같은 위치 2번 반복횟수
G80G00Z200.0M09;               → 고정 사이클 기능 취소
G91G28Z0;                      → 현 위치에서 원점복귀
M30;
```

[연습문제]

그림 3.168의 고정 사이클, 공구길이 보정 기능을 이용하여 프로그램하여라.

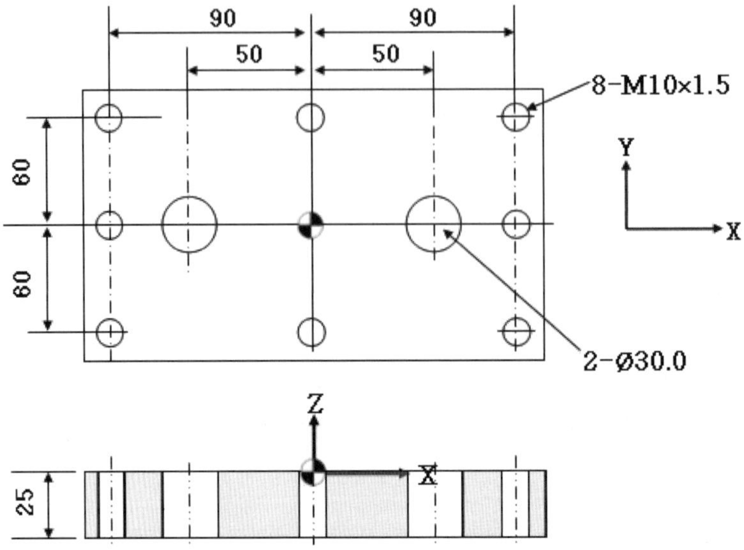

T01(∅16.5 C/D) T02(∅29.5 B/R) T03(∅8.5 D/R) T04(M10 TAP) T05(∅30 F B/R)

그림 3.168 프로그램 예제

```
O0022;
G90G80G40G49G00;
N1000 (T01:D16.5-C/D);
T01M06;
G54G90X-90.0Y60.0S500M03;
G43Z50.0H01M08;
G99G81Z-3.0R3.0F150;
M98P0013;                      → 서브 프로그램 호출
G80G00Z200.0M09;
M01;
N2000 (T02:D29.5-B/R);         → 이미 ∅29.5로 드릴링되어 있는 상태이다.
T02M06;
G54G90G00X-50.0Y0S1200M03;
```

```
G43Z50.0H02M08;
G85G99Z-27.0R3.0F100;
  X50.0Y0;
G80G00Z200.0M09;
M01;
N3000 (T03:D8.5-D/R)
T03M06;
G54G90X-90.0Y60.0S600M03;
G43Z50.0H03M08;
G99G73Z-28.0R3.0Q5.0F100;
M98P0013;            (서브 프로그램 호출) --->  O0013 ;
                                             (0022의 서브 프로그램);
                                             G91Y-60.0 K2 ;
                                                X90.0 K2 ;   ← 반복횟수
                                              M99 ;
G80G00Z200.0M09;
M01;
N4000 (T04:M10×P1.5 Rigid Tapping);
T04M06;
G54G90G00X-90,0Y60.0;
G43Z50.0H04M08;
M29S1000;                → (Rigid Tapping 영역설정)
                         → Rigid Tapping : 스핀들회전의 양으로 나타냄.
                         → Rigid Tapping : 정 · 역회전 기능
G99G84Z026.0R3.0F1500;   → (F1500 = 회전수 × 피치)
M98P0013;
G80G00Z200.0M09;
M01;
N5000 (T05:D30-F/B_);
T05M06;
G54G90X-50.0Y0S1200M03;
G43Z50.0H05M08;
G99G76Z-26.0R3.0Q0.5F150;
  X50.0Y0;
G80G00Z200.0M09;
G91G28Z0;
M30;
```

3 머시닝센터

⑥ 고정 사이클에 관한 주의 사항

ⓐ 고정 사이클을 지령하는 경우, 그 이전에 주축을 회전시켜 놓아야 한다. 주축이 정지해 있으면 M03 또는 M04를 지령한 후 고정 사이클을 지령한다.

ⓑ 고정 사이클 모드 중에는 X, Y, Z, R의 어느 것이나 지령되어 있으면 구멍가공 동작을 한다. 단, 어느 것도 지령하지 않는 경우는 구멍가공 동작을 하지 않는다. 또 드웰 시간을 어드레스 'X'로 지령해도 구멍가공은 하지 않는다.

ⓒ G99(R점 복귀)로 고정 사이클을 반복하는 경우 최종 구멍가공 후도 공구는 R점 위치까지 밖에 복귀되지 않는다.

ⓓ 구멍가공 데이터의 어드레스 'X, Y'에 의한 공구위치결정은 급속이송으로 된다.

ⓔ 구멍가공 데이터의 Q, P는 구멍가공 동작이 이루어지는 블록에서 지령한다. 구멍가공 동작을 하지 않는 블록에서도 지령해도 모달 데이터로서 기억되지 않는다.

ⓕ 고정 사이클의 G기능과 01 그룹(G00~G03)의 G기능을 같은 블록으로 지령한다.

ⓖ G80 블록에서 지령하는 어드레스 'Z'는 Z점 위치를 지령하는 것이 아니고 Z축의 이동지령이다. 또 이 경우는 고정 사이클 이전에 지령된 01 그룹의 G기능이 유효하게 된다.

[연습문제]

그림 3.169의 '2-M10×P1.5(관통나사)'를 ∅8.5드릴에 의해 나사 기초 구멍가공 ∅25.0면취공구에 의한 밀링가공, M10.0 탭에 의한 탭핑의 순으로, 공구를 교환하면서 가공하는 프로그램을 작성하라. 또 공구경로는 그림 3.170에 각 공구의 R점 및 X점 위치는 그림 3.171에 각 공구의 절삭조건은 표 3.10에 표시하였다.

표 3.10 절삭조건

공구번호	공 구 명	절삭속도	이송
T01	∅8.5Drill	20mm/min	0.2mm/rev
T02	∅25.0면취공구	12m/min	0.2mm/rev
T03	M10 Tap	8m/min	

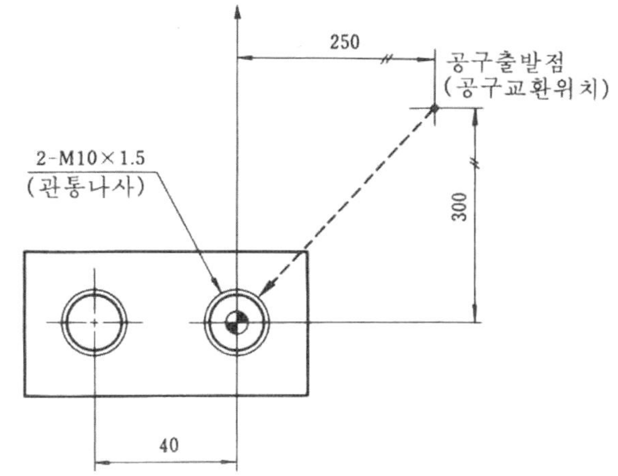

그림 3.169 나사위치와 공구출발점

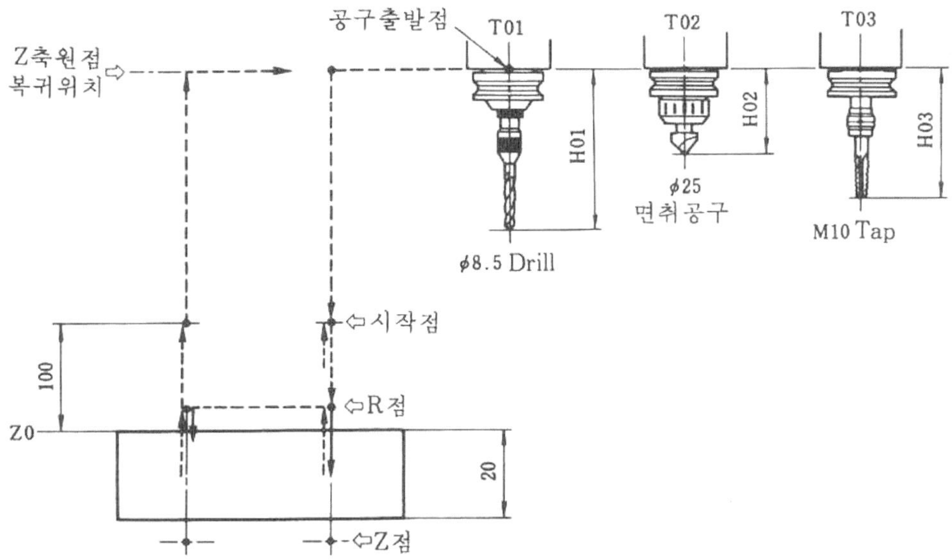

그림 3.170 Z축 방향의 공구경로

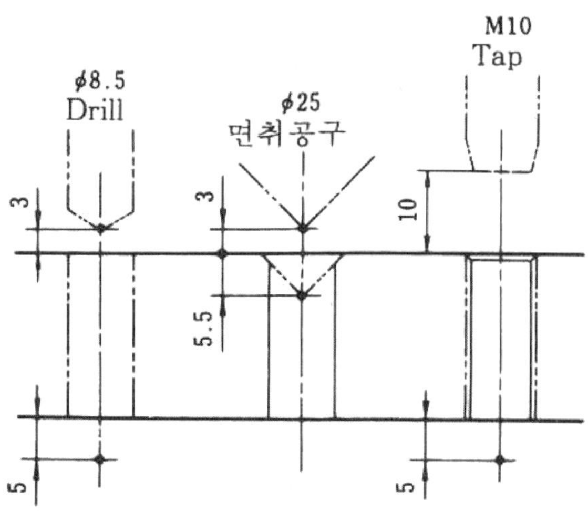

그림 3.171 각 공구의 R점 및 Z점

프로그램 기입란

3.3.20 메인 프로그램과 보조 프로그램(Main program & Sub program)

메인 프로그램 중에 어느 고정된 시퀀스나 반복적으로 나타나는 패턴(Pattern)이 있을 때, 이것을 보조 프로그램으로서 미리 CNC 장치의 메모리 안에 등록(저장)해 놓으면 프로그램을 대단히 간단하게 할 수 있다.
보조 프로그램은 Tape Mode나 Memory Mode의 어느 Mode로부터도 호출이 가능하다.
또한 호출된 보조 프로그램이 다시 다른 보조 프로그램을 호출할 수도 있다.
메인 프로그램으로부터 호출된 보조 프로그램 및 보조 프로그램에 의해 호출될 수 있는 보조 프로그램을 열거하면 4중의 호출까지 행할 수 있다.
이것을 보조 프로그램의 다중호출(Nesting)이라 한다.

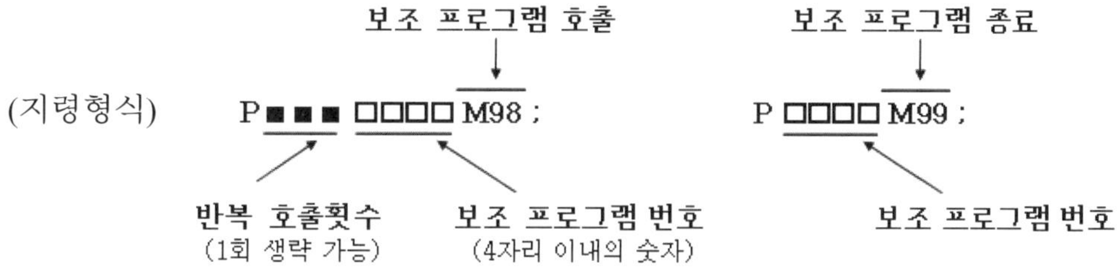

그림 3.172 메인 프로그램과 보조 프로그램의 지령형식

※ 보조 프로그램(Sub program)

보조 프로그램은 프로그램을 간단하게 하는 목적으로 사용된다. 결과적으로 보조 프로그램을 사용하지 않아도 정상적인 프로그램을 작성할 수 있다.
보조 프로그램의 활용은 반복되는 형상의 프로그램을 하나의 프로그램으로 작성하고 마지막에 M99(보조 프로그램 종료)를 지령하면 된다.
보조 프로그램의 작성에는 특별한 제한이 없고 좌표계 설정, 공구 교환, 절대지령, 증분지령 등 메인 프로그램에 사용하는 어떠한 지령도 할 수 있다.
보조 프로그램에서는 보조 프로그램을 호출하는 다중호출 지령을 할 수 있고, 복귀하는 방법은 호출의 역순으로 보조 프로그램을 호출한 다음 메인 프로그램으로 되돌아간다.
좋은 보조 프로그램을 작성하는 것은 숙련된 프로그래머도 쉽지 않다.
반복되는 연습과 경험으로 좋은 프로그램을 작성할 수 있고 하나의 방법으로 보조 프로그램을 먼저 작성하고 메인 프로그램을 작성하면 좋은 프로그램을 완성할 수 있다.

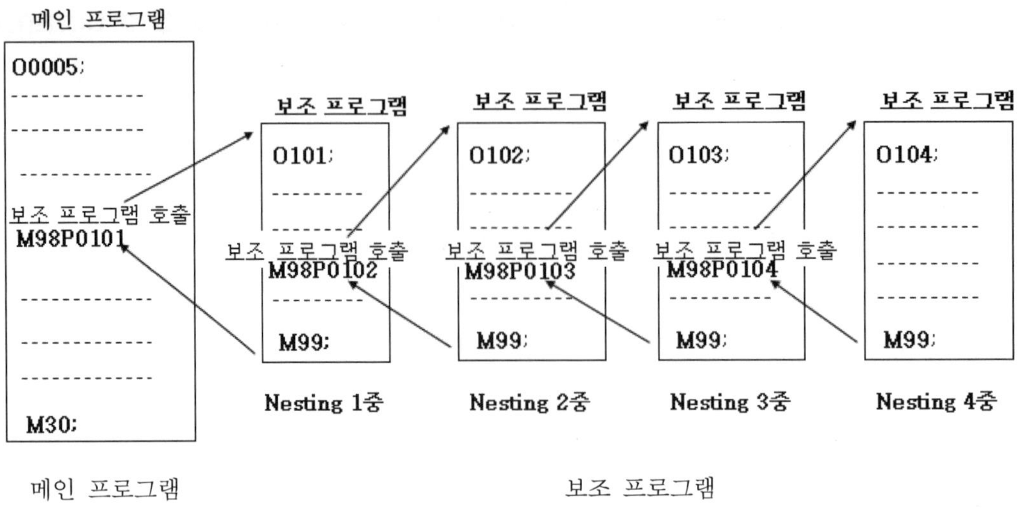

그림 3.173 메인 프로그램과 보조 프로그램

[연습문제]

그림 3.174의 메인 및 보조 프로그램을 이용하여 프로그램하여라.

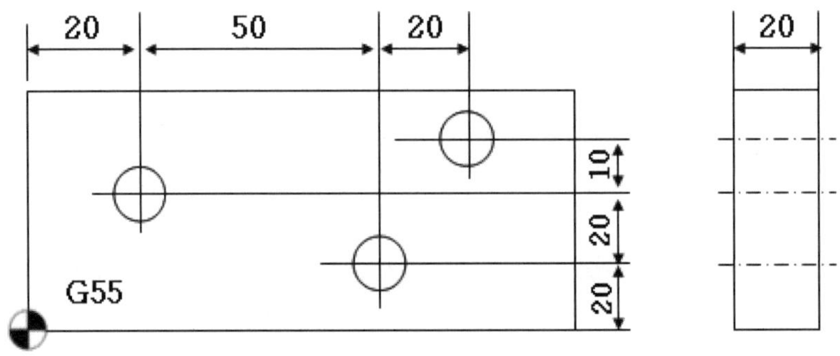

그림 3.174 메인 프로그램과 보조 프로그램 예

(Main Program ①의 경우) → 각 구멍 위치마다 보조 프로그램 호출하여 드릴링

```
O2222;
G90G80G40G49G00;
T18M06;
G55G90X0Y0S1300M03;
G43Z50.0H18;
G00X20.0Y40.0;
M98P0055;
   X70.0Y20.0;
```

```
M98P0055;          →  O0055 ;
  X90.0Y50.0;         (2222의의 보조 프로그램);
M98P0055;             G90G00Z5.0M08;
G90G00Z200.0M05;      G01Z-10.0F50 ;
G91G28Z0;                Z-25.0F120 ;
M30;                   G00Z50.0 M09 ;
                       M99 ;
```

(Main Program ②의 경우) → 구멍 위치를 보조 프로그램 안에 입력하여 매번 호출하지 않고 드릴링

```
O2222;
G90G80G40G49G00;
T18M06;
G55G90X20.0Y40.0S1300M03;
G43Z50.0H18;
  Z10.0;
M98P0055;
G00Z50.0M05;
G91G28Z0;
M30;
```

O2222의 보조 프로그램 작성

```
O0055;
G90G00Z5.0M08;
G01Z-25.0F150;
G00Z5.0;
  X70.0Y20.0;
G01Z-25.0;
G00Z5.0;
  X90.0Y50.0;
G01Z-25.0;
G00Z5.0;
M99;
```

[연습문제]

그림 3.175의 아래 그림에 따라 프로그램하여라.

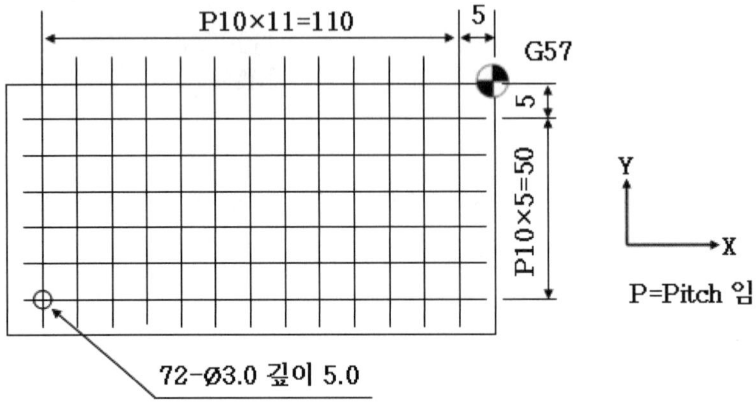

그림 3.175 메인 프로그램과 보조 프로그램 예

(Main Program ②의 경우)

```
O0100;
G90G80G40G49G00;
T10M06;
G57G90X-5.00Y-5.0S2500M03;
G43Z50.0H10;
Z5.0M08;
M98P1000L5;                    → 5회 반복과정
M98P1111;
G80G00Z50.0;
G91G28Z0;
M30;
```

O2222의 보조 프로그램 작성

```
(Subprogram-1)
  O1000;
  M98P1111;
  G91X110.0Y-10.0L0;
  G90M99;
```

```
(Subprogram-2)
  O1111;
  G91G99G81Z-10.0R3.0F90;
    X-10.0L11;
  G90M99;
```

[연습문제]

그림 3.176의 고정 사이클, 공구길이 보정을 이용하여 프로그램하여라. 이미 1차(황삭)가공은 되어 있는 상태이다.

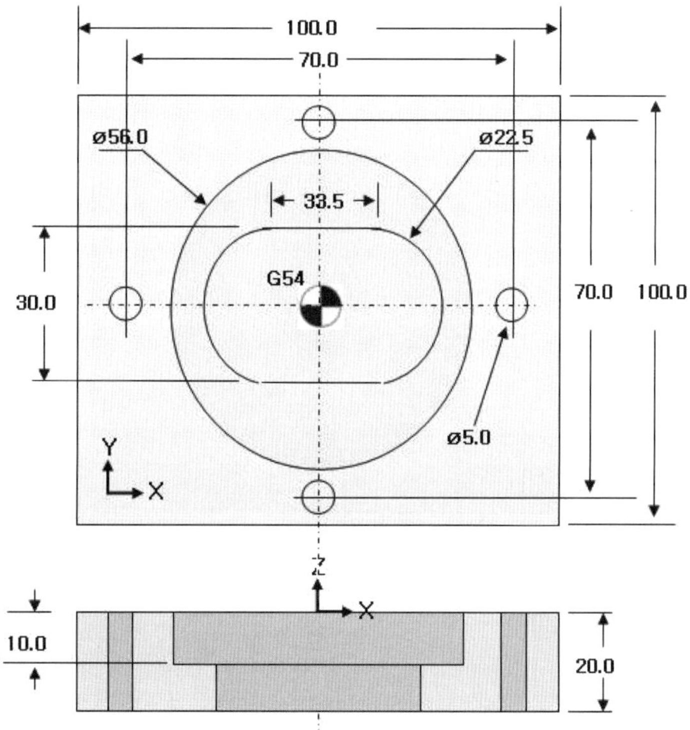

그림 3.176 가공 프로그램 예제

```
%
O0001

N1111 (사각형:100×100 황삭가공하기)
G90G80G49G40G00
T1M6 (Ø10.0- Roughing E/M)
T02
G54G90G00X-70.Y-70.S2000M03
G43H1Z30.M8
Z1.
G00Z-25.
G41G01X-50.Y-50.D01F300
Y50.
X50.
Y-50.
X-51.
G40X-70.Y-70.
G00Z50.M9
G91G28Z0.M5
M01
```

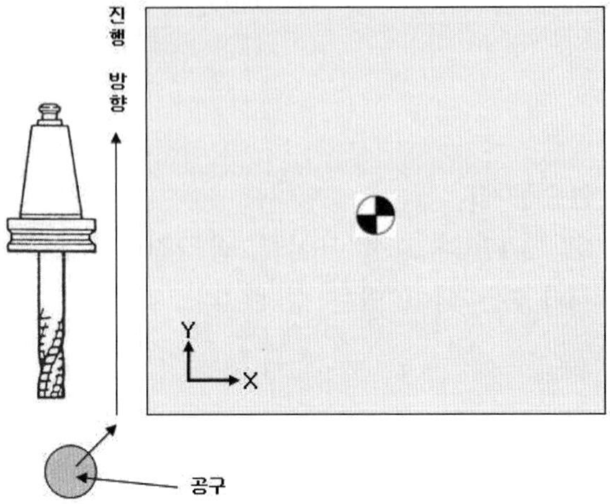


```
N2222 (Ø56.0 내원가공하기)
G90G80G49G40G00
M6 (Ø10.0- END-MILL)
G54G90G00X0.Y0.S2000M03
G43H2Z30.
Z3.M08
G01Z-10.0 F200.
G41D2Y23.
G03J-23.
G40G01X0.Y0.
G00Z50.M9
M05
G91G28Z0.
M01
```

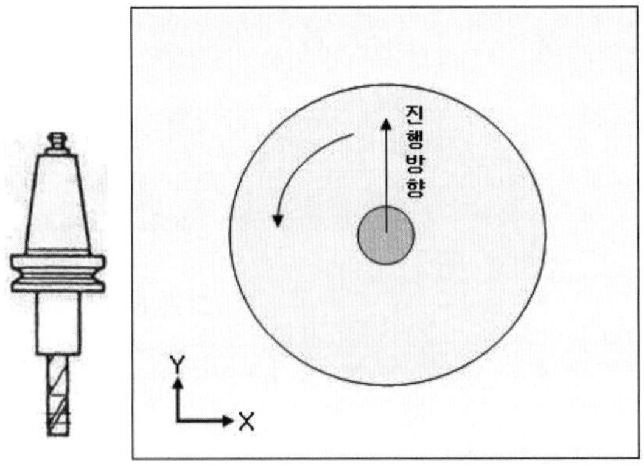

```
N3333 (오브라운드가공하기)
G90G80G49G40G00
T3M6 (Ø10.0- END/MILL)
G54G90G00X0Y0S2000M03
G43H3Z30.M8
Z1.
Z-22.
G41Y15.D3
G00X-16.8F200
G03Y-15.R15.
G01X16.8
G03Y15.R22.5
G01X-5.
G40G00Y0.
Z10.M09
G00Z50.
G91G28Z0.M5
M01
```

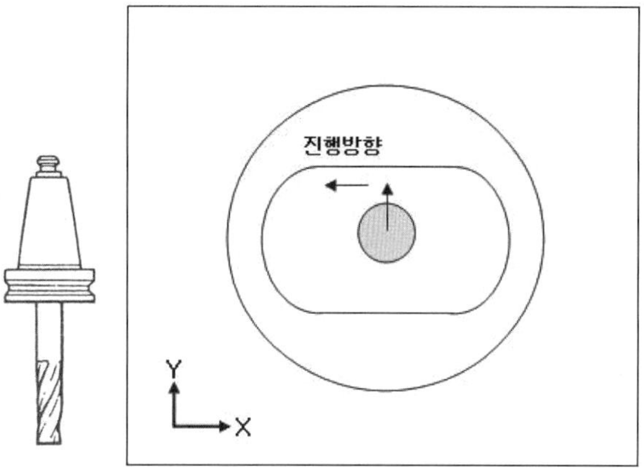


```
N4444 (Ø5.0 구멍가공하기)
G90G80G49G40G00
T4M6 (Ø5.0-일반드릴)
G54G90G00X-35.Y0.S3000M03
G43H4Z50.M08
Z10.
G99G73Z-25.R3.Q5.F200.
X35.
X0.Y35.
Y-35.
G80
G90G00Z50.M09
G91G28Z0.M05
M30
%
```

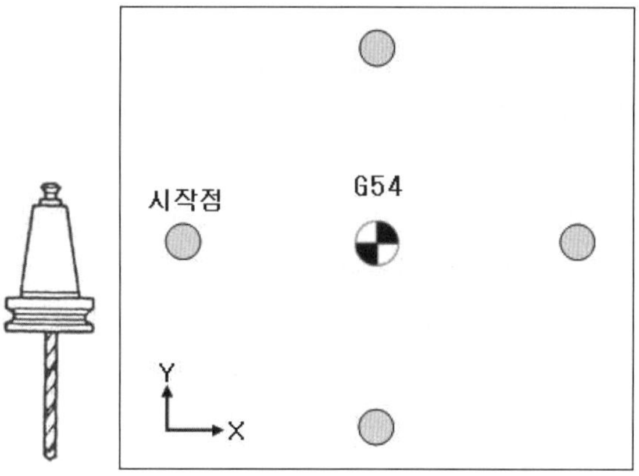

[연습문제]

그림 3.177의 고정 사이클, 공구길이 보정 기능을 이용하여 프로그램하여라. 이미 1차(황삭)가공은 되어 있는 상태이다.

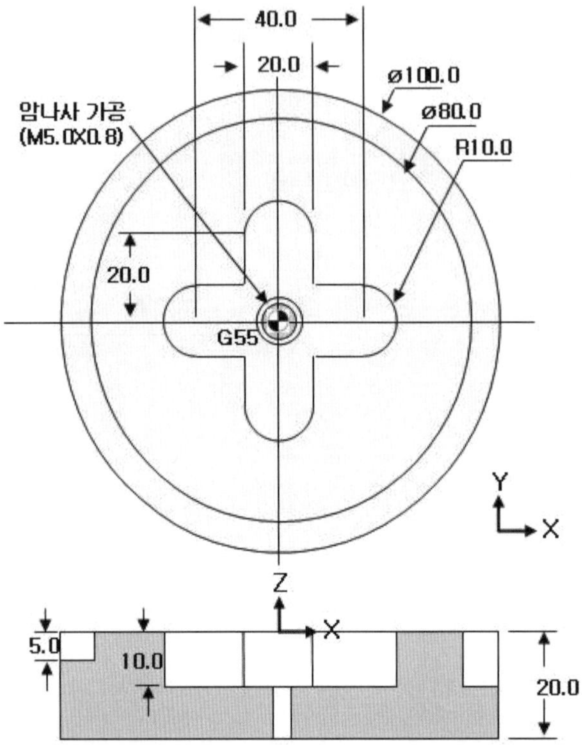

그림 3.177 가공 프로그램 예제

```
%
02222

N1111 (Ø4.3 드릴링하기)
G90G80G49G40G00
T1M6 (Ø4.3-DRILL)
G55G90G00X0.Y0.S2000M03
G43H1Z50.M08
Z10.
G99G81Z-25.R3.F100.
G80G00Z50.M09
G90Z100.
M05
G91G28Z0.
M01
```

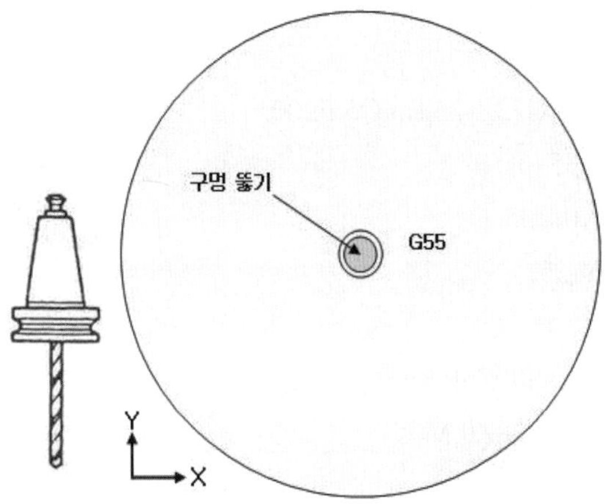

```
N2222 (M5×0.8 암나사내기)
G90G80G49G40G00
T2M06(M5×0.8 TAPPING)
G55G90G00X0.Y0.S500M03
G43H2Z50.M08
Z10.
G99G84Z-25.R3.F400.
G80G00Z50.M09
G90Z100.
M05
G91G28Z0.
M01
```

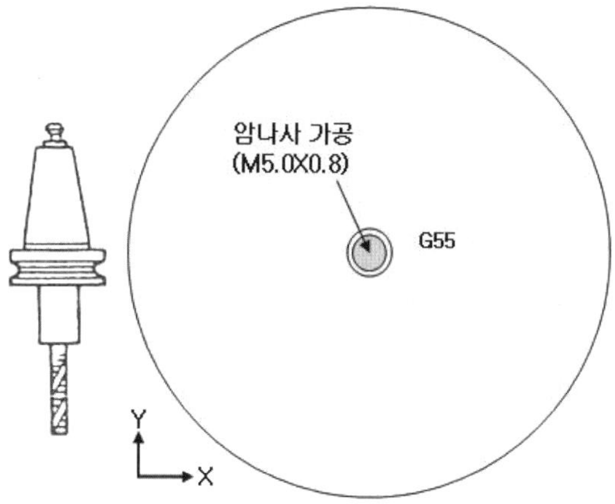


```
N3333 (Ø80.0 원가공하기)
G90G80G49G40G00
T3M06(Ø10.0- END/MILL)
G55G90G00X0.Y50.S3000M03
G43H3Z50.
Z3.M08
G01Z-5.F200.
G41D3X-10.Y50.
G03X0.Y40.R10.
G02J-40.
G03X10.Y50.R10.
G40X15.Y50.
G00Z10.M09
M05
G91G28Z0.
M01
```

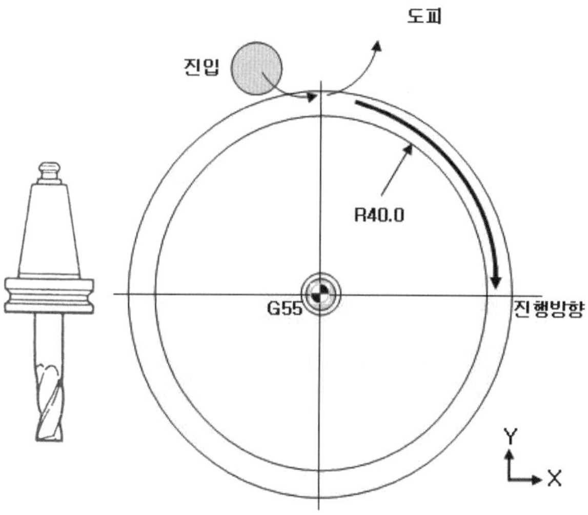


```
N4444 (✚형상 내면가공하기)
G90G80G49G40G00
T4M06(Ø10.0-Helix END/MILL)
G55G90G00X0.Y0.S5000M03
G43H4Z50.M08T1
```

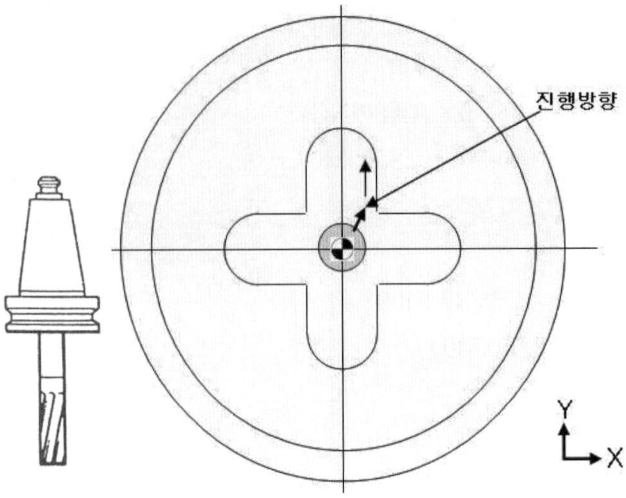


```
Z3.
G01Z-10.
G41D4X10.Y8.
Y20.
G03X-10.R10.
G01Y10.
X-20.
G03Y-10.R10.
G01X-10.
Y-20.
G03X10.R10.
G01Y-10.
X20.
G03Y10.R10.
G01X8.
G40X0.Y0.
G00Z50.M09
G91G28Z0.M05
G91G28X0.Y0.
M30
%
```

[연습문제]

그림 3.178의 고정 사이클, 공구길이 보정 기능을 이용하여 프로그램하여라. 이미 1차(황삭)가공은 되어 있는 상태이다.

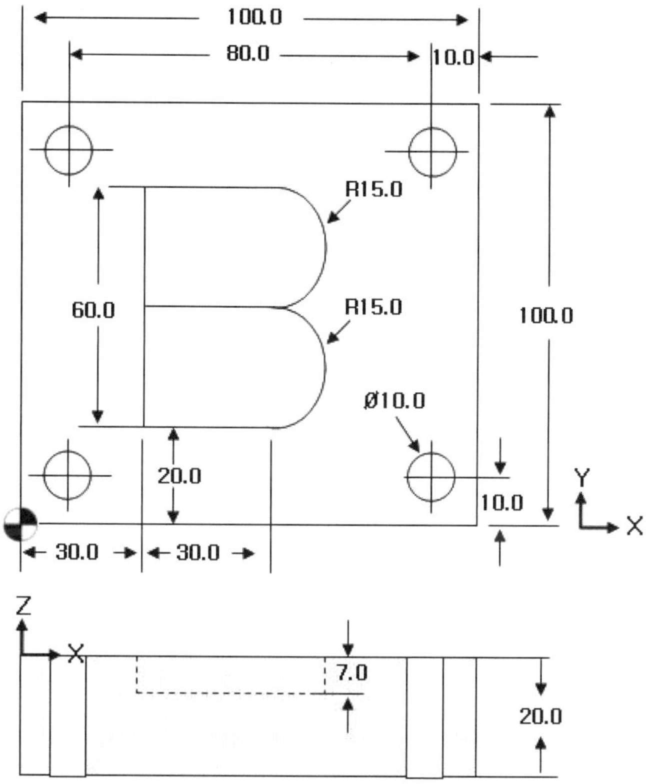

그림 3.178 가공 프로그램 예제

```
%
O0003

N1000 (B형상 가공하기)
G80G49G40G90G00
T1M06(Ø10.0-BALL E/M)
G56G90G00X30.Y20.S3000M03
T02
G43H1Z50.
Z3.M08
G01Z-7.F200.
X60.
G03X60.Y50.R15.
G01X30.Y50.
X60.Y50.
```

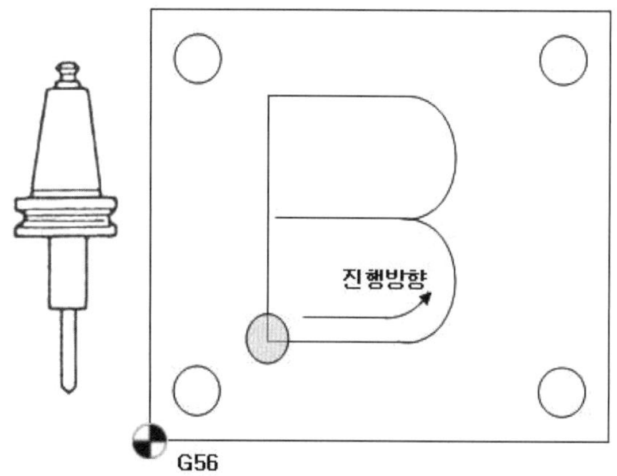

```
G03X60.Y80.R15.
G01X30.Y80.
X30.Y20.
G90G00Z50.M09
G91G28Z0.M05
M01

N2222
(선택사양 1)
M06(Ø10.0-DRILLING)
G56G90G00X10.Y100S2000M03
G43H2Z50.
Z10.M08
G98G81Z-25.R3.F200.
X90.Y10.
X90.Y90.
X10.Y90.
G80
G90G00Z50.M09
G91G28Z0.M05
M30
%
```

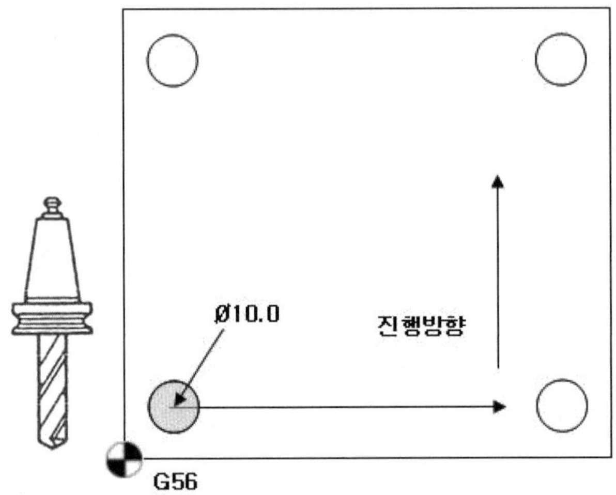


```
N2222
(선택사양 2)
M06(Ø10.0-DRILLING)
G56G90G00X10.Y100S2000M03
G43H2Z50.M08T1
Z10.
G98G83Z-25.R3.Q5.F200.
X90.Y10.
X90.Y90.
X10.Y90.
G80
G90G00Z50.M09
G91G28Z0.M05
M30
%
```

찾아보기

ㄴ

ㄷ

ㅅ

ㅇ

ㅋ

ㅌ

ㅍ

ㅎ

저자 소개

박원규
공학박사
日本 宇都宮大學 외국인연구자
한국생산기술연구원 선임연구원
현, 경기공업대학 금형디자인과 교수

이 훈
공학석사
현, 인하대학교 기계공학부 생산공정실험 담당
경기공업대학 CAM/CNC 분야 전문강사

박용민
(주)한국엠텍 대표

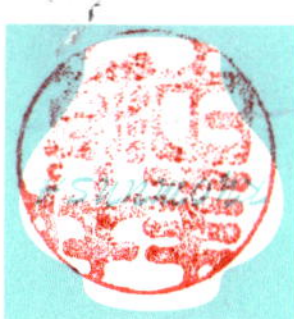

머시닝센터와 Mastercam X(2D)

2006년 11월 10일 1판 1쇄 펴냄 | 2022년 8월 31일 1판 11쇄 펴냄
지은이 박원규 · 이 훈 · 박용민
펴낸이 류원식 | **펴낸곳 교문사**

편집팀장 김경수
제작 김선형 | **홍보** 김은주 | **영업** 함승형 · 박현수 · 이훈섭

주소 (10881) 경기도 파주시 문발로 116(문발동 536-2)
전화 031-955-6111~4 | **팩스** 031-955-0955
등록 1968. 10. 28. 제406-2006-000035호
홈페이지 www.gyomoon.com | E-mail genie@gyomoon.com
ISBN 978-89-7088-867-5 (93550) | 값 24,000원